JN002862

東京書籍ユーザーのための

ワーク&テスト

新しい数学 1年

東京書籍

特色

●本書は，東京書籍版教科書「新しい数学 1年」に完全準拠したワークブックです。
●教科書の章ごとに「ウォーミングアップ」の問題を設け，今まで学習した内容のつながりを確認することができます。
●教科書の節ごとに，例題と基本問題→節の問題→章の問題へと，ステップを踏んで学習できるようにくふうしました。
●巻末の「定期テスト予想問題」には，配点付きのテストを用意し，定期テストに備えたトレーニングができるようにしました。

構成と使い方

基本ワーク
教科書の内容をチェック！

● 例題 … 左ページ
教科書の例題に合わせ，考え方や解き方を確認します。
「**Check!**」の問題を解くことで，基本的な考え方の整理ができます。

● 基本問題 … 右ページ
例題の理解を定着させる練習問題です。

節・章の問題
実践的な問題でトレーニング！

教科書の節や章ごとにまとめた実践的な問題です。例題の復習だけではなく，定期テストにも出題される応用問題も用意しています。

定期テスト予想問題
テスト問題で最後の仕上げ！

教科書の章ごとにまとめた定期テストの予想問題です。実際のテストと同じように時間を計って採点しましょう。定期テストの直前に取り組むと効果的です。

解答と解説 別冊

本編の問題ごとに解答と，ていねいで分かりやすい解説を示しています。取り外して使うことができますので，問題のページと照らし合わせて使うことができます。

QRコードでチャレンジ！

●基本ワークの左上にある「もっとチャレンジ!」のQRコードには発展・応用的な問題を含むチャレンジ問題が入っています。
実力アップや定期テスト直前の腕試しに挑戦してみよう。

●【使い方】
① スマートフォンやタブレットでQRコードを読み取り，問題を表示します。
② ノートに書いて問題を解きます。
③「答え合わせ」を押すと解答が確認できます。

QRコード

【動作環境】
インターネットに接続されていること。 ※インターネット接続に伴う通信費は利用者のご負担となります。
Android 5.1以降＋Google Chrome ／ iOS9 以降＋Safari ／ iPadOS＋Safari

※「QRコード」は(株)デンソーウェーブの登録商標です。
※「Android」は，Google LLC. の商標です。
※「iOS」「iPadOS」は，Apple Inc. の商標です。

目次

0・1章 正負の数

小5 整数と小数の位取りのまとめ
小5 偶数，奇数，倍数，約数
小5 小数×÷小数

数の世界をひろげよう

ウォーミングアップ

1 次の問に答えなさい。

□(1) ㋐～㋓の数を，下の数直線上に記号で表しなさい。

㋐ $\dfrac{3}{2}$　　㋑ $\dfrac{7}{5}$　　㋒ 0.8　　㋓ 1.2

(2) 次の各組の数の大小を，不等号を使って表しなさい。

□① $\dfrac{1}{3}$, 0.3　　□② $\dfrac{3}{8}$, $\dfrac{2}{5}$　　□③ 1.1, $\dfrac{8}{7}$

ふりかえり 小5
分数と小数
小数は分数になおし，通分して大小を比べる。

2 次の計算をしなさい。

□(1) $\dfrac{3}{10}+\dfrac{8}{15}$　　□(2) $\dfrac{6}{7}-\dfrac{3}{4}$

□(3) $\dfrac{7}{24}\times\dfrac{15}{14}$　　□(4) $\dfrac{5}{6}\div\dfrac{3}{8}$

□(5) $2\times\dfrac{3}{7}\div 0.9$　　□(6) $\dfrac{3}{5}\div\dfrac{7}{15}\div\dfrac{5}{2}$

ふりかえり 小5・6
分数の計算
分数でわる計算は，わる数の逆数をかける。

3 次の計算をしなさい。

□(1) $52-(14+21)$

□(2) $(4\times8-4)\div7$

□(3) $8+12\times5$

□(4) $7\times5-6\div2$

□(5) $8-(9-3\times2)$

□(6) $15-21\div7\times2$

ふりかえり 小4

計算のきまり

( )のある式は，( )の中を先に計算する。

×や÷は，＋や－より先に計算する。

4 くふうして，次の計算をしなさい。

□(1) $\dfrac{6}{7}\times\dfrac{4}{5}\times\dfrac{5}{4}$

□(2) $13.7+21+6.3$

□(3) $17\times25\times4$

□(4) $8\times3.2\times1.25$

□(5) $24\times\left(\dfrac{5}{3}-\dfrac{7}{8}\right)$

□(6) $\dfrac{5}{17}\times19-\dfrac{5}{17}\times2$

ふりかえり 小4

計算のきまり

［交換のきまり］
$a+b=b+a$
$a\times b=b\times a$

［結合のきまり］
$(a+b)+c=a+(b+c)$
$(a\times b)\times c=a\times(b\times c)$

きまりを使って，1，10などになる計算を先にし，計算を簡単にする。

5 次の(1)，(2)の㋐～㊀に当てはまる数を書いて計算しなさい。

□(1) $103\times25=(\boxed{\text{㋐}}+3)\times25$
$=\boxed{\text{㋑}}\times25+\boxed{\text{㋒}}\times25$
$=\boxed{\text{㊀}}$

□(2) $998\times3=(\boxed{\text{㋐}}-2)\times3$
$=\boxed{\text{㋑}}\times3-\boxed{\text{㋒}}\times3$
$=\boxed{\text{㊀}}$

ふりかえり 小4

計算のきまり

［分配のきまり］
$(a+b)\times c=a\times c+b\times c$
$(a-b)\times c=a\times c-b\times c$

□**6** 下の表は，1週間に図書室で貸し出された本の冊数を調べたものです。貸し出された本は，1日に平均何冊ですか。

曜日	月	火	水	木	金	土	日
貸出数（冊）	13	9	7	11	18	12	0

ふりかえり 小5

平均

平均の求め方
(平均)＝(合計)÷(個数)

解答 p.1

0章　1節 整数の性質

◀もっとチャレンジ!

例題 1　素数

教 p.12 問 1・2

次の数のうち，自然数，素数をそれぞれすべて答えなさい。

$1 \quad 2.5 \quad 0 \quad \frac{1}{3} \quad 4 \quad 5 \quad 11$

解き方

自然数は 1 以上の整数である。

$4=2\times2$ より，素数ではない。1 は素数にふくまれない。

答　自然数…1，4，5，11　素数…5，11

ポイント

自然数…1 以上の整数（順番を数える数）

素数…1 とその数自身の積でしか表せない自然数

Check! 1　20 から 30 までの整数のうち，素数をすべていいなさい。

例題 2　素因数分解

教 p.13 Q

次の数を素因数分解しなさい。

(1)　15　　(2)　42　　(3)　210

解き方

右のように，素数の積をつくるか，素数で順にわっていく。

(1)　15 ＜ ③，⑤

(2)
2)42
3)21
　 7

(3)
2)210
3)105
5) 35
　 7

答　(1)　$15=3\times5$　(2)　$42=2\times3\times7$　(3)　$210=2\times3\times5\times7$

Check! 2　次の数を素因数分解しなさい。

(1)　21　　(2)　55　　(3)　100

例題 3　約数の求め方

教 p.16 数学のまど

素因数分解を利用して，78 の約数をすべて求めなさい。

解き方

①　$78=1\times78$ だから 1 と 78 は，78 の約数

②　$78=2\times3\times13$ と素因数分解できるので，2，3，13 のかけ算の組み合わせを考える。

$78=2\times(3\times13)=2\times39$

$78=3\times(2\times13)=3\times26$

$78=13\times(2\times3)=13\times6$

} 2，3，6，13，26，39 は 78 の約数

答　1，2，3，6，13，26，39，78

Check! 3　次の数の約数を，それぞれすべて答えなさい。

(1)　10　　(2)　51　　(3)　9

解答 p.2

□**1** **素数**　**次の数のうち，自然数，素数をそれぞれすべて選びなさい。** 教 p.12 問1

8　　$\frac{4}{5}$　　5　　99　　101　　3.14

2 **素数**　**次の問に答えなさい。** 教 p.12 問2

□(1)　1けたの自然数は何個ありますか。

□(2)　30から40までの整数のうち，素数をすべていいなさい。

ヒント

自然数
- 素数
  2，3，5，…
- 素数ではない数
  1，4，6，…

3 **素因数分解**　**次の数を素因数分解しなさい。** 教 p.13 Q

□(1)　62　　　　□(2)　57

□(3)　60　　　　□(4)　8

ヒント

［素因数分解の手順］
① その数を素数で順にわる。
② ①の素数の積をつくる。

□**4** **素因数分解**　**12を右のように素因数分解しました。**
□にあてはまる数を書きなさい。 教 p.13

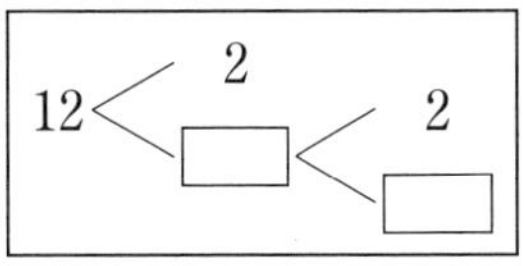

5 **約数の求め方**　**117について，次の問に答えなさい。** 教 p.16 数学のまど

□(1)　117を素因数分解しなさい。

□(2)　(1)の結果を利用して，117の約数をすべて求めなさい。

解答 p.2

もっとチャレンジ!

1章

1節 正負の数

1 符号のついた数

例題 1 符号のついた数

教 p.20 問 1

＋，－の符号を使って，次の気温を表しなさい。

(1)　0℃よりも 47.5℃低い気温

(2)　0℃よりも 30.9℃高い気温

ポイント

整数

……，－3，－2，－1，0，1，2，3，……

負の整数（……，－3，－2，－1）　正の整数(自然数)（1，2，3，……）

解き方

0より大きい数には＋（プラス）の符号をつけて表し，0より小さい数には－（マイナス）をつけて表す。

答 (1)　**－47.5℃**　(2)　**＋30.9℃**

Check! 1　＋，－の符号を使って，次の気温を表しなさい。

(1)　0℃よりも 11.8℃高い気温　　(2)　0℃よりも 0.5℃低い気温

例題 2 反対の性質をもつ量

教 p.21 例 1・2，p.22 例 3

次の問に答えなさい。

(1)　現地点から東に 3km 進むことを ＋3km と表すとき，－3km はどんなことを表していますか。

(2)　300 円の収入を ＋300 円と表すとき，－400 円はどんなことを表していますか。

解き方

東(＋)⇔西(－)，収入(＋)⇔支出(－)。

答 (1)　**現地点から西に 3km 進むこと**　(2)　**400 円の支出**

Check! 2　海面の高さを基準の 0m とし，海面より高いことを正の数，低いことを負の数で表すとき，次の高さを＋，－の符号を使って表しなさい。

(1)　日本海溝の最深部 8020m　　(2)　谷川岳の標高 1977m

例題 3 基準との差

教 p.22 例 4

右の表は，A，B 2つの中学校の新入生の人数を表したものです。去年の人数を基準にして，それより増えたことを正の数，減ったことを負の数で表すことにすると，2つの中学校の今年の新入生数はどのように表されますか。

	去年(人)	今年(人)
A 中学校	212	206
B 中学校	148	163

解き方

増えている場合＋，減っている場合－

答 A 中学校…**－6 人**，B 中学校…**＋15 人**

Check! 3　**例題 3** で，今年の人数を基準にして，去年の人数を表しなさい。

解答 p.3

□**1** **符号のついた数**　次の数のうち，負の整数，負の小数，負の分数，自然数をそれぞれすべて答えなさい。教 p.20 問2

$+3.2$　　-1.8　　$\frac{5}{3}$　　0　　-22　　$-\frac{1}{9}$　　30

2 **反対の性質をもつ量**　次の問に答えなさい。教 p.21 問3・4，p.22 問5

□(1)　(例)にならい，＋，－の符号を使って，表の空らんをうめなさい。

(例)

5時間後	5時間前
＋5時間	－5時間

①

3℃上昇	4℃下降
＋3℃	

②

11個増える	9個減る
	－9個

③

3m上がる	2.5m下がる
＋3m	

(2)　次の数がどんなことを表しているか答えなさい。

□①　北へ4km進むことを＋4kmと表すとき，－2km

□②　3000円の支出を－3000円と表すとき，＋1800円

3 **反対の性質をもつ量**　海面の高さを基準の0mとして，これより高いことを正の数，低いことを負の数で表すとき，次の高さを＋，－の符号を使って表しなさい。教 p.21 問3

□(1)　飛行機の高度10000m　　　□(2)　クジラが泳ぐ水深1000m

4 **基準との差**　下の表は，ある月の1週間の最高気温と，前日の最高気温との差（前日比）をまとめたものです。次の問に答えなさい。教 p.22 問6

日付(曜日)	18(月)	19(火)	20(水)	21(木)	22(金)	23(土)	24(日)
気温(℃)	26.0	25.4	25.5	28.8	28.8	27.1	26.5
前日比(℃)	－1.7		＋0.1			－1.7	

□(1)　表の空らんに当てはまる数を書きなさい。

□(2)　この月の17日の気温を求めなさい。

ヒント
18日（月）の前日比「－1.7」は，前の日の気温よりも1.7℃低かったことを意味する。

□**5** **基準との差**　右の表は，Aさんのテストの得点と，クラスの平均点をまとめたものです。平均点を基準として，それより高い得点を正の数，低い得点を負の数で表すとき，Aさんの5教科の得点はそれぞれどのように表されますか。教 p.22 問6

	平均点	Aさんの得点(点)
国語	71.2	73
社会	68.8	92
数学	59.0	54
理科	55.5	50
英語	78.3	95

解答 p.3

1章

1節 正負の数

もっとチャレンジ!

2 数の大小

例題1 数直線

教 p.23 Q

下の数直線で，点A，B，Cに対応する数を答えなさい。

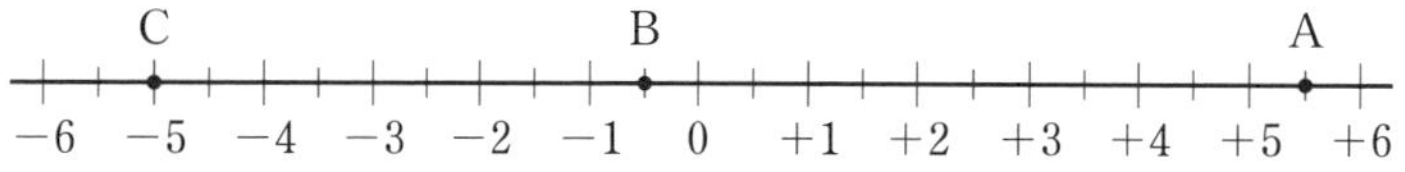

解き方

Aは正の方向，B，Cは負の方向にある。

答 A…＋5.5，B…－0.5，C…－5

ポイント
正の方向…数直線で右の方向
負の方向…数直線で左の方向

Check! **1** **例題1**の数直線で，次の㋐～㋒の数に対応する点をしるし，記号を書き入れなさい。

㋐ －2.5　　㋑ ＋3.5　　㋒ －4

例題2 数の大小

教 p.24 例1・2

次の各組の数の大小を，不等号を使って表しなさい。

(1) －4と－5　　(2) ＋3，－1，0

解き方

数直線で右にあるほうが大きく，左にあるほうが小さい。

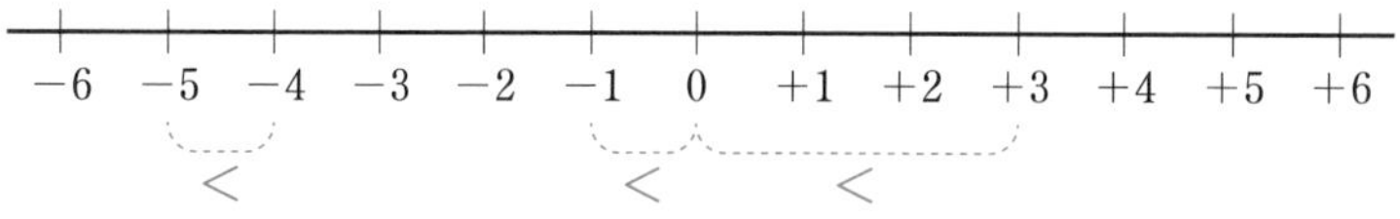

答 (1) **－5＜－4 または －4＞－5**　(2) **－1＜0＜＋3 または ＋3＞0＞－1**

ポイント
3つの数の大小比較では不等号を同じ向きにそろえる。

Check! **2** 次の各組の数の大小を，不等号を使って表しなさい。

(1) －2，－3，4　　(2) 5，－4，－3

例題3 絶対値

教 p.25 問5・6

次の問に答えなさい。

(1) ＋4，－5，－0.4の絶対値をそれぞれ答えなさい。

(2) 絶対値が10である数を答えなさい。

解き方

(1) 符号を取る。　**答** ＋4…**4**，－5…**5**，－0.4…**0.4**

(2) 原点からの距離が10である数。2つあることに注意する。

答 **10，－10**

ポイント

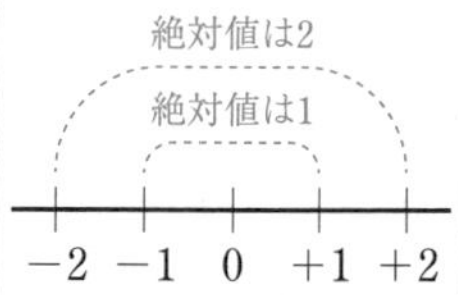

Check! **3** －0.04，＋1000の絶対値を答えなさい。また，絶対値が3.6である数を答えなさい。

解答 p.4

□**1 数直線**　下の数直線で，A，B，C に対応する数を答えなさい。また，次の㋐〜㋒の数に対応する点を数直線上にしるし，記号を書き入れなさい。 教 p.23 問 1・2

㋐　$+0.5$　　　㋑　$-\dfrac{11}{4}$　　　㋒　-0.75

2 数の大小　次の(1)，(2)のそれぞれについて，数の大小を，不等号を使って表しなさい。

教 p.24 問 3

□(1)　$-1,\ -2$

□(2)　$+3,\ -6,\ -2$

ヒント

負の数は，絶対値が大きいほど小さい。

(例) −2，−3 の絶対値は 2，3 で 2＜3
数の大小は −3＜−2

3 数の大小・絶対値　次の各組の数のうち，絶対値がもっとも大きい数をそれぞれ書きなさい。また，各組の数の大小を，不等号を使って表しなさい。 教 p.25 問 5・7

□(1)　$-3.4,\ -4.3,\ -3.43$

□(2)　$-\dfrac{1}{5},\ -\dfrac{1}{4}$

4 絶対値　次の問に答えなさい。 教 p.25 問 6

□(1)　絶対値が 4 である整数を答えなさい。

□(2)　原点からの距離が 4 である負の数を答えなさい。

□(3)　絶対値が 4 より小さい整数はいくつありますか。

ヒント

(3)　絶対値が 4 より小さいということは，原点からの距離が 4 より小さいということである。

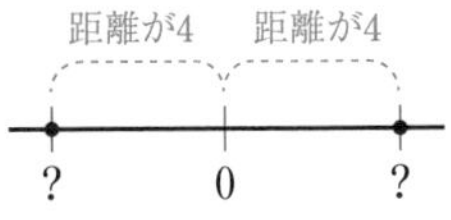

解答 p.4

1節の問題　正負の数

教科書 18 ▸ 26　解答 p.5

1 次の問に答えなさい。

□(1) 「ある地点から 150m 東の地点」を ＋150m と表すとき,「ある地点から 300m 西の地点」は, どのように表せますか。

□(2) 「2000 円の支出」を －2000 円と表すとき, ＋5000 円はどのようなことがらを表しますか。

□ **2** 下の数直線で, 点 A, B, C, D に対応する数を答えなさい。
また, (1)〜(4)の数に対応する点をしるしなさい。

(1) -3　(2) $+2$　(3) -1.5　(4) $+3.5$

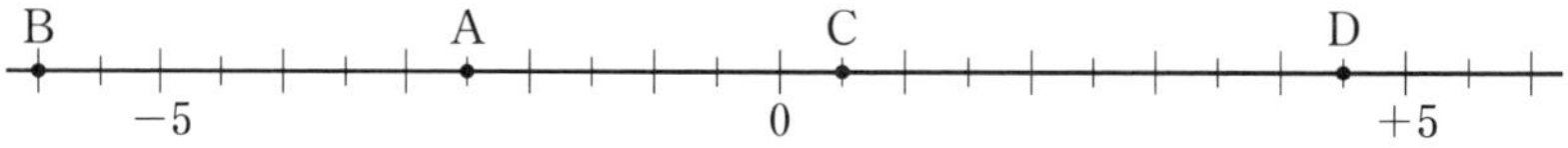

3 次の各組の数の大小を, 不等号を使って表しなさい。

□(1) $-3.1,\ -3$

□(2) $-3,\ +1,\ 0$

□(3) $-0.6,\ +0.6,\ -0.18$

□(4) $-\frac{5}{9},\ -\frac{2}{3},\ -1.2$

4 下の 7 つの数について, 次の問に答えなさい。

$-10.6,\quad 0.2,\quad 4,\quad -\frac{1}{3},\quad -\frac{2}{5},\quad 0,\quad 1$

□(1) 整数をすべて選んで書きなさい。

□(2) 絶対値がもっとも大きな数はどれですか。

□(3) 自然数のうち, もっとも小さい数はどれですか。

□(4) 負の数のうち, もっとも大きな数はどれですか。

ヒント

3(4) 分母の異なる分数の大きさは, 通分してくらべよう。

5 **次の問に答えなさい。**

□(1)　絶対値が 8 である数をすべて答えなさい。

□(2)　絶対値が 4 以下の整数は全部で何個ありますか。

□(3)　絶対値が $\frac{5}{2}$ より大きく 5 より小さい整数をすべて答えなさい。

6 **東京タワーの高さは 333m，福岡タワーは 234m，東京スカイツリーは 634m です。次の問に答えなさい。**

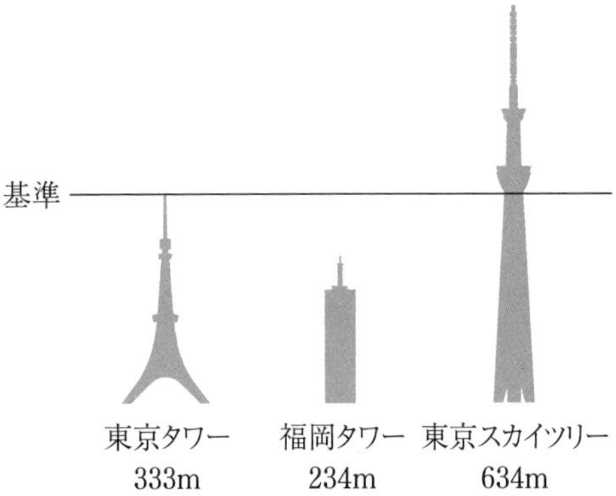

□(1)　東京タワーの高さを基準の 0m とすると，福岡タワーと東京スカイツリーの高さは，それぞれどのように表せますか。

□(2)　東京スカイツリーの高さを基準の 0m とするとき，福岡タワーの高さはどのように表せますか。

7 **右の表は，2019 年に各地で観測されたウグイスの初鳴きの日をまとめたもので，差は，平年よりも早い場合を負の数，遅い場合を正の数で表しています。次の問に答えなさい。**

	平年	2019 年	差
新潟	3 月 27 日	3 月 13 日	− 14
静岡	3 月 9 日	①	＋ 3
福井	3 月 9 日	3 月 5 日	②
京都	3 月 1 日	3 月 23 日	＋ 22

□(1)　①には当てはまる日付を，②には当てはまる数を求めなさい。

□(2)　平年との違いがもっとも大きかった都市と，もっとも小さかった都市を，それぞれ答えなさい。

ヒント

7 「5 日早い」は − 5 日，「5 日遅い」は ＋ 5 日と表すことになるね。

もっとチャレンジ!

1章　2節 加法と減法

1 加法①

例題 1　同符号の数の加法

教 p.28 例 1

次の 2 つの数の和を求めなさい。

(1)　$+1$ と $+5$　　(2)　-4 と -2

ポイント
同符号の 2 つの数の和
絶対値の和に共通の符号をつける。

解き方

(1)　$(+1)+(+5)=+(1+5)=+6$

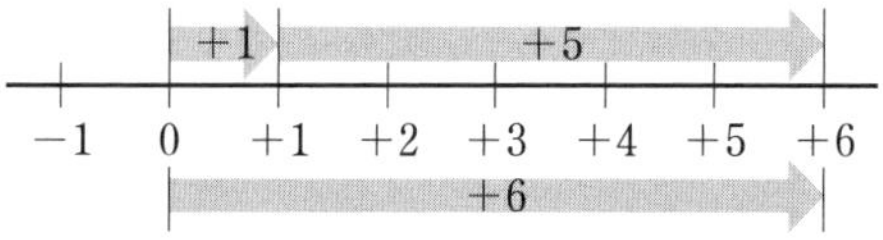

(2)　$(-4)+(-2)=-(2+4)=-6$

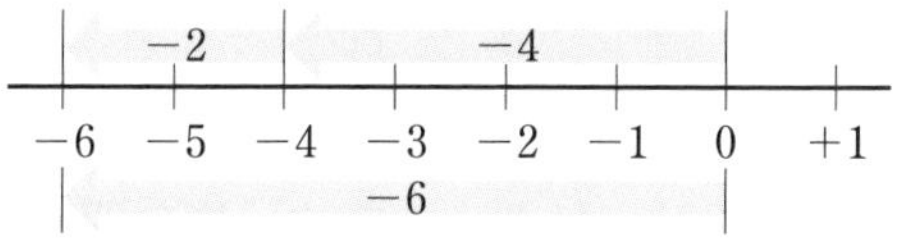

Check! 1　次の計算をしなさい。

(1)　$(+1)+(+2)$　　(2)　$(-9)+(-4)$　　(3)　$(-6)+(-6)$

例題 2　異符号の数の加法

教 p.29 例 2

次の計算をしなさい。

(1)　$(+4)+(-9)$　　(2)　$(-5)+(+8)$

解き方

(1)　$(+4)+(-9)=-(9-4)$
$=-5$

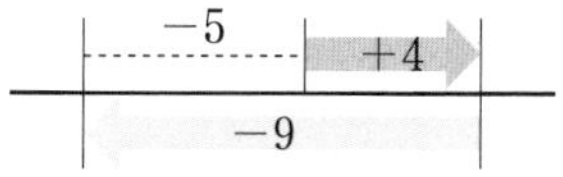

(2)　$(-5)+(+8)=+(8-5)$
$=+3$

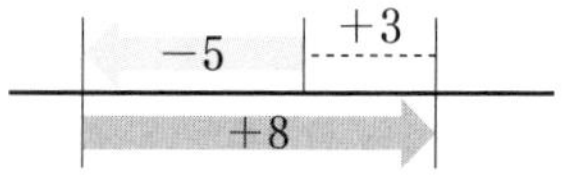

ポイント
異符号の 2 つの数の和
絶対値の差に，絶対値の大きいほうの符号をつける。

Check! 2　次の計算をしなさい。

(1)　$(-7)+(+7)$　　(2)　$(-8)+(+6)$　　(3)　$(+12)+(-11)$

例題 3　分数や小数

教 p.30 例 3

次の計算をしなさい。

(1)　$(-0.5)+(-3.8)$　　(2)　$\left(-\frac{1}{4}\right)+\left(+\frac{3}{4}\right)$

解き方

(1)　$(-0.5)+(-3.8)=-(0.5+3.8)=-4.3$

(2)　$\left(-\frac{1}{4}\right)+\left(+\frac{3}{4}\right)=+\left(\frac{3}{4}-\frac{1}{4}\right)=+\frac{2}{4}=+\frac{1}{2}$

小数や分数でも，
計算のしかたは同じだね。

Check! 3　次の計算をしなさい。

(1)　$(+5.8)+(-9.1)$　　(2)　$\left(-\frac{5}{6}\right)+\left(+\frac{3}{8}\right)$　　(3)　$\left(-\frac{5}{2}\right)+(+5)$

解答 p.6

❶ 同符号の数の加法　次の計算をしなさい。 教 p.29 問 1

□(1)　$(+9)+(+4)$　　□(2)　$(+7)+(+1)$　　□(3)　$(+13)+(+17)$

□(4)　$(-5)+(-3)$　　□(5)　$(-11)+(-22)$　　□(6)　$(-9)+(-16)$

❷ 異符号の数の加法　次の計算をしなさい。 教 p.29 問 2，p.30 問 3

□(1)　$(+10)+(-10)$　　□(2)　$(+13)+(-12)$　　□(3)　$0+(-3)$

□(4)　$(-26)+(+17)$　　□(5)　$(-100)+(+100)$　　□(6)　$(-2)+0$

□(7)　$(-8)+(+15)$　　□(8)　$(+14)+(-41)$　　□(9)　$(-50)+(+150)$

❸ 分数や小数　次の計算をしなさい。 教 p.30 問 4

□(1)　$(-0.7)+(-0.3)$　　□(2)　$(-7)+(-0.6)$　　□(3)　$(+0.9)+(+20.1)$

□(4)　$\left(+\frac{3}{5}\right)+\left(+\frac{1}{5}\right)$　　□(5)　$\left(-\frac{3}{8}\right)+\left(+\frac{3}{8}\right)$　　□(6)　$\left(+\frac{5}{3}\right)+\left(-\frac{2}{3}\right)$

□(7)　$\left(+\frac{2}{9}\right)+\left(-\frac{7}{6}\right)$　　□(8)　$(-2)+\left(+\frac{2}{3}\right)$　　□(9)　$\left(-\frac{8}{5}\right)+\left(+\frac{3}{4}\right)$

解答 p.6

1章

もっとチャレンジ!

2節 加法と減法

1 加法②　2 減法

例題 1　加法の交換・結合

教 p.31 例 4

次の計算をしなさい。

(1)　$(+1)+(-2)+(+3)+(-4)$

(2)　$(-5)+(-11)+(+5)$

ポイント

交換法則…$a+b=b+a$
結合法則…$(a+b)+c=a+(b+c)$

解き方

(1)　$(+1)+(-2)+(+3)+(-4)$

$=(+1)+(+3)+(-2)+(-4)$ …交換法則

$=(+4)+(-6)=\mathbf{-2}$ …結合法則

(2)　$(-5)+(-11)+(+5)$

$=\{(-5)+(+5)\}+(-11)$

$=0+(-11)=\mathbf{-11}$

Check! 1　次の計算をしなさい。

(1)　$(+6)+(-1)+(-3)+(+8)$　　(2)　$(-10)+(+7)+(+3)+(+10)+(-8)$

例題 2　減法の計算

教 p.33 例 1，p.34 例 2

次の計算をしなさい。

(1)　$(+3)-(+4)$　　(2)　$(-7)-(-5)$　　(3)　$0-(-3)$

ポイント

正の数をひく　負の数を加える
$(+a)-(+b)=(+a)+(-b)$
負の数をひく　正の数を加える
$(+c)-(-d)=(+c)+(+d)$

解き方

加法になおして計算する。

(1)　$(+3)-(+4)=(+3)+(-4)=\mathbf{-1}$

(2)　$(-7)-(-5)=(-7)+(+5)=\mathbf{-2}$　　(3)　$0-(-3)=0+(+3)=\mathbf{3}$

Check! 2　次の計算をしなさい。

(1)　$(+10)-(-8)$　　(2)　$(-12)-(+16)$　　(3)　$(-20)-0$

例題 3　分数や小数

教 p.34 問 3

次の計算をしなさい。

(1)　$(+5.2)-(+6.8)$　　(2)　$\left(-\dfrac{1}{5}\right)-\left(-\dfrac{3}{5}\right)$

ポイント

減法は，加法になおして計算する。

解き方

(1)　$(+5.2)-(+6.8)=(+5.2)+(-6.8)=\mathbf{-1.6}$

(2)　$\left(-\dfrac{1}{5}\right)-\left(-\dfrac{3}{5}\right)=\left(-\dfrac{1}{5}\right)+\left(+\dfrac{3}{5}\right)=\mathbf{+\dfrac{2}{5}}$

Check! 3　次の計算をしなさい。

(1)　$(+10.2)-(+3.7)$　　(2)　$\left(-\dfrac{5}{8}\right)-(-1)$　　(3)　$\left(-\dfrac{1}{2}\right)-\left(+\dfrac{3}{5}\right)$

解答 p.7

❶ 加法の交換・結合　次の計算をしなさい。教 p.31 問 5

□(1)　$(+4)+(+7)+(+2)$

□(2)　$(-5)+(-4)+(-9)$

□(3)　$(+6)+(-6)+(+8)+(-7)$

□(4)　$(-11)+(+5)+(+7)+(+4)$

□(5)　$(-3)+(+13)+(-7)+(+10)+(-13)$

□(6)　$(-2)+(+20)+(-3)+(-35)+(+5)$

❷ 減法の計算　次の計算をしなさい。教 p.33 問 1，p.34 問 2

□(1)　$(+4)-(-4)$

□(2)　$(-7)-(+15)$

□(3)　$(-10)-(-10)$

□(4)　$(-16)-(+17)$

□(5)　$(+52)-(+38)$

□(6)　$(-7)-(-77)$

❸ 分数や小数　次の計算をしなさい。教 p.34 問 3

□(1)　$(-1.1)-(+6)$

□(2)　$(+0.1)-(+5.1)$

□(3)　$(+3.3)-(-2.2)$

□(4)　$(+5)-\left(+\frac{1}{5}\right)$

□(5)　$\left(-\frac{8}{3}\right)-\left(-\frac{2}{3}\right)$

□(6)　$\left(-\frac{3}{10}\right)-\left(+\frac{2}{5}\right)$

□(7)　$\left(+\frac{1}{2}\right)-\left(+\frac{1}{7}\right)$

□(8)　$\left(+\frac{11}{52}\right)-\left(-\frac{9}{26}\right)$

□(9)　$\left(-\frac{4}{5}\right)-(+0.1)$

解答 p.7

1章

2節 加法と減法

3 加法と減法の混じった計算

もっとチャレンジ!

例題1 項を書き並べた式

教 p.36 問3

次の式を，加法だけの式になおしてから，項だけを並べた式に表して計算しなさい。

(1) $(-3)-(+5)+(-4)$　　(2) $(+6)-(-7)+(-10)-(+1)$

解き方

(1) $(-3)-(+5)+(-4)$

$=(-3)+(-5)+(-4)$

$=-3-5-4=\mathbf{-12}$

(2) $(+6)-(-7)+(-10)-(+1)$

$=(+6)+(+7)+(-10)+(-1)$

$=6+7-10-1=\mathbf{2}$

ポイント

加法だけの式

↓

かっこと加法の記号＋をはぶく

↓

項だけを並べた式

Check! 1 次の式を，加法だけの式になおしてから，項だけを並べた式に表して計算しなさい。

(1) $(+4)-(-6)+(-3)$　　(2) $(+8)-(-5)+(-7)-(+2)$

例題2 交換法則・結合法則の利用

教 p.36 問4

次の計算をしなさい。

(1) $3-8-7-9$　　(2) $-1+3-7+2-5$

解き方

(1) $3-8-7-9$

$=3-24$ …結合法則

$=\mathbf{-21}$

(2) $-1+3-7+2-5$

$=3+2-1-7-5$ …交換法則

$=5-13$ …結合法則

$=\mathbf{-8}$

Check! 2 次の計算をしなさい。

(1) $-7+6+3-2$　　(2) $8-5-3-1+13-2$

(3) $-4+11-(-3)+7+(-21)$　　(4) $3.2-(+5.1)-3.8+9.2+(-4)$

解答 p.8

1 項を書き並べた式 次の式を加法だけの式になおしてから，項だけを並べた式に表して計算しなさい。教 p.36 問3・4

□(1) $(+7)-(+6)+(-3)$

□(2) $(-9)-(-1)+(-5)+(+3)$

□(3) $(-21)+(+35)+(+17)-(+31)$

□(4) $(-1.9)+(-1.8)-(-5.7)$

2 交換法則・結合法則の利用 次の計算をしなさい。教 p.36 問4，p.37 問5・6

□(1) $3-2+6$

□(2) $5-9+1-8$

□(3) $12-26+18+10$

□(4) $-0.8+3.5-3.3$

□(5) $3-11+9-6+5$

□(6) $-9-3+(-16)+8$

□(7) $-69+(-11)-(-72)+88$

□(8) $9.1+3.3-(+5.6)-(-5.8)$

□(9) $2-\frac{1}{2}+\frac{1}{3}$

□(10) $\frac{4}{9}-\left(+\frac{2}{3}\right)-\frac{1}{6}$

□(11) $3-\left(+\frac{6}{5}\right)-\left(-\frac{6}{7}\right)$

□(12) $\frac{3}{2}-\left(+\frac{4}{3}\right)+\left(-\frac{1}{4}\right)$

解答 p.8

2節の問題 | 加法と減法

教科書 27 ▸ 38
解答 p.9

1 次の計算をしなさい。

□(1) $(-9)+(+2)$

□(2) $(-12)+(-7)$

□(3) $(+21)-(-37)$

□(4) $(-14)+(+14)$

□(5) $0-(-3)$

□(6) $(-0.5)+0$

□(7) $(+2)+\left(-\dfrac{5}{2}\right)$

□(8) $(-0.9)+(-0.1)$

□(9) $\left(-\dfrac{2}{3}\right)-\left(+\dfrac{5}{9}\right)$

□(10) $(-1.2)+\left(-\dfrac{3}{5}\right)$

2 次の計算をしなさい。

□(1) $-5-2$

□(2) $7-4-3+2$

□(3) $-9+1-6+5$

□(4) $(+7)+(-11)-(+4)$

□(5) $(-13)-(-22)+(+18)$

□(6) $(+15)+(-16)-(+7)-(-13)$

□(7) $-9-(-3)+2$

□(8) $8-0-(-9)+2$

□(9) $22+(-37)-(-51)$

□(10) $1.9-(+2.1)-0.5$

□(11) $1-\dfrac{4}{3}-\left(-\dfrac{1}{6}\right)+\dfrac{3}{2}$

□(12) $-\dfrac{1}{4}+(-0.5)-\dfrac{3}{8}$

ヒント

1 (10) 小数または分数にそろえて計算しよう。
2 (12) −0.5 を分数になおしてみよう。

3 ある数に −4 をたすところを，まちがえてある数から −4 をひいたところ，答えが −1 になりました。次の問に答えなさい。

□(1) ある数を求めなさい。

□(2) 正しい計算をしたときの答えを求めなさい。

4 右の図で，9 個のマスに整数を 1 つずつ入れて，どの縦，横，斜めの 3 つの数を加えても，和が等しくなるようにしたい。次の問に答えなさい。

3	5	−2
	㋐	
	−1	㋑

□(1) 1 列に並ぶ数の和を求めなさい。

□(2) ㋐と㋑に入る数をそれぞれ求めなさい。

□ **5** 3 つの数 A，B，C があり，A と B は正の数，C は負の数です。このとき，次の㋐〜㋓のうち，A，B，C の絶対値の大小にかかわらず，計算結果がつねに正になるものを選んで，記号で答えなさい。

㋐ −A−B　　㋑ A−B−C　　㋒ −C＋B−A　　㋓ A＋B−C

6 下の表は，ある地点において月曜日から土曜日までの 6 日間の最高気温を調べて，それぞれ前日の最高気温より何℃高かったかを表したものです。例えば，水曜日のらんの −1.5 は，水曜日の最高気温が火曜日の最高気温より 1.5℃低かったことを表します。

曜日	月	火	水	木	金	土
前日とのちがい(℃)		＋2.1	−1.5	−0.8	−1.6	−0.9

□(1) 月曜日から土曜日までのうち，気温がもっとも低かったのは何曜日ですか。

□(2) 木曜日の気温は 24℃でした。月曜日の気温を求めなさい。

ヒント

4 (2) ㋐→㋑の順に求める。
6 各曜日の最高気温を，月曜日との差で表してみよう。

1章　3節 乗法と除法

もっとチャレンジ!

1 乗法①

例題 1　乗法の計算

教 p.41 例 1・2，p.42 例 3・4

次の計算をしなさい。

(1) $(+3)\times(+7)$　(2) $(+9)\times(-8)$　(3) $11\times(-2)$

(4) $-(+6)$　(5) $-(-13)$

解き方

(1) $(+3)\times(+7)=+(3\times7)=+21=\mathbf{21}$

(2) $(+9)\times(-8)=-(9\times8)=\mathbf{-72}$

(3) $11\times(-2)=(+11)\times(-2)$
$=-(11\times2)=\mathbf{-22}$

(4) $-(+6)=(-1)\times(+6)=-(1\times6)=\mathbf{-6}$

(5) $-(-13)=(-1)\times(-13)=+(1\times13)$
$=+13=\mathbf{13}$

ポイント

正負の数の乗法

1 同符号の数では，絶対値の積に正の符号をつける。
2 異符号の数では，絶対値の積に負の符号をつける。
※ $-(-5)=(-1)\times(-5)=+5=5$
$-(+5)=(-1)\times(+5)=-5$

Check! 1　次の計算をしなさい。

(1) $(+11)\times(-4)$　(2) $(-6)\times(-13)$　(3) $(+6)\times(+1)$

(4) $-(-100)$　(5) $-(+2.7)$

例題 2　乗法の交換・結合

教 p.43 例 5

次の計算をしなさい。

(1) $12\times(-11)\times(-5)$　(2) $(-27)\times8\times\left(-\dfrac{2}{3}\right)$

ポイント

交換法則…$a\times b=b\times a$
結合法則…$(a\times b)\times c=a\times(b\times c)$

解き方

(1) $12\times(-11)\times(-5)=12\times(-5)\times(-11)=-(12\times5)\times(-11)$
$=(-60)\times(-11)=\mathbf{660}$

(2) $(-27)\times8\times\left(-\dfrac{2}{3}\right)=(-27)\times\left(-\dfrac{2}{3}\right)\times8=+\left(27\times\dfrac{2}{3}\right)\times8=(+18)\times8=\mathbf{144}$

Check! 2　次の計算をしなさい。

(1) $-2\times33\times(-5)$　(2) $-4\times(+31)\times(-25)$

(3) $(+4)\times4.7\times(-10)$　(4) $(-6)\times\left(-\dfrac{2}{9}\right)\times15$

解答 p.10

1 乗法の計算　次の計算をしなさい。 教 p.41 問 1～3，p.42 問 4

□(1)　$(+4)\times(+2)$

□(2)　$53\times(-3)$

□(3)　$(-11)\times(-8)$

□(4)　$(-7)\times(+16)$

□(5)　$-(+72)$

□(6)　$(+13)\times(-13)$

□(7)　$(-17)\times0.3$

□(8)　$-9\times\left(-\dfrac{10}{11}\right)$

□(9)　$-(-5.09)$

□(10)　$-\left(-\dfrac{2}{5}\right)\times\left(-\dfrac{3}{4}\right)$

ヒント

(10)　$-\left(-\dfrac{2}{5}\right)=(-1)\times\left(-\dfrac{2}{5}\right)=\dfrac{2}{5}$

として計算する。

2 乗法の交換・結合　次の計算をしなさい。 教 p.43 問 6

□(1)　$(-5)\times(-13)\times(-4)$

□(2)　$3\times(-4)\times15$

□(3)　$-9\times(-25)\times4$

□(4)　$5\times(-21)\times8$

□(5)　$(-4)\times(+9.7)\times(-10)$

□(6)　$18\times(-2)\times\left(-\dfrac{1}{9}\right)$

□(7)　$-30\times6\times(-5)$

□(8)　$(+52)\times(-14)\times5$

□(9)　$-8\times(+23)\times\left(-\dfrac{3}{4}\right)$

解答 p.10

1章

もっとチャレンジ!

3節 乗法と除法

1 乗法②

例題1 いくつかの数の積

教 p.44 例6

次の計算をしなさい。

(1) $(-1)\times(+3)\times(+7)\times(-5)$

(2) $(-9)\times(-2)\times(+2)\times(-3)$

ポイント

$(+a)\times(+b)\times(-c)\times(-d)$…－は 2個→＋$(a\times b\times c\times d)$
$(-a)\times(+b)\times(-c)\times(-d)$…－は 3個→－$(a\times b\times c\times d)$

解き方

(1) $(-1)\times(+3)\times(+7)\times(-5)=+(1\times3\times7\times5)=\mathbf{105}$ …－は偶数個

(2) $(-9)\times(-2)\times(+2)\times(-3)=-(9\times2\times2\times3)=\mathbf{-108}$ …－は奇数個

Check! 1 次の計算をしなさい。

(1) $(+8)\times(-1)\times(-6)\times(+2)$　　(2) $\left(-\frac{3}{7}\right)\times(-10)\times\left(-\frac{2}{3}\right)$

例題2 累乗の計算

教 p.45 例7・8

(1) 次の積を，累乗の指数を使って表しなさい。

① $(-2)\times(-2)\times(-2)\times(-2)$　② 0.23×0.23　③ $\frac{2}{3}\times\frac{2}{3}\times\frac{2}{3}$

(2) 次の計算をしなさい。

① $(-7)^3$　② $(3\times2)^2$

(3) 9，8，12 を素因数分解し，累乗の指数を使ってそれぞれ表しなさい。

解き方

(1)① $(-2)\times(-2)\times(-2)\times(-2)=\mathbf{(-2)^4}$…$(-2)$ を 4 個かけたもの。

② $0.23\times0.23=\mathbf{0.23^2}$…0.23 を 2 個かけたもの。$(0.23)^2$ とする必要はない。

③ $\frac{2}{3}\times\frac{2}{3}\times\frac{2}{3}=\left(\frac{2}{3}\right)^3$

(2)① $(-7)^3=(-7)\times(-7)\times(-7)=-(7\times7\times7)=\mathbf{-343}$ （－は奇数個）

② $(3\times2)^2=6^2=\mathbf{36}$

(3) $9=3\times3=\mathbf{3^2}$　$8=2\times2\times2=\mathbf{2^3}$　$12=2\times2\times3=\mathbf{2^2\times3}$

Check! 2 次の問に答えなさい。

(1) $(-5)\times(-5)\times(-5)$ を，累乗の指数を使って表しなさい。

(2) $(-0.2)^3$，-4^3，$(2\times5)^3$ を計算しなさい。

(3) 20，25，162 を素因数分解し，累乗の指数を使って表しなさい。

解答 p.11

❶ いくつかの数の積　次の計算をしなさい。 教 p.44 問7

□(1) $-6\times(+3)\times3$

□(2) $(+8)\times(-4)\times1$

□(3) $(-12)\times(-10)\times10$

□(4) $(-9)\times(-0.5)\times(-3.2)$

□(5) $\left(+\frac{4}{5}\right)\times\left(-\frac{1}{2}\right)\times(-10)\times18\times\left(-\frac{8}{9}\right)$

□(6) $-6\times\frac{1}{3}\times\left(-\frac{5}{7}\right)\times(-14)$

ヒント!
計算の記号と正，負の符号が続く場合，かっこを使う。

❷ 累乗の計算　次の積を，累乗の指数を使って表しなさい。 教 p.45 問8

□(1) $(-1)\times(-1)\times(-1)$

□(2) 3.14×3.14

□(3) $-10\times10\times10$

□(4) $\left(-\frac{1}{6}\right)\times\left(-\frac{1}{6}\right)$

❸ 累乗の計算　次の問に答えなさい。 教 p.45 問9・10

ヒント!
$(-2)^2=(-2)\times(-2)$
$-2^2=-(2\times2)$

(1) 次の計算をしなさい。

□① $(-7)^2$

□② -5^2

□③ $(-4)\times2^2$

□④ $(3\times4)^2$

(2) 次の自然数を素因数分解し，累乗の指数を使って表しなさい。

□① 63

□② 56

□③ 250

解答 p.11

◀もっとチャレンジ!

1章　3節 乗法と除法

2 除法

例題 1　除法の計算

教 p.47 例 1・2

次の計算をしなさい。

(1)　$-24 \div (-6)$　　(2)　$38 \div (-19)$

解き方

(1)　$-24 \div (-6) = +(24 \div 6) = +4 = 4$

(2)　$38 \div (-19) = -(38 \div 19) = -2$

ポイント

正負の数の除法

1　同符号の数では，絶対値の商に正の符号をつける。

2　異符号の数では，絶対値の商に負の符号をつける。

Check! 1　次の計算をしなさい。

(1)　$(-100) \div 10$　　(2)　$(-52) \div (-4)$　　(3)　$(+36) \div (-9)$

例題 2　逆数と除法

教 p.49 例 5

次の計算をしなさい。

(1)　$-\frac{7}{8} \div \left(+\frac{14}{3}\right)$　　(2)　$\frac{3}{7} \div (-12)$

解き方

(1)　$-\frac{7}{8} \div \left(+\frac{14}{3}\right) = -\left(\frac{7}{8} \times \frac{3}{14}\right) = -\frac{3}{16}$

乗法になおす

(2)　$\frac{3}{7} \div (-12) = -\left(\frac{3}{7} \div \frac{12}{1}\right) = -\left(\frac{3}{7} \times \frac{1}{12}\right) = -\frac{1}{28}$

乗法になおす

ポイント

2つの数の積が1のとき，一方の数を他方の数の逆数という。

例　$(-3) \times \left(-\frac{1}{3}\right) = 1$

$5 \div 3 = 5 \times \frac{1}{3}$

$5 \div \frac{2}{3} = 5 \times \frac{3}{2}$

Check! 2　次の計算をしなさい。

(1)　$\left(-\frac{3}{5}\right) \div (-4)$　　(2)　$0 \div (-9)$　　(3)　$(+1.3) \div \left(-\frac{39}{5}\right)$

例題 3　乗除の混じった計算

教 p.49 例 6

乗法だけの式になおして $(-56) \div \left(-\frac{14}{15}\right) \times (-2)$ を計算しなさい。

解き方

$(-56) \div \left(-\frac{14}{15}\right) \times (-2) = -56 \times \left(-\frac{15}{14}\right) \times (-2) = -\left(\frac{56}{1} \times \frac{15}{14} \times \frac{2}{1}\right) = -120$

Check! 3　乗法だけの式になおして計算しなさい。

(1)　$21 \div (-3^3) \times 4$　　(2)　$6 \times (-2) \div 5^2$

解答 p.12

1 除法の計算　次の計算をしなさい。教 p.47 問 1・2

□(1)　$(-54)\div(+27)$

□(2)　$(+32)\div(-5)$

□(3)　$(+8)\div(+0.8)$

□(4)　$(-33)\div 3$

□(5)　$(-9)\div(-6)$

□(6)　$5.6\div(-11.2)$

2 逆数と除法　次の問に答えなさい。教 p.48 問 5，p.49 問 6

(1)　次の□に当てはまる数を求めなさい。

□①　$-5\times\square=1$

□②　$\square\times\left(-\dfrac{6}{5}\right)=1$

□③　$-0.7\times\square=1$

ヒント！

［逆数］

$3 \leftrightarrow \dfrac{1}{3}$

$-\dfrac{2}{3} \leftrightarrow -\dfrac{3}{2}$

(2)　次の計算をしなさい。

□①　$\dfrac{5}{6}\div(-10)$

□②　$\left(-\dfrac{8}{9}\right)\div\left(-\dfrac{8}{35}\right)$

□③　$-\dfrac{31}{10}\div\dfrac{93}{7}$

□④　$(-16)\div\left(-\dfrac{1}{4}\right)$

□⑤　$4\div\left(-\dfrac{3}{10}\right)$

□⑥　$(+1)\div\left(-\dfrac{43}{12}\right)$

3 乗除の混じった計算　次の計算をしなさい。教 p.49 問 7

□(1)　$(-3)\times(+2)\div\left(-\dfrac{5}{6}\right)$

□(2)　$\dfrac{5}{9}\div\left(-\dfrac{9}{5}\right)\times\left(-\dfrac{27}{25}\right)$

□(3)　$\left(+\dfrac{1}{4}\right)\div\left(-\dfrac{2}{3}\right)\times\left(+\dfrac{1}{2}\right)$

□(4)　$(-5^2)\times\left(-\dfrac{3}{4}\right)\div\left(-\dfrac{10}{3}\right)$

解答 p.12

1章

3節 乗法と除法

◀もっとチャレンジ!

3 四則の混じった計算

例題 1 計算の順序

教 p.50 例1・2

次の計算をしなさい。

(1) $3-(-5)\times 2$　　(2) $30\div(-2+8)$

解き方

(1) $3-(-5)\times 2=3-(-10)=3+10=\mathbf{13}$

(2) $30\div(-2+8)=30\div(+6)=\mathbf{5}$

ポイント

① 加減と乗除の混じった計算では，乗除を先に計算する。

② かっこのある式の計算では，かっこの中を先に計算する。

Check! 1 次の計算をしなさい。

(1) $(-7)+(-8)\div 6$　　(2) $\{(-7)+(-8)\}\div 6$

例題 2 かっこや累乗をふくむ計算

教 p.50 例3

次の計算をしなさい。

(1) $24\div(-2^3)+(-7)$　　(2) $5-(-5+3)^2\div 2$

解き方

(1) $24\div(-2^3)+(-7)=24\div(-8)+(-7)=-3-7=\mathbf{-10}$

(2) $5-(-5+3)^2\div 2=5-(-2)^2\div 2=5-4\div 2=5-2=\mathbf{3}$

ポイント

累乗のある式の計算では，累乗を先に計算する。

Check! 2 次の計算をしなさい。

(1) $-7^2+5\div 10\times 2$　　(2) $\{8-(-5)^2\times 4\}\div(-3)^2$

例題 3 分配法則の利用

教 p.51 問4・例4

分配法則を利用して，次の計算をしなさい。

(1) $\left(\frac{2}{3}+\frac{3}{2}\right)\times(-6)$　　(2) $35\times 15-35\times 5$

(3) -101×27

解き方

(1) $\left(\frac{2}{3}+\frac{3}{2}\right)\times(-6)=\frac{2}{3}\times(-6)+\frac{3}{2}\times(-6)=-4+(-9)=-4-9=\mathbf{-13}$

(2) $35\times 15-35\times 5=35\times(15-5)=35\times 10=\mathbf{350}$

(3) $-101\times 27=-(100+1)\times 27=-2700-27=\mathbf{-2727}$

ポイント

分配法則 $(a+b)\times c=a\times c+b\times c$

例　$(2+3)\times 4=2\times 4+3\times 4$

$c\times(a+b)=c\times a+c\times b$

例　$4\times(2+3)=4\times 2+4\times 3$

Check! 3 分配法則を利用して，次の計算をしなさい。

(1) $12\times\left(\frac{1}{4}-\frac{5}{6}\right)$　　(2) $3\times 23-13\times 23$　　(3) $10.3\times(-5)$

解答 p.13

1 四則の混じった計算　次の計算をしなさい。教 p.50 問2

□(1)　$7+8\times(-2)$

□(2)　$15\div(-3)+(-6)$

□(3)　$2\times(-5)-28\div(-4)$

□(4)　$-6\div\{3-(-9)\}$

□(5)　$-(9-2)\times11$

□(6)　$(11-12)\times(-6)$

2 かっこや累乗をふくむ計算　次の計算をしなさい。教 p.51 問3

□(1)　$-2\times(-3)^2-5$

□(2)　$(-6)^2\div3+(-9)$

□(3)　$(3-11)\div(-2)^2$

□(4)　$5\times(-4+2^3)$

□(5)　$(-3^3)\div9-(-3)$

□(6)　$-3+(-2)\times4^2\div(-8)$

3 分配法則の利用　分配法則を利用して，次の計算をしなさい。教 p.51 問4・5

□(1)　$\left(\frac{8}{15}-\frac{7}{6}\right)\times30$

□(2)　$-22\times\left(\frac{1}{2}+\frac{5}{11}\right)$

□(3)　$33\times12+7\times12$

□(4)　$52\times27-52\times37$

□(5)　$101\times(-53)$

□(6)　-17×205

解答 p.13

1章

3節 乗法と除法

◀もっとチャレンジ!

4 数の範囲と四則

例題1 自然数どうしの計算

教 p.52 Q

2枚のカード [3], [5] を下の㋐～㋓の□においていろいろな計算をするとき，その結果が，次の(1)～(4)に当てはまるものをすべていいなさい。

㋐ □＋□	㋑ □－□	㋒ □×□	㋓ □÷□

(1) 必ず正の数になる。
(2) 負の数になることがある。
(3) 必ず自然数になる。
(4) 整数になることはない。

解き方

(1)・(2)について：㋐…(＋)＋(＋)→いつも(＋)　㋑…3－5＝－2となる
㋒…(＋)×(＋)→いつも(＋)　㋓…(＋)÷(＋)→いつも(＋)

(3)・(4)について：㋐…3＋5＝8，5＋3＝8　㋑…5－3＝2，3－5＝－2
㋒…3×5＝15，5×3＝15　㋓…$3\div5=\frac{3}{5}$，$5\div3=\frac{5}{3}$

答 (1) ㋐，㋒，㋓ (2) ㋑ (3) ㋐，㋒ (4) ㋓

Check! 1 自然数どうしの減法・除法で，結果が自然数にならない例を，3と5以外の数を用いてそれぞれ1つ書きなさい。

例題2 数の範囲と四則

教 p.53 問1

a，b を自然数とするとき，次の(1)，(2)の計算は，右のA～Cのどの集合でいつでも計算できるといえますか。

(1) $a+b$
(2) $a-b$

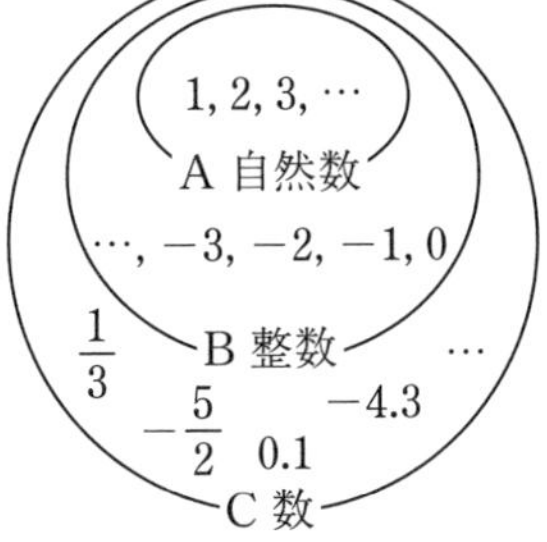

解き方

(1) a，b が自然数なので，2数の和は自然数になる。

(2) $a\leqq b$ のとき，$a-b\leqq 0$ となるが，いつでも整数であるので，整数の集合でいつでも計算できるといえる。

答 (1) A (2) B

Check! 2 **例題2**で，$a\times b$，$a\div b$ の計算は，A～Cのどの数の集合でいつでも計算できるといえますか。

解答 p.14

1 自然数どうしの計算　下の①～④の表を見て，次の問に答えなさい。 教 p.52 Q

①加法

$a+b$		たす数b			
		1	2	3	4
たされる数a	1				
	2				
	3				
	4				

②減法

$a-b$		ひく数b			
		1	2	3	4
ひかれる数a	1				
	2				
	3				
	4				

③乗法

$a\times b$		かける数b			
		1	2	3	4
かけられる数a	1				
	2				
	3				
	4				

④除法

$a\div b$		わる数b			
		1	2	3	4
わられる数a	1				
	2				
	3				
	4				

□(1)　上の①～④の表のうち，計算の結果がすべて正の数になるものはどれですか。

□(2)　上の①～④の表のうち，計算の結果がすべて整数になるものはどれですか。

□(3)　②と④の表において，計算の結果が自然数でないマスに，×印をつけなさい。

ヒント
(3)　0になる場合に注意する。

□(4)　①と③の表において，計算の結果が素数になるマスに，○印をつけなさい。

ヒント
(4)　素数…1とその数自身の積でしか表せない自然数。

2 数の範囲と四則　2つの数a，bについて，①～④の計算の結果がどのような数の集合にふくまれるかを考えます。次の問に答えなさい。 教 p.53 問1

①　$a+b$　　②　$a-b$　　③　$a\times b$　　④　$a\div b$

□(1)　a，bがいずれも整数であるとき，計算の結果がいつでも整数の集合にふくまれる計算を，①～④からすべて選びなさい。

□(2)　a，bは，小数，分数をふくむ数全体の集合に含まれるとします。$a=b$のとき，計算の結果がいつでも整数の集合にふくまれる計算を，①～④から選びなさい。

解答 p.14

1章　4節 正負の数の利用

もっとチャレンジ!

正負の数の利用

例題 1　平均の求め方

教 p.57 問 1

右の表は，A，B，C，D，E の 5 人の生徒の身長をまとめたものです。

A	B	C	D	E
152	152	147	150	156
			0	

（単位：cm）

(1)　D の身長を基準の 0cm として，ほかの 4 人の身長を正の数，負の数で表しなさい。

(2)　(1)の結果を使って，5 人の平均身長を求めなさい。

解き方

(1)　D の身長 150cm との差を＋，－の符号をつけて表す。

A・B…$152-150=+2$　　C…$147-150=-3$　　E…$156-150=+6$

(2)　(平均)＝(基準の値)＋(差の平均)

$150+(2+2-3+0+6)\div 5=150+1.4=$ **151.4 (cm)**

Check! 1　F，G，H，I，J の 5 人の身長は，155cm の H さんの身長を基準とすると，右の表のように表されます。このとき，5 人の平均身長を求めなさい。

F	G	H	I	J
－5	－1	0	－7	＋2

（単位：cm）

例題 2　変化とグラフの利用

教 p.57 問 2

右の表は，A 市の月曜日から土曜日までの最高気温の変化を，前日より高い場合を正の数，低い場合を負の数として表したものです。

日	月	火	水	木	金	土
	＋2	－4	＋1	＋3	－6	＋4

（単位：℃）

日曜日の最高気温が 27℃のとき，次の問に答えなさい。

(1)　最高気温が日曜日と同じ曜日を答えなさい。

(2)　最高気温がもっとも低い日と，その日の最高気温を答えなさい。

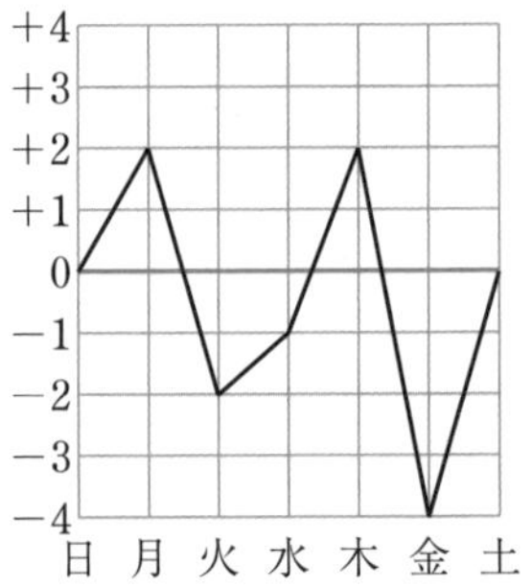

解き方

(1)　日曜日を基準の 0℃として表やグラフにまとめる。右の図。

(2)　右の図より，もっとも低いのは金曜日。最高気温は，日曜日との差から　$27+(-4)=23$ (℃)

答　(1)　**土曜日**　(2)　低い日…**金曜日**，最高気温…**23℃**

Check! 2　**例題 2** で金曜日を基準としたとき，金曜日との最高気温の差を，右の表にまとめなさい。また，この週の最高気温の平均を，四捨五入して小数第 1 位まで求めなさい。

日	月	火	水	木	金	土
					0	

（単位：℃）

解答 p.15

❶ 平均の求め方　右の表は，ある日にA，B，C，D，E，Fの6つの球場で行われたプロ野球の観客数を千人の単位でまとめたものです。 教 p.57 問1

球場	A	B	C	D	E	F
観客数	11	38	9	14	34	20
差						0

（単位：千人）

□(1)　F球場を基準として，ほかの球場の観客数とF球場との差を求め，正の数，負の数を使って表を完成させなさい。

□(2)　(1)の結果から，この日の1球場あたりの観客数の平均を求めなさい。

❷ 変化とグラフの利用　下の表は，あるお店の月曜日から土曜日までの売り上げの変化を，前日の売り上げ金額を基準にして，それより大きい場合を正の数，小さい場合を負の数として表したものです。月曜日の売り上げ金額は58万円でした。 教 p.57 問2

月	火	水	木	金	土	日
	−4	＋9	−2	−7	＋6	Y

（単位：万円）

□(1)　月曜日の売り上げを基準の0と見て，土曜日までの売り上げの変化を表す折れ線グラフを，右の図にかき入れなさい。

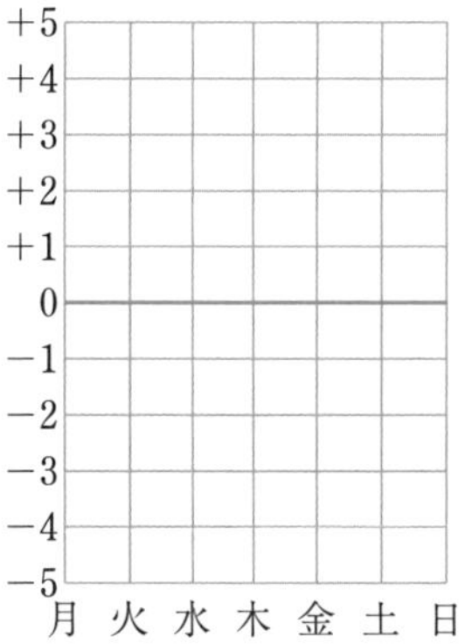

□(2)　月曜日から土曜日までのうち，売り上げがもっとも大きい日と，その売り上げ金額を求めなさい。

□(3)　売り上げ金額が等しかったのは，何曜日と何曜日ですか。

□(4)　この週の日曜日の売上金額が57万円であるとき，表のYにあてはまる数を求めなさい。

解答 p.15

3・4節の問題　乗法と除法 正負の数の利用

教科書 39 ▸ 57
解答 p.16

1 次の計算をしなさい。

□(1) $(-7)\times(+5)$　　□(2) 0×7

□(3) $\dfrac{8}{9}\times\left(-\dfrac{3}{8}\right)$　　□(4) $(-4)\times 6\times(-5)$

2 次の数を素因数分解し，累乗の指数を使って表しなさい。

□(1) 32　　□(2) 45

□(3) 132　　□(4) 252

3 次の計算をしなさい。

□(1) $(-8)^2$　　□(2) -8^2　　□(3) $(-2)^3\times 3^2$

4 次の計算をしなさい。

□(1) $18\div(-2)$　　□(2) $0\div 4$

□(3) $64\div(-4)$　　□(4) $\left(-\dfrac{2}{7}\right)\div\left(-\dfrac{4}{7}\right)$

5 次の計算をしなさい。

□(1) $7\times(-4)\div 2$　　□(2) $(-15)\div\left(-\dfrac{5}{3}\right)\div\dfrac{2}{9}$

6 次の計算をしなさい。

□(1) $9-4\times(-2)$　　□(2) $3\times(-3)+11$

□(3) $49\div 7-(13-3)$　　□(4) $1-(-1)^2\div 2$

ヒント

3(3)　累乗→乗法の順に計算しよう。

7 **分配法則を利用して，次の計算をしなさい。**

□(1)　$21 \times (-6) + 21 \times (-4)$

□(2)　$101 \times (-29)$

8 **右の表は，A，B，C，D，E の 5 人のテストの得点を表したもので，「基準との差」は，ある得点を基準として，それよりも高い場合は正の数，低い場合は負の数で表しています。**

	A	B	C	D	E
得点	50	60	②	65	54
差	-10	①	$+12$	$+5$	-6

□(1)　基準とした得点は何点ですか。

□(2)　上の表の①，②に当てはまる数を答えなさい。

□(3)　得点の一番高い人と一番低い人の差を求めなさい。

□(4)　5 人の平均点を求めなさい。

9 **右の図は，数の範囲を表したものです。a と b がともに自然数であるとき，次の㋐～㋓の計算の結果を考えます。次の問に答えなさい。**

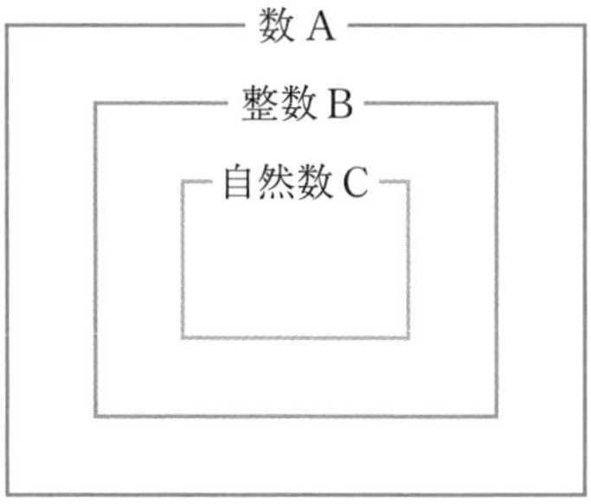

㋐ $a+b$	㋑ $a-b$	㋒ $a \times b$	㋓ $a \div b$

□(1)　計算結果がいつでも C の集合にふくまれるとは限らないものを，㋐～㋓からすべて選びなさい。

□(2)　計算の結果がいつでも B の集合にふくまれるものを，㋐～㋓からすべて選びなさい。

ヒント

9　B の集合には，C の集合もふくまれるよ。

1章の問題　正負の数　数の世界をひろげよう

教科書 17 ▸ 60

解答 p.17

1 次の数を素因数分解して，約数をすべて求めなさい。

□(1)　42　　□(2)　60　　□(3)　98

2 次の計算をしなさい。

□(1)　$-9+(+2)$

□(2)　$-(-4)-(+3)$

□(3)　$-19+21$

□(4)　$-0.3-(-2.1)$

□(5)　$\frac{5}{8}-\left(-\frac{3}{8}\right)$

□(6)　$4+7-2-9$

□(7)　$9+(-11)-2+5$

□(8)　$-2+7-(-4)-(+1)$

3 次の計算をしなさい。

□(1)　$(-9)\times 2$

□(2)　$(-35)\div(-7)$

□(3)　$\frac{7}{16}\times(-4)$

□(4)　$(-9)\div\frac{3}{4}$

□(5)　$(-2)^3\times(-5)^2$

□(6)　$(-60)\div 4\div 5$

□(7)　$(-2)\times(-6)-(-8)\div 4$

□(8)　$2\times(-9)\div 3+10$

4 次の計算をしなさい。

□(1)　$8-\{8\div(5-3)\}$

□(2)　$\left(-\frac{1}{2}\right)^2\times 3-1\div 2$

ヒント

1　素因数の積で表される数はすべてその数の約数だよ。

5 分配法則を使って，次の計算をしなさい。

□(1) $\left(\frac{3}{4}-\frac{1}{6}\right)\times 12$

□(2) $(-36)\times\left(\frac{5}{12}+\frac{3}{4}\right)$

□**6** 3つの数A，B，Cがあり，$A\times B<0$，$B\div C<0$，$A+C>0$です。このとき，A，B，Cの符号の組み合わせとして正しいものを，次の㋐～㋓から1つ選んで，記号で答えなさい。

㋐ $A>0$，$B>0$，$C<0$　　㋑ $A<0$，$B>0$，$C<0$　　㋒ $A>0$，$B<0$，$C>0$

㋓ $A<0$，$B<0$，$C<0$

□**7** 右の表は，あるパン屋で月曜日から土曜日に売れたクロワッサンの個数を，平均との差で表したものです。6日間の販売個数の合計は，234個でした。土曜日は何個売れましたか。

曜日	月	火	水	木	金	土
差	−9	+2	−3	−2	+5	+7

8 A，B，Cの3人ですごろくゲームをしました。1回ゲームをするごとに1位の人には2点，2位の人には1点，3位の人には−1点を加えるルールでゲームを4回して，その合計点を競いました。右の表は，3人の1回ごとの得点と合計点を表したものです。次の問に答えなさい。

回	A	B	C
1	2	−1	1
2	−1	2	1
3	2	1	−1
4	1		
合計	①	②	③

□(1) ①に当てはまる数を書きなさい。

□(2) CとBの合計点の差は2点でした。②に当てはまる数を書きなさい。

□**9** 次のことがらは，いつでも成り立つとは限りません。その理由を，具体的な数値を例にあげて説明しなさい。

ある整数Aにある整数Bをかけると，0より大きい数になる。

ヒント

6 まず，Aの符号を仮に決めてみよう。AとB，BとCの符号の関係はどうなるかな。

2章 文字と式

小5	整数と小数の位取りのまとめ	小6	分数×÷整数，分数
小5	偶数，奇数，倍数，約数	小6	整数，分数，小数の計算
小5	小数×÷小数	小6	文字を用いた式
		中1	正負の数

数学のことばを身につけよう

ウォーミングアップ

1 次の問に答えなさい。

(1)　80 円のペンを何本かと，70 円の消しゴムを 1 個買います。

□①　ペンの本数が 3 本のときの代金の合計を求める式を書きなさい。

□②　ペンの本数を x 本，代金の合計を y 円として，x と y の関係を式に表しなさい。

□③　②の式で，x の値が 7 のとき，y の値を求めなさい。

(2)　かごの値段を 300 円，りんご 1 個の値段を x 円としたとき，次の式は何を表していますか。

□①　$x\times5$

□②　$x+300$

□③　$x\times8+300$

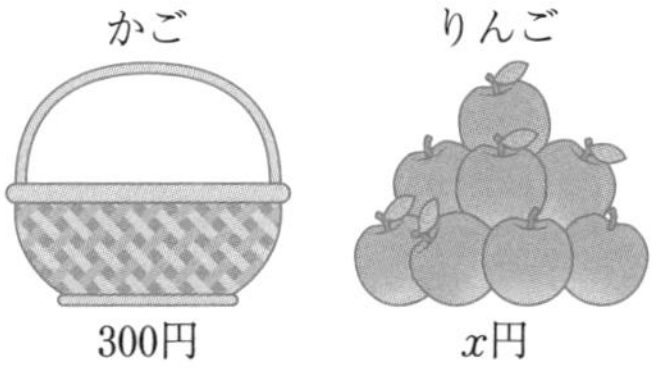

> **ふりかえり 小6**
> **文字と式**
> ことばの式に表して考える。

2 次の x と y の関係を表す式を，$y=$～の形で書きなさい。

□(1)　折り紙が 20 枚あります。x 枚使ったとき，残りは y 枚です。

□(2)　底辺が $x$cm，高さが 12cm の三角形の面積は $y$cm^2 です。

□(3)　$x$cm のテープを 5 人で等分したとき，1 人分の長さは $y$cm です。

> **ふりかえり 小5**
> **三角形の面積**
> (底辺)×(高さ)÷2

3 次の問に答えなさい。

□(1) 下の表の①〜④に，当てはまる数を書きなさい。

割合を表す数	0.2	0.48	1	④
百分率	①	②	③	123%

□(2) 150 人の 60%は何人ですか。

□(3) 280 円の商品を 2 割引きで買います。代金はいくらですか。

□(4) x 円の 80%はいくらですか。x を使った式で表しなさい。

ふりかえり 小5

割合

(比べられる量)＝
(もとにする量)×(割合)
百分率は，小数になおしてから式をつくる。
60% → 0.6

4 右の図のように，1 辺に 20 個ずつご石を並べて，正方形を作りました。

このときのご石の数を，①〜③の式で求めました。①，②，③の考え方を表す図を，㋐〜㋒から選んで記号で答えなさい。

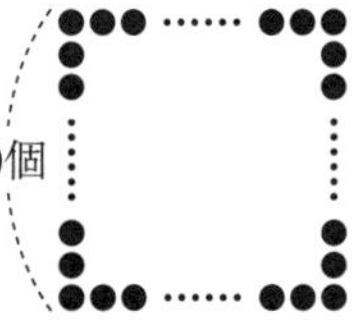

□① $(20-2)\times4+4$

□② $20\times4-4$

□③ $(20-1)\times4$

㋐

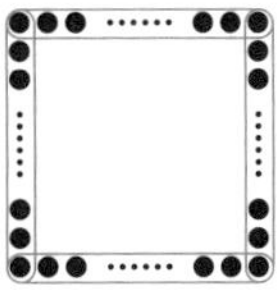

㋑

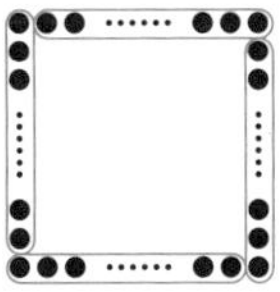

㋒

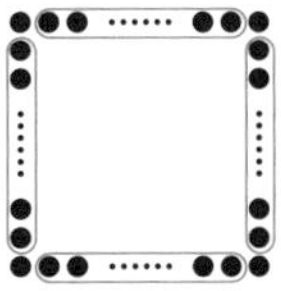

ヒント

(20－2) と (20－1) は，どの部分かをさがす。

5 長さの等しいマッチ棒で，右の図のように正三角形を作り，横に並べていきます。

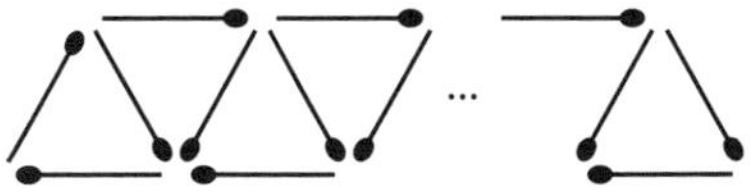

□(1) 正三角形の数が増えると，マッチ棒の数はどうなりますか。下の表の①〜④に当てはまる数を書きなさい。

正三角形の数（個）	1	2	3	4	5
マッチ棒の数（本）	3	①	②	③	④

ヒント

□(2) 正三角形の数が 1 個増えると，マッチ棒の数は何本増えますか。

□(3) 正三角形の数を x 個，マッチ棒の数を y 本として，x と y の関係を式に表しなさい。

□(4) 正三角形を 20 個作るとき，マッチ棒の数を求めなさい。

解答 p.18

◀もっとチャレンジ!

2章　1節 文字を使った式

1 文字式の使用　2 文字を使った式の表し方①

例題 1　すべての場合をまとめた式

教 p.65 例 1，p.66 例 1

次の数量を，文字を使った式で表しなさい。

(1)　1 個 x 円のボールを 12 個買うときの代金

(2)　玉を 3 個ずつ入れた袋《ふくろ》が y 袋でき，2 個あまるとき，全部の玉の数

解き方

(1)　(代金)＝(1 個の値段)×(個数)　　(2)　(全部の数)＝3×(袋の数)＋2

答　(1)　$(x\times12)$ 円　(2)　$(3\times y+2)$ 個

Check! **1**　次の(1)，(2)の数量を，文字を使った式で表しなさい。

(1)　1 辺 $a$cm の正五角形の周の長さ

(2)　1 個 70 円のりんごを x 個買い，1000 円出したときのおつり

例題 2　積の表し方

教 p.66 例 2，p.67 例 3

次の式を，文字式の表し方にしたがって表しなさい。

(1)　$3\times a$　　(2)　$y\times x$　　(3)　$(x-y)\times(-2)$

(4)　$y\times(-1)-x\times2$　　(5)　$y\times x\times y\times x$

解き方

(1)(3)　×の記号をはぶき，数字→文字の順に書く。

(2)　文字の積は，ふつうアルファベット順に書く。

(4)　加減の記号ははぶけない。　(5)　同じ文字の積は，累乗の指数を使って表す。

答　(1)　$3a$　(2)　xy　(3)　$-2(x-y)$　(4)　$-y-2x$　(5)　x^2y^2

Check! **2**　$a\times3\times a+b\times(-1)\times a$ を，文字式の表し方にしたがって表しなさい。

例題 3　商の表し方

教 p.68 例 4

次の式を，文字式の表し方にしたがって表しなさい。

(1)　$3x\div(-2)$　　(2)　$(x-y)\div9$　　(3)　$y\div\frac{2}{3}$

解き方

商は，÷をはぶき，分数の形で書く。

答　(1)　$-\frac{3x}{2}$ $\left(\text{または}-\frac{3}{2}x\right)$　(2)　$\frac{x-y}{9}$ $\left(\text{または}\ \frac{1}{9}(x-y)\right)$　(3)　$\frac{3}{2}y$ $\left(\text{または}\ \frac{3y}{2}\right)$

Check! **3**　$(a+b)\div(-3)$ を，文字式の表し方にしたがって表しなさい。

解答 p.19

1 すべての場合をまとめた式　**次の(1)〜(3)について，文字を使った式で表しなさい。** 教 p.65 問 1

□(1)　5 個入りのあめが x 袋あるとき，あめの個数の合計

□(2)　x 脚《きゃく》のいすのうち，4 脚に人が座っているとき，あいているいすの数

□(3)　am のロープを 6 等分したとき，1 つ分の長さ

2 すべての場合をまとめた式　**同じ長さの棒を使って右の図のように長方形を作り，つなげていきます。次の問に答えなさい。**

教 p.64 Q，p.66 問 1

□(1)　つなげた長方形の数と，使う棒の本数の関係をまとめた右の表を完成させなさい。

長方形の数(個)	1	2	3	…
棒の本数(本)	6			…

□(2)　長方形を n 個つなげたとき，使う棒の本数を n の式で表しなさい。

3 積の表し方・商の表し方　**次の問に答えなさい。** 教 p.67 問 2〜4，p.68 問 5・7

(1)　次の式を，文字式の表し方にしたがって表しなさい。

□①　$x \times 3 \times a$　　□②　$(a-5) \times 2$　　□③　$x \times \frac{3}{5}$

□④　$(-1) \times x \times y$　　□⑤　$a \times (-5) + b \times 3$　　□⑥　$a \times b \times a \times a \times b$

□⑦　$3y \div 5$　　□⑧　$(4-b) \div 3$　　□⑨　$x \times x + x \div (-4)$

(2)　次の式を，×や÷の記号を使って表しなさい。

□①　$-5x^3y$　　□②　$\frac{a}{3} - \frac{b}{3}$　　□③　$1.8(a-b)$

4 積の表し方・商の表し方　**次の問に答えなさい。** 教 p.68 問 6

□(1)　5 人の体重がそれぞれ 51kg，43kg，48kg，50kg，$a$kg のとき，この 5 人の平均体重は何 kg ですか。

ヒント
(平均体重)
＝(体重の合計)÷(人数)

□(2)　10L のジュースを aL ずつ x 人で分けたとき，残りの量は何 L ですか。

解答 p.19

もっとチャレンジ!

2章　1節 文字を使った式

2 文字を使った式の表し方②

例題 1　数量の表し方と単位

教 p.69 例 5

次の数量の和を，〔　〕の中の単位で表しなさい。

(1)　$x$kg と 80g〔g〕　(2)　h 時間と m 分〔時間〕

(3)　xL と ymL〔mL〕

ポイント

(1)　$1080x$，$1080+x$ などとしないよう注意。

解き方

(1)　1kg = 1000g だから，$x\text{kg} \to x \times 1000\,(\text{g}) = 1000x\,(\text{g})$

(2)　1 時間 = 60 分だから，1 分 → $\dfrac{1}{60}$ 時間　m 分 → $m \times \dfrac{1}{60}$ (時間) = $\dfrac{m}{60}$ (時間)

(3)　1L = 1000mL だから，$x\text{L} \to x \times 1000\,(\text{mL}) = 1000x\,(\text{mL})$

答　(1)　$(1000x+80)$ g　(2)　$\left(h+\dfrac{m}{60}\right)$ 時間　(3)　$(1000x+y)$ mL

Check! 1　例題 1 (1)〜(3)において，単位をそれぞれ〔kg〕，〔分〕，〔L〕で表しなさい。

例題 2　割合・速さの表し方

教 p.69 例 6・7

次の数量を，文字を使った式で表しなさい。

(1)　$a$kg の 2%　(2)　b 円の 2 割

(3)　xm の道のりを歩くのに 10 分かかったときの分速

ポイント

1% → $\dfrac{1}{100}$　1 割 = → $\dfrac{1}{10}$

(速さ) = (道のり) ÷ (時間)

解き方

(1)　1%は，全体の $\dfrac{1}{100}$ 倍だから，2%は $\dfrac{2}{100}$ 倍　つまり，$\dfrac{1}{50}$ 倍。$a \times \dfrac{1}{50} = \dfrac{1}{50}a$

(2)　1 割は，全体の $\dfrac{1}{10}$ 倍だから，2 割は $\dfrac{2}{10}$ 倍　つまり，$\dfrac{1}{5}$ 倍。$b \times \dfrac{1}{5} = \dfrac{1}{5}b$

(3)　(速さ) = (道のり) ÷ (時間) だから，$x \div 10 = \dfrac{x}{10}$

答　(1)　$\dfrac{1}{50}a$ kg　(2)　$\dfrac{1}{5}b$ 円　(3)　分速 $\dfrac{x}{10}$ m

Check! 2　次の数量を，文字を使った式で表しなさい。

(1)　aL の 30%　(2)　b 人の 7 割

(3)　$x$km の道のりを，時速 3km で歩くときにかかる時間

解答 p.20

❶ 数量の表し方と単位　次の問に答えなさい。 教 p.69 問 8

□(1)　$x$cm のろうそくが $y$mm 燃えたとき，次の①～③に当てはまる式を書きなさい。

> 燃えたろうそくの長さは [①] cm なので，残った長さは ([②])cm である。また，単位を mm にすると，残った部分は [③] mm である。

□(2)　現在の時刻が午前 8 時 x 分であるとき，次の①～③に当てはまる式を書きなさい。

> x 分を，単位を時間として表すと [①] 時間である。単位を秒として表すと，[②] 秒である。午前 9 時ちょうどになるまでの時間は [③] 時間である。

❷ 割合・速さの表し方　定価 x 円の商品 A を定価の 80% で購入するとき，次の金額を，文字を使った式で表しなさい。 教 p.69 問 9

□(1)　商品 A 1 個の代金

□(2)　1000 円出したときのおつり

ヒント!

200 円の 70%
$\rightarrow 200\times\frac{70}{100}=140$(円)

a 円の 70%
$\rightarrow a\times\frac{70}{100}=0.7a$ (円)

❸ 割合・速さの表し方　次の問に答えなさい。 教 p.69 問 10

□(1)　600m の道のりを，分速 xm で走るとき，何分かかりますか。

□(2)　$a$km の道のりを歩くのに 4 時間かかったとき，速さは時速何 km ですか。また，分速何 m ですか。

ポイント

道のり・時間・速さ

(道のり)＝(速さ)×(時間)
(速さ)＝(道のり)÷(時間)
(時間)＝(道のり)÷(速さ)

解答 p.20

2章　1節 文字を使った式

2 文字を使った式の表し方③

もっとチャレンジ!

例題1　図形の面積や周

教 p.70 例8・9

次の円の周の長さと面積を，円周率 π を使って表しなさい。

(1)　半径 6cm の円　　(2)　直径 $2r$ m の円

ポイント

半径 r の円で，
(円周)＝(直径)×(円周率)＝($2\times r$)×π＝$2\pi r$
(面積)＝(半径)×(半径)×(円周率)＝$r\times r\times\pi=\pi r^2$

解き方

(1)　半径 r の円の円周は $2\pi r$，面積は πr^2 だから，
$r=6$ (cm) を代入して，
(円周) $=2\pi\times6=12\pi$ (cm)
(面積) $=\pi\times6^2=36\pi$ (cm^2)

ポイント

円周率　π は，3.1415926535… という数なので，文字より先に書く。
(例) $2r\pi$ ではなく $2\pi r$ と書く。

(2)　(半径)＝(直径)÷2＝$2r\div2=r$ (m) だから，(円周)＝$2\pi r$ (m)，(面積)＝πr^2 (m^2)

答　(1)　円周…**12πcm**，面積…**36πcm^2**　(2)　円周…**$2\pi r$m**，面積…**πr^2m^2**

Check! 1　半径 $a$cm の半円の面積を，円周率 π を使って表しなさい。

例題2　式が表す数量

教 p.70 例10

右の正三角形で，次の式が表している数量と，その単位をいいなさい。

(1)　$3a$　　(2)　$\frac{1}{2}ab$

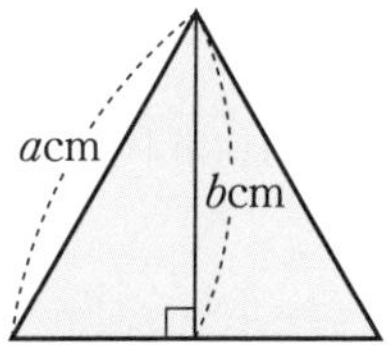

解き方

(1)　正三角形の3辺はすべて等しいから，$3a=3\times a$ は，1辺 $a$cm の正三角形の周の長さである。

(2)　三角形の面積を求める公式は「底辺×高さ÷2」だから，$\frac{1}{2}ab=a\times b\times\frac{1}{2}=a\times b\div2$ は，正三角形の面積で，単位は cm^2 である。

答　(1)　**周の長さ・cm**　(2)　**面積・cm^2**

Check! 2　右の平行四辺形で，次の式が表している数量と，その単位をいいなさい。

(1)　$2(a+b)$　　(2)　ac

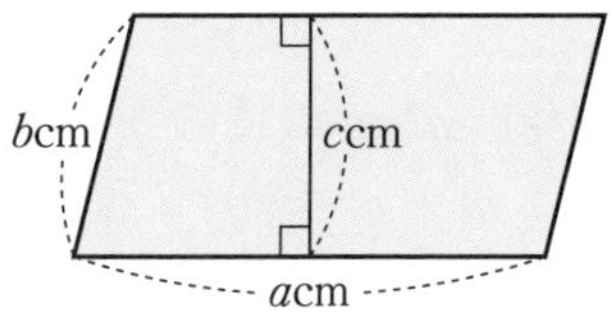

解答 p.21

❶ 図形の面積や周　**次の数量を，円周率 π を使って表しなさい。** 教 p.70 問 11・12

□(1)　半径 $x$cm の円の面積

□(2)　半径 $r$cm の円の円周

□(3)　直径 $y$cm の半円の周の長さ

❷ 式が表す数量　**次の(1)〜(4)の図形について，①，②の式が表している数量と，その単位をいいなさい。** 教 p.70 問 13

□(1)　二等辺三角形

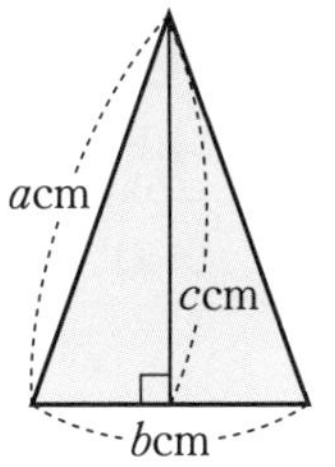

①　$2a+b$　　②　$\frac{1}{2}bc$

□(2)　直角二等辺三角形

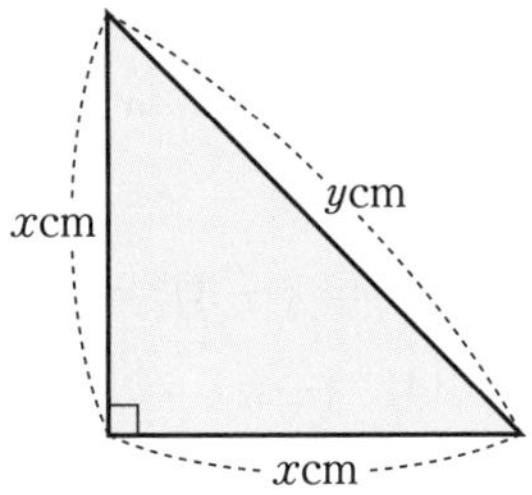

①　$\frac{1}{2}x^2$　　②　$2x+y$

□(3)　長方形

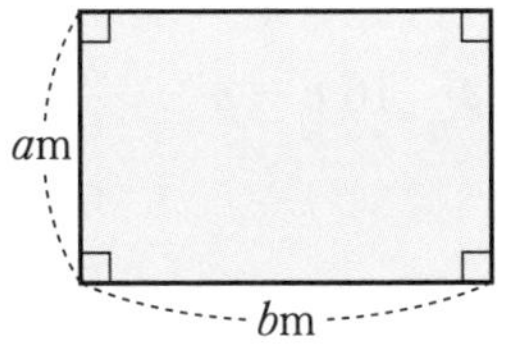

①　ab　　②　$2a+2b$

□(4)　台形

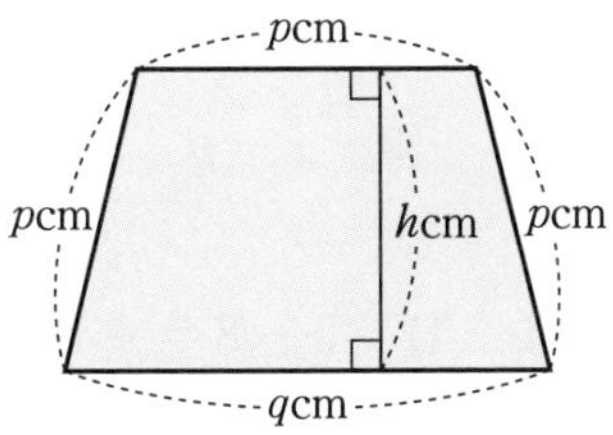

①　$\frac{(p+q)h}{2}$　　②　$3p+q$

ヒント

台形の面積の求め方

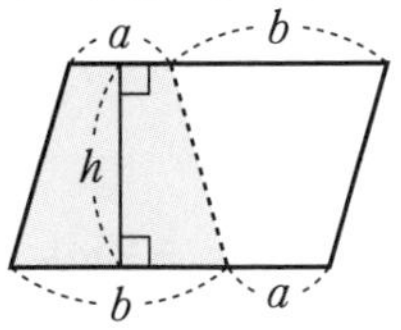

$(a+b)\times h\div 2$

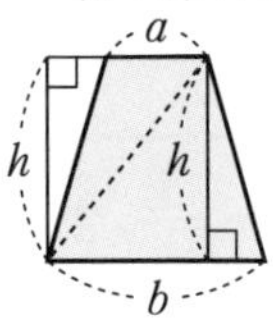

$a\times h\div 2+b\times h\div 2$

解答 p.21

2章 1節 文字を使った式

◀ もっとチャレンジ!

3 代入と式の値

例題 1 代入と式の値

教 p.71 例 1

$x=2$ のとき，次の式の値を求めなさい。

(1) $0.7-x$ (2) $5x-11$ (3) $\dfrac{16}{x}$

ポイント

式のなかの文字を数におきかえることを，文字にその数を**代入する**といい，代入して計算した結果を，そのときの**式の値**という。

解き方

代入

(1) $0.7-x=0.7-2=\mathbf{-1.3}$ (2) $5x-11=5\times x-11=5\times 2-11=\mathbf{-1}$

(3) $\dfrac{16}{x}=\dfrac{16}{2}=\mathbf{8}$

Check! 1 **例題 1** において，$x=-2$ のとき，(1)〜(3)の式の値をそれぞれ求めなさい。

例題 2 累乗と式の値

教 p.71 例 2

$a=-3$ のとき，次の式の値を求めなさい。

(1) $-a$ (2) a^2 (3) $-a^2$ (4) $(-a)^2$ (5) a^3

ポイント

符号に注意する

例 $-2^2=-(2\times 2)$

$(-2)^2=(-2)\times(-2)$

解き方

(1) $-a=-(-3)=\mathbf{3}$ (2) $a^2=(-3)^2=\mathbf{9}$

(3) $-a^2=-(-3)^2=\mathbf{-9}$ (4) $(-a)^2=\{-(-3)\}^2=3^2=\mathbf{9}$

(5) $a^3=(-3)\times(-3)\times(-3)=-(3\times 3\times 3)=\mathbf{-27}$

Check! 2 $b=3$ のとき，次の式の値を求めなさい。

(1) b^2 (2) $-b^2$ (3) $(-b)^2$

例題 3 文字が 2 つの場合

教 p.72 例 3

$x=1$，$y=-4$ のとき，次の式の値を求めなさい。

(1) $5x+2y$ (2) $x-y$ (3) $16x-y^2$

解き方

(1) $5x+2y=5\times 1+2\times(-4)=5-8=\mathbf{-3}$

(2) $x-y=1-(-4)=1+4=\mathbf{5}$

(3) $16x-y^2=16\times 1-(-4)^2=16-(+16)=16-16=\mathbf{0}$

Check! 3 $x=-2$，$y=4$ のとき，次の式の値を求めなさい。

(1) $2x+3y$ (2) $y-x$ (3) x^3-y^2

解答 p.22

❶ 代入と式の値　次の問に答えなさい。教 p.71 問1・Q

□(1)　$x=-3$ のとき，次の式の値を求めなさい。

①　$10x-9$

②　$-7x+22$

③　$-\dfrac{1}{x}$

□(2)　あめ x 個入りの袋が 12 袋あるとき，次の問に答えなさい。

①　あめの個数を x の式で表しなさい。

②　1 袋が 3 個入りのとき，あめの個数の合計を求めなさい。

❷ 累乗と式の値　$a=-1$ のときと，$a=2$ のときそれぞれについて次の式の値を求めなさい。教 p.71 問2

□(1)　$-a^2$

□(2)　$5a^2$

□(3)　$-9a^3$

❸ 文字が 2 つの場合　次の問に答えなさい。教 p.72 問3

□(1)　$x=7$，$y=-23$ のとき，次の式の値を求めなさい。

①　$x-y$

②　x^2+y

③　$3x+y$

□(2)　$a=-5$，$b=3$ のとき，次の式の値を求めなさい。

①　$-a+\dfrac{12}{b}$

②　$\dfrac{2}{5}a^2-3b$

解答 p.22

1節の問題 | 文字を使った式

教科書 62 ▸ 72
解答 p.23

1 次の式を，文字式の表し方にしたがって表しなさい。

□(1) $b\times a\times 4$　□(2) $(a-2)\times 5$　□(3) $7y\div(-2)$

□(4) $(x+9)\div 6$　□(5) $b\times 1$　□(6) $(-1)\times p$

□(7) $c\times(-4)-b\times 9$　□(8) $x\times(-1)-c\div 3$　□(9) $0.1\times a+c$

2 次の式を，×や÷の記号を使って表しなさい。

□(1) $-3x^2$　□(2) $\dfrac{6}{5}a$

□(3) $b-\dfrac{4}{a}$　□(4) $\dfrac{x-2}{9}$

3 次の数量を，文字を使った式で表しなさい。ただし，〔　〕内の単位で表すこと。

□(1) 1個120円のケーキを a 個と，1個70円のクッキーを b 個買ったときの代金の合計〔円〕

□(2) 1辺が $b$cm の正方形の周の長さ〔cm〕

□(3) xm のリボンを 1m 使い，残りを 3 人で等分したときの 1 人分のリボンの長さ〔m〕

□(4) 縦が $a$cm，横が $b$cm，高さが $a$cm の直方体の体積〔cm^3〕

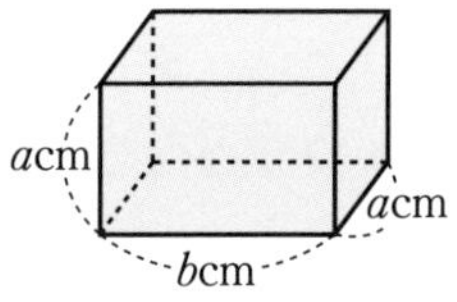

□(5) xm のひもから $y$cm のひもを 4 本切り取ったとき，残りのひもの長さ〔cm〕

□(6) 1本 aL のジュースを 7 本用意し，20 人で等しく分けたときの 1 人分の量〔L〕

□(7) $a$km の道のりを走るのに 3.5 時間かかったときの速さ〔km/h〕

□(8) a 円の 3 割〔円〕

□(9) $a\mathrm{cm}^3$ の 5%〔cm^3〕

ヒント

3 (2) 正方形の周の長さは 1 辺の長さの何倍かな。
(7)「3.5 時間」を分数で表してみよう。

4 右の平行四辺形について，次の数量を表す式を，単位もつけて書きなさい。

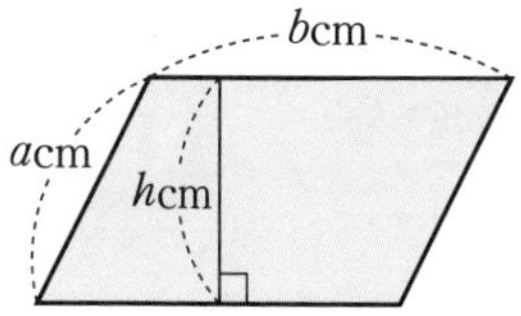

□(1) 面積

□(2) 周の長さ

5 右の図のような半円があるとき，次の式が表している数量と，その単位をいいなさい。

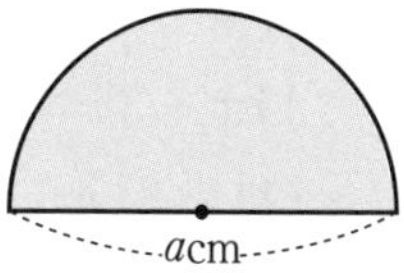

□(1) $\dfrac{a}{2}$

□(2) $\dfrac{\pi a}{2}+a$

6 $a=-2$ のとき，次の式の値を求めなさい。

□① $4-3a$　　□② $-9a^2$

7 $x=-1$，$y=-3$ のとき，次の式の値を求めなさい。

□① $x-2y$　　□② $2x+3y$　　□③ $y-x$

8 右の図のようにマッチ棒で正三角形を作っていきます。次の問に答えなさい。

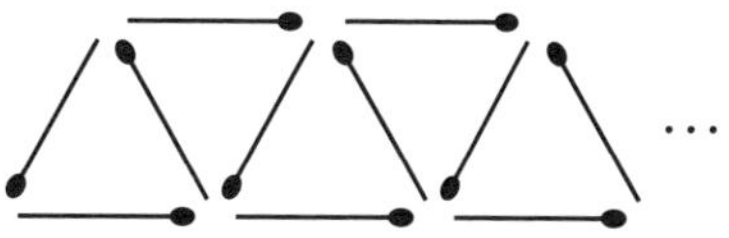

□(1) 正三角形が 4 個のとき，マッチ棒は何本必要ですか。

□(2) 正三角形が n 個のとき，マッチ棒は何本必要ですか。n を使って表しなさい。

ヒント

8(2) 正三角形が１つ増えるごとに，マッチ棒は新たに何本必要になるのか考えよう。

2章

2節 文字式の計算

◀もっとチャレンジ!

1 1次式の計算①

例題1 同じ文字をふくむ項をまとめる計算

教 p.75 例2・3

次の計算をしなさい。

(1) $11x-3x$　(2) $5y+y$　(3) $-2a-3-5a+4$

ポイント

係数
$2x-3$
項　項

解き方

(1) $11x-3x$
$=(11-3)x$
$=\mathbf{8x}$

(2) $5y+y$
$=(5+1)y$
$=\mathbf{6y}$

(3) $-2a-3-5a+4$
$=-2a-5a-3+4$　（同じ文字の項を集める）
$=(-2-5)a+(-3+4)$
$=\mathbf{-7a+1}$

Check! 1 次の計算をしなさい。

(1) $3x-4x$　(2) $3a-4-5a+6$　(3) $-7x+2+3x-4+4x$

例題2 1次式の加法と減法

教 p.76 例4・5

次の計算をしなさい。

(1) $(3x-8)+(8x+5)$　(2) $(5y-1)-(6y+7)$

解き方

(1) $(3x-8)+(8x+5)$
$=3x-8+8x+5$
$=3x+8x-8+5=\mathbf{11x-3}$

［別解］
$$\begin{array}{r} 3x-8 \\ +)\ 8x+5 \\ \hline 11x-3 \end{array}$$

(2) $(5y-1)-(6y+7)$
$=(5y-1)+(-6y-7)$　（ひくほうの式の各項の符号を変える）
$=5y-1-6y-7=\mathbf{-y-8}$

Check! 2 次の計算をしなさい。

(1) $a-(-2a+3)$　(2) $(5-3b)+(3b-5)$

例題3 1次式と数の乗法・除法

教 p.76 例6・7

次の計算をしなさい。

(1) $4x\times(-6)$　(2) $-\dfrac{2}{3}y\div 6$

解き方

(1) $4x\times(-6)=4\times x\times(-6)$
$=4\times(-6)\times x$
$=\mathbf{-24x}$

(2) $-\dfrac{2}{3}y\div 6=-\dfrac{2}{3}y\times\dfrac{1}{6}$
$=\mathbf{-\dfrac{1}{9}y}$

Check! 3 次の計算をしなさい。

(1) $-0.6\times\left(-\dfrac{5}{9}x\right)$　(2) $\dfrac{7}{8}y\div\dfrac{3}{4}$

解答 p.24

1 同じ文字をふくむ項をまとめる計算 次の計算をしなさい。教 p.75 問2・3

□(1) $-a+3a$　　□(2) $5x+(-12x)$

□(3) $5y-4y$　　□(4) $-7+24x-7x+2$

□(5) $a+2a+3a$　　□(6) $-\dfrac{2}{3}x-\dfrac{4}{5}x$

2 1次式の加法と減法 次の問に答えなさい。教 p.76 問4〜7

(1) 次の計算をしなさい。

□① $(3x-7)+(-5x-13)$　　□② $(11x+6)-(6x-11)$

□③ $(2x+3)-(3x-4)$　　□④ $(-1-7a)-(4a+11)$

□⑤ $(x+1)-(2x-3)-(3x+4)$　　□⑥ $\left(\dfrac{1}{7}x+9\right)+\left(-\dfrac{3}{14}x+11\right)$

□(2) $5x-4$ と $4-5x$ をたしなさい。また，$5x-4$ から $4-5x$ をひきなさい。

ヒント!

(2) ひくときは，
$(5x-4)-(4-5x)$
とする。
$5x-4-4-5x$
としないよう注意する。

3 1次式と数の乗法・除法 次の計算をしなさい。教 p.77 問8・9

□(1) $-1\times x$　　□(2) $(-x)\times(-3)$　　□(3) $24\times\dfrac{5}{8}x$

□(4) $-x\div(-2)$　　□(5) $3.6x\div6$　　□(6) $\dfrac{7}{5}b\div\left(-\dfrac{5}{7}\right)$

解答 p.24

もっとチャレンジ!

2章　2節 文字式の計算

1 1次式の計算②

例題1　分配法則の利用　教 p.78 例8・9

次の計算をしなさい。

(1) $3(5a-8)$　(2) $-(3x+5)$　(3) $(7y-1)\times(-2)$

ポイント
分配法則
$a(b+c)=ab+ac$
$(a+b)c=ac+bc$

解き方

(1) $3(5a-8)$
$=3\times5a+3\times(-8)$
$=\mathbf{15a-24}$

(2) $-(3x+5)$
$=(-1)\times(3x+5)$
$=\mathbf{-3x-5}$

(3) $(7y-1)\times(-2)$
$=7y\times(-2)+(-1)\times(-2)$
$=\mathbf{-14y+2}$

Check! 1　次の計算はまちがっています。正しく計算し直しなさい。

$-5(-2x-3)=10x+3$

例題2　1次式と数の除法　教 p.79 例10

次の計算をしなさい。

(1) $(15x-20)\div5$　(2) $(27+9y)\div(-3)$

解き方

(1) $(15x-20)\div5=(15x-20)\times\frac{1}{5}$
$=15x\times\frac{1}{5}-20\times\frac{1}{5}=\mathbf{3x-4}$

(2) $(27+9y)\div(-3)=(27+9y)\times\left(-\frac{1}{3}\right)$
$=27\times\left(-\frac{1}{3}\right)+9y\times\left(-\frac{1}{3}\right)=\mathbf{-9-3y}$

Check! 2　次の計算をしなさい。

(1) $(5x-15)\div(-5)$　(2) $(-3x+6)\div9$　(3) $(2x+10)\div(-10)$

例題3　いろいろな計算　教 p.79 例11・12

次の計算をしなさい。

(1) $\frac{7x-6}{4}\times12$　(2) $8(y-4)-3(15y+1)$

解き方

(1) $\frac{7x-6}{4}\times12=\frac{7x-6}{\cancel{4}_{1}}\times\frac{\cancel{12}^{3}}{1}$ ← 4で約分
$=(7x-6)\times3$
$=\mathbf{21x-18}$

(2) $8(y-4)-3(15y+1)$
$=8y-32-45y-3$
$=\mathbf{-37y-35}$

Check! 3　次の計算をしなさい。

(1) $6\times\frac{-6x+7}{6}$　(2) $\frac{-2x+5}{10}\times(-30)$　(3) $-2(4x+7)+5(3-5x)$

解答 p.25

❶ 分配法則の利用 教 p.78 問 10・11

(1) 次の計算をしなさい

□① $5(-9a+7)$　　□② $-3(11x+8)$

□③ $-(5-x)$　　□④ $(18x-6)\times(-4)$

□⑤ $0.2(x-21)$　　□⑥ $-3\left(\dfrac{1}{2}x-\dfrac{3}{5}\right)$

□(2) 縦の長さが 3cm で，横の長さが $(2a-3)$ cm の長方形の面積を，文字の式で，(　) を使わずに表しなさい。

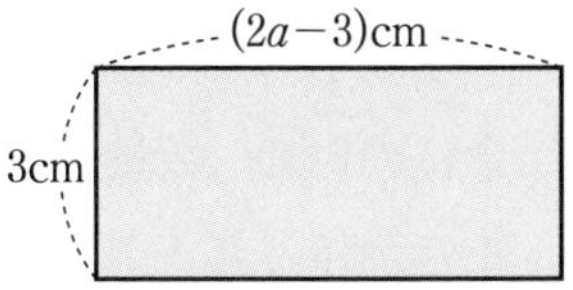

❷ 1 次式と数の除法　次の計算をしなさい。 教 p.79 問 13

□(1) $(-2x-4)\div(-2)$　　□(2) $(6x-9)\div 3$

□(3) $(-5a-10)\div 5$　　□(4) $(5x-10)\div\left(-\dfrac{5}{2}\right)$

ヒント

$\square\div 5$
$=\square\times\dfrac{1}{5}$

$\square\div(-5)$
$=\square\times\left(-\dfrac{1}{5}\right)$

❸ いろいろな計算　次の計算をしなさい。 教 p.79 問 14・15

□(1) $\dfrac{-9x+2}{15}\times 30$　　□(2) $\dfrac{3-4x}{7}\times(-28)$

□(3) $7(x-3)+(2x-5)$　　□(4) $10(2x+3)-3(10x-23)$

□(5) $\dfrac{1}{2}(3x+4)-\dfrac{1}{4}(2x+6)$　　□(6) $\dfrac{x}{2}+\dfrac{2x-1}{3}$

解答 p.25

2章　3節 文字式の利用

もっとチャレンジ!

1 数の表し方　2 数量の間の関係の表し方

例題 1　倍数の表し方

教 p.83 問 1・2

n が整数のとき，$2n$，$3n$ はどんな数を表していますか。

解き方

$2n=2\times n$ ⇒ 整数の 2 倍…整数の 2 倍は偶数　　**答** 偶数

$3n=3\times n$ ⇒ 整数の 3 倍　　**答** 3 の倍数

Check! 1　m が整数のとき，$2m+1$ はどんな数を表していますか。

例題 2　数量の関係を表す式

教 p.84 例 1，p.85 例 2

1 枚 7g の原稿用紙 x 枚を，重さ 12g の封筒に入れた。このときの重さが，次の(1)，(2)の場合について，数量の関係を等式または不等式で表しなさい。

(1)　全体の重さが 47g だった。

(2)　全体の重さが 47g よりも軽かった。

解き方

原稿用紙 x 枚分の重さは，7 (g) × x (枚) = $7x$ (g)

全体の重さは $7x+12$ (g)

(1)　等号 = で表すことができる。　　**答** $7x+12=47$

(2)　不等号 < で表すことができる。　　**答** $7x+12<47$

ポイント

不等号

a は b より大きい ……$a>b$

a は b より小さい
a は b 未満である ……$a<b$

a は b 以上である ……$a\geqq b$

a は b 以下である ……$a\leqq b$

Check! 2　**例題 2** で，全体の重さが 47g よりも重いことを，不等号を使って表しなさい。
また，全体の重さが 47g 以上であることを，不等号を使って表しなさい。

例題 3　等式や不等式が表すことがら

教 p.85 例 3

ある遊園地の入園料が，おとな x 円，中学生 y 円のとき，次の等式や不等式はどんなことを表していますか。

(1)　$3x+5y=7000$　　(2)　$2x+3y<5000$

解き方

(1)　$3x=3\times x=3\times$ (おとなの入園料)
　　$5y=5\times y=5\times$ (中学生の入園料)　両方の合計

答 おとな 3 人と中学生 5 人の入園料が 7000 円である。

(2)　$2x+3y=$ (おとな 2 人と中学生 3 人の入園料)

答 おとな 2 人と中学生 3 人の入園料が 5000 円よりも安い。

Check! 3　**例題 3** の遊園地の入園料について，次の等式や不等式はどんなことを表していますか。

(1)　$5x>6y$　　(2)　$2x+4y\leqq 6000$

解答 p.26

1 倍数の表し方 次の問に答えなさい。教 p.83 問1・2

□(1) m, n が整数のとき，次の式はどんな数を表しますか。

① $4m$ ② $18n$

□(2) n が整数のとき，3つの続いた整数は，$n-1$, n, $n+1$ と表すことができます。このなかで，もっとも小さい整数ともっとも大きい整数の和はどのような数になりますか。

2 数量の関係を表す式 1個320円のりんごを，1箱400円の箱につめるとき，次の問に答えなさい。教 p.85 問1

□(1) n 個のりんごを箱につめたとき，代金の合計を n を使った式で表しなさい。

□(2) (1)の代金が3920円であったとき，りんごの個数と代金の合計の関係を表す式を書きなさい。

□(3) (1)の代金が5000円以下であったとき，りんごの個数と代金の合計の関係を表す式を書きなさい。

3 等式や不等式が表すことがら 右の図のような，底辺の長さが $a$cm，高さが $b$cm の三角形があります。このとき，次の不等式はどんなことを表していますか。教 p.85 問2

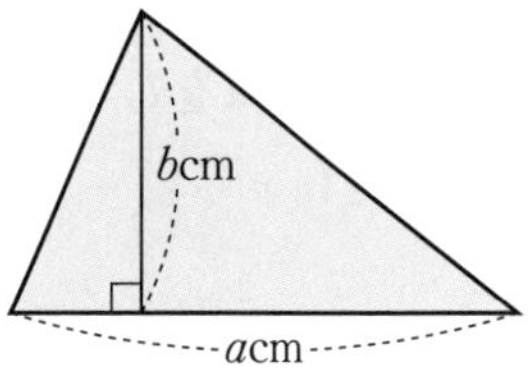

□(1) $a<b$ □(2) $\frac{1}{2}ab \leqq 30$

解答 p.26

2・3節の問題　文字式の計算　文字式の利用

教科書 73 ▸ 85
解答 p.26 〜 27

1 次の式の項をすべて書きなさい。また，文字をふくむ項の係数を求めなさい。

□(1) $7x-y$

□(2) $-2x+\dfrac{y}{5}-4$

2 次の計算をしなさい。

□(1) $5x+2x$

□(2) $-x+9x$

□(3) $7y-3y-2y$

□(4) $x-4-10x+8$

3 次の計算をしなさい。

□(1) $(2a-1)+(6a+6)$

□(2) $(9a-4)-(a+5)$

4 次の計算をしなさい。

□(1) $-5x\times(-7)$

□(2) $90a\times\dfrac{1}{10}$

□(3) $21y\div(-3)$

□(4) $\dfrac{4}{7}y\div\dfrac{3}{14}$

5 次の計算をしなさい。

□(1) $6(-2a+4)$

□(2) $(5-b)\times(-1)$

□(3) $(27b-18)\div 9$

□(4) $(12b+6)\div(-6)$

6 次の計算をしなさい。

□(1) $2(4x-2)+(3x+5)$

□(2) $3(a+1)-(a-1)$

□(3) $4(-x+4)-5(4-x)$

□(4) $7(6y-2)-5(3y-3)$

ヒント

1(2) $\dfrac{y}{5}=y\div 5=y\times\dfrac{1}{5}$ だね。

7 次の数はどのように表せますか。整数 n を使って表しなさい。

□(1) 偶数

□(2) 奇数

□(3) 3の倍数

□(4) 5でわると2あまる数

8 次の数量の関係を，等式または不等式で表しなさい。

□(1) 1枚 x 円のクッキー5枚と100円のチョコレート1つを買い，1000円札を1枚出して支払ったときのおつりは，350円だった。

□(2) 定価 x 円の品物を2割引きで買うと，代金は500円以下だった。

□(3) 図書館にいた26人のうち，a 人帰ったので，残りの人数は10人未満になった。

□(4) a は，b よりも10大きい数である。

□(5) x から5をひいた数は，y の3倍に等しい。

9 次の問に答えなさい。

(1) A，B，Cの3人の体重はそれぞれ56kg，$a$kg，$b$kgです。次の等式，不等式はどのようなことを表していますか。

□① $56+a+b=170$

□② $\dfrac{56+a+b}{3}>55$

(2) 半径 $r$cm の円があります。次の等式，不等式はどのようなことを表していますか。

□① $2\pi r \leqq 36\pi$

□② $\pi r^2=25\pi$

ヒント

7(2) 奇数は，偶数よりも1大きい（または1小さい）数。
8(2) 定価の何割で買ったのかを考えてみよう。

2章の問題　文字と式　数学のことばを身につけよう

教科書 61 ▸ 88

解答 p.28

1 次の式を，×や÷の記号を使って表しなさい。

□(1)　$-4x$　　□(2)　$-ab$　　□(3)　$\dfrac{2x+y}{7}$

2 次の計算をしなさい。

□(1)　$(3b-5)-(b-5)$

□(2)　$\left(\dfrac{3}{7}x-\dfrac{1}{3}\right)\times 21$

□(3)　$\dfrac{2a+1}{3}-\dfrac{2-a}{6}$

□(4)　$\dfrac{1}{5}(5x+3)-\dfrac{1}{2}(4x-2)$

3 $a=-9$，$b=-1$ のとき，次の式の値を求めなさい。

□(1)　$2a+b^2$

□(2)　$\dfrac{a}{3}-\dfrac{b}{5}$

4 次の数量を，文字を使った式で表しなさい。ただし，〔　〕内の単位で表すものとする。

□(1)　x 円の品物を 1 つと y 円の品物を 3 つ買って，5000 円札を出したときのおつり〔円〕

□(2)　$a$km の道のりを時速 60km の車で走るときにかかる時間〔時間〕

□(3)　博物館の入館料は，大人は a 円，学生は b 円であるが，団体割引を使うとそれぞれ 20%引きで入館できる。先生 5 人と生徒 50 人が団体割引で入館したときの，入館料の合計〔円〕

□(4)　上底が $a$cm，下底が $b$cm，高さが 5cm の台形の面積〔cm^2〕

5 次の数量の関係を，等式または不等式で表しなさい。

□(1)　200 個の景品を，x 人に 2 個ずつ配ると y 個あまる。

□(2)　ある町への昨年の旅行者数は a 人で，今年は 5%増えて 5000 人以上になった。

ヒント

3　負の数を代入するときは，かっこをつけよう。

4(3)　団体割引で入館したときの入館料は，通常の何%といえるかな。

□**6** 下の図1のように，ご石が1辺にn個ずつ並んだ正方形を作るとき，このご石全部の個数の数え方を考えます。みどりさんは，図1のように4本の辺に並ぶ$n-1$（個）のご石をそれぞれ◯で囲み，全体の個数を$4(n-1)$個と表しました。また，ゆうとさんはご石全体の個数を$4(n-2)+4$（個）と表しました。ゆうとさんがどんな囲み方をしたかを，図2に表しなさい。

図1
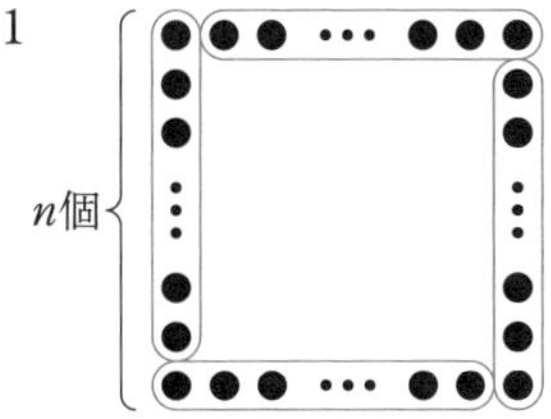

図2

7 ゆうこさんは，ある整数を思いうかべたとき，②番から⑤番までの手順で計算していくと，①がどんな整数でも，⑤では必ずある数になることに気づきました。次の問に答えなさい。

□(1) はじめに思いうかべた数字が7のとき，Aの空らんをうめなさい。

□(2) どんな数でも⑤では必ず(1)で求めた数になることを，文字に置きかえて考えてみることにしました。はじめに思いうかべた整数をnとして，Bの空らんをうめなさい。

手順		A	B
①	はじめに思いうかべた整数	7	n
②	①を3倍した数		
③	②に6をたした数		
④	③を3でわった数		
⑤	④から①をひいた数		

8 下の図のように，正方形の色紙を，たがいに1つの角が重なるようにして横一列に並べ，かべにはっていきます。色紙の4すみは画びょうでとめますが，2枚重なっている箇所は，2枚をまとめて1個の画びょうでとめます。次の問に答えなさい。

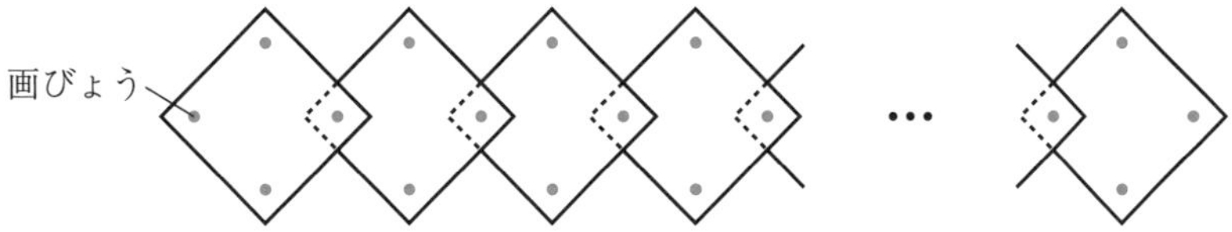

□(1) 色紙を5枚並べてはるとき，画びょうは何個必要ですか。

□(2) 色紙をn枚並べてはるとき，画びょうは何個必要ですか。nを使った式で表しなさい。

ヒント

6 $(n-2)$個はどのような囲み方になるかな。

8(2) 色紙1枚目は画びょうが4個必要で，1枚増えるごとに3個ずつ必要になるよ。

3章 方程式

小6　比，比の値

中1　文字と式

未知の数の求め方を考えよう

ウォーミングアップ

1 **次の問に答えなさい。**

(1)　□に当てはまる数を答えなさい。

□①　30＋□＝48　　　　□②　65÷□＝13

□(2)　あめが何個かあります。1人に2個ずつ分けたら8人に分けられました。あめの数を□として正しく表した式を，次の㋐～㋓から選びなさい。

㋐　2×□＝8　　　㋑　8÷2＝□

㋒　□÷2＝8　　　㋓　8÷□＝2

ヒント

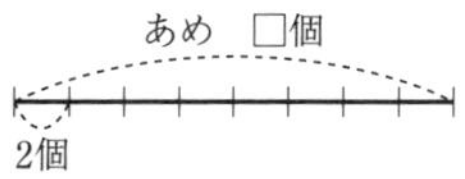

□(3)　色紙が80枚あります。何枚かもらったので，全部で110枚になりました。もらった色紙の枚数を□枚として，式に表し，□に当てはまる数を求めなさい。

2 **次の問に答えなさい。**

(1)　次の比を簡単にして，比の値も求めなさい。

□①　15：25　　　　□②　4：2.5

(2)　x の表す数を求めなさい。

□①　5：4＝x：32　　　　□②　12：18＝6：x

ふりかえり　小6

比の利用

$2:7=x:21$（×3）

$x=2\times3$
$=6$

3 次の問に答えなさい。

□(1)　ケーキを作るのに，砂糖《さとう》と小麦粉を重さの比が 2：5 になるように混ぜます。小麦粉を 150g 使うとき，砂糖は何 g 必要ですか。

ヒント

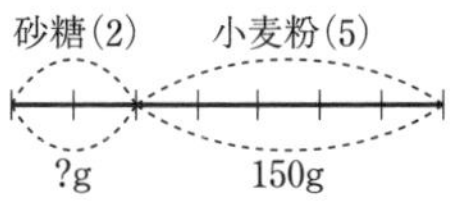

□(2)　10m のリボンを，姉と妹のリボンの長さの比が 3：2 になるように分けます。2 人のリボンの長さをそれぞれ求めなさい。

4 次の問に答えなさい。

(1)　□ に当てはまる数を答えなさい。

□①　$\frac{3}{4}$ 時間は □ 分です。

□②　2 時間で 120km 走る車の進む速さは，時速 □ km です。

ふりかえり 小6

時間と分数

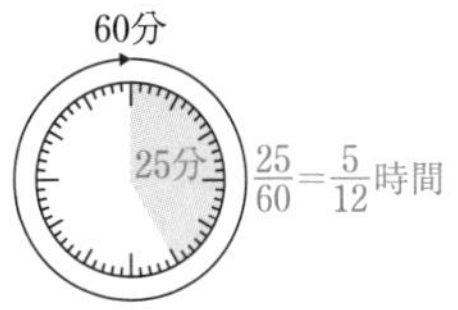

□(2)　時速 50km で走る車が，3 時間に進む道のりは何 km ですか。

ふりかえり 小5

速さ

(速さ)＝(道のり)÷(時間)
(道のり)＝(速さ)×(時間)
(時間)＝(道のり)÷(速さ)

□(3)　分速 65m で歩く人が，2.6km 歩くのにかかる時間は何分ですか。

ヒント

単位をそろえてから計算する。2.6km＝2600m

□(4)　右の図のような㋐～㋒の空の水そうに，それぞれの蛇口から水を入れます。どの水そうがいちばん早く満水になりますか。

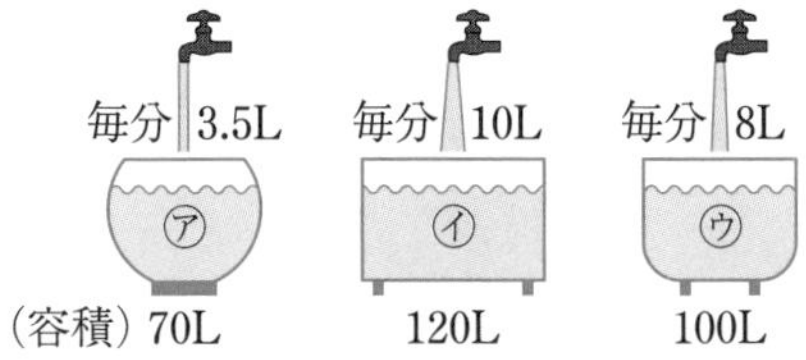

ヒント

(満水になる時間)＝(水そうの容積)÷(1 分間に入れる水の量)

解答 p.29

◀もっとチャレンジ!

3章

1節 方程式とその解き方

1 方程式とその解

例題 1　方程式とその解

教 p.93 例 1

0，1，2，3，4 のうち，方程式 $-4x+5=-7$ の解はどれですか。

解き方

x に 0，1，2，3，4 をそれぞれ代入して，左辺と右辺の値を比べる。

右の表から，$x=3$ のときに等式が成り立つ。

答 3

ポイント

方程式…文字をふくむ等式
解…方程式を成り立たせる文字の値

x	左辺			右辺
	式	値		値
0	$-4\times0+5$	5	$>$	-7
1	$-4\times1+5$	1	$>$	-7
2	$-4\times2+5$	-3	$>$	-7
3	$-4\times3+5$	-7	$=$	-7
4	$-4\times4+5$	-11	$<$	-7

Check! 1　次の問に答えなさい。

(1) -2，-1，0，1，2 のうち，方程式 $7x-5=9$ の解はどれですか。

(2) 次の㋐～㋒の方程式のうち，2 が解であるものを選びなさい。

㋐ $-x+2=-2$　　㋑ $-2x=2$　　㋒ $-3x=2-4x$

例題 2　等式の性質の利用

教 p.95 例 2・3

方程式 $2x-3=7$ を解きなさい。

解き方

等式の性質を利用する。①を利用して，両辺に 3 をたす。

$2x-3+3=7+3$ → $2x=10$

次に，④を利用して，両辺を 2 でわる。（③を利用して，両辺に $\frac{1}{2}$ をかけてもよい）

$2x\div2=10\div2$ → $x=5$

答 $x=5$

ポイント

等式の性質

1. A＝B ならば A＋C＝B＋C
2. A＝B ならば A－C＝B－C
3. A＝B ならば A×C＝B×C
4. A＝B ならば A÷C＝B÷C（C≠0）

Check! 2　等式の性質②，③を利用して，方程式 $3a+5=2$ を解くとき，次の①～③に当てはまる数を書きなさい。

$3a+5=2$

→ ②を利用すると，$3a+5-$ ① $=2-$ ①　したがって　$3a=-3$

→ ③を利用すると，$3a\times$ ② $=-3\times$ ②

→ $a=$ ③

解答 p.30

❶ 方程式とその解　次の問に答えなさい。 教 p.93 問1・2

□(1)　−2，−1，0，1，2 の中から，①，②の方程式の解をそれぞれ求めなさい。

①　$2x-1=3x$　　　②　$\frac{1}{2}x+3=\frac{5}{2}+x$

□(2)　㋐〜㋒の方程式のうち，−3 が解であるものをいいなさい。

㋐　$5x+11=-2$　　　㋑　$-3x+13=-16$　　　㋒　$-\frac{7}{2}+\frac{1}{2}x=-5$

□❷ 方程式とその解　①〜③の方程式のうち，5 が解であるものをいいなさい。 教 p.93 問2

①　$-12x+34=57+11x$　　　②　$4.8-4x=1-0.2x$　　　③　$\frac{3}{5}x+4=-18+5x$

❸ 等式の性質の利用　次の方程式の解き方は，等式の性質1〜5のどれを利用したものですか。□に当てはまる1〜5の番号を書きなさい。

教 p.94 Q

等式の性質　$A=B$　ならば

1　$A+C=B+C$　　　2　$A-C=B-C$

3　$A\times C=B\times C$　　　4　$\frac{A}{C}=\frac{B}{C}$　$(C\neq 0)$

5　$B=A$

□(1)

$2x-7=31$

↓ □

$2x-7+7=31+7$

$2x=38$

↓ □

$2x\div 2=38\div 2$

$x=19$

□(2)

$3=9-3x$

↓ □

$9-3x=3$

↓ □

$9-3x-9=3-9$

$-3x=-6$

↓ □

$-3x\div(-3)=-6\div(-3)$

$x=2$

❹ 等式の性質の利用　等式の性質を利用して，次の方程式を解きなさい。 教 p.95 問3・4

□(1)　$-7x=14$　　　□(2)　$-15=6x$　　　□(3)　$y-7=2$

□(4)　$9-x=-10$　　　□(5)　$\frac{1}{4}x=1$　　　□(6)　$-\frac{7}{3}a+9=0$

解答 p.30

もっとチャレンジ!

3章 1節 方程式とその解き方

2 方程式の解き方　3 いろいろな方程式①

例題 1 方程式の解き方（移項）

教 p.96 例 1，p.97 例 2

次の方程式を解きなさい。

(1) $x-5=9$　　(2) $-x+3=-4x-6$

解き方

(1) 左辺の -5 を移項する。

$x-5=9$

$x=9+5$

$\boldsymbol{x=14}$

(2) x をふくむ項を左辺に数の項を右辺に移項する。

$-x+3=-4x-6$

$-x+4x=-6-3$

$3x=-9$

$\boldsymbol{x=-3}$

ポイント

移項…一方の辺にある項を，符号を変えて他方の辺に移すこと

（例）　$ax+b=c \rightarrow ax=c-b$

$ax+b=cx+d \rightarrow ax-cx=d-b$

Check! 1　次の方程式を解きなさい。

(1) $3+2x=x-5$　　(2) $5x=-3x-16$

例題 2 かっこをふくむ方程式

教 p.98 例 1

次の方程式を解きなさい。

(1) $3(x-4)=2x$　　(2) $5-x=-3(1-x)$

解き方

(1) まず，かっこをはずす。

$3(x-4)=2x$

$3x-12=2x$

$2x$，-12 を移項する。

$3x-2x=12$

$\boldsymbol{x=12}$

(2) 右辺のかっこをはずす。

$5-x=-3(1-x)$

$5-x=-3+3x$

$3x$，5 を移項する。

$-x-3x=-3-5$

$-4x=-8$

$\boldsymbol{x=2}$

Check! 2　次の方程式を解きなさい。

(1) $-4(x-7)-1=5x$　　(2) $3(-x+7)=21$

解答 p.31

1 方程式の解き方（移項） 次の方程式を解きなさい。

教 p.97 問1・2

□(1) $x-1=1$

□(2) $3+x=10$

移項の原理

$x+3=5$

$x+3-3=5-3$

$x=5-3$

$x=2$

計算に慣れたら

2行目は省略！

□(3) $5x-11=-6x$

□(4) $-x+6=3x+2$

□(5) $7=-2x-5$

□(6) $9-x=-12$

□(7) $11-8x=8x-21$

□(8) $x-2=-11x+2$

2 かっこをふくむ方程式 次の方程式を解きなさい。

教 p.98 問1

□(1) $3(x+2)=21$

□(2) $7(x-3)=5x-11$

□(3) $10(1-x)-2x=70$

□(4) $3-6(x-4)=3x$

□(5) $-(x+10)-5=6x-1$

□(6) $-8(x+9)+5=8x-3$

□(7) $10(x+33)=-20x$

□(8) $5(2x-7)-4=7x$

解答 p.31

3章

1節 方程式とその解き方

◀もっとチャレンジ!

3 いろいろな方程式②

例題1 小数をふくむ方程式

教 p.98 例2

次の方程式を解きなさい。

(1) $1.2x-3.4=0.2$　　(2) $0.03x+2.5=1$

ポイント

係数に小数をふくむ方程式では，10，100，1000 などを両辺にかけると，小数をふくまない形に変形することができる。

解き方

(1)は 10 を，(2)は 100 をそれぞれ両辺にかけて，すべての係数を整数にする。

(1)

$$1.2x-3.4=0.2$$
$$(1.2x-3.4)\times 10=0.2\times 10$$
$$12x-34=2$$
$$12x=2+34$$
$$12x=36$$
$$\boldsymbol{x=3}$$

(2)

$$0.03x+2.5=1$$
$$(0.03x+2.5)\times 100=1\times 100$$
$$3x+250=100$$
$$3x=100-250$$
$$3x=-150$$
$$\boldsymbol{x=-50}$$

Check! 1 次の方程式を解きなさい。

(1) $3-0.2x=5$　　(2) $x-1.14=1.9x+3$

例題2 分数をふくむ方程式

教 p.99 例3

次の方程式を解きなさい。

(1) $\frac{2}{3}x-5=\frac{1}{4}x$　　(2) $\frac{2x-5}{6}=\frac{1-x}{4}$

ポイント

分母の最小公倍数を両辺にかける。

(例) $\frac{1}{2}x=\frac{1}{3}$ → $\frac{1}{2}x\times 6=\frac{1}{3}\times 6$ → $3x=2$

解き方

(1)(2)とも，両辺に 12 をかけて分母をはらい，分数をふくまない形にする。

(1)

$$\frac{2}{3}x-5=\frac{1}{4}x$$
$$\left(\frac{2}{3}x-5\right)\times 12=\frac{1}{4}x\times 12$$
$$8x-60=3x$$
$$8x-3x=60$$
$$5x=60$$
$$\boldsymbol{x=12}$$

(2)

$$\frac{2x-5}{6}=\frac{1-x}{4}$$
$$\frac{2x-5}{6}\times 12=\frac{1-x}{4}\times 12$$
$$2(2x-5)=3(1-x)$$
$$4x-10=3-3x$$
$$4x+3x=3+10$$
$$7x=13,\ \boldsymbol{x=\frac{13}{7}}$$

Check! 2 次の方程式を解きなさい。

(1) $-\frac{5}{2}x+\frac{2}{3}=\frac{1}{6}x$　　(2) $1-\frac{3}{5}x=-\frac{4}{7}x$

解答 p.32

❶ 小数をふくむ方程式　次の方程式を解きなさい。 教 p.98 問 2

□(1) $0.2x - 0.8 = x$

□(2) $5.4 - x = 0.5x - 2.1$

□(3) $2.7x + 0.01 = 3.5x$

□(4) $-1.5x + 34 = -10.5x$

□(5) $0.001x = 11 - 0.01x$

□(6) $3 + 3.3x = 33.3x$

ヒント
(5) x の係数 0.001 を整数にするためには，両辺に 1000 をかければよい。

❷ 分数をふくむ方程式　次の方程式を解きなさい。 教 p.100 問 3

□(1) $\frac{5}{7}x = -5$

□(2) $-\frac{7}{9}x = \frac{14}{3}$

□(3) $\frac{1}{10}x - \frac{1}{5} = x$

□(4) $\frac{x}{2} - \frac{3}{5} = \frac{3}{8}x + \frac{3}{20}$

□(5) $\frac{x-7}{3} = -5$

□(6) $\frac{2x+5}{2} = 3x$

□(7) $\frac{2x-3}{6} = \frac{5x-4}{8}$

□(8) $\frac{5-3x}{5} = -\frac{x+5}{3}$

ヒント
分母をはらって分数をふくまない形にしてから方程式を解く。分母の最小公倍数を両辺にかける。

解答 p.32

1節の問題　方程式とその解き方

教科書 90 ▸ 100
解答 p.33

□ **1** 次の方程式で，5が解であるものはどれですか。すべて選びなさい。

㋐ $x-6=-2$　　㋑ $-\dfrac{x}{5}=1$　　㋒ $3x-8=2+x$

㋓ $\dfrac{1}{2}x+3=x+\dfrac{1}{2}$　　㋔ $4(1-x)=-(x-7)$

2 次の方程式を解きなさい。

□(1) $4x-5=3$　　□(2) $2x=42+9x$

□(3) $6x-21=3x-3$　　□(4) $\dfrac{2}{3}x=-6$

□(5) $\dfrac{5}{4}x+1=6$　　□(6) $4x=-\dfrac{2}{3}$

3 次の方程式を解きなさい。

□(1) $2(x+2)+3x=-1$　　□(2) $6-3(x-1)=-3$

□(3) $6x-(4-x)=10$　　□(4) $-5(2x+6)=-2(4x+3)$

4 次の方程式を解きなさい。

□(1) $0.5x+0.9=-1.6$　　□(2) $0.7-0.2x=0.7x-2$

□(3) $0.24x-0.2=0.4-0.06x$　　□(4) $-0.4(x+1)=x+0.5$

5 次の方程式を解きなさい。

□(1) $\dfrac{2}{3}x+1=\dfrac{1}{6}x$　　□(2) $1-\dfrac{x}{7}=\dfrac{1}{14}x-2$

□(3) $\dfrac{x+3}{5}=\dfrac{2}{9}x$　　□(4) $\dfrac{3x-1}{3}=\dfrac{1-x}{2}$

ヒント

1 代入して等式が成り立てば，その方程式の解であるといえるね。

□ **6** **次の方程式の①，②は，等式の性質㋐～㋓のうち，どれを利用した変形ですか。それぞれ選びなさい。**

$$\begin{aligned} 4x-9&=3 \\ 4x&=3+9 \quad ① \\ 4x&=12 \\ x&=3 \quad ② \end{aligned}$$

㋐ $A=B$ ならば $A+C=B+C$

㋑ $A=B$ ならば $A-C=B-C$

㋒ $A=B$ ならば $AC=BC$

㋓ $A=B$ ならば $\dfrac{A}{C}=\dfrac{B}{C}$ $(C \neq 0)$

7 **次の問に答えなさい。**

□(1) x についての方程式 $ax+9=5x-a$ の解が $x=6$ であるとき，a の値を求めなさい。

□(2) x についての方程式 $-1-3(a-x)=2a-4x$ の解が $x=-2$ のとき，a の値を求めなさい。

□(3) 2つの x についての方程式 $-3x+4=4x-10$ と $a+4x=3x$ が同じ解をもつとき，a の値を求めなさい。

8 **「＊」の記号は，2つの数 a，b について $a*b=a-3b$ のように計算するものとします。**

□(1) $3*(-1)$ の値を求めなさい。

□(2) $6*x=9$ のときの x の値を求めなさい。

□ **9** **方程式 $\dfrac{x}{2}+3=-x+6$ を右のように解きました。□ の中には，まちがいがあります。最初にまちがって書いた式はどれか，㋐～㋓の中から1つ選びなさい。また，まちがった式を正しく書きなおし，方程式を解きなさい。**

$$\begin{aligned} \frac{x}{2}+3&=-x+6 \\ \frac{x}{2}+x&=6-3 \quad \cdots ㋐ \\ x+2x&=3 \quad \cdots ㋑ \\ 3x&=3 \quad \cdots ㋒ \\ x&=1 \quad \cdots ㋓ \end{aligned}$$

ヒント

7 解がわかっているとき，代入すると等式が成り立つね。

8(2) $6*x$ を，＊を使わずに表すとどうなるかな。

もっとチャレンジ!

3章

2節 1次方程式の利用

1 1次方程式の利用①

例題1　方程式のつくり方

教 p.101 ～ 102

1個50円のあめ x 個と60円のあめ3個の代金の合計は530円だった。x を使って方程式をつくりなさい。

ポイント
わからない量を x，y などの文字で表し，等式をつくる。等しい量を同じ文字で表す。

解き方

$\left.\begin{array}{l}\text{1個50円のあめ } x \text{ 個の代金…} 50x \text{ 円} \\ \text{1個60円のあめ3個の代金…180円}\end{array}\right\}$ 合計530円

答　$50x+180=530$

Check! **1**　50枚のカードを兄と弟の2人で分ける。兄が弟より6枚多くなるように分けるとき，兄のカードを x 枚として方程式をつくりなさい。

兄のカードを x 枚とすると，
弟のカードは $(x-6)$ 枚
2人合わせて50枚だよ。

例題2　代金の問題

教 p.103 例1

1個70円のみかんと1個160円のりんごを合わせて14個買うと，代金の合計は1700円でした。みかんとりんごは，それぞれ何個買いましたか。

解き方

みかんを x 個買うとして，右の表をうめる。表より，

	みかん	りんご	合計
1個の値段(円)	70	160	
個数(個)	x	$14-x$	14
代金(円)	$70x$	$160(14-x)$	1700

$70x+160(14-x)=1700$

両辺を10でわる

$7x+16(14-x)=170$

かっこをはずして整理すると

$-9x=-54$　$x=6$

りんごは $(14-x)$ 個だから，りんごの個数は $14-6=8$（個）

答　みかん…6個，りんご…8個

Check! **2**　1円玉と5円玉が合わせて33枚あり，合計金額が101円であるとき，5円玉の枚数を求めなさい。

解答 p.34

1 方程式のつくり方 ある陸上クラブの人数は男子が女子よりも39人多く，男女合わせると365人です。男子の人数をx人とするとき，次の(1)，(2)に答えなさい。 教 p.101 ～ 102

□(1) 女子の人数をxを使って表しなさい。

□(2) (1)を利用して方程式をつくり，男子の人数を求めなさい。

ヒント
(男子)＋(女子)＝365人

□**2 方程式のつくり方** ある中学校では，合唱コンクールを行うことになり，各学年4クラスずつ，全部で12クラスが順に合唱します。1クラスあたりの持ち時間はすべて同じで，交代に6分かかります。1クラス目の開始は9時30分，12クラス目が終了するのは13時ちょうどです。1クラスあたりの持ち時間は何分ですか。 教 p.101 ～ 102

ヒント
交代の時間（6分）は何回必要かを考える。

□**3 代金の問題** 1個380円のケーキと，1個260円のプリンを合わせて12個買い，代金の合計が3360円になりました。このとき買ったケーキ，プリンの個数を求めなさい。

教 p.103 問1

	ケーキ	プリン	合計
1個の値段(円)	380	260	
個数(個)	x		12
代金(円)			3360

ヒント
個数の式と代金の式をつくって考える。

解答 p.34

もっとチャレンジ!

3章　2節 1次方程式の利用

1 1次方程式の利用②

例題 1　過不足の問題

教 p.104 例 2

画用紙を何人かの生徒に配ります。1人4枚ずつ配ると11枚余り，1人6枚ずつ配ると7枚たりません。生徒の人数と画用紙の枚数を求めなさい。

解き方

生徒の人数を x 人として，右の図の空らんをうめ，「画用紙の枚数」を2通りの式で表す。

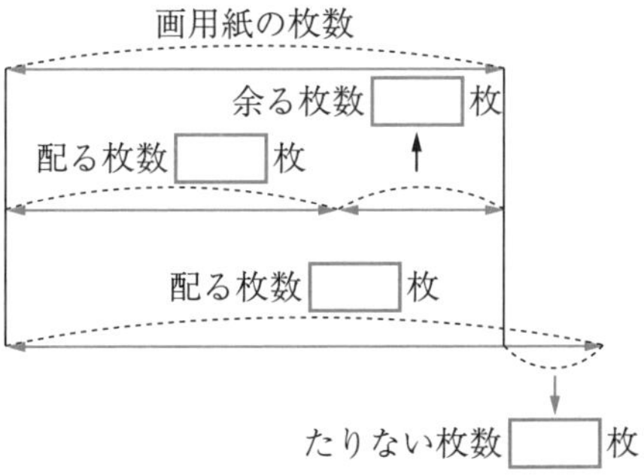

4枚ずつ配ると11枚余る→配る枚数 $4x$ 枚，
余る枚数 11 枚，(画用紙の枚数) $= 4x + 11$ (枚)
6枚ずつ配ると7枚たりない→配る枚数 $6x$ 枚，
たりない枚数 7 枚，(画用紙の枚数) $= 6x - 7$ (枚)
どちらも「画用紙の枚数」だから，$4x + 11 = 6x - 7$
これを解くと，$x = 9$　画用紙の枚数は，$4x + 11 = 4 \times 9 + 11 = 47$

答　**生徒の人数…9人，枚数…47枚**

Check! 1　**例題 1** で，画用紙の枚数を a 枚として生徒数を2通りの式で表し，方程式をつくりなさい。

例題 2　速さに関する問題

教 p.105 例 3

妹は家を出発して図書館に向かいました。その6分後，兄は家を出発して妹を追いかけました。妹が分速 45m，兄が分速 65m で歩くとすると，兄は家を出発してから何分後に妹に追いつきますか。兄が出発して t 分後に追いつくとして求めなさい。

	妹	兄
速さ(m/min)	45	65
時間(分)	$t + 6$	t
道のり(m)	$45(t + 6)$	$65t$

解き方

(妹の移動時間) $= (t + 6)$ 分。「追いつく」⇨(妹の道のり)＝(兄の道のり)だから
(妹の道のり) $= 45(t + 6)$，(兄の道のり) $= 65t$ より，

$45(t + 6) = 65t$　これを解くと，$t = \frac{27}{2}$ (13.5)

答　**13.5分後**

Check! 2　直線 AB 上で，点 P は A を出発して B に向かって動き，点 Q は点 P と同時に B を出発して A に向かって動きます。P が毎秒 2cm，Q が毎秒 3cm の速さで動き，直線 AB の長さが 1m のとき，2点が出会うのは何秒後ですか。

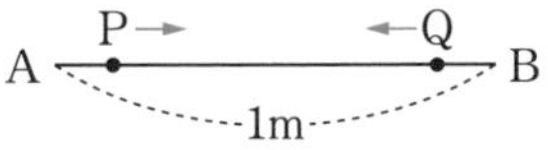

解答 p.34

❶ 過不足の問題　同じ値段のジュースを何本か買うことにしました。8本買うには，持っていた金額では170円たりません。そこで，6本買うことにしたら100円余りました。このとき，次の問に答えなさい。 教 p.104 問3

□(1)　ジュース1本の値段をx円として，方程式をつくりなさい。

□(2)　ジュース1本の値段と，持っていた金額を求めなさい。

ヒント

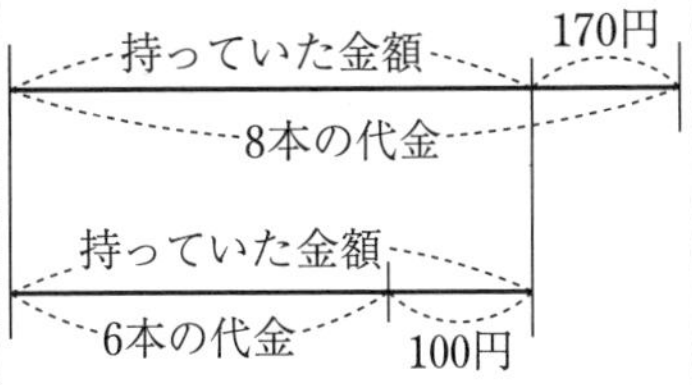

(1)　持っていた金額は
(8本の代金)－170円
(6本の代金)＋100円

(3)　ジュース1本の値段は
{(持っていた金額)＋170円}÷8
{(持っていた金額)－100円}÷6

□(3)　持っていた金額をy円として方程式をつくり，持っていた金額を求めなさい。

❷ 速さに関する問題　2地点P，Q間は6.6kmはなれています。A，Bの2人がP，Q間の同じ道を移動します。移動する速さはAが分速50m，Bが分速60mであるとき，次の問に答えなさい。 教 p.106 問4

□(1)　AさんはP地点を，BさんはQ地点を，同時に出発し，AさんはQ地点へ，BさんはP地点へ向かいます。AさんとBさんが出会うのは，2人が同時に出発してから何分後ですか。

ヒント
「出会う」場合
(Aの道のり)＋(Bの道のり)＝6.6km

□(2)　AさんがP地点を出発してから5分後に，BさんもP地点を出発します。BさんがAさんに追いつくのは，Aさんが出発してから何分後ですか。

ヒント
「追いつく」場合
(Aの道のり)＝(Bの道のり)

解答 p.34～35

もっとチャレンジ!

3章　2節 1次方程式の利用

2 比例式の利用

例題1　比例式の性質

教 p.108 例1

次の比例式で，文字の値を求めなさい。

(1)　$a:10=18:30$　　　(2)　$(6-y):y=2:1$

解き方

比例式の性質を使って方程式をつくる。

(1)　$a:10=18:30$（10×18，$a\times30$）

$30\times a=10\times18$

両辺を 30 でわって，

$a=10\times18\div30=6$

答　$a=6$

(2)　$(6-y):y=2:1$

$6-y=2y$

$-3y=-6$

答　$y=2$

ポイント　比例式の性質

$a:b=m:n$ ならば $an=bm$

Check! **1**　次の比例式で，x の値を求めなさい。

(1)　$2:5=x:40$　　　(2)　$(x+5):3=3x:8$

例題2　比例式の利用

教 p.108 問3

何枚かの画用紙のたばの重さは 2.1kg で，その中から 20 枚の重さをはかったら，28g でした。画用紙のたばは全部で何枚ありますか。

解き方

画用紙の重さは枚数に比例するから，

画用紙全体の枚数を x 枚とすると，

$x:2100=20:28$

$28x=20\times2100$

$x=20\times2100\div28$

$x=1500$

式は

$x:20=2100:28$

でもいいね！

答　1500 枚

Check! **2**　大きな容器に入った油 30L から 8L 取り出して重さをはかると 7.2kg でした。この油 30L の重さを求めなさい。ただし，容器の重さは考えないものとする。

解答 p.35

1 比例式の性質　次の比例式で，文字の値を求めなさい。 教 p.108 問2

□(1)　$14:4=x:6$

□(2)　$25:x=5:0.8$

□(3)　$(x+3):2=15:3$

□(4)　$17:y=7:(y-20)$

□(5)　$2:7x=1:(6x-5)$

□(6)　$3:8=x:(x+1)$

2 比例式の利用　次の問に答えなさい。 教 p.108・109 問3・4

□(1)　1本のはりがねを巻いてたばにしたものがあります。全体の重さが3.2kgで，たばの中から1mを切り出して重さをはかると50gでした。もとのはりがねのたば全体の長さを求めなさい。

□(2)　同じ重さのコインがたくさんあります。コイン全体の重さは360gで，その中から20枚を取り出して重さをはかったら，90gでした。コインは全部で何枚あるか，求めなさい。

□(3)　ある中学校の1年生は，女子の人数が男子の人数より6人多く，男子と女子の人数の比が$8:9$です。男子の人数を求めなさい。

> **ヒント**
> 男子をx人とすると女子は何人になるか考えよう。

□(4)　85枚の折り紙を姉と妹で分けるのに，姉と妹の枚数の比が$10:7$になるようにしたいと思います。姉の枚数を何枚にすればよいか，求めなさい。

> **ヒント**
> 姉をx枚とすると妹は何枚になるか考えよう。

解答 p.35

2節の問題 | 1次方程式の利用

教科書 101 ▸ 109

解答 p.36

1 次の問に答えなさい。

□(1) 1個180円の豚まんと1個150円のあんまんを合わせて12個買ったら，代金の合計が1950円になりました。豚まんとあんまんをそれぞれ何個買いましたか。

□(2) 同じチューリップを何本か買うことにしました。7本買うには持っていた金額では120円たりず，5本買うことにしたら80円余りました。チューリップ1本の値段と持っていた金額を求めなさい。

□(3) 修学旅行のホテルの部屋を予約します。生徒が1室に6人ずつだと14人が入れず，8人ずつだとちょうど1室余ります。ホテルの部屋の数をx室として方程式をつくり，修学旅行に行く生徒の人数を求めなさい。

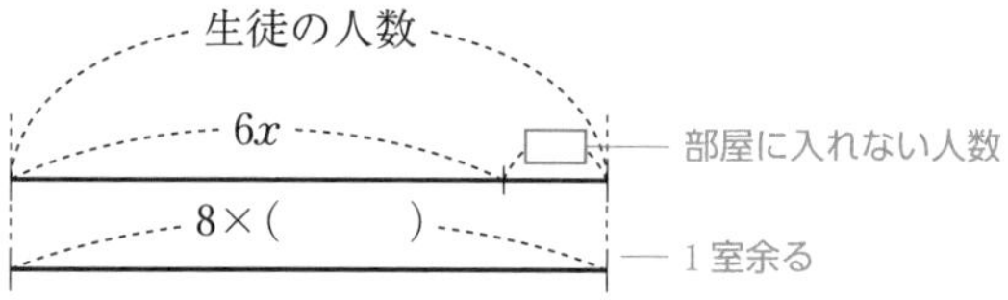

□(4) 170cmのひもを，みかさんとひとみさんで分けるとき，みかさんのほうが，ひとみさんより50cm長くなるようにします。みかさんとひとみさんのひもの長さはそれぞれ何cmにすればよいですか。

□(5) 兄が家を出発して博物館に歩いて向かいました。兄の忘れ物に気づいた妹は，兄が出発して6分後に自転車で追いかけました。兄の速さは分速90m，妹の速さは分速150 mとすると，妹が兄に追いつくのは，兄が家を出発してから何分後ですか。

□(6) 25kmはなれた地点A，Bがあります。同じ道を，みきさんは時速4kmの速さでAからBに，こうたさんは時速6kmの速さでBからAに向かって同時に出発しました。2人が出会うのは，出発してから何時間後ですか。

ヒント

1 問題の意味をよく考えて，何をxで表すか考えよう。数量の関係を見つけてつくった方程式を解いたら，その解が問題に適しているかを確かめて答えとしよう。

2 次の比例式で，x の値を求めなさい。

□(1) $x:8=3:2$　　□(2) $4:5=x:25$

□(3) $(x-6):x=5:3$　　□(4) $(13+x):2=(4x+7):3$

□ **3** しょう油と酢の割合を 3：2 にして和風ドレッシングを作ります。しょう油を 90mL 使うとき，酢は何 mL あればよいですか。

□ **4** 160cm のリボンがあります。このリボンを姉と妹で 5：3 の割合で分けます。妹がもらうリボンの長さは，何 cm になりますか。

□ **5** 姉のお年玉の金額は，弟のお年玉の金額の 1.5 倍でした。姉のお年玉の $\frac{2}{3}$ と，弟のお年玉の $\frac{1}{2}$ を出し合って 12000 円のゲーム機を買いました。弟のお年玉を x 円として方程式をつくり，2 人のお年玉の金額を求めなさい。

6 下の図のように，黒のご石を縦，横に 2 個ずつ並べてできる図形を 1 番目とし，2 番目からはその外側に 1 列ずつご石を付け加えて正方形の形に並べていきます。次の問に答えなさい。

□(1) 4 番目のご石の総数を求めなさい。

□(2) n 番目のいちばん外側のご石の数が 52 個のとき，n の値を求めなさい。

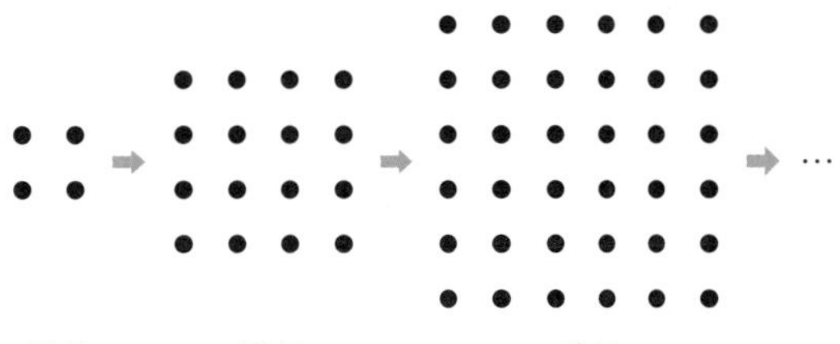

1番目　2番目　3番目

□ **7** 方程式が次のような式になる文章題を作りなさい。

$130x+120(5-x)=630$

ヒント

7 （単価）×（個数）で考えてみよう。

3章の問題　方程式 未知の数の求め方を考えよう

教科書 89 ▸ 112

解答 p.37

□ **1** 次の方程式のうち，-4 が解であるものを選びなさい。

㋐ $1-\dfrac{x}{5}=-\dfrac{1}{5}$　　㋑ $5x+2=4x-2$　　㋒ $3(2-x)=6x+19$

□ **2** 方程式 $\dfrac{1}{3}x-2=\dfrac{1}{6}x-1$ を右のようにして解きました。①，②では，下の等式の性質㋐～㋓のうち，それぞれどれを使って式を変形していますか。

㋐ $A=B$ ならば $A+C=B+C$
㋑ $A=B$ ならば $A-C=B-C$
㋒ $A=B$ ならば $AC=BC$
㋓ $A=B$ ならば $\dfrac{A}{C}=\dfrac{B}{C}$ $(C \neq 0)$

$$\frac{1}{3}x-2=\frac{1}{6}x-1$$
↓①
$$6\left(\frac{1}{3}x-2\right)=6\left(\frac{1}{6}x-1\right)$$
$$2x-12=x-6$$
↓②
$$2x-12+12=x-6+12$$
$$2x-x=6$$
$$x=6$$

3 次の方程式を解きなさい。

□(1) $x+9=-4$　　□(2) $-\dfrac{2}{5}x=4$

□(3) $7x+6=3x-6$　　□(4) $1-10x=2x+11$

4 次の方程式を解きなさい。

□(1) $5(2x-1)=4x+7$　　□(2) $1.1x-0.4=2-0.1x$

□(3) $2.1(3x+2)=0.9x-1.2$　　□(4) $\dfrac{x-2}{2}=\dfrac{3x+1}{5}$

5 次の比例式で，x の値を求めなさい。

□(1) $x:27=5:9$　　□(2) $3:(x-1)=7:(4+2x)$

□ **6** x についての方程式 $3(2x-a)=2(x-3a)$ の解が $x=6$ であるとき，a の値を求めなさい。

ヒント
4 小数や分数をふくまない式にするときは，両辺に同じ数をかけるのだったね。

□ **7** 園児にチョコレートを5個ずつ配ると9個余り，7個ずつ配ろうとすると13個たりません。園児の人数とチョコレートの個数を求めなさい。

□ **8** みささんの家から美術館までの道のりを，分速60mで歩くと，分速80mで歩くときよりも5分長くかかります。家から美術館までの道のりは何mか求めなさい。

□ **9** みきさんは2000円，こうたさんは1200円を持って買い物に行きました。同じ値段のシュークリームを，みきさんは4個，こうたさんは3個買ったところ，みきさんの残金が，こうたさんの残金の2倍になりました。シュークリーム1個の値段を求めなさい。

□ **10** まんじゅうがAの皿に19個，Bの皿に11個入っています。Aの皿のまんじゅうを何個かBの皿に移したら，Aの皿とBの皿のまんじゅうの個数の比が7：8になりました。移したまんじゅうの個数は何個ですか。

□ **11** 水そうにAの給水管とBの給水管から水を入れます。最初はAのみで水を入れ，途中からBも開き水を入れたところ，水を入れ始めてから10分間で水が44Lたまりました。Aから出る水の量は毎分4L，Bから出る水の量は毎分2Lです。Aの給水管のみを開いていた時間は何分間ですか。

□ **12** パン屋で，90円のミニクロワッサン1個と本日のみ10%引きのクリームパン6個を買ったら，合計で900円になりました。クリームパンは通常1個何円で売られていますか。

□ **13** 等しい2辺のそれぞれの長さが，もう1辺の長さよりも4cm長い二等辺三角形があります。この二等辺三角形の周の長さが29cmのとき，等しい辺の長さと，もう1辺の長さをそれぞれ求めなさい。

ヒント

8 道のりをxmとしても，時間をx分としても，どちらでも求められるよ。

4章 比例と反比例

小6 比例と反比例
中1 文字と式
中1 方程式

数量の関係を調べて問題を解決しよう

ウォーミングアップ

1 右の図で，点Aをもとにして，○の位置を（横4，縦1）のように表すことにします。

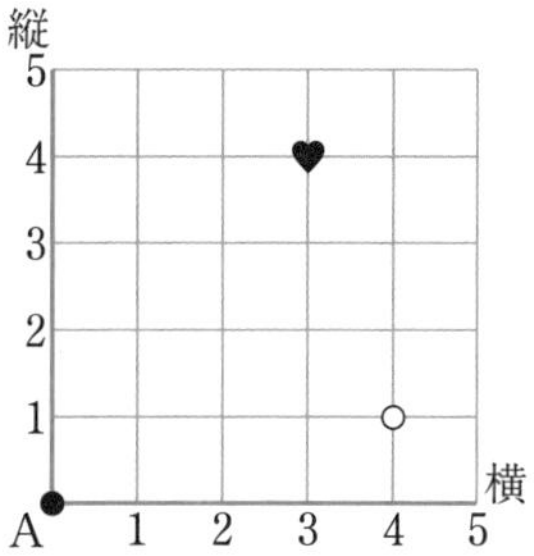

□(1) ♥の位置はどのように表されますか。

□(2) ★の位置は（横2，縦4）です。
右の図に★の印をかきなさい。

ふりかえり 小4
位置の表し方
もとにする点を決めて，2つの長さの組で表す。

□**2** 15分で270枚を印刷できる機械があります。1分間に印刷できる枚数を，下の図の□に書き，20分で印刷できる枚数を求めなさい。

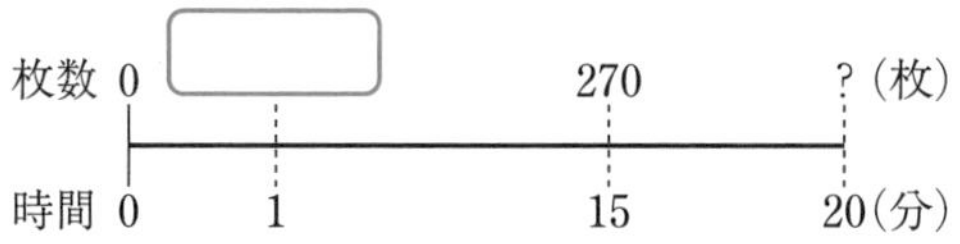

ヒント
15分で270枚
→1分で□枚

3 150gで450円のバターがあります。

□(1) バター1gの値段を求めなさい。

□(2) バター180gの値段を求めなさい。

□(3) 600円でバターは何g買えますか。

ヒント

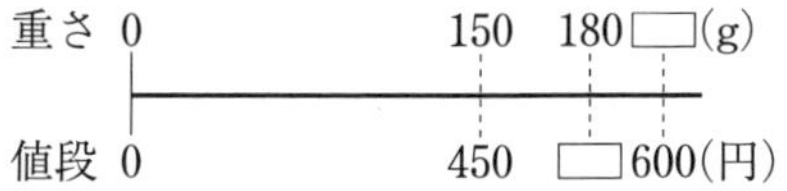

4 下の表は，針金の長さ xm と重さ yg の関係を表しています。

長さ x (m)	0	1	2	3	4	5
重さ y (g)	0	□	10	15	20	25

□(1) 表の□に当てはまる数を書き，y を x の式で表しなさい。

□(2) 針金の長さが 12m のとき，重さは何 g ですか。

□(3) x と y の関係をグラフに表しなさい。

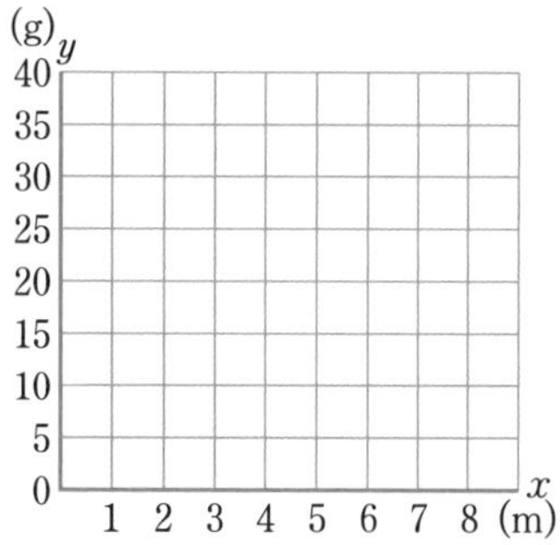

ふりかえり 小6

比例

y が x に比例するとき
y＝(決まった数)×x

x	①	2	3	4	…
y	⑥	12	18	24	…

2倍 3倍 4倍

5 縦の長さが $x$cm，横の長さが $y$cm，面積が 21cm^2 の長方形があります。

□(1) 長方形の面積について，数量の関係を等式で表しなさい。

□(2) 下の表の①～⑥に当てはまる数を書きなさい。

縦の長さ x (cm)	1	2	3	5	7	21
横の長さ y (cm)	①	②	③	④	⑤	⑥

□(3) y は，x に比例しますか，反比例しますか。

□(4) y を x の式で表しなさい。

ふりかえり 小6

反比例

y が x に反比例するとき
y＝(決まった数)÷x

x	①	2	3	4	…
y	60	30	20	15	…

2倍 3倍 4倍

$\frac{1}{2}$倍 $\frac{1}{3}$倍 $\frac{1}{4}$倍

6 右のグラフは，兄と弟が自転車で同じコースを同時に出発して走ったときの，走った時間 x 分と道のり ym の関係を表しています。

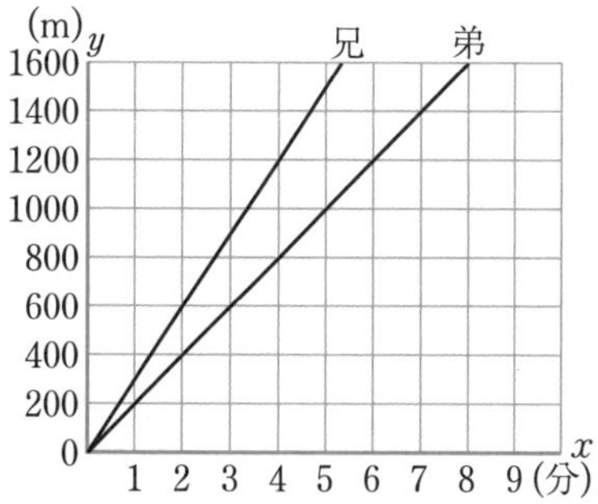

□(1) 1200m の地点を兄が通過してから弟が通過するまでの時間は何分ですか。

□(2) 出発してから 4 分後に，兄と弟は何 m はなれていますか。

□(3) 同じ速さで走り続けると，弟が 2km 走るのに何分かかりますか。

ふりかえり 小5

速さ

(速さ)＝(道のり)÷(時間)
(時間)＝(道のり)÷(速さ)

解答 p.38

4章　1節 関数と比例・反比例

◀もっとチャレンジ!

1 関数

例題1　変数と変域

教 p.117 例1

変数 x が，次の数直線の太線で示された範囲の値をとるとき，x の変域を不等号を使って表しなさい。

(1)

(2)

(3)

解き方

●はその値をふくみ，○はその値をふくまないことを表す。

答　(1)　$-2 \leqq x \leqq 8$　(2)　$0 < x < 0.8$　(3)　$x < -2$

ポイント
いろいろな値をとる文字を変数という。

Check! 1　変数 x が，次の数直線の太線で示された範囲の値をとるとき，x の変域を，不等号を使って表しなさい。

(1)

(2)
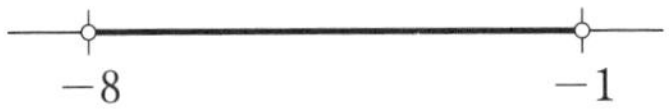

例題2　関数の関係

教 p.118 例2

y が x の関数であるものはどれですか。

㋐　面積が 10cm^2 の三角形の底辺が $x$cm のとき，高さは $y$cm である。

㋑　空の水そうに毎分2Lの割合で x 分間水を入れると，yLの水がたまる。

㋒　1年生 x 人の平均身長が $y$cm である。

㋓　絶対値が x である整数は y である。

解き方

㋐　$x \times y \div 2 = 10$ より，x の値が決まると，y の値が1つに決まる。

㋑　$2x = y$ の関係。x の値が決まると，y の値が1つに決まる。

㋒　x の値が決まっても，y の値が決まらない。

㋓　たとえば，絶対値が3の整数は，$+3$ と -3 の2つある。

答　㋐，㋑

ポイント
変数 x の値を決めると，それにともなって変数 y の値が1つに決まるとき，y は x の関数であるという。

Check! 2　次の㋐～㋓のうち，y が x の関数であるものはどれですか。

㋐　整数 x の絶対値は y である。

㋑　15kgより $x$kg重い重さは $y$kgである。

㋒　x 歳の男性の体重は $y$kgである。

㋓　毎分 xL ずつ水を入れる容器の容積は yL である。

解答 p.39

❶ 変数と変域　次の問に答えなさい。 教 p.117 問 1・2

□(1)　変数 x が，次の数直線の太線で示された範囲の値をとるとき，x の変域を不等号を使って表しなさい。

①
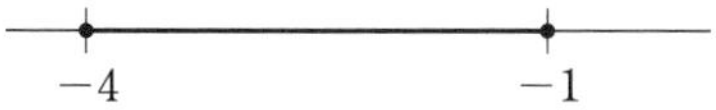

②
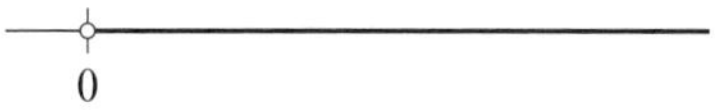

□(2)　次のことばで表された x の変域を，不等号を使って表しなさい。

①　x は 3 以上 5 未満　　　②　x は −5 より小さい

□**❷ 関数の関係　次の㋐〜㋓のうち，y が x の関数であるものはどれですか。** 教 p.118 問 4

㋐　A 駅から B 駅までの運賃は x 円で，A 駅から C 駅までの運賃は y 円である。

㋑　体重が $x$kg の人の身長は $y$cm である。

㋒　時速 $x$km の自動車で 5 時間走ると $y$km 進む。

㋓　x 人のクラスで実施した数学のテストの平均点は y 点である。

❸ 関数の関係　半径 $x$cm の円の円周の長さを $y$cm とするとき，円周率を 3.14 として，次の問に答えなさい。 教 p.118 問 5

□(1)　下の表の x の値に対応する y の値を求めなさい。

x	1	2	3	4	…
y	6.28	□	□	□	…

□(2)　y は x の関数であるといえますか。

□(3)　この円の面積は，半径の関数であるといえますか。

解答 p.39

もっとチャレンジ!

4章 1節 関数と比例・反比例

2 比例と反比例

例題1 比例

教 p.120 例1

底辺 $x$cm，高さ 4cm の三角形の面積を $y$cm^2 とするとき，次の問に答えなさい。

(1) y を x の式で表しなさい。 (2) y は x に比例するといえますか。

(3) 比例定数を答えなさい。

解き方

(1) (三角形の面積)＝(底辺)×(高さ)÷2 だから，

$y=x\times4\div2=2x$

(2) $y=2x$ は，$y=ax$ の形の式。

(3) $y=ax$ の式で a が比例定数。

答 (1) $y=2x$ (2) **いえる。** (3) **2**

ポイント

比例

y が x の関数で，次のような式で表されるとき，y は x に**比例**《ひれい》するという。

$y=ax$

Check! 1 正方形の 1 辺の長さを $x$cm，周の長さを $y$cm とするとき，次の問に答えなさい。

(1) y を x の式で表しなさい。 (2) y は x に比例するといえますか。

(3) 比例定数を答えなさい。

例題2 反比例

教 p.121 例2

面積が 24cm^2 の長方形の縦が $x$cm，横が $y$cm のとき，次の問に答えなさい。

(1) y を x の式で表しなさい。 (2) y は x に反比例するといえますか。

(3) 比例定数を答えなさい。

解き方

(1) (長方形の面積)＝(縦)×(横) $x\times y=24$ $y=\dfrac{24}{x}$

(2) $y=\dfrac{24}{x}$ は $y=\dfrac{a}{x}$ の形の式。

(3) $a=24$

答 (1) $y=\dfrac{24}{x}$ (2) **いえる。** (3) **24**

ポイント

反比例

y が x の関数で，次のような式で表されるとき，y は x に**反比例**《はんぴれい》するという。

$y=\dfrac{a}{x}$

Check! 2 面積が 30cm^2 の三角形の底辺を $x$cm，高さを $y$cm とするとき，次の問に答えなさい。

(1) y を x の式で表しなさい。 (2) y は x に反比例するといえますか。

(3) 比例定数を答えなさい。

解答 p.40

❶ 比例・反比例　次の問に答えなさい。 教 p.120 問 1，p.121 問 2

□(1)　次の㋐〜㋓のうち，①y が x に比例しているもの，②y が x に反比例しているものを，それぞれ選び，比例定数をいいなさい。

㋐　時速 $x$km で 3 時間走ると $y$km 進む。

㋑　800 円の商品を買い x 円出すとおつりは y 円である。

㋒　現在の水位が 10cm のプールに，毎分 3L の割合で x 分間給水したときの水位は $y$cm である。

㋓　10L 入る容器に毎分 xL の割合で水を注ぐと，y 分で満水になる。

ヒント
式が
$y=ax$，$y=\frac{a}{x}$
の形になるものを見つける。

□(2)　(1)の①，②それぞれについて，比例定数が表している量をいいなさい。

❷ 比例　底辺が 10cm，高さが $x$cm の平行四辺形の面積を $y\text{cm}^2$ とするとき，次の問に答えなさい。 教 p.120 問 1

□(1)　右の表の空らんを完成させなさい。

x	1	□	4	□	…
y	10	30	□	60	…

□(2)　y が x に比例していることを示しなさい。また，その比例定数と，比例定数が表している量をいいなさい。

❸ 反比例　面積が 50cm^2 の長方形の縦を $x$cm，横を $y$cm とするとき，次の問に答えなさい。

教 p.121 問 2

□(1)　右の表の空らんを完成させなさい。

x	1	□	5	□	…
y	□	20	10	5	…

□(2)　y が x に反比例していることを示しなさい。また，その比例定数と，比例定数が表している量をいいなさい。

解答 p.40

もっとチャレンジ!

4章

2節 比例の性質と調べ方

1 比例の表と式

例題 1　対応する値

教 p.124 Q

比例 $y=4x$ について，次の問に答えなさい。

(1) x，y の値の対応を示す右の表の空らんをうめなさい。

x	…	-2	-1	0	1	2	3	…
y	…	□	□	0	□	□	□	…

(2) x の値が 2 倍，3 倍，…になると，それに対応する y の値はどのように変化しますか。

解き方

(1) $x=1$，2，3 のときそれぞれ，$y=4\times1=4$，$y=4\times2=8$，$y=4\times3=12$

$x=-1$，-2 のときそれぞれ，$y=4\times(-1)=-4$，$y=4\times(-2)=-8$

(2) x が $1\rightarrow2$，$1\rightarrow3$ となると，y は $4\rightarrow8$，$4\rightarrow12$ と 2 倍，3 倍になっている。

答 (1) （表の左から順に）-8，-4，4，8，12　(2) **2 倍，3 倍，…になる。**

Check! 1　$y=-4x$ について，次の問に答えなさい。

(1) x，y の値の対応を示す右の表の空らんをうめなさい。

x	…	-3	-2	□	0	1	2	…
y	…	□	□	4	0	□	□	…

(2) x の値が 2 倍，3 倍，…になると，それに対応する y の値はどのように変化しますか。

例題 2　比例の式

教 p.125 例 1

y は x に比例するとき，次の問に答えなさい。

(1) $x=-2$ のとき，$y=6$ です。比例の式を求めなさい。

(2) $x=5$ のとき $y=10$ です。比例の式を求めなさい。

解き方

比例の式 $y=ax$ に x，y の値の組を代入して a を求める。

(1) $x=-2$ のとき $y=6$ であるから，$6=-2a$，$a=-3$

(2) $x=5$ のとき $y=10$ であるから，$10=5a$，$a=2$

式は $\dfrac{y}{x}=a$ として代入してもいいね。

答 (1) $y=-3x$　(2) $y=2x$

Check! 2　y は x に比例するとき，次のそれぞれの場合について，比例の式を求めなさい。

(1) $x=5$ のとき $y=5$

(2) $x=20$ のとき $y=4$

(3) $x=-8$ のとき $y=4$

(4) $x=-0.3$ のとき $y=3$

解答 p.41

❶ 対応する値・比例の式　下の表を見て，次の問に答えなさい。教 p.124 Q，125 問 1

x	…	-5	-4	-3	-2	-1	0	1	2	3	4	5	…
y	…		16		8		0	-4	-8	-12			…

□(1)　y が x に比例しているといえますか。また，そのように考えるわけをいいなさい。

□(2)　表の空らんをうめなさい。

□(3)　y を x の式で表しなさい。

❷ 比例の式　y は x に比例するとき，次のそれぞれの場合について，比例の式を求めなさい。

□(1)　$x=1$ のとき $y=-1$　教 p.125 問 1

□(2)　$x=-2$ のとき $y=-1$

□(3)　$x=8$ のとき $y=6$

□(4)　$x=-6$ のとき $y=18$

□(5)　$x=-\frac{2}{3}$ のとき $y=4$

□(6)　$x=\frac{1}{8}$ のとき $y=-\frac{1}{3}$

ヒント

$y=ax$ または $a=\frac{y}{x}$ として，x，y の値を代入して，a の値（比例定数）を求める。

❸ 比例の式　y は x に比例し，$x=-7$ のとき $y=14$ です。教 p.125 問 1

□(1)　このときの比例の式を求めなさい。

□(2)　$x=2$ のときの y の値を求めなさい。

解答 p.41

◀ もっとチャレンジ！

4章

2節 比例の性質と調べ方

2 比例のグラフ

例題1 座標

教 p.127 問1

右の図で，点 A，B，C の座標をいいなさい。

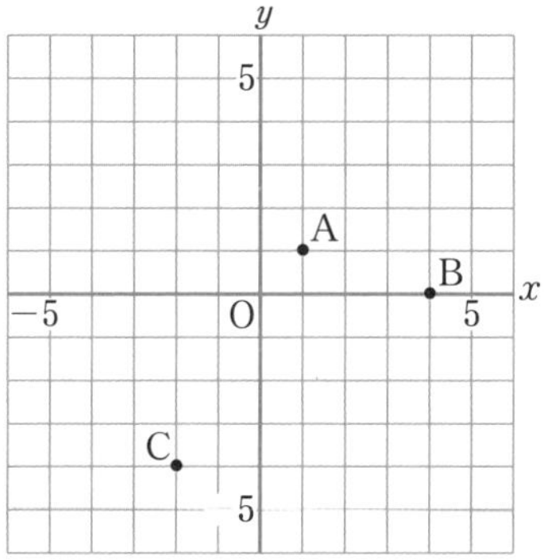

解き方

A…x 座標が 1，y 座標が 1

B…x 座標が 4，y 座標が 0

C…x 座標 -2，y 座標 -4

それぞれの点から x 軸，y 軸に垂直にひいた直線が，x 軸，y 軸と交わる点の目盛りを読みとろう。

答 A (1，1)　B (4，0)　C (−2，−4)

ポイント

座標

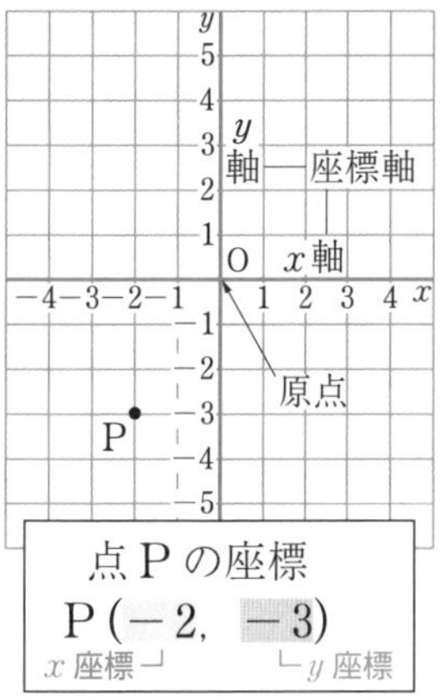

Check! 1 次の点の座標を答えなさい。

(1) 原点 O から右へ 3，上へ 4 進んだ点 A

(2) (1)の点 A から左へ 4，下へ 3 進んだ点 B

例題2 比例のグラフ

教 p.128 Q，p.129 Q

$y=0.5x$ について，右の表の x の値に対応する y の値を求め，そのグラフをかきなさい。

x	…	−3	−2	−1	0	1	2	3	…
y	…	□	□	□	□	□	□	□	…

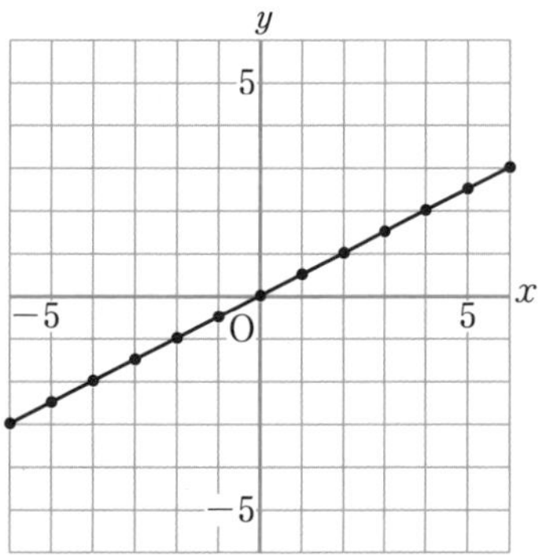

解き方

$y=0.5x$ が成り立つ x，y の値の組を座標とする点を「•」でとっていく。

答 表の左から順に，−1.5，−1，−0.5，0，0.5，1，1.5，グラフは右の図

Check! 2 $y=-2x$ について，下の表を完成させ，そのグラフを，上の図にかき入れなさい。

x	…	−3	−2	−1	0	1	2	3	…
y	…	□	□	□	□	□	□	□	…

解答 p.42

□**1 座標**　右の図で，点 A，B，C の座標を答えなさい。また，P (3，5)，Q (5，−4)，R (−2，1) の点を図にかき入れなさい。教 p.127 問 1・2

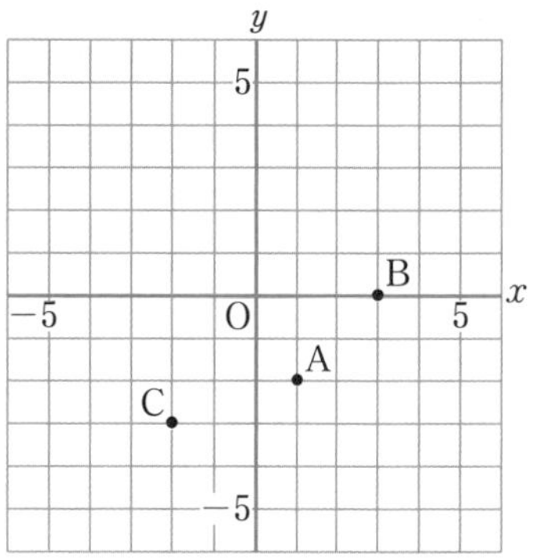

2 座標　次の点の座標を答えなさい。教 p.127 問 2

□(1)　原点から左へ 2，上へ 5 進んだ点 A

□(2)　(1)の点 A から右へ 4，下へ 3 進んだ点 B

□(3)　(2)の点 B から左へ 2，下へ 2 進んだ点 C

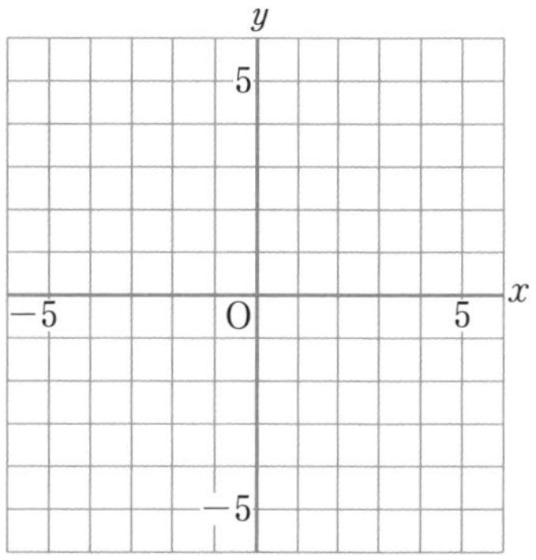

3 比例のグラフ　$y=\frac{1}{3}x$ について考えます。教 p.131 問 3

□(1)　x の値に対応する y の値を求め，下の表を完成させなさい。

x	…	−6	−3	0	3	6	…
y	…	□	□	□	□	□	…

□(2)　$y=\frac{1}{3}x$ のグラフを右の図にかき入れなさい。

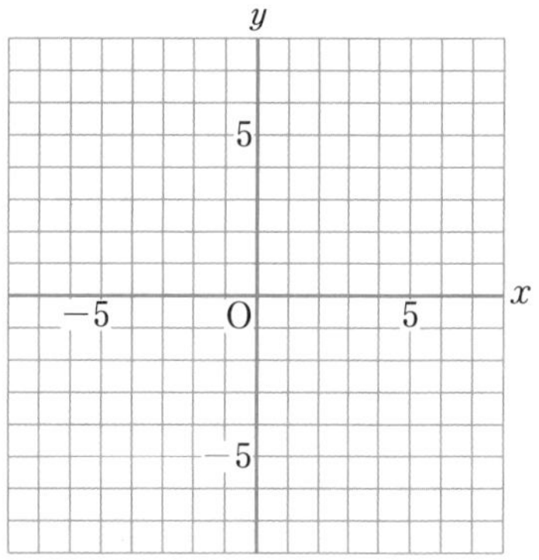

4 次の比例のグラフを，右の図にかき入れなさい。

教 p.131 問 3

□(1)　$y=-x$

□(2)　$y=3x$

□(3)　$y=\frac{2}{3}x$

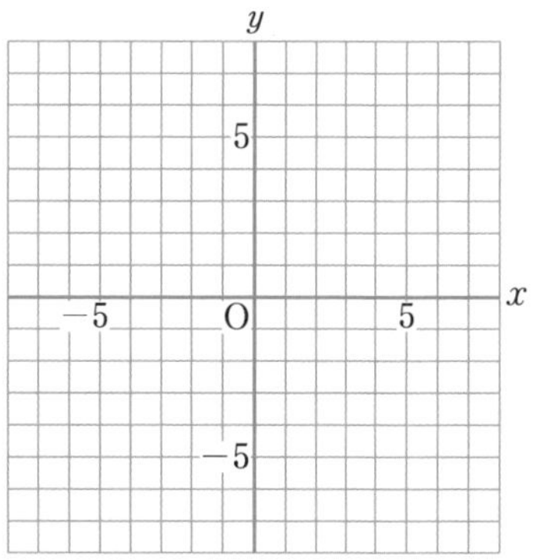

解答 p.42

4章

2節 比例の性質と調べ方

3 比例の表，式，グラフ

例題 1　表から式を求める

教 p.132 Q

右の表は，y が x に比例する関係を表しています。比例定数（式 $y=ax$ の a の値）を求めなさい。

x	…	-2	-1	0	1	2	…
y	…	-6	-3	0	3	6	…

解き方

次の 3 通りの求め方がある。

（方法 1）　x の値が 1 増加すると，y の値は 3 増加するので

$a=3$

（方法 2）　$x=1$ のとき $y=3$ だから $a=3$

（方法 3）　$x=1$，$y=3$ を $y=ax$ に代入して　$3=a\times1$，$a=3$　　**答** 3

ポイント

比例定数 a の意味

① x が 1 増加すると y は a 増加

② $x=1$ のとき $y=a$ である。

③ グラフは 1 右へ行くと上に a

Check! **1**　右の表は，y が x に比例する関係を表しています。比例の式を求めなさい。

x	…	-2	-1	0	1	2	…
y	…	-5	-2.5	0	2.5	5	…

例題 2　グラフから式を求める

教 p.133 例 1

右の図は，比例のグラフです。比例の式を求めなさい。

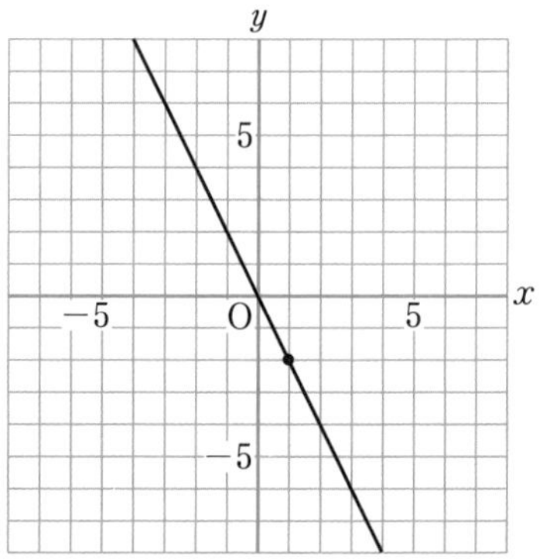

解き方

グラフから，$y=ax$ の a の値を求める 3 つの方法

(1)　グラフは 1 右へ行くと -2 上がる（2 下がる）から

$a=-2$ → 例題 1 の（方法 1，3）

(2)　点 $(1,\ -2)$ を通る（$x=1$ のとき $y=-2$）から

$a=-2$ → 例題 1 の（方法 2）

(3)　$y=ax$ に点 $(1,\ -2)$ より，$x=1$，$y=-2$ を代入して $-2=a\times1$，$a=-2$　　**答**　$y=-2x$

Check! **2**　右の図は比例のグラフです。(1)，(2)の比例の式を求めなさい。

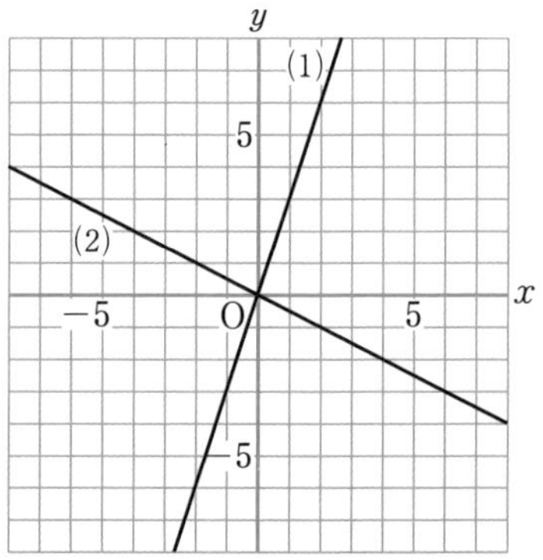

解答 p.43

1 表から式を求める　下の㋐，㋑，㋒の表は，y が x に比例する関係を表したものです。次の問に答えなさい。教 p.132，p.133

□(1)　㋐，㋑，㋒それぞれについて，比例の式を求めなさい。

□(2)　㋐，㋑，㋒それぞれについて，$x=9$ のときの y の値を求めなさい。

㋐

x	…	-2	-1	0	1	2	…
y	…	-8	-4	0	4	8	…

㋑

x	…	-6	-3	0	3	6	…
y	…	12	6	0	-6	-12	…

㋒

x	…	-6	-3	0	3	6	…
y	…	-4	-2	0	2	4	…

□**2 グラフから式を求める**　右の図の㋐，㋑は，比例のグラフです。それぞれについて，比例の式を求めなさい。

教 p.133 問1

ヒント
グラフから比例定数を読み取れる場合もある。

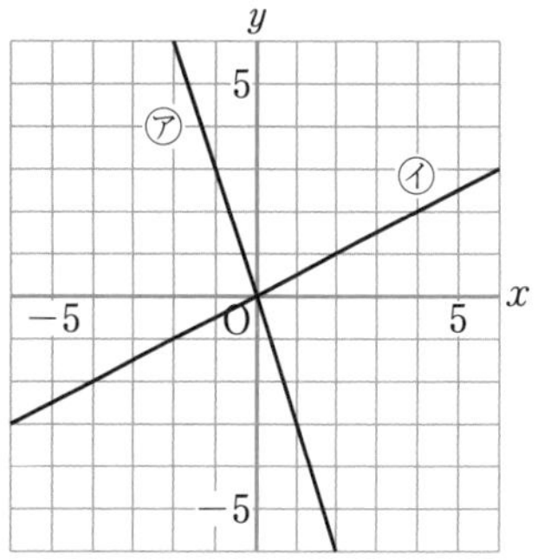

3 グラフから式を求める　右の図の㋐，㋑は，比例のグラフです。次の問に答えなさい。教 p.133 問1

□(1)　それぞれについて，比例の式を求めなさい。

□(2)　㋐，㋑のそれぞれの関数について，$x=1$ のときの y の値を求めなさい。

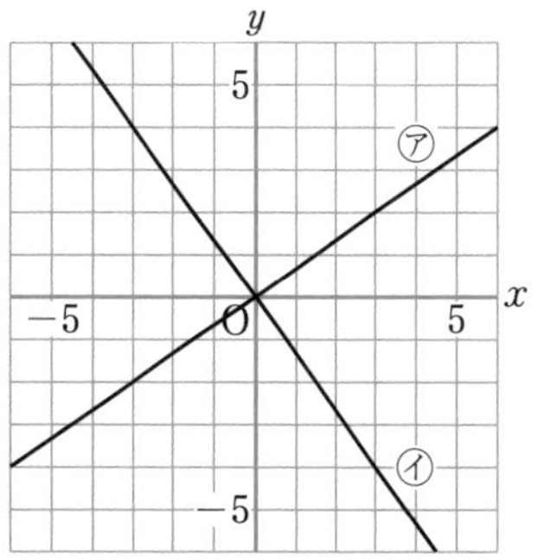

解答 p.43

1・2節の問題 関数と比例・反比例 比例の性質と調べ方

教科書 114▸134 解答 p.44 ～ 45

□ **1** **次の㋐～㋓のうち，y が x の関数であるものをすべて選びなさい。**

㋐ 1 辺が $x$cm の正方形の面積は $y$cm^2 である。

㋑ 縦の長さが $x$cm の長方形の周の長さは $y$cm である。

㋒ 絶対値が x の整数は y である。

㋓ 80 枚のカードを，1 人 x 枚ずつ配ると y 人に配ることができる。

2 **変数 x が次の範囲の値をとるとき，x の変域を不等号を使って表しなさい。**

□(1) －1 以下　　□(2) 0 以上 9 未満

3 **15L まで入る，空の水そうに，1 分間に 3L の割合で水を入れるとき，水を入れ始めて x 分後の水そう内の水の量を yL とします。**

□(1) x と y の関係を下の表に表します。空らんの①～③に当てはまる数を書きなさい。

x（分）	0	…	3	…	③
y（L）	①	…	②	…	15

□(2) y を x の式で表し，x の変域も答えなさい。

4 **次の(1)，(2)について，y を x の式で表し，それぞれについて，y が x に比例するか反比例するかを答えなさい。また，それぞれの比例定数を答えなさい。**

□(1) 全体が x ページの本を 3 日間で読むとき，1 日あたりに読む量は y ページである。

□(2) 240km の道のりを，時速 $x$km で走ると y 時間かかる。

5 **比例の関係 $y=-\frac{1}{2}x$ について，次の問に答えなさい。**

□(1) x と y の関係を下の表に表すとき，空らん①～⑥に当てはまる数を書きなさい。

x（分）	…	－2	－1	0	1	2	3	…
y（L）	…	①	②	③	④	⑤	⑥	…

□(2) x の値が 1 増加すると，y の値はどのように変化しますか。

□(3) x の値が 3 倍になると，y の値はどのように変化しますか。

ヒント

1 x に 1，2，…を当てはめて，y の値が 1 つに決まるか考えよう。

6 **y は x に比例し，$x=2$ のとき $y=-8$ です。**

□(1) y を x の式で表しなさい。

□(2) $x=-3$ のときの y の値を求めなさい。

□(3) $y=16$ のときの x の値を求めなさい。

7 **次の問に答えなさい。**

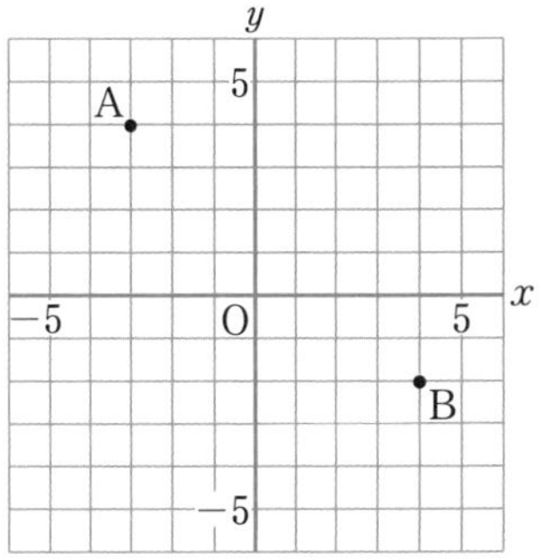

□(1) 右の図の，点 A，B，O の座標を答えなさい。

□(2) 右の図に，次の点 C，D をかき入れなさい。

C (4, 0)　　D (−5, −3)

□(3) 座標の 1 目もりを 1cm とします。3 点 A，O，C を結んでできる三角形 AOC の面積を求めなさい。

8 **右の図 1 に，下の①，②のグラフをかきなさい。また，図 2 の③，④のグラフについて，y を x の式で表しなさい。**

□① $y=\dfrac{1}{4}x$

□② $y=-\dfrac{2}{3}x$

図 1

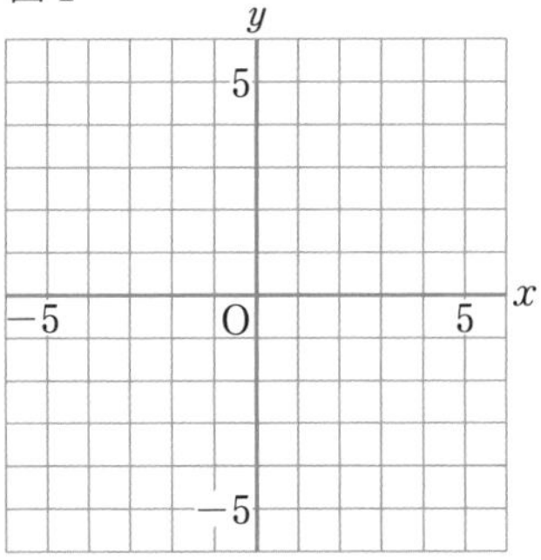

図 2

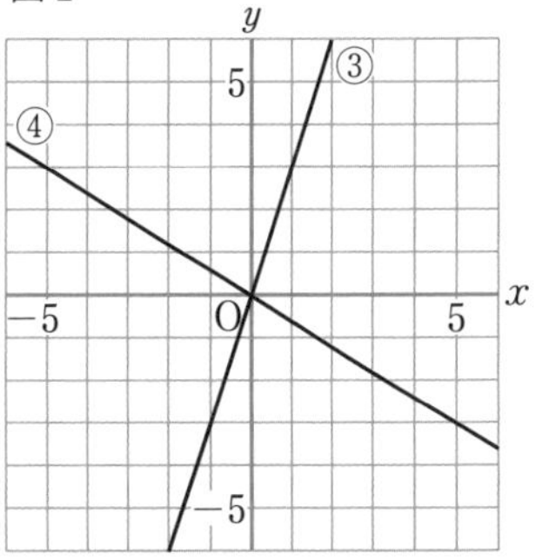

9 **右の図は，関数 $y=-\dfrac{1}{2}x$ のグラフです。**

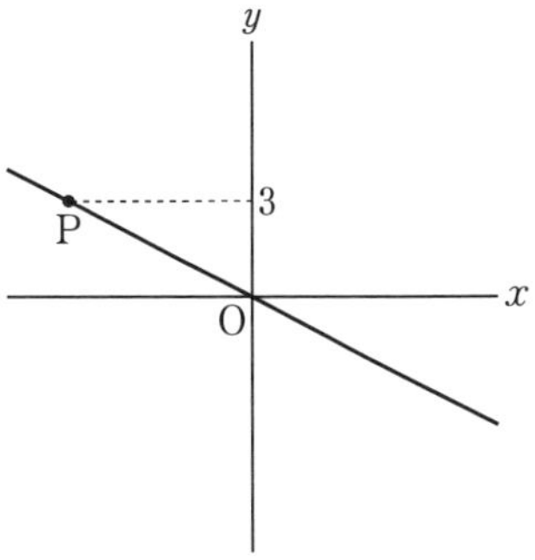

□(1) このグラフ上にある点を，次の㋐〜㋓から選びなさい。

㋐ (0, 2)　㋑ (1, −2)　㋒ (−2, 4)　㋓ (4, −2)

□(2) このグラフ上に，y 座標が 3 である点 P があります。点 P の x 座標を求めなさい。

ヒント

6(3) x か y の一方の値がわかるとき，その値を式に代入すればもう一方の値が求められるね。

もっとチャレンジ!

4章

3節 反比例の性質と調べ方

1 反比例の表と式

例題1 対応する値

教 p.136 Q

反比例 $y=\dfrac{36}{x}$ について，次の問に答えなさい。

(1) x，y の値の対応を示す下の表の空らんをうめなさい。

(2) x の値が2倍，3倍，…になると，それに対応する y の値はどのように変化しますか。

（2倍，3倍）

x	…	-4	-3	-2	-1	0	1	2	3	4	…
y	…	□	□	□	□	×	□	□	□	□	…

解き方

(1) x の値を $y=\dfrac{36}{x}$ の式にそれぞれ代入する。

(2) x の値が2倍，3倍，…になると，y の値は $\dfrac{1}{2}$ 倍，$\dfrac{1}{3}$ 倍，…になる。

答 (1) （表の左から順に）-9, -12, -18, -36, 36, 18, 12, 9　(2) $\dfrac{1}{2}$ 倍, $\dfrac{1}{3}$ 倍, …になる。

Check! 1 反比例 $y=-\dfrac{36}{x}$ について，次の問に答えなさい。

x	…	-9	-6	-3	0	3	6	9	…
y	…	□	□	□	×	□	□	□	…

(1) x，y の値の対応を示す上の表の空らんをうめなさい。

(2) x の値が2倍，3倍，…になると，それに対応する y の値はどのように変化しますか。

例題2 反比例の式

教 p.137 例1

y は x に反比例するとき，次のそれぞれの場合について，反比例の式を求めなさい。

(1) $x=4$ のとき $y=-5$　　(2) $x=-5$ のとき $y=4$

解き方

反比例の式は $y=\dfrac{a}{x}$（a は比例定数）と表される。

(1) $x=4$ のとき $y=-5$ であるから，$-5=\dfrac{a}{4}$，$a=-20$

(2) $xy=a$ から，$x=-5$ のとき $y=4$ であるから，$a=-5\times4$，

$a=-20$

答 (1) $y=-\dfrac{20}{x}$　(2) $y=-\dfrac{20}{x}$

$y=\dfrac{a}{x}$ を変形して，$xy=a$ から，反比例の式を求めることもできるね。

Check! 2 y は x に反比例し，$x=2$ のとき $y=-4$ です。反比例の式を求めなさい。

解答 p.45

1 対応する値 y が x に反比例し，下の表のように対応しています。次の問に答えなさい。

教 p.136・137

x	…	-3	-2	-1	0	1	2	3	…
y	…	2	3	6	×	□	□	-2	…

□(1) y を x の式で表しなさい。

ヒント

$y=\frac{a}{x}$ の式に x，y の値を代入してもよいが $xy=a$ に代入してもよい。

□(2) 表の空らんをうめなさい。

□(3) $x=12$ のときの y の値を求めなさい。

2 反比例の式 y は x に反比例するとき，次のそれぞれの場合について，反比例の式を求めなさい。教 p.137 問1

□(1) $x=3$ のとき $y=4$

□(2) $x=-2$ のとき $y=-1$

□(3) $x=-3$ のとき $y=5$

3 反比例の式 y は x に反比例し，$x=-2$ のとき $y=-3$ です。次の問に答えなさい。

教 p.137 問1

□(1) y を x の式で表しなさい。

□(2) x，y の値がともに自然数になる x，y の値の組は何組ありますか。

解答 p.45

◀ もっとチャレンジ!

4章　3節 反比例の性質と調べ方

2 反比例のグラフ

例題 1　反比例のグラフ　教 p.138 Q

$y=\dfrac{4}{x}$ について，下の表の x の値に対応する y の値を求め，そのグラフをかきなさい。

x	…	-4	-2	-1	0	1	2	4	…
y	…				×				…

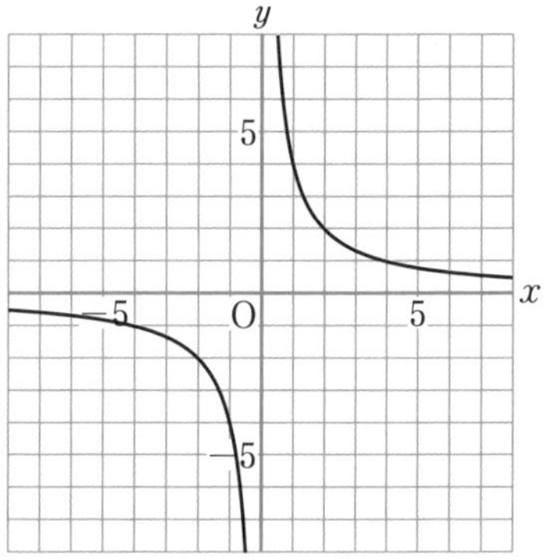

解き方

グラフは点 $(1,\ 4)$，$(2,\ 2)$，$(4,\ 1)$ を通る曲線と，$(-1,\ -4)$，$(-2,\ -2)$，$(-4,\ -1)$ を通る曲線。

答　（表の左から順に，）**-1，-2，-4，4，2，1　グラフは右の図**

Check! 1　**例題 1** を参考にして，$y=-\dfrac{4}{x}$ のグラフを上の図にかきなさい。

例題 2　x と y の値の変化　教 p.141 Q

例題 1 の $y=\dfrac{4}{x}$ のグラフについて，次の問に答えなさい。

(1)　$x>0$ のとき，x の値が増加すると，y の値は増加しますか，減少しますか。

(2)　$x<0$ のとき，x の値が増加すると，y の値は増加しますか，減少しますか。

解き方

(1)　たとえば，x が 2 から 4 へ増加すると，y は 2 から 1 へ減少する。

(2)　たとえば，x が -4 から -2 へ増加すると，y は -1 から -2 へ減少する。

答　(1)　**減少する。**　(2)　**減少する。**

ポイント

$y=\dfrac{a}{x}$ のグラフは，双曲線とよばれる曲線になる。

1　$a>0$ のとき　　2　$a<0$ のとき

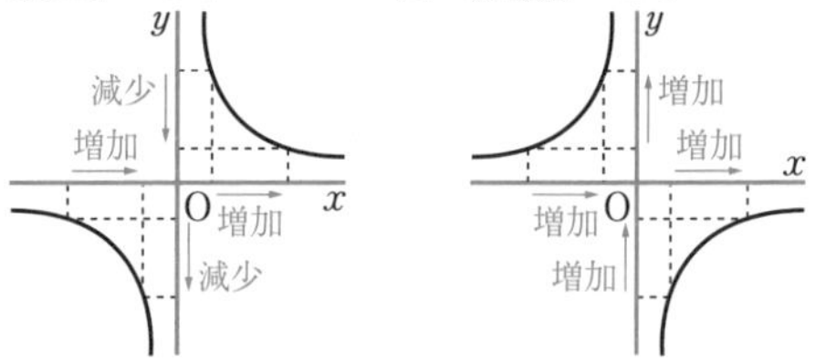

Check! 2　**Check!1** の $y=-\dfrac{4}{x}$ のグラフについて，次の問に答えなさい。

(1)　$x>0$ のとき，x の値が増加すると，y の値は増加しますか，減少しますか。

(2)　$x<0$ のとき，x の値が増加すると，y の値は増加しますか，減少しますか。

解答 p.46

❶ 反比例のグラフ　次の問に答えなさい。 教 p.140 問 1

□(1)　$y=-\dfrac{6}{x}$ について，下の表の x の値に対応する y の値を求め，そのグラフを右の図にかき入れなさい。

x	…	-6	-3	-2	-1	0	1	2	3	6	…
y	…	□	□	□	□	×	□	□	□	□	…

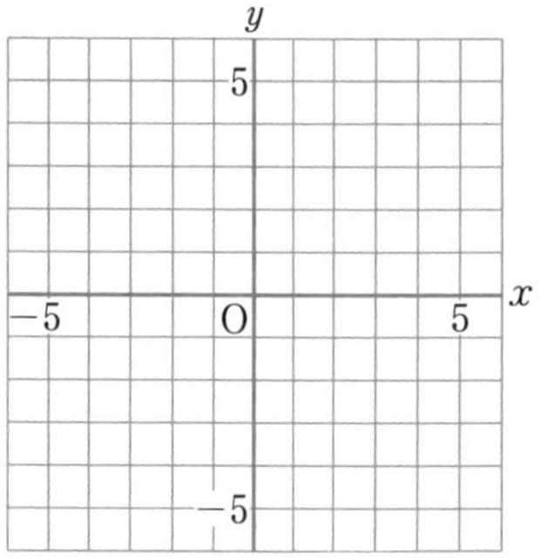

□(2)　$y=\dfrac{6}{x}$ のグラフを右の図にかき入れなさい。

❷ 反比例のグラフ　次の反比例のグラフを，右の図にかき入れなさい。 教 p.140 問 1

□(1)　$y=\dfrac{12}{x}$

□(2)　$y=-\dfrac{8}{x}$

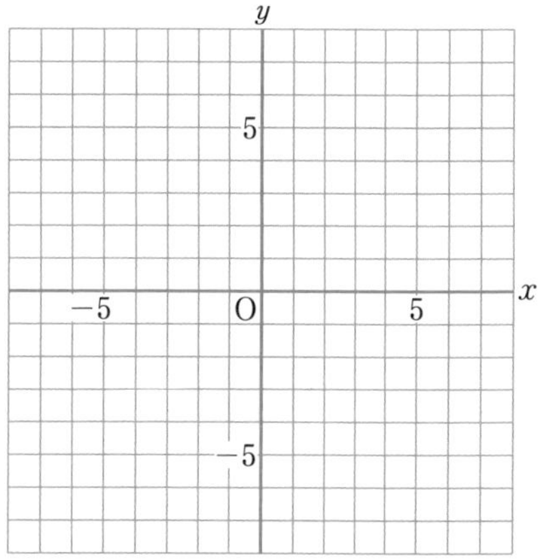

❸ 反比例のグラフ・x と y の値の変化　$y=\dfrac{a}{x}$ のグラフについて述べた次の文の □ に，当てはまることばや記号を書きなさい。 教 p.141 Q

□(1)　$y=\dfrac{a}{x}$ のグラフは □ とよばれる 2 つの曲線になる。

□(2)　$a>0$ のとき，グラフは右の図の □ のようになる。

□(3)　$a>0$，$x<0$ のとき，x の値が増加すると，y の値は □ する。

㋐

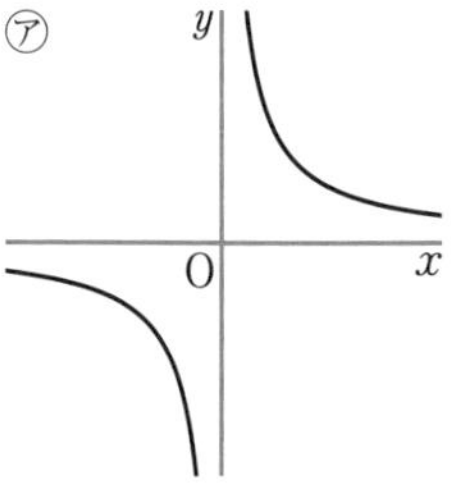

㋑

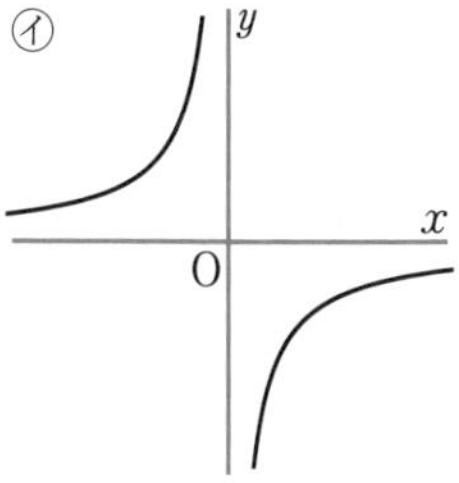

解答 p.46

◀もっとチャレンジ!

4章 3節 反比例の性質と調べ方

3 反比例の表，式，グラフ

例題1 表から式を求める

教 p.142 Q

右の表は，y が x に反比例する関係を表しています。反比例の式を求めなさい。

x	…	-9	-3	-2	-1	0	1	2	3	9	…
y	…	-1	-3	-4.5	-9	×	9	4.5	3	1	…

解き方

（方法1）$y=\dfrac{a}{x}$ で，$x=1$ のとき $y=a$ である。表より

$x=1$ のとき $y=9$　したがって $a=9$

（方法2）$a=xy$ として，表より $x=3$，$y=3$ を代入して

$a=3\times3=9$

答 $y=\dfrac{9}{x}$

$a=xy$ として代入してもいいよ。

Check! 1 右の表は，y が x に反比例する関係を表しています。反比例の式を求めなさい。

x	…	-3	-2	-1	0	1	2	3	…
y	…	1	1.5	3	×	-3	-1.5	-1	…

例題2 グラフから式を求める

教 p.143 例1

右の図は，反比例のグラフです。反比例の式を求めなさい。

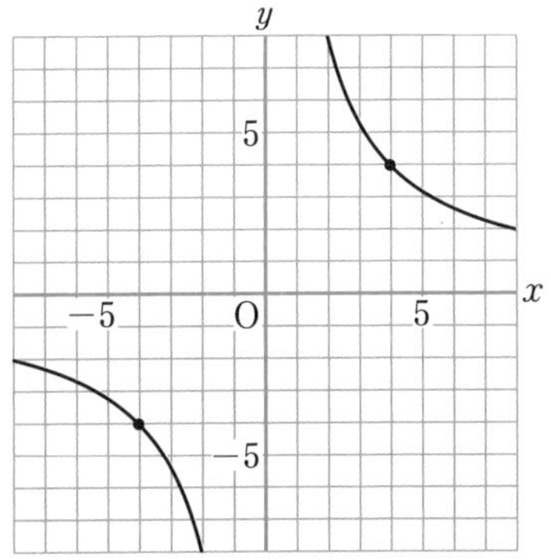

解き方

グラフから，x 座標，y 座標の値が整数になっている点を見つける。点 $(4,\ 4)$ を通るから，$y=\dfrac{a}{x}$ に，$x=4$，$y=4$ を代入すると，$4=\dfrac{a}{4}$，$a=16$

答 $y=\dfrac{16}{x}$

Check! 2 右の図の(1)，(2)は，反比例のグラフです。それぞれについて，反比例の式を求めなさい。

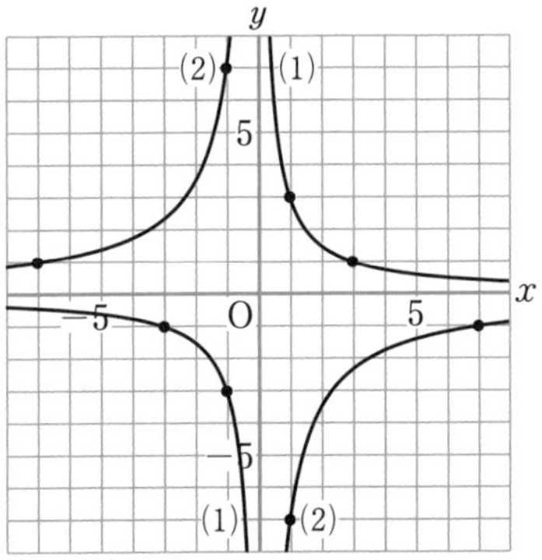

解答 p.47

❶ 表から式を求める　右の表は，y が x に反比例する関係を表しています。次の問に答えなさい。 教 p.142

x	…	-4	-2	-1	0	1	2	4	…
y	…	-3.5	-7	-14	×	14	7	3.5	…

□(1)　表から，比例定数を表す数を書きなさい。

□(2)　y を x の式で表しなさい。

□(3)　$x=-10$ のときの y の値を求めなさい。

❷ グラフから式を求める　右の図の①，②は反比例のグラフです。次の問に答えなさい。 教 p.142

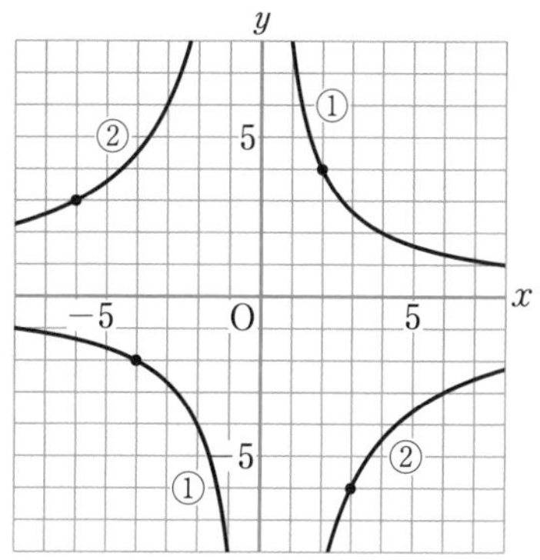

□(1)　それぞれについて，反比例の式を求めなさい。

□(2)　①について，$x=2$，$x=-4$ のときの y の値をそれぞれ求めなさい。

□(3)　②について，$x=3$，$x=-6$ のときの y の値をそれぞれ求めなさい。

□**❸ グラフから式を求める　右の図の①～③は，反比例のグラフです。それぞれについて，反比例の式を求めなさい。** 教 p.143 問 1

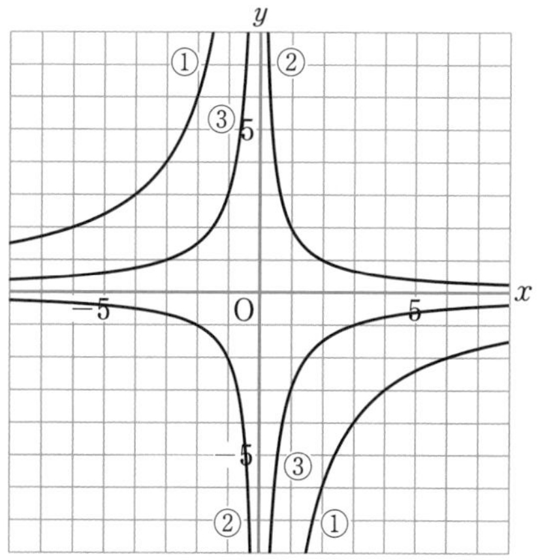

解答 p.47

4章

4節 比例と反比例の利用

もっとチャレンジ!

1 比例と反比例の利用

例題1 比例・反比例の利用

教 p.148 問1

底辺が $x$cm，高さが $y$cm の三角形の面積を Scm^2 とするとき，次の問に答えなさい。

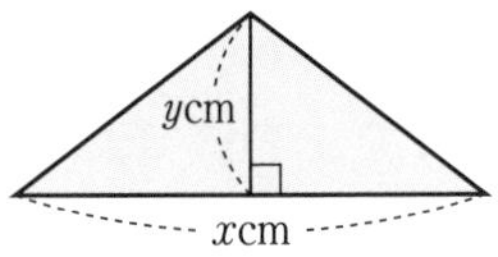

(1) S，x，y の関係を式で表しなさい。

(2) $S=18$ のとき，y を x の式で表しなさい。

(3) $x=6$ のとき，y を S の式で表しなさい。

解き方

(1) (三角形の面積)＝(底辺)×(高さ)÷2 だから，$S=\frac{1}{2}xy$　**答** $S=\frac{1}{2}xy$

(2) $S=\frac{1}{2}xy$ に $S=18$ を代入して，$18=\frac{1}{2}xy$，$xy=36$，$y=\frac{36}{x}$　**答** $y=\frac{36}{x}$

(3) $S=\frac{1}{2}xy$ に $x=6$ を代入して，$S=\frac{1}{2}\times6\times y$，$S=3y$，$y=\frac{1}{3}S$　**答** $y=\frac{1}{3}S$

Check! **1**　**例題1** について，$y=10$ のとき，S を x の式で表しなさい。

例題2 グラフの利用

教 p.149 Q

兄と弟は同時に家を出発し，2km はなれた図書館に向かいます。右のグラフは，兄と弟が出発してから x 分後の家からの道のりを ym として，x と y の関係を表したものです。

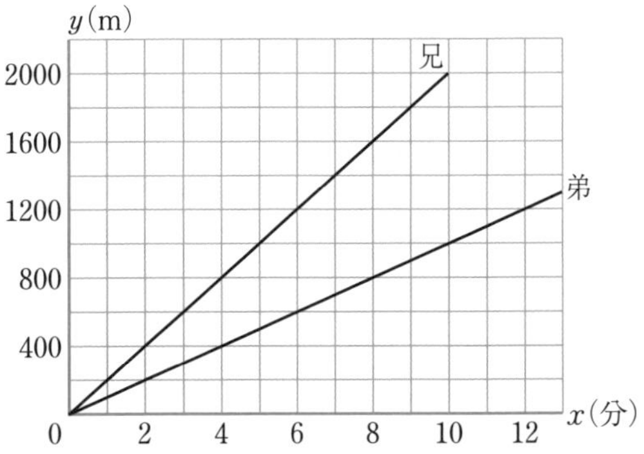

(1) 兄，弟について，グラフから y を x の式で表しなさい。

(2) 弟が図書館に到着するのは，兄が到着してから何分後ですか。

解き方

(1) 兄は10分間で2000m進んだから，分速200m。したがって $y=200x$
　弟は10分間で1000m進んだから，分速100m。したがって $y=100x$

(2) 兄が到着したとき，弟は残り1000mの地点にいる。弟の分速は100mだから，
$1000\div100=10$ (分)

答 (1) **兄…$y=200x$，弟…$y=100x$**　(2) **10分後**

Check! **2**　**例題2** のグラフで，途中，2人の間の距離が800mになるのは，出発して何分後ですか。

解答 p.48

1 比例・反比例の利用　底辺が $a$cm，高さが $b$cm の平行四辺形があり，その面積は $S\text{cm}^2$ です。次の問に答えなさい。教 p.148 問 1

□(1)　$b=12$ のとき，S を a の式で表しなさい。

□(2)　$S=36$ のとき，a を b の式で表しなさい。

2 グラフの利用　ある日，A さんと弟は同時に家を出発して，300m はなれた学校まで行きました。下の図は，弟が家を出発してから x 分後の，家からの道のりを ym として，弟が歩いたようすをグラフに表したものです。これについて，次の問に答えなさい。

教 p.149 Q

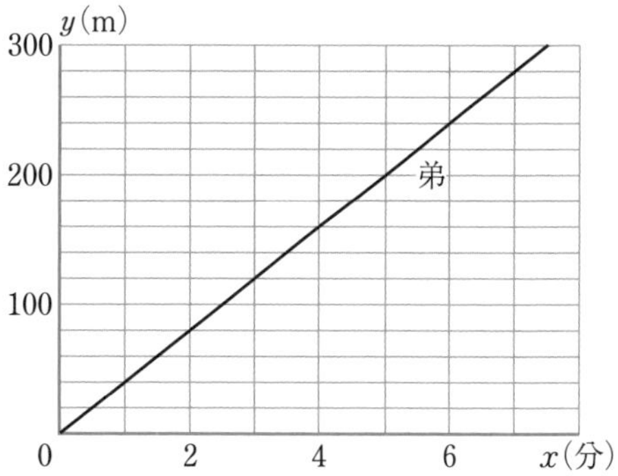

□(1)　弟の歩いた速さは毎分何 m ですか。

□(2)　弟について，y を x の式で表しなさい。

□(3)　A さんの歩いた速さを毎分 60m として，A さんが歩いたようすを表すグラフを上の図にかきなさい。

□(4)　A さんと弟が 60m はなれていたのは，家を出発してから何分後ですか。

解答 p.48

3・4節の問題 ｜ 反比例の性質と調べ方 比例と反比例の利用

教科書 135 ▸ 149
解答 p.48 ～ 49

1 ひし形の面積は，（2 本の対角線の長さの積）÷ 2 で求められます。面積が 18cm^2 のひし形の 2 本の対角線の長さを $x$cm，$y$cm とするとき，次の問に答えなさい。

□(1)　x と y の関係を下の表に表します。空らん①～④に当てはまる数を書きなさい。

x（cm）	1	2	3	4	…
y（cm）	①	②	③	④	…

□(2)　y を x の式で表しなさい。

□(3)　x の値が 2 倍，3 倍，…になると，y の値はどのように変化しますか。

2 y は x に反比例し，$x=3$ のとき $y=4$ です。

□(1)　y を x の式で表しなさい。

□(2)　$x=-2$ のときの y の値を求めなさい。

3 右の図 1 に，下の①，②のグラフをかきなさい。また，図 2 のグラフについて，y を x の式で表しなさい。

□①　$y=\dfrac{16}{x}$

□②　$y=-\dfrac{12}{x}$

図 1

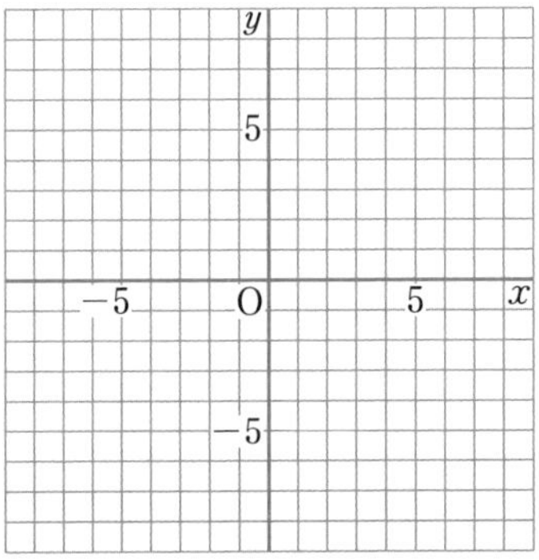

図 2

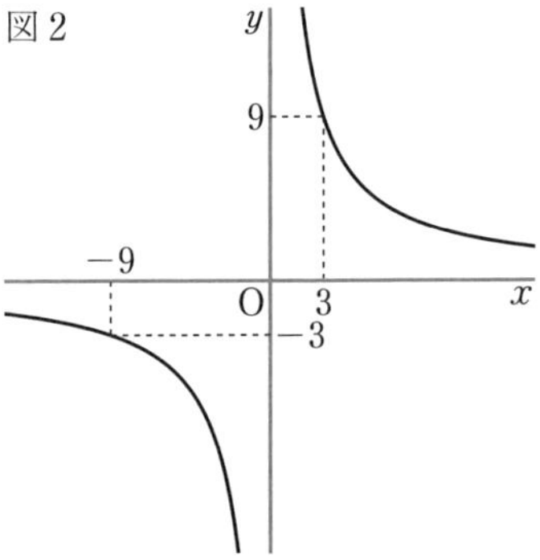

□ **4** 次の㋐～㋓で，比例についていえることには○を，反比例についていえることには△を，それぞれ書きなさい。

㋐　x の値が 2 倍，3 倍，…になると，対応する y の値は $\dfrac{1}{2}$ 倍，$\dfrac{1}{3}$ 倍，…になる。

㋑　グラフは原点を通る。

㋒　対応する x と y の値の積 xy は，比例定数に等しい。

㋓　対応する x と y の値の商 $\dfrac{y}{x}$ は，比例定数に等しい。

ヒント

1 (2)　x と y の関係を，まず等式で表してみよう。

5 **右の図の①は，関数 $y=ax$ のグラフで，点Aは①のグラフ上にあり，x 座標が 9 です。また，②は関数 $y=\dfrac{b}{x}$ のグラフで，①と②のグラフは点P(6，4)で交わっています。**

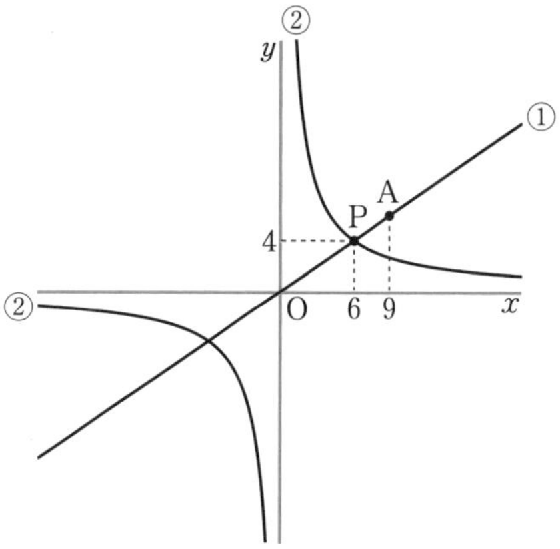

□(1) 比例定数 a，b の値をそれぞれ求めなさい。

□(2) 点Aの y 座標を求めなさい。

□(3) ②のグラフ上に，x 座標，y 座標の値がともに自然数である点は，全部でいくつありますか。

6 **マラソン競技で，先頭の選手は分速 320m で走っています。スタートから 16000m 地点を，先頭の選手が通過して 30 分後に，45 位の選手が通過しました。それぞれの選手はスタートから同じ速さで走っているものとして，次の問に答えなさい。**

□(1) 先頭の選手が 16000m 地点を通過するのは，スタートから何分後ですか。

□(2) スタートして x 分後までに走った道のりを ym として，①先頭の選手と② 45 位の選手の x と y の関係を，右のグラフに表しなさい。

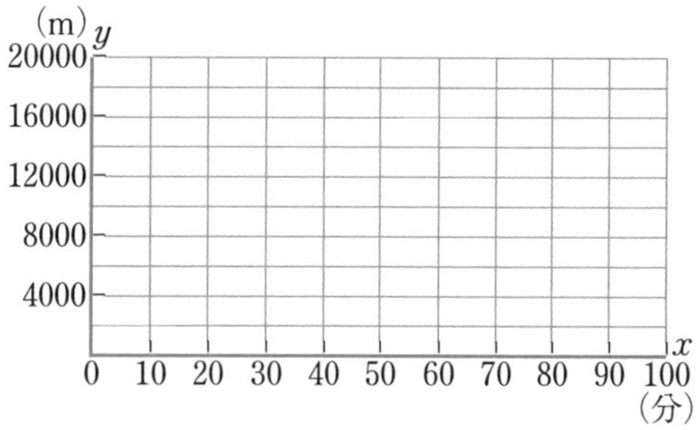

□(3) 先頭の選手が 16000m 地点を通過した時刻に，45 位の選手はスタートから何 m の地点にいますか。

7 **右の図のように，かみ合って回転する歯車Pと歯車Qがあり，歯車Pの歯の数は 20 で，1 秒間に 3 回転しています。**

□(1) 歯車Qの歯の数が 10 のとき，Qは 1 秒間に何回転しますか。

□(2) 歯車Qの歯の数を x，1 秒間の回転数を y とするとき，y を x の式で表しなさい。

ヒント

5(1) どちらのグラフも，点(6，4)を通っているから，$x=6$ のとき $y=4$ だね。
7 PとQは同じ数の歯がかみ合うよ。(歯の数)×(回転数)=(かみ合う歯の数)だね。

4章の問題　比例と反比例 数量の関係を調べて問題を解決しよう

教科書 113▸152　解答 p.49〜50

1 次の x と y の関係において，y を x の式で表し，y が x に比例するものには○，反比例するものには△，どちらでもないものには×をつけなさい。

□(1)　上底が 4cm, 下底が $x$cm, 高さが 5cm の台形の面積 $y\text{cm}^2$。

□(2)　100g あたり x 円の牛肉 250g の値段 y 円。

□(3)　1 辺が $x$cm の立方体の体積 $y\text{cm}^3$。

□(4)　10km の道のりを時速 $x$km で走るとき，かかった時間 y 時間。

2 次の(1)，(2)について，y を x の式で表しなさい。

□(1)　y は x に比例し，$x=-3$ のとき $y=12$ である。

□(2)　y は x に反比例し，$x=9$ のとき $y=-5$ である。

3 右の図に，次の①，②のグラフをかきなさい。

□①　$y=-\dfrac{2}{5}x$

□②　$y=\dfrac{8}{x}$

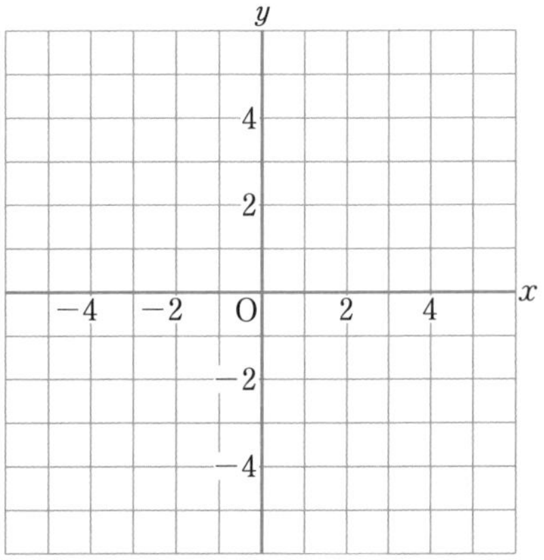

4 右の図のように，原点と点 A (3, 4) を通る直線のグラフ上に，2 点 B，C があります。次の問に答えなさい。

□(1)　y を x の式で表しなさい。

□(2)　点 B の x 座標は 2 です。点 B の y 座標を求めなさい。

□(3)　点 C の y 座標は -6 です。点 C の x 座標を求めなさい。

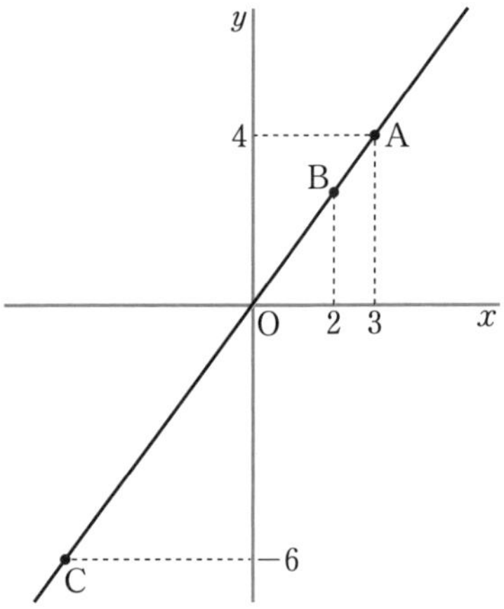

ヒント

1 まず y を x の式で表してみよう。

5 **右の図は，東京から新潟まで走る車の速さを x km/h，かかる時間を y 時間としたときの x と y の関係を表したグラフです。次の問に答えなさい。**

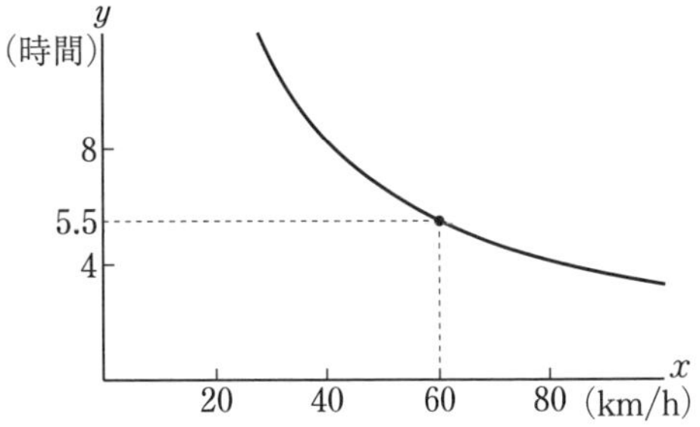

□(1)　東京から新潟までの道のりは，何 km ですか。

□(2)　y を x の式で表しなさい。

6 **右の図のような直角三角形 ABC で，点 P が辺 BC 上を秒速 2cm で B から C まで動き，点 P が B を出発して x 秒後の三角形 ABP の面積を y cm^2 とします。次の問に答えなさい。ただし，点 P が頂点 B に重なっているとき，$y=0$ とします。**

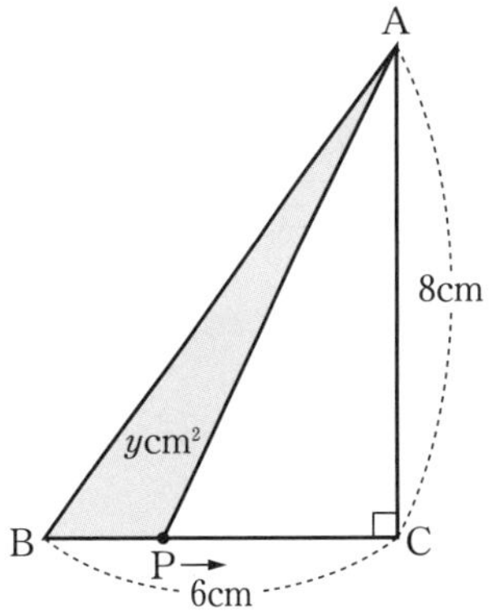

□(1)　y を x の式で表しなさい。

□(2)　x と y の変域を求めなさい。

7 **高さが等しく，底面の面積が異なる四角柱の水そう A，B があり，これらの水そうに，毎分同じ量の水を入れていきます。右のグラフは，水そう A と B に水を入れ始めてから x 分後の水の深さを y cm として，x と y の関係を表したものです。次の問に答えなさい。**

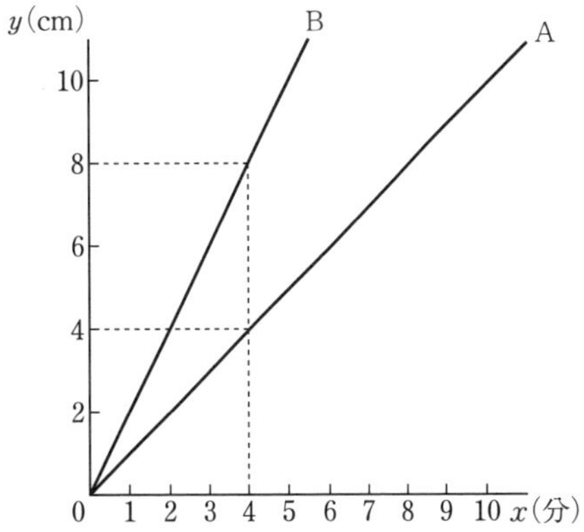

□(1)　水そう A の底面積は，B の底面積の何倍ですか。

□(2)　水そう B の底面積が 60cm^2 のとき，1 分間に何 cm^3 の割合で水を入れましたか。

ヒント

7(1)　同じ量の水を入れたとき，A の水の深さは B の何倍になっているかな。

5章 平面図形

小6 線対称，点対称
小6 拡大図，縮図
小6 円の面積

平面図形の見方をひろげよう

ウォーミングアップ

□ **1** 右の図の円周上にすべての頂点がある正六角形を，コンパスを使ってかきなさい。

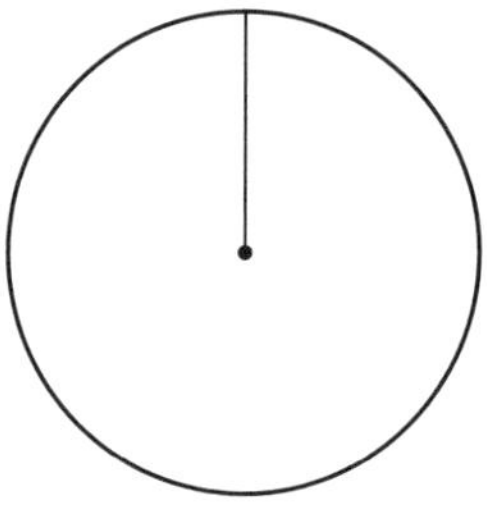

ふりかえり 小5

正多角形

正六角形は，正三角形が6つと考える。

2 図1，図2は線対称な図形です。

□(1) 図1に対称の軸をかきなさい。

□(2) 図1の点Aと点Cを結ぶ直線ACは，対称の軸にどのように交わっていますか。

□(3) 図2の角Cに対応する角はどれですか。

□(4) 図2の線分ACの長さが6cm，線分BDの長さが10cmのとき，四角形ABCDの面積を求めなさい。

図1

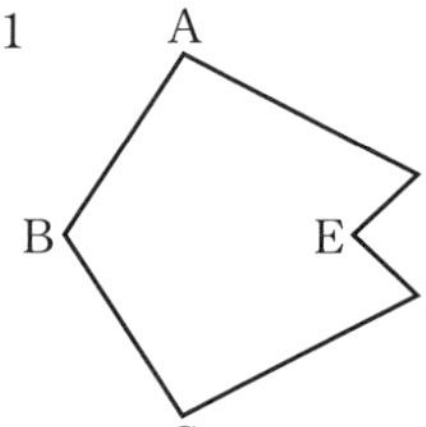

図2

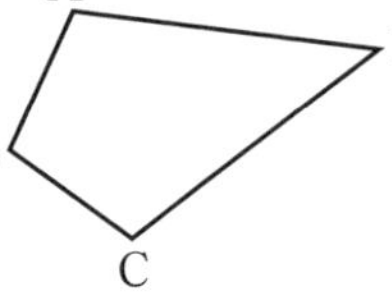

ふりかえり 小6

線対称な図形

線対称な図形

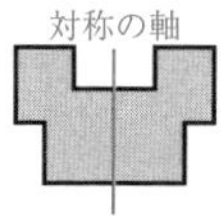

①垂直に交わる　②同じ距離

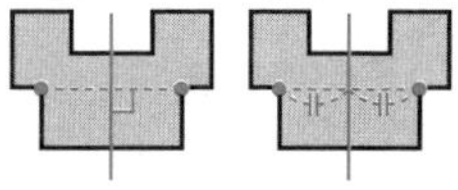

3 右の図は点対称な図形です。

□(1) 対称の中心Oをかきなさい。

□(2) 点Hに対応する点Jを図にかきなさい。

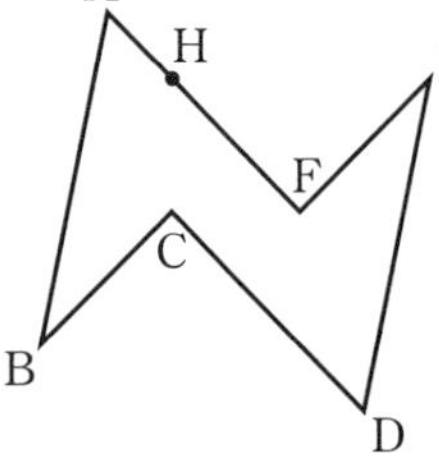

ふりかえり 小6

点対称な図形

点対称な図形

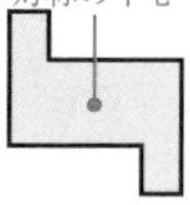

①対称の中心を通る　②同じ距離

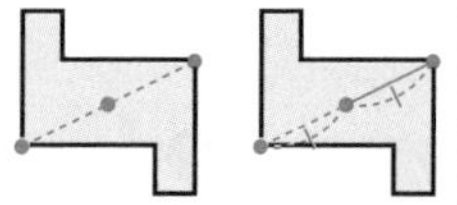

□ **4** 図1に，㋐を対称の軸とする線対称な図形を，図2に，点Oを対称の中心とする点対称な図形をかきなさい。

図1

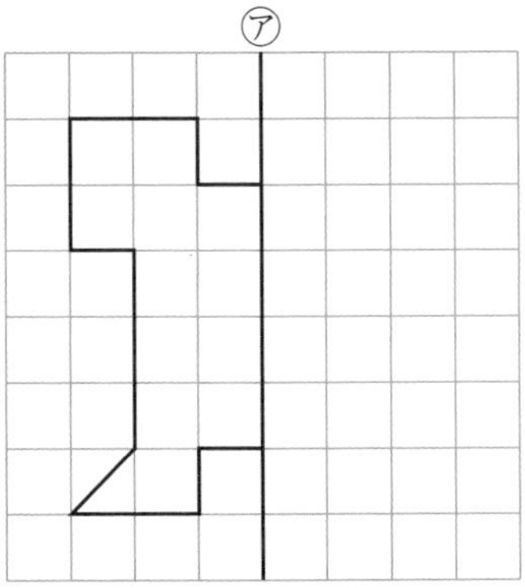

図2

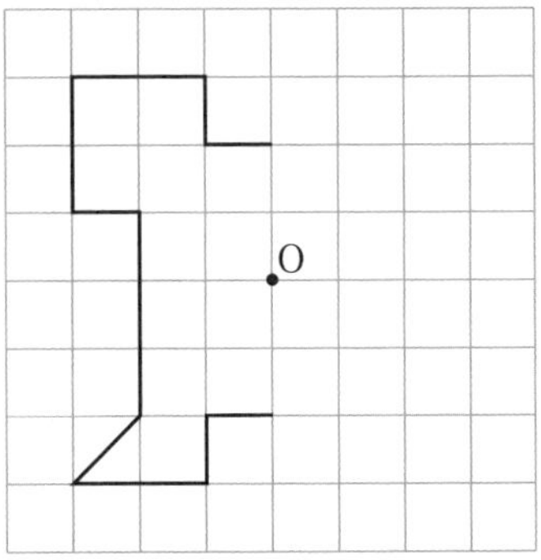

ふりかえり 小6

点対称な図形

点対称な図形は，対称の中心のまわりに180°回転させたとき，ぴったり重なる図形。

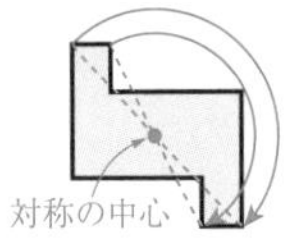

5 下の図の㋐～㋓のそれぞれの図形について，次の問に答えなさい。

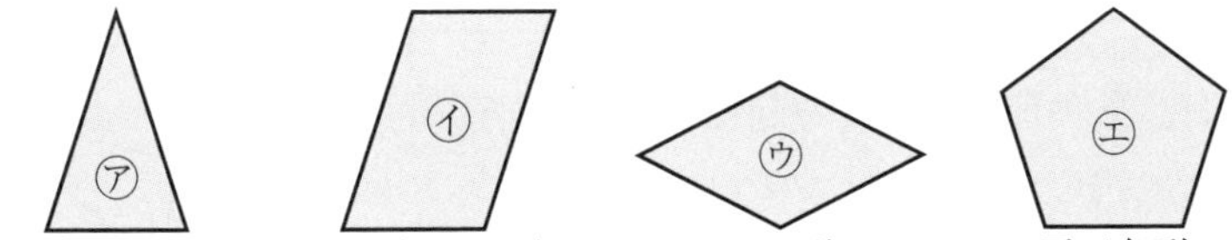

二等辺三角形　平行四辺形　ひし形　正五角形

□(1)　線対称な図形をすべて選び，記号で答えなさい。

□(2)　点対称な図形をすべて選び，記号で答えなさい。

□(3)　線対称な図形の中で，対称の軸が2本以上あるものをすべて選び，記号で答えなさい。

6 円周率をπとして，次の図形の色のついた部分の面積と，まわりの長さを求めなさい。

□(1)

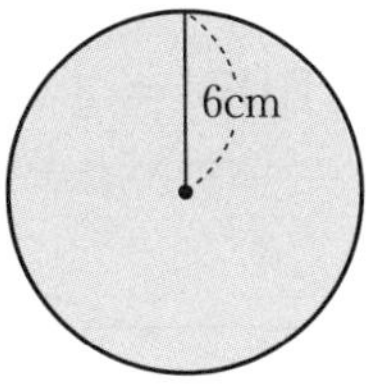

□(2)

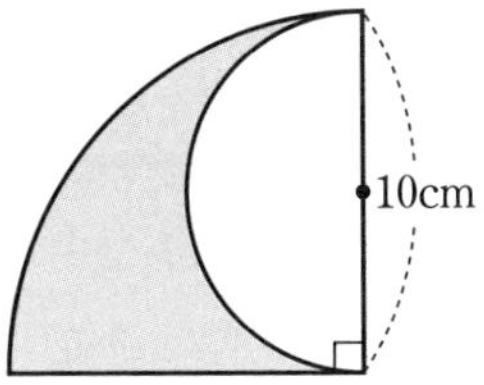

ふりかえり 小5・6

円の周と面積

(円周の長さ)＝
(直径)×(円周率)

(円の面積)＝
(半径)×(半径)×(円周率)

解答 p.51

5章

もっとチャレンジ!

1節 図形の移動

1 図形の移動①

例題 1　直線，線分，半直線

教 p.156 Q

右の図について，□をうめなさい。

2点A，Bを結ぶ線のうち，もっとも短いものが (1) である。

また，この長さを，2点A，B間の (2) という。

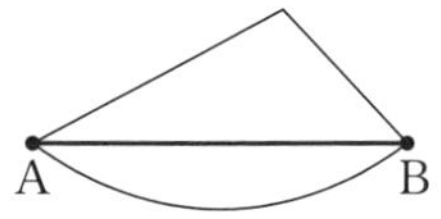

解き方

直線は両方にかぎりなくのびているものと考える。

ポイント

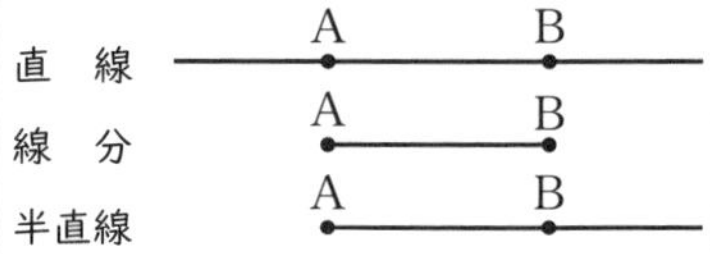

答　(1)　**線分 AB**　(2)　**距離**

Check! **1**　線分ABを，Bのほうへまっすぐのばしたものを何といいますか。

例題 2　平行移動

教 p.157 問1

右の△A′B′C′は，△ABCを矢印AA′の方向に，線分AA′の長さだけ平行移動したものです。線分BB′とCC′の関係を，記号を使って表しなさい。

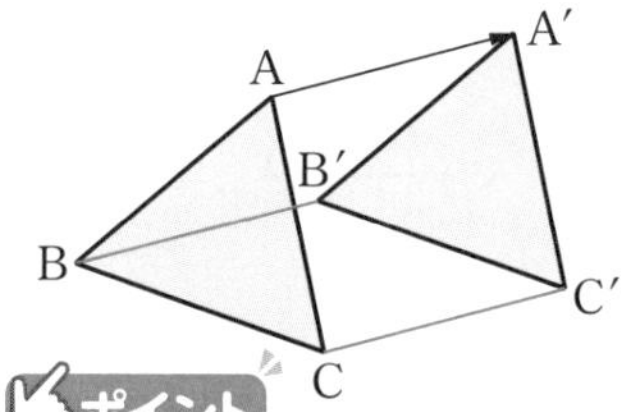

解き方

平行移動では，対応する点を結ぶ線分は平行で長さは等しい。

「BB′」は，線分BB′を表すとともに，線分BB′の長さも表す。

ポイント

三角形ABCは△ABCと書く。
平行な直線は記号「//」を使う。

答　**BB′＝CC′，BB′ // CC′**

Check! **2**　**例題 2** で，線分ABとA′B′の関係を，記号を使って表しなさい。

例題 3　回転移動

教 p.159 問4

右の△A′B′C′は，△ABCを点Oを中心として矢印の向きに回転移動したものです。線分BOとB′O，∠BOB′と∠AOA′の関係を，それぞれ記号を使って表しなさい。

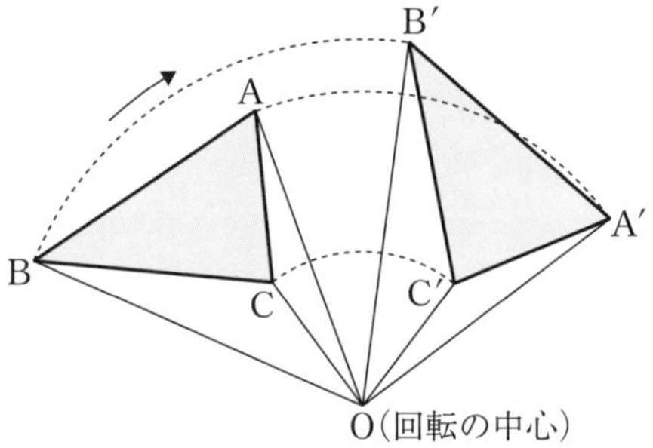

解き方

回転移動では，対応する点は回転の中心から等しい距離にあり，対応する点と回転の中心を結んでできる角の大きさはすべて等しい。

答　**BO＝B′O，∠BOB′＝∠AOA′**

Check! **3**　右の図は点対称な図形です。点Oを中心として，△ABOを何度回転させると△CDOに重なりますか。

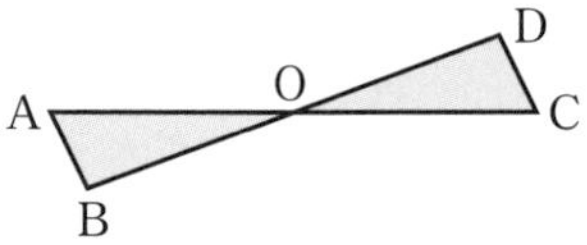

解答 p.52

❶ 直線，線分，半直線　次の問に答えなさい。 教 p.156 Q，p.157 問 1

□(1)　次の ＿＿ をうめなさい。

> 2 点 A，B を通る直線を ①＿＿ といい，1 つしかひけない。この直線の A から B までの部分を ②＿＿ といい，その ③＿＿ を，2 点 A，B 間の距離という。

(2)　右の図は正六角形 ABCDEF です。

□①　色をつけた三角形を，記号 △ を使って書きなさい。

□②　線分 BE と線分 FC の長さが等しいことを，記号を使って表しなさい。

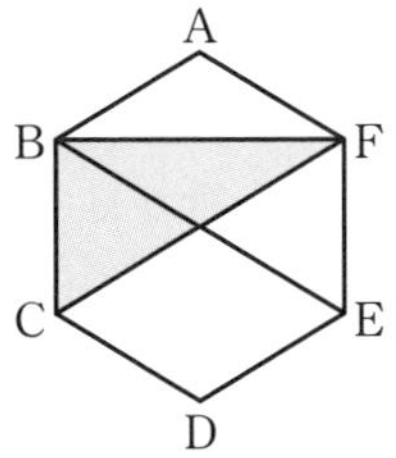

❷ 平行移動　右の図の △ABC を，矢印の方向に矢印の長さだけ平行移動させたものを △A′B′C′ とします。 教 p.157 問 1，p.158 問 2・3

□(1)　△A′B′C′ をかきなさい。

□(2)　線分 AA′ と CC′ の関係を記号を使って表しなさい。

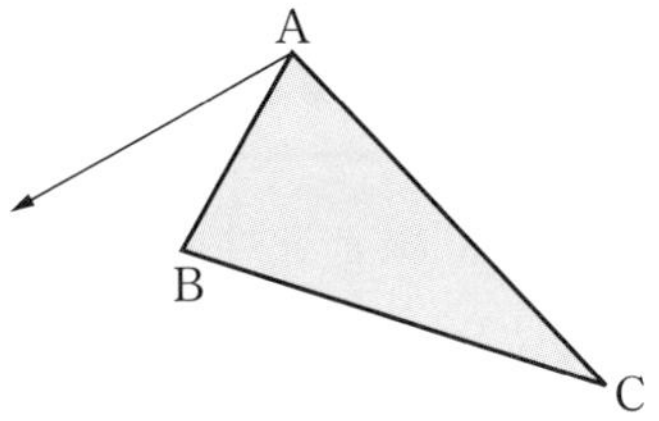

ヒント

平行な直線のかき方

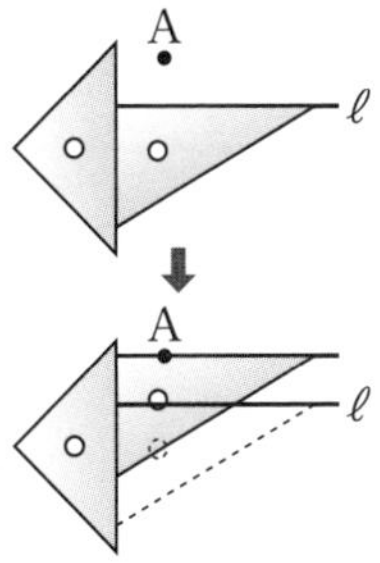

□ **❸ 回転移動　右の図で，△EBD は，△ABC を点 B を中心として時計回りに回転移動させたもので，点 D は直線 AB 上にあります。**

∠ABE と等しい角をいいなさい。 教 p.159 問 5

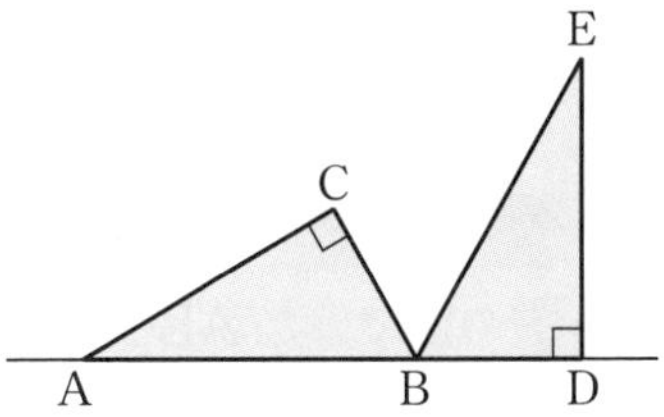

❹ 回転移動　右の図の △ABC について，次の問に答えなさい。 教 p.160 問 6・7

□(1)　△ABC を，点 O を中心として，時計回りに 90° だけ回転させた △A′B′C′ をかきなさい。

□(2)　∠AOA′ と等しい角を 2 つ書きなさい。

□(3)　△ABC を点 A を中心として，180° 回転移動させた △ADE をかきなさい。

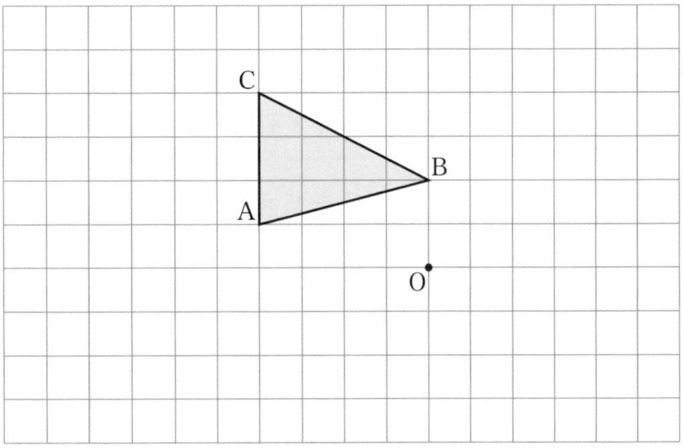

解答 p.52

5章 平面図形

もっとチャレンジ!

5章 1節 図形の移動

1 図形の移動②

例題 1 対称移動

教 p.161 問 8, p.162 問 9・10

右の図の △A′B′C′ は，△ABC を直線 ℓ を折り目として折り返したものです。

(1) 折り目の直線 ℓ を何といいますか。

(2) 直線 ℓ と線分 BB′ には，どんな関係がありますか。

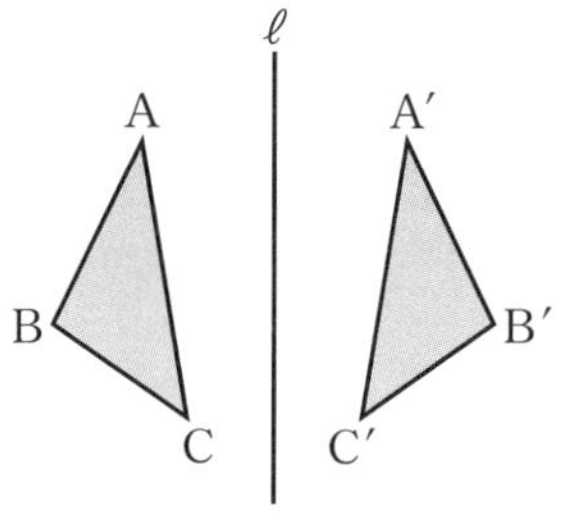

ポイント

垂直二等分線

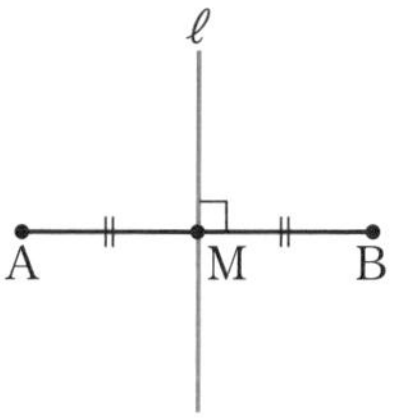

AB⊥ℓ，AM＝BM
↑
垂直

解き方

対称移動では，対応する点を結ぶ線分は，対称の軸によって垂直に 2 等分される。

答 (1) 対称の軸 (2) 直線 ℓ は，線分 BB′ の垂直二等分線である。

Check! 1 右の △ABC を，直線 ℓ を対称の軸として，対称移動させた △PQR をかきなさい。

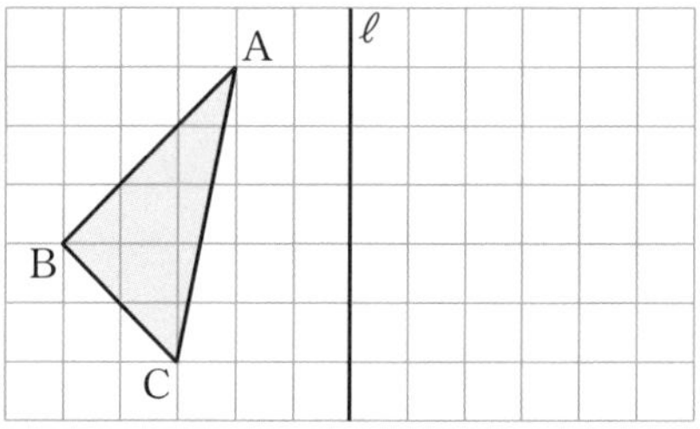

例題 2 いろいろな移動

教 p.163 問 11

右の図で，△ABC を 2 回移動させて △A′B′C′ に重ね合わせるには，△ABC をどのように移動させればよいか，説明しなさい。

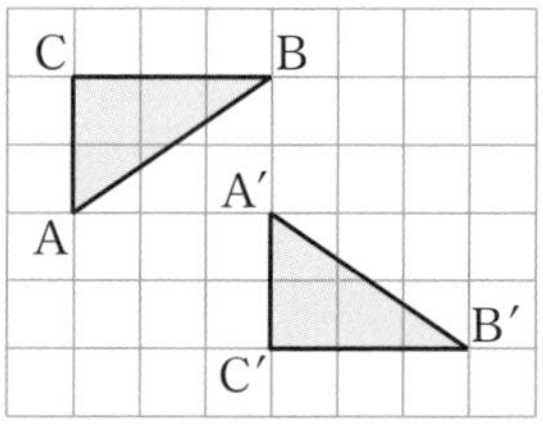

解き方

△A′B′C′ は，△ABC が裏返しになっているので，対称移動と平行移動を組み合わせる。

答 ① A が A′ に重なるように平行移動，

② A (A′) を通る横線を対称の軸として対称移動。①，②は逆も可。

Check! 2 右の図で，△ABC を 2 回移動させて △A′B′C′ に重ね合わせるには，△ABC をどのように移動させればよいですか。

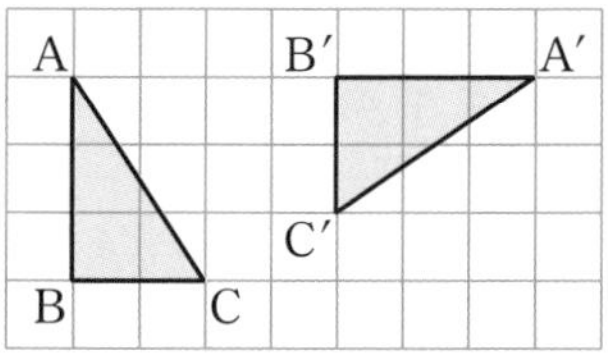

解答 p.53

1 対称移動　下の図で，(1)，(2)の図形をかき，(3)の問に答えなさい。 教 p.162 問 10

□(1)　あの四角形 ABCD を，直線 ℓ を対称の軸として対称移動させた図形。

□(2)　いの四角形 EFGH を，直線 m を対称の軸として対称移動させた図形。

(3)　うの △ABC を，直線 n を対称の軸として対称移動させた図形を △A′B′C′ とします。

□①　△A′B′C′ をかきなさい。

□②　線分 BB′ と直線 n との交点を M として，直線 n と線分 BB′ の関係を，記号を使って表しなさい。

□③　AA′＝10cm，CC′＝2cm のとき，辺 AC の長さを求めなさい。

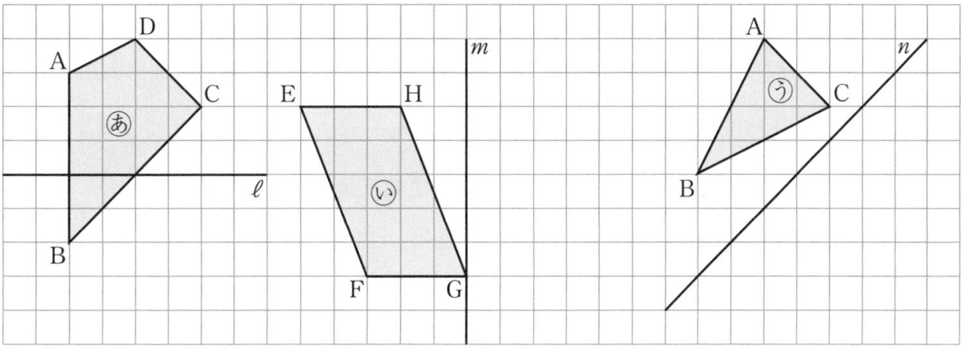

2 いろいろな移動　次の問に答えなさい。 教 p.163 Q・問 11

(1)　右の正六角形の模様は，合同なひし形をしきつめてできる図形です。ひし形アを移動させて，次の①，②のひし形に重ね合わせるとき，どのように移動させればよいか説明しなさい。

□①　ひし形イに 1 回の移動で重ね合わせる。

□②　ひし形ウに 1 回の移動で重ね合わせる。

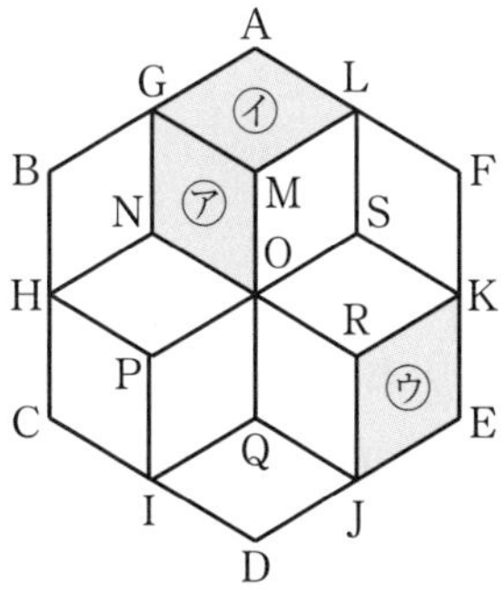

□(2)　右の図で，△ABC を △A′B′C′ に重ね合わせるには，△ABC をどのように移動させればよいですか。考え方がわかるように，移動途中の図形をかきなさい。

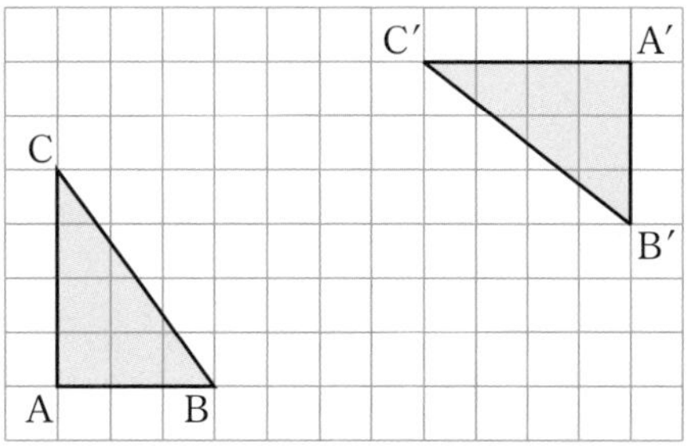

5章 平面図形

解答 p.53

1節の問題　図形の移動

教科書 154▸164
解答 p.54

1 **右のひし形について，次の(1)〜(3)の線分の関係を，記号を使って表し，(4)は［　　］に当てはまることばを書きなさい。**

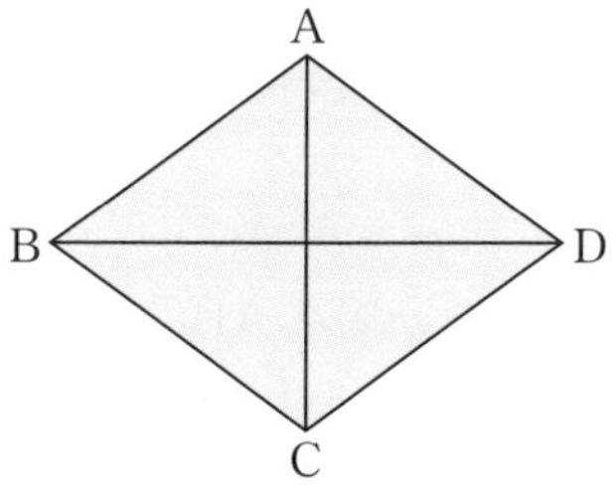

□(1)　4つの辺の長さが等しい。

□(2)　向かい合う辺が平行である。

□(3)　対角線は垂直に交わる。

□(4)　直線ACは，対角線BDの［　　　　］である。

2 **右の図の合同な三角形㋐〜㋔について，次の問に答えなさい。**

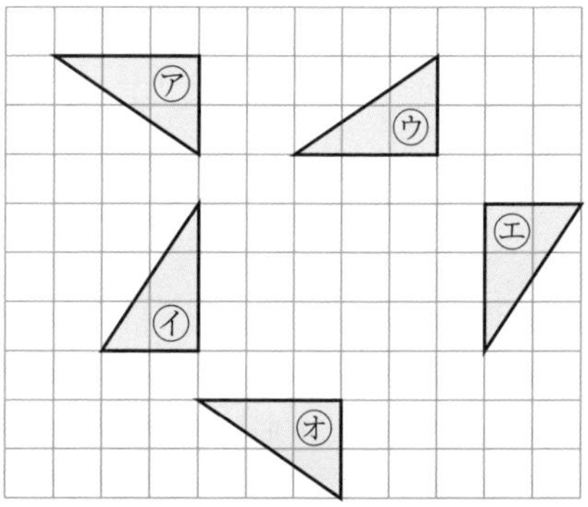

□(1)　平行移動だけで㋐に重ね合わせることができる三角形はどれですか。また，そのときの移動の方向と距離を，矢印のついた線分で示しなさい。

□(2)　対称移動だけで㋓に重ね合わせることができる三角形はどれですか。また，そのときの対称の軸を図にかきなさい。

□ **3** **右の△ABCを，点Oを中心として反時計回りに90°だけ回転移動させた△A′B′C′をかきなさい。**

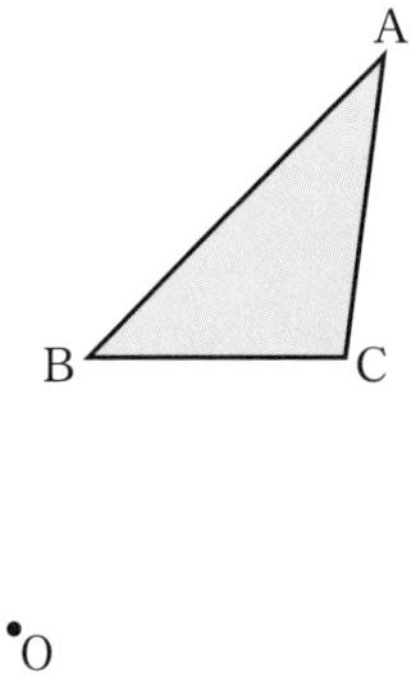

ヒント

3　等しい長さは，コンパスを使ってうつしとることができるね。

4 **右の図は，長方形を８等分したものです。次の問に答えなさい。**

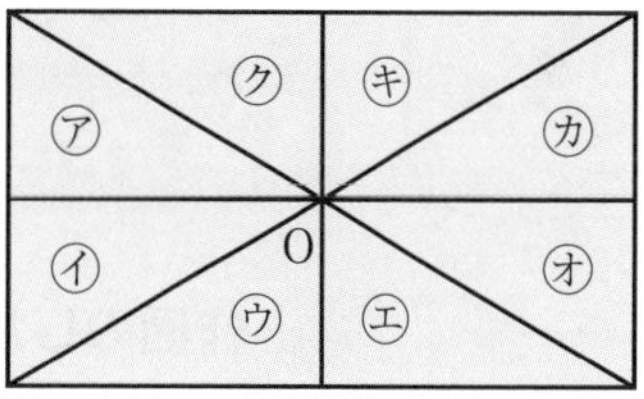

□(1)　平行移動だけで㋗に重ね合わせることができる三角形はどれですか。

□(2)　三角形㋓を，点 O を中心として反時計周りに 180° 回転移動させると，どの三角形に重なりますか。

□(3)　1 回の対称移動だけで㋔に重ね合わせることができる三角形をすべて答えなさい。

5 **右の図について，次の問に答えなさい。**

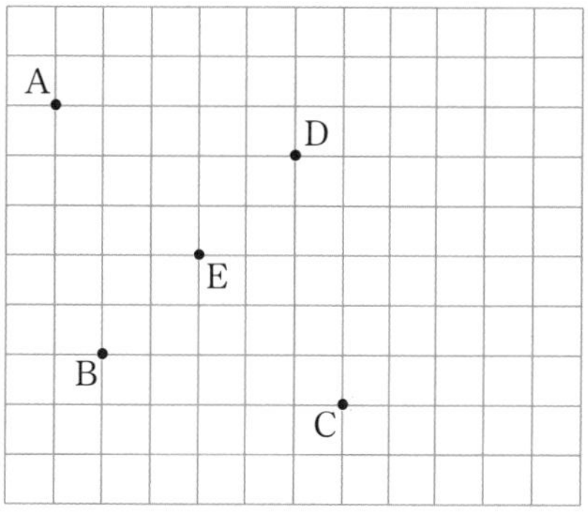

□(1)　①直線 AB，②線分 BD，③半直線 DC をひきなさい。

□(2)　図中の 2 点を結んでできる線分のうち，点 E が中点となるものをすべて答えなさい。

□(3)　線分 BD が直線 AC によって垂直に 2 等分されることを，記号を使って表しなさい。

□(4)　半直線 CD と半直線 CE によってできる角を，記号を使って表しなさい。

□**6** **右の図で，△ABC を 1 回の移動で △A′B′C′ に重ね合わせるには，△ABC をどのように移動させればよいか説明しなさい。**

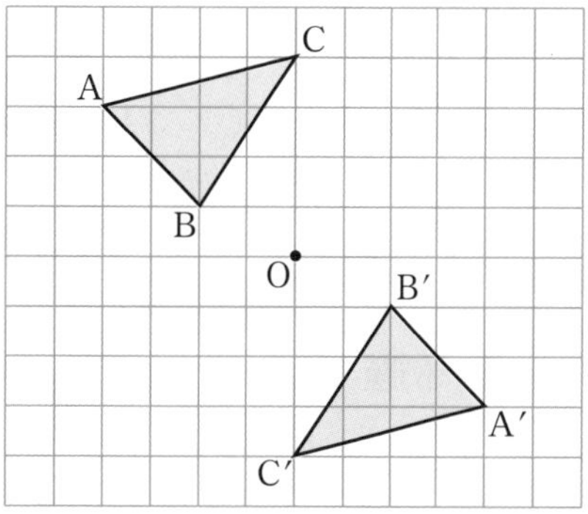

ヒント

4(3)　軸となる直線がどれかを考えよう。

もっとチャレンジ!

5章

2節 基本の作図

1 作図のしかた 2 基本の作図①

例題 1 作図のしかた

教 p.166 問 1・2

3 辺 AB，AC，BC が右の図の長さになるような △ABC を作図しなさい。

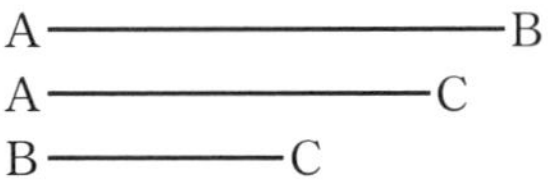

解き方

① AB と同じ長さの線分をかく。

② A を中心に半径が AC の円をかく。

③ B を中心に半径が BC の円をかく。

④ ②と③の交点と点 A，B を結ぶ。

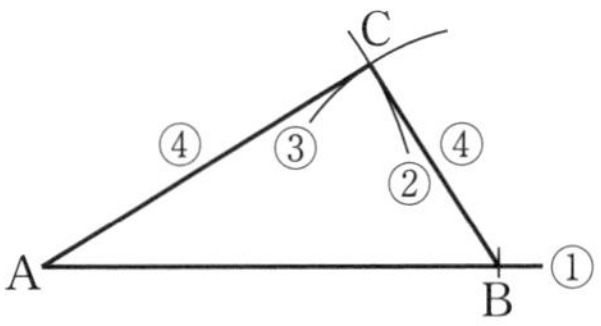

ポイント

コンパスのはたらき
- 円をかく
- 等しい長さをとる。

Check! **1** **例題 1** で，AB＝AC＝BC のとき，∠CAB の大きさは何度になりますか。

例題 2 交わる円と垂線

教 p.167 問 1

右のように，円 A と円 B が 2 点 P，Q で交わっています。

(1) ∠PBA と等しい角はどれですか。

(2) PQ と AB はどんな関係にありますか。

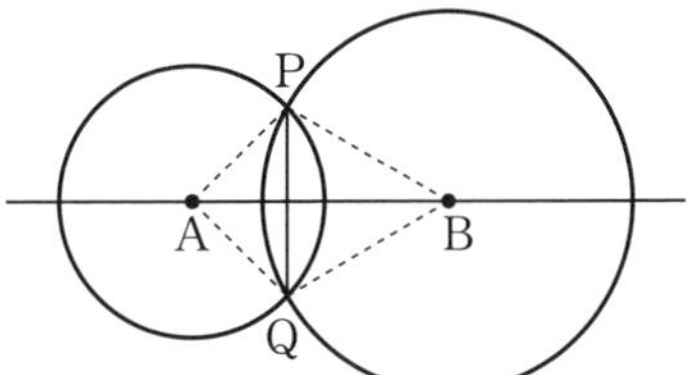

解き方

四角形 APBQ は，直線 AB を対称の軸とする線対称な図形になっている。

答 (1) **∠QBA** (2) **AB は PQ を垂直に二等分する。**

Check! **2** **例題 2** で，AP＝BP のとき，四角形 AQBP はどんな四角形ですか。

例題 3 垂線の作図

教 p.169 例 2

右の図の点 P を通り，直線 ℓ に垂直な直線を作図しなさい。

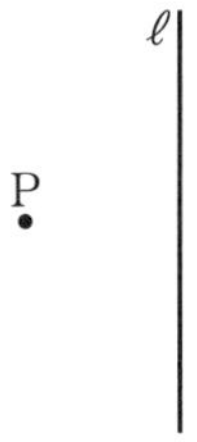

解き方

① 点 P を中心に，ℓ に交わる円をかき，交点を A，B とする。

② A，B を中心に等しい半径の円をかき，その交点を C とする。

③ 直線 PC をひく。

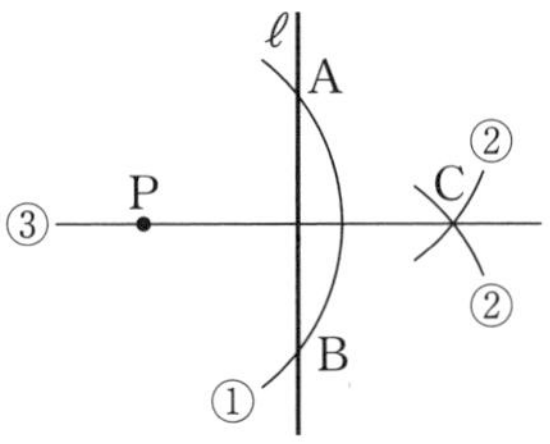

Check! **3** **例題 2** の考え方を利用して，右の図の点 P を通り，直線 ℓ に垂直な直線を作図しなさい。

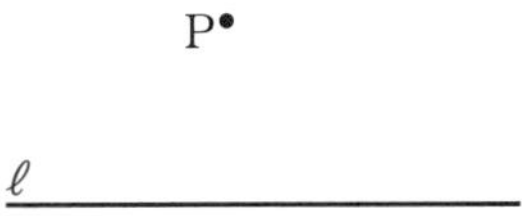

解答 p.55

□**1** **作図のしかた**　**右の図で，線分 AB を 1 辺とする正三角形 ABC を作図しなさい。** 教 p.166 問 2

2 **交わる円と垂線**　**次の問に答えなさい。** 教 p.167 問 2，p.168 Q

□(1)　下の図は，半径の等しい 2 つの円が交わっている図形です。対称の軸は何本ありますか。

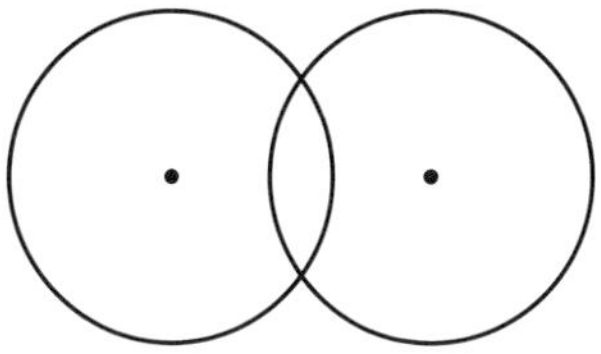

□(2)　下の図で，AP＝AQ，BP＝BQ となるような点 Q を作図しなさい。

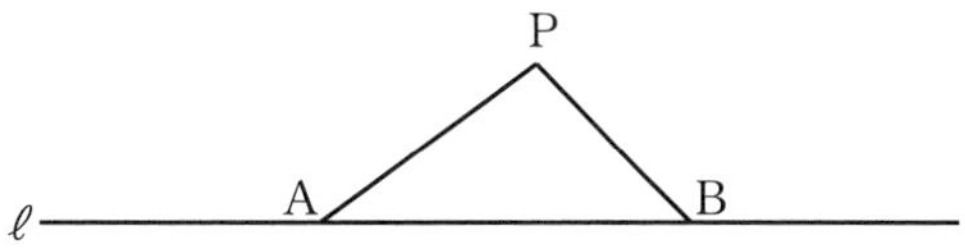

3 **垂線の作図**　**次の問に答えなさい。** 教 p.169 問 3・4，p.170 Q，問 5

□(1)　点 P を通り，直線 ℓ に垂直な直線を作図しなさい。

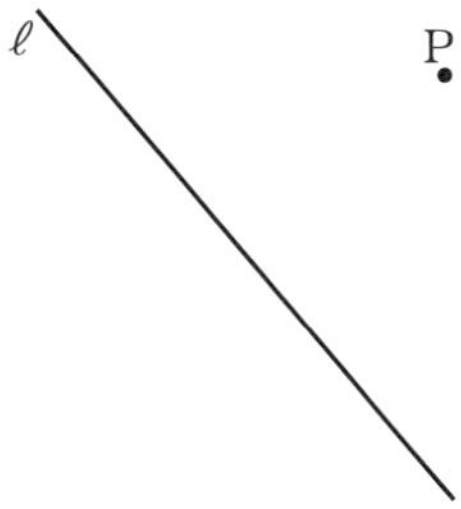

□(2)　頂点 A から辺 BC への垂線を作図しなさい。

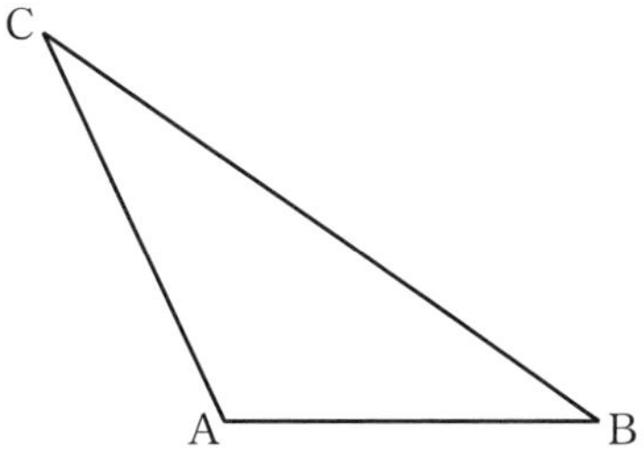

□(3)　平行な 2 直線 ℓ，m の距離を示す線分 PQ を作図しなさい。

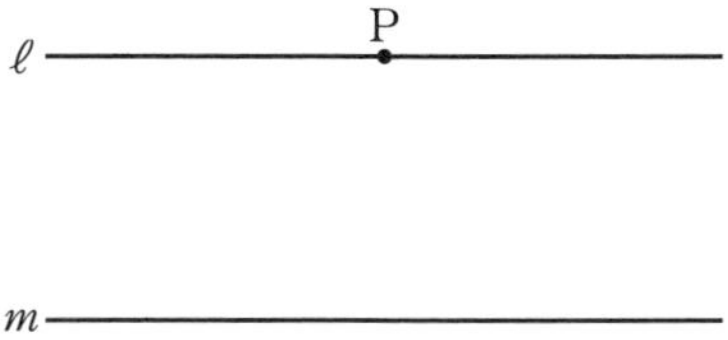

□(4)　辺 BC を底辺とするとき，△ABC の高さを表す線分を作図しなさい。

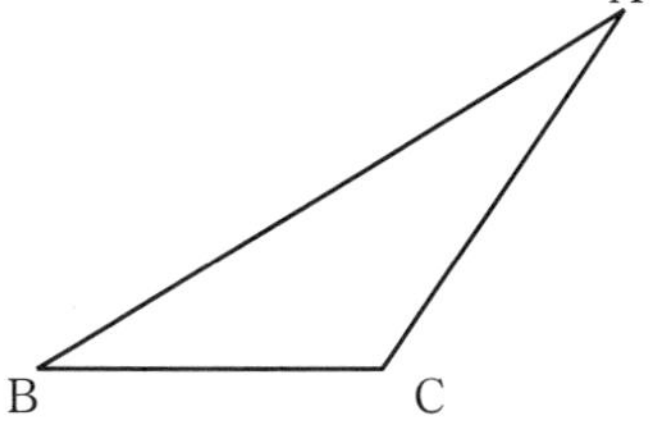

5章 平面図形

解答 p.55

◀もっとチャレンジ!

5章　2節 基本の作図

2 基本の作図②

例題1　垂直二等分線の作図

教 p.171 例3

右の線分 AB の垂直二等分線を作図しなさい。

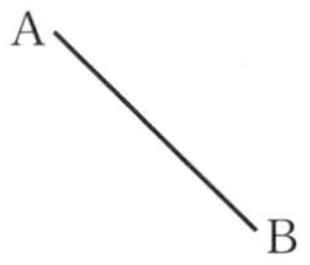

解き方

① 点 A，B を中心として，等しい半径の円をかく。

② ①の 2 つの交点を結ぶ。

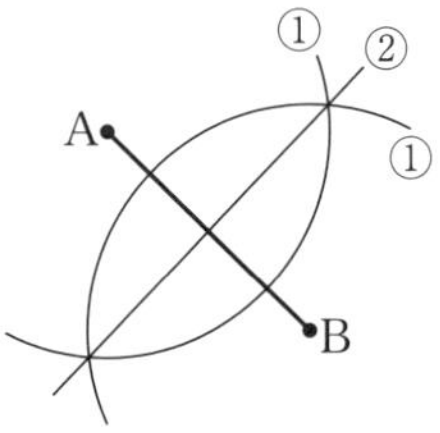

ポイント

垂直二等分線の作図

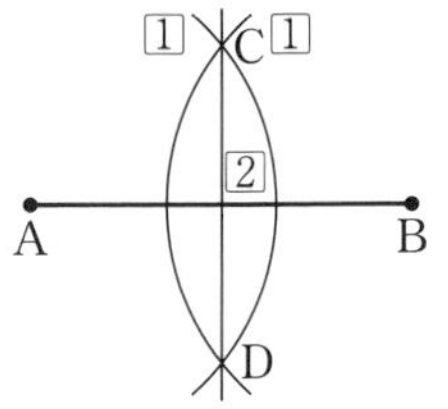

Check! 1　次の問に答えなさい。

(1) 右の図で，線分 AB の中点 M を作図によって求めなさい。

(2) 2 点 A，B からの距離が等しい点は，どのような線上にありますか。

例題2　角の二等分線

教 p.173 例4，p.174 Q

右の ∠AOB の二等分線を作図しなさい。

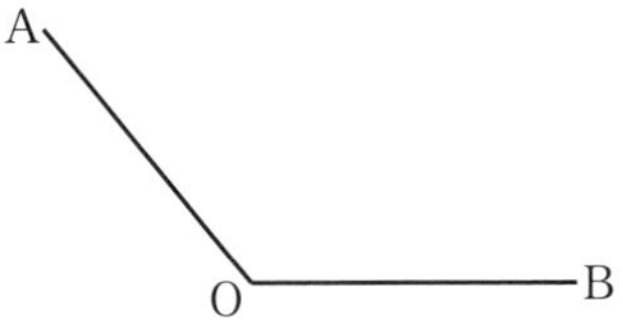

解き方

① O を中心として円をかき，2 辺との交点（C，D）を求める。

② ①の交点（C，D）を中心として等しい半径の円をかき，交点を求める。

③ O と②の交点を結ぶ。

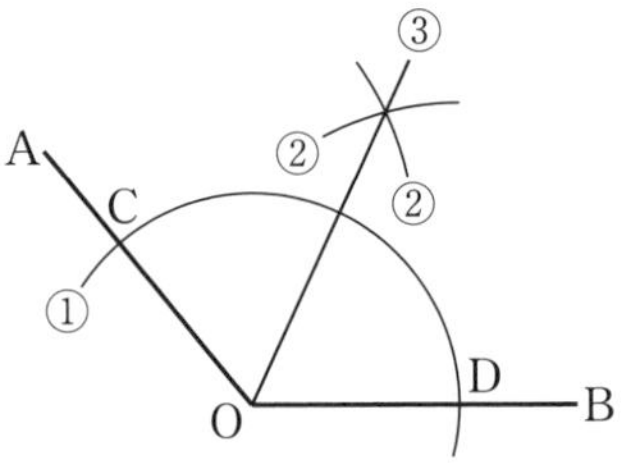

ポイント

角の二等分線の作図

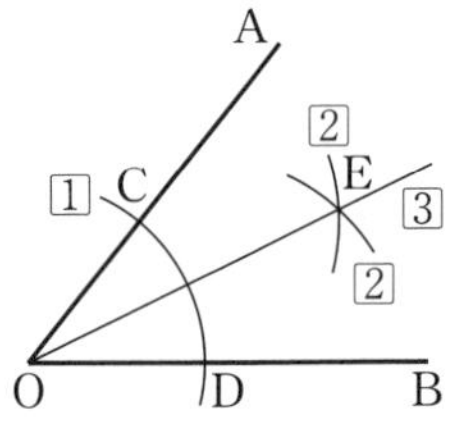

Check! 2　次の問に答えなさい。

(1) 右の図のように，線分 AB 上に点 O があります。点 O を通り，線分 AB に垂直な直線を作図しなさい。

(2) ∠COD の内部に点 P があり，点 P から 2 辺 OC，OD までの距離が等しいとき，点 P はどのような線上にありますか。

解答 p.56

❶ 垂直二等分線の作図　次の問に答えなさい。 教 p.172 問6・7

□(1) 線分ABを直径とする円をかきなさい。

□(2) 直線ℓ上にあって，2点A，Bからの距離が等しい点Pを作図しなさい。

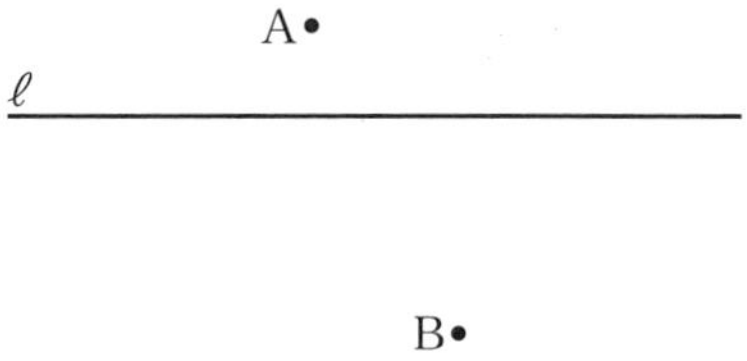

□(3) 辺AB上にあって，2点A，Cから等しい距離にある点Dを作図しなさい。

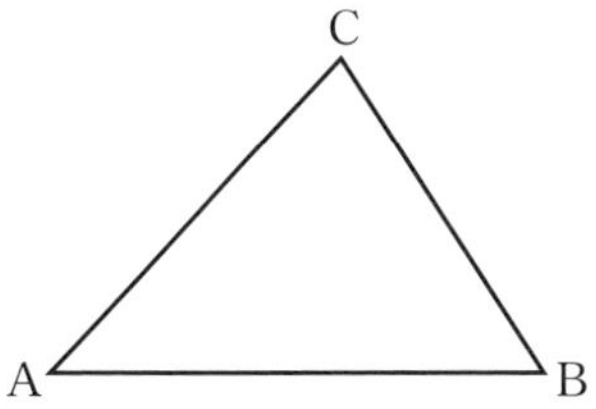

□(4) 長方形ABCDの頂点Aが頂点Cに重なるように折り返すとき，折り目の線EFを作図しなさい。

ヒント
折り目の線は，折り返した図の対称の軸。

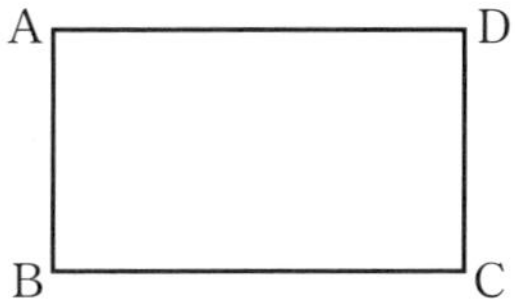

❷ 角の二等分線，垂線　次の問に答えなさい。 教 p.173 問8，p.174 問9・Q

□(1) ∠AOCと∠BOCの二等分線をそれぞれ作図しなさい。

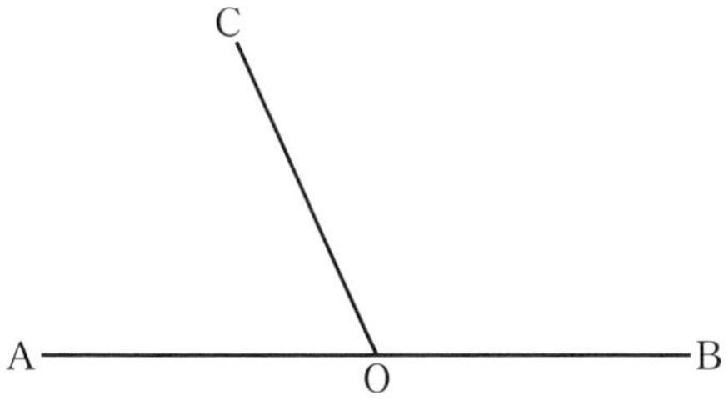

□(2) 線分ABを1辺とする正方形を作図しなさい。

❸ 角の二等分線，垂線　次の問に答えなさい。 教 p.174 問9

□(1) 右の図の∠AOBの二等分線を作図しなさい。

□(2) ∠AOBの二等分線上に点Pをとり，2辺OA，OBへの垂線を作図して，辺OA，OBとの交点をそれぞれC，Dとしなさい。

□(3) Pを中心として，PC，PDを半径とする円をかきなさい。

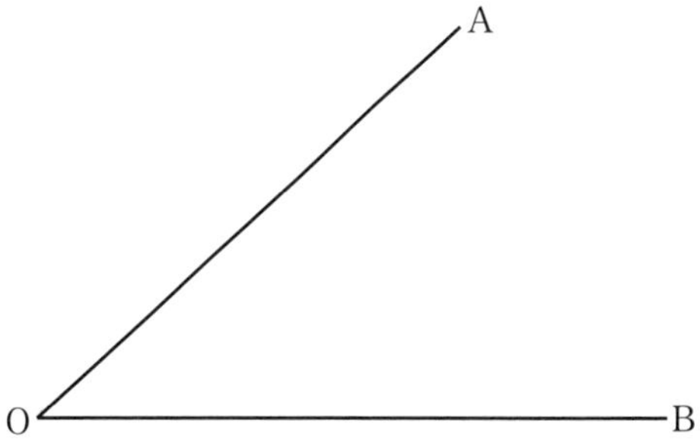

5章 平面図形

解答 p.56

もっとチャレンジ!

5章 2節 基本の作図

3 いろいろな作図①

例題 1 円の接線

教 p.175 問 1

円 O をかき，その周上の点 A を通る接線を作図しなさい。

解き方

適当な大きさの円 O をかき，その周上に点 A をとる。

① 半直線 OA をかく。

② 点 A を通り，半直線 OA に垂直な直線を作図する。

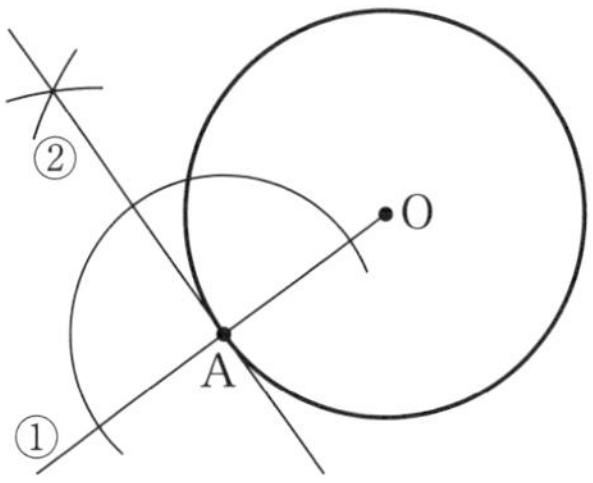

ポイント

円の接線は，接点を通る半径に垂直である。

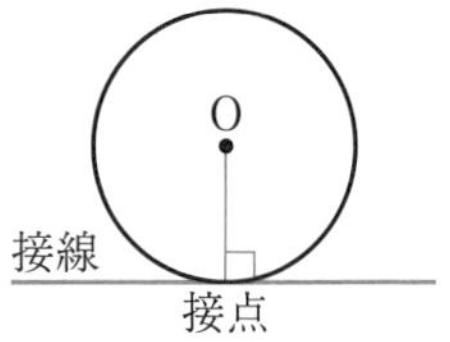

Check! 1 次の問に答えなさい。

(1) 点 P を通る円 O の接線を作図しなさい。

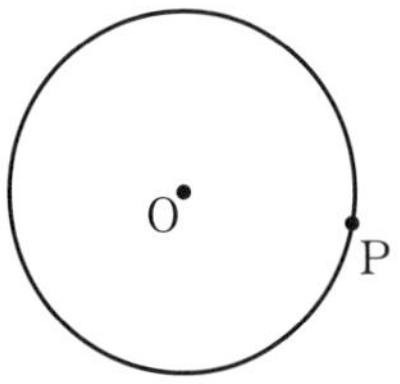

(2) 直線 ℓ が円 O に接しています。接点を通る半径を作図しなさい。

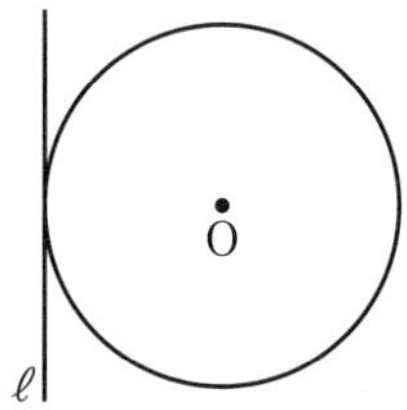

例題 2 円の中心

教 p.176 Q

右の円の中心 O を作図しなさい。

解き方

円周上に適当に 3 点 A，B，C をとる。

① 弦 AB の垂直二等分線をかく。

② 弦 BC の垂直二等分線をかく。

③ ①と②の交点が O。

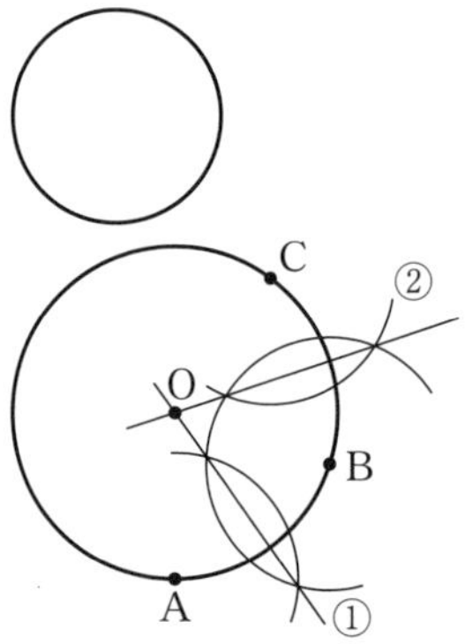

ポイント

円の中心は，弦の垂直二等分線上にある。

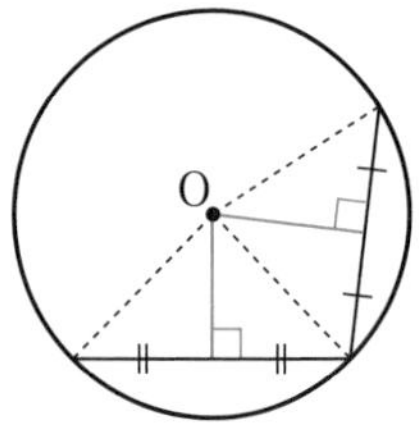

Check! 2 右の図の 3 点 A，B，C を通る円を作図しなさい。

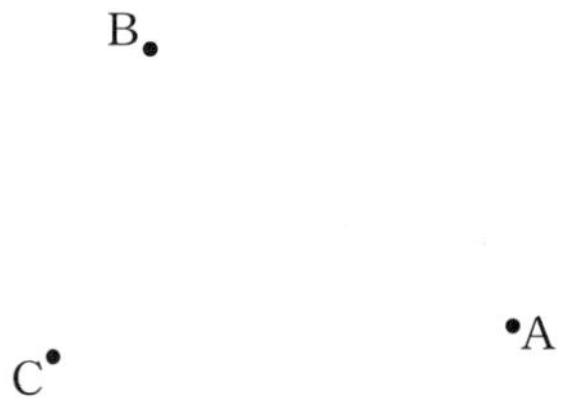

解答 p.57

❶ 円の接線　次の問に答えなさい。 教 p.175 例 1，問 1・2

□(1)　図のように，点 P で直線 ℓ に接している円の中心 O は，どのような線上にありますか。

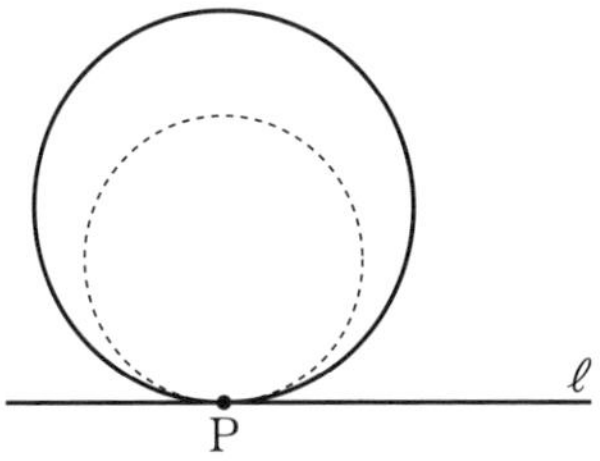

□(2)　図のように，∠ABC の 2 辺に接している円の中心 O は，どのような線上にありますか。

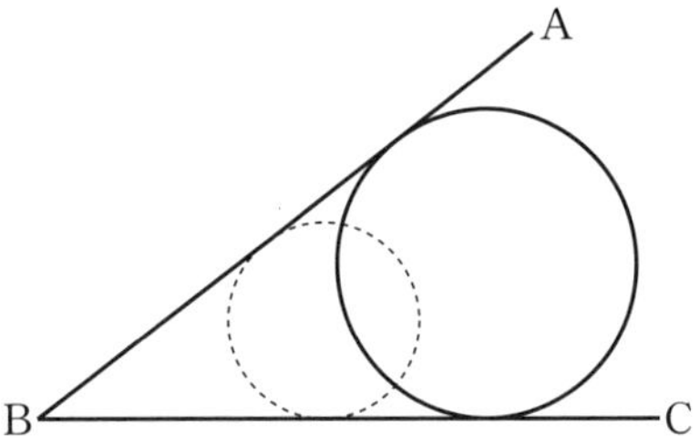

❷ 円の接線　右の図のように，線分 AB と半直線 AC，BD があります。 教 p.175 例 1，問 2

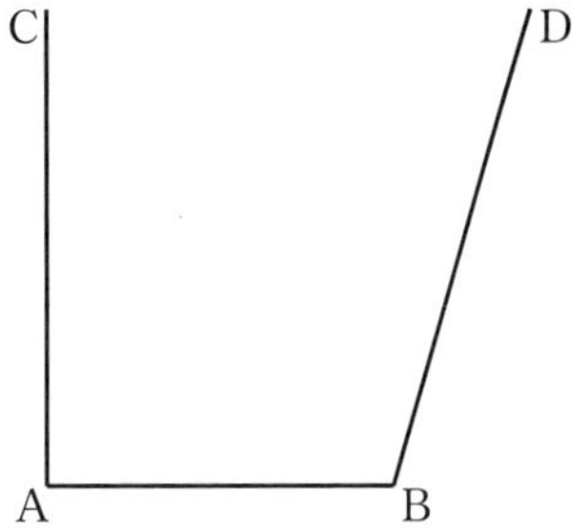

□(1)　AC，AB，BD までの距離が等しい点 O を作図しなさい。

□(2)　点 O から BD までの距離を表す線分 OP を作図しなさい。

□(3)　O を中心として，O から線分 AB までの距離を半径とする円をかきなさい。

❸ 円の中心　次の問に答えなさい。 教 p.176 Q

□(1)　3 点 A，B，C から等しい距離にある点 O を作図しなさい。

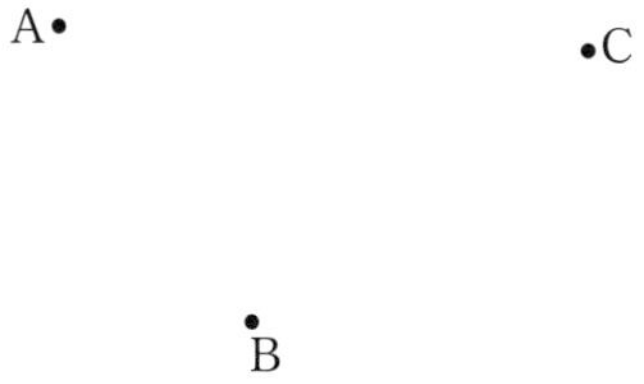

□(2)　円の中心 O を求めなさい。

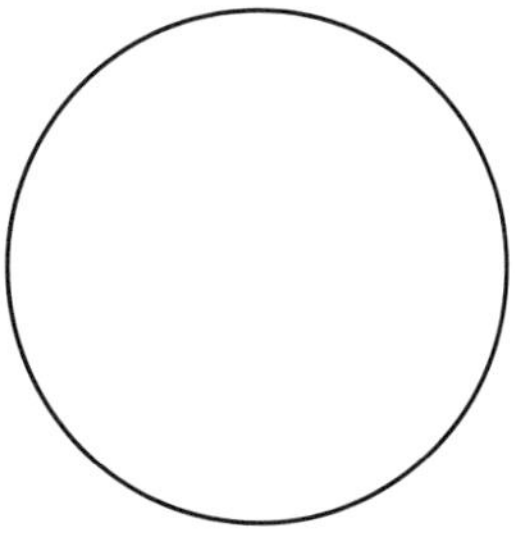

□(3)　右の図で，点 P で直線 ℓ に接し，点 A を通る円を作図しなさい。

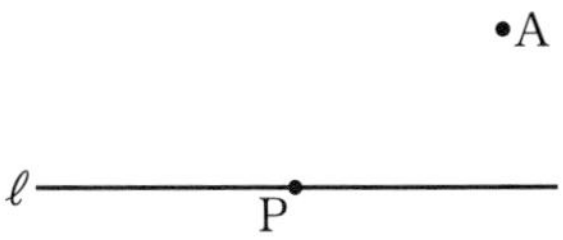

解答 p.57

もっとチャレンジ!

5章 2節 基本の作図　3節 おうぎ形

3 いろいろな作図②　1 おうぎ形

例題1 いろいろな角の作図

教 p.177 Q

直線 ℓ 上に 2 点 A, B があります。点 A を頂点として，次の大きさの角をつくりなさい。

(1)　60°

(2)　15°

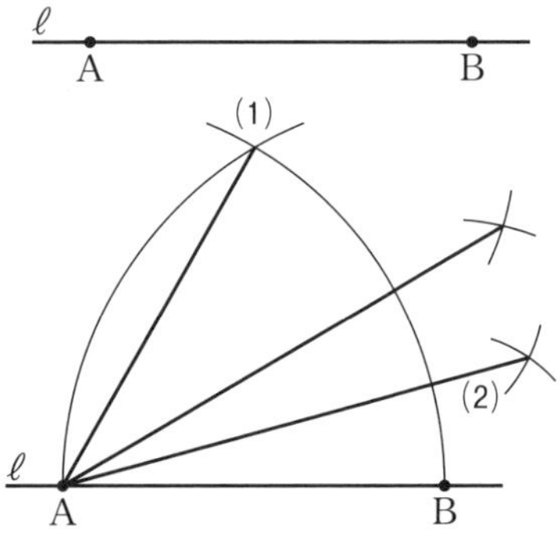

ポイント

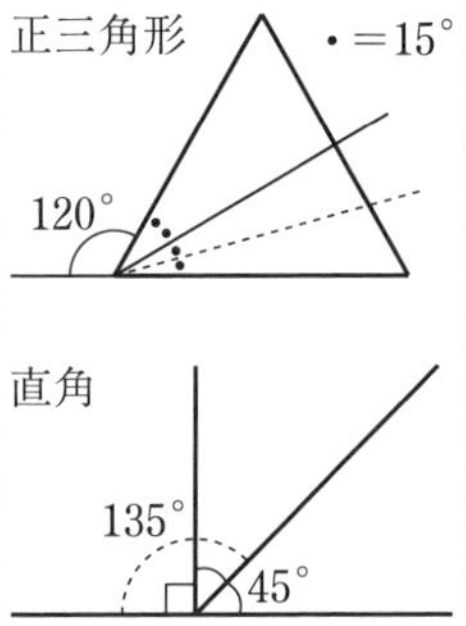

解き方

(1)　正三角形の 1 つの角は 60°

(2)　60° の角を 2 等分して 30°
　　30° の角を 2 等分して 15°

Check! 1　右の図で，直線 ℓ の上方に，$\angle PAB = 45°$ となる点 P を作図しなさい。

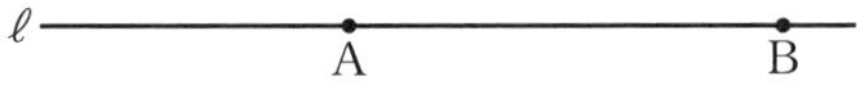

例題2 おうぎ形

教 p.180

次のおうぎ形の弧の長さ（ℓ）と面積（S）を求めなさい。

(1)

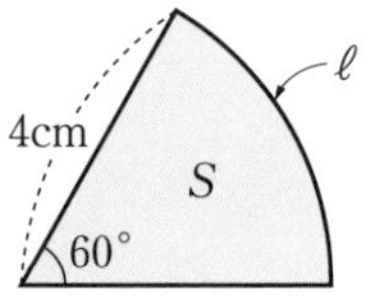

(2)

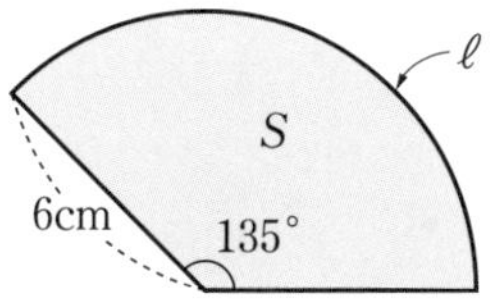

ポイント

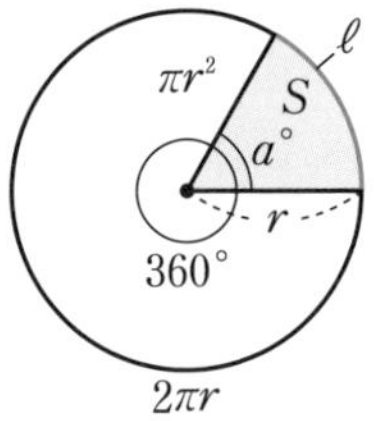

$\ell = 2\pi r \times \frac{a}{360}$

$S = \pi r^2 \times \frac{a}{360}$

解き方

(1)　$\ell = 2\pi \times 4 \times \frac{60}{360} = \frac{4}{3}\pi$

　　$S = \pi \times 4^2 \times \frac{60}{360} = \frac{8}{3}\pi$

(2)　$\ell = 2\pi \times 6 \times \frac{135}{360} = \frac{9}{2}\pi$

　　$S = \pi \times 6^2 \times \frac{135}{360} = \frac{27}{2}\pi$

答　(1)　$\frac{4}{3}\pi$ cm,　$S = \frac{8}{3}\pi$ cm²　(2)　$\frac{9}{2}\pi$ cm,　$\frac{27}{2}\pi$ cm²

Check! 2　右のおうぎ形の弧の長さと面積を求めなさい。

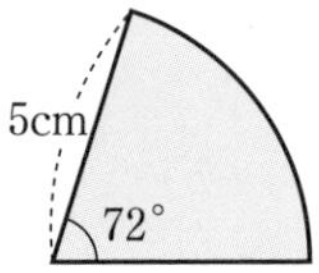

解答 p.58

❶ いろいろな角の作図　次の大きさの角を作図しなさい。 教 p.177 Q

□(1)　30°

□(2)　135°

□(3)　105°

□(4)　75°

❷ おうぎ形　次の図1は，円を6等分したもので，図2は8等分したものです。円の半径はともに6cmです。 教 p.181 例1

□(1)　色をつけて示したおうぎ形㋐，㋑の中心角を求めなさい。

図1

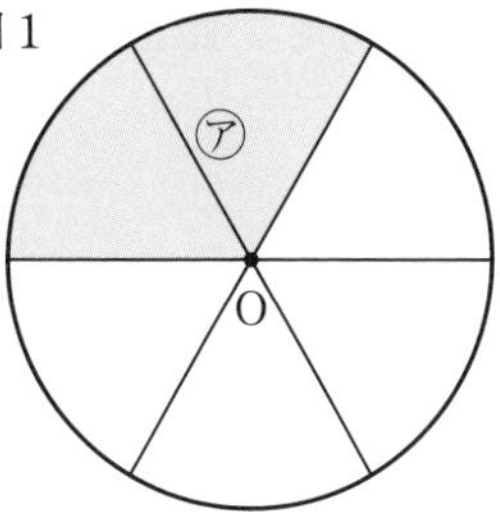

図2

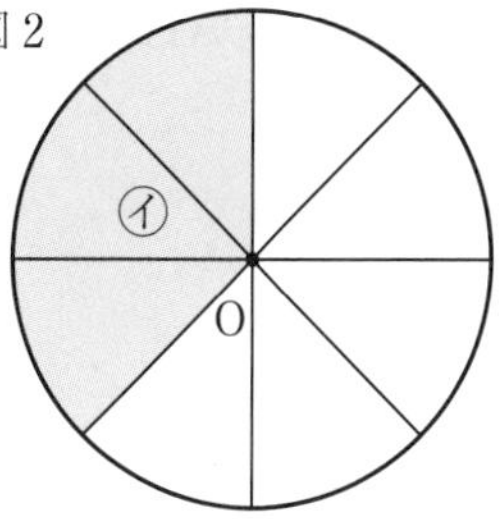

□(2)　おうぎ形㋐，㋑の弧の長さと面積を求めなさい。

❸ おうぎ形　次のおうぎ形の弧の長さと面積を求めなさい。 教 p.181 問1

□(1)　半径が6cm，中心角が60°

□(2)　半径が10cm，中心角が144°

□(3)　半径が9cm，中心角が80°

□(4)　半径が8cm，中心角が225°

解答 p.58

2・3節の問題　基本の作図 おうぎ形

□ **1** **次の㋐〜㋓に当てはまることばや記号を答えなさい。**

> 右の図で，A から B までの円周の部分を［㋐］，線分 AB を［㋑］という。また，［㋐］と 2 つの半径で囲まれた図形を［㋒］といい，∠AOB を［㋐］に対する［㋓］という。

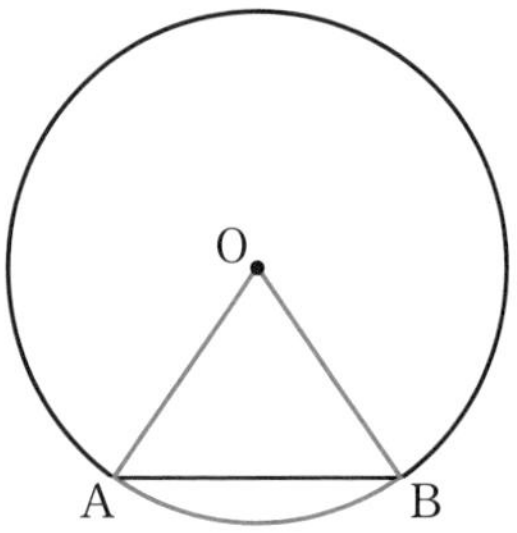

□ **2** **下の図の △ABC において，辺 AB，辺 BC の垂直二等分線をそれぞれひき，その交点を O とするとき，点 O について正しく説明したものを㋐〜㋓から 1 つ選びなさい。**

㋐　3 辺 AB，BC，CA から等しい距離にある。
㋑　3 点 A，B，C から等しい距離にある。
㋒　∠AOB＝∠BOC＝∠COA である。
㋓　辺 AB と頂点 C から等しい距離にある。

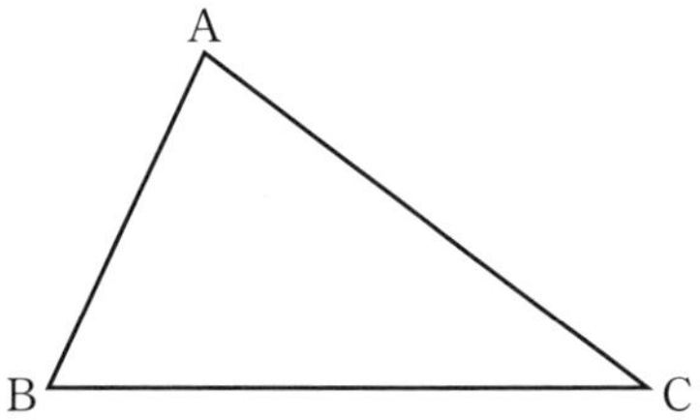

□ **3** **右の図で，∠AOP＝120° となるような半直線 OP を作図しなさい。**

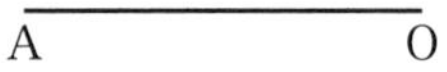

□ **4** **右の図で，直線 *m* 上にあって，点 A からの長さがもっとも短い点 P を作図しなさい。**

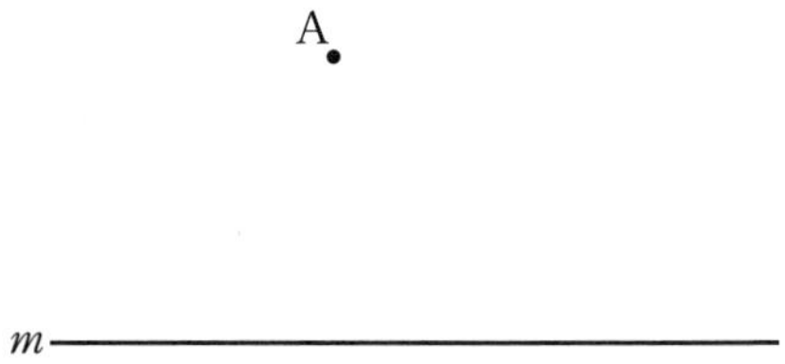

ヒント
3　120°＝180°−60° や，120°＝60°＋60° を使うといいね。

□ **5** 右の図で，AB＝BC，∠ABC＝45°の二等辺三角形 ABC を作図しなさい。

□ **6** 右の図で，直線 ℓ 上に中心があり，2点 A，B を通る円を作図しなさい。

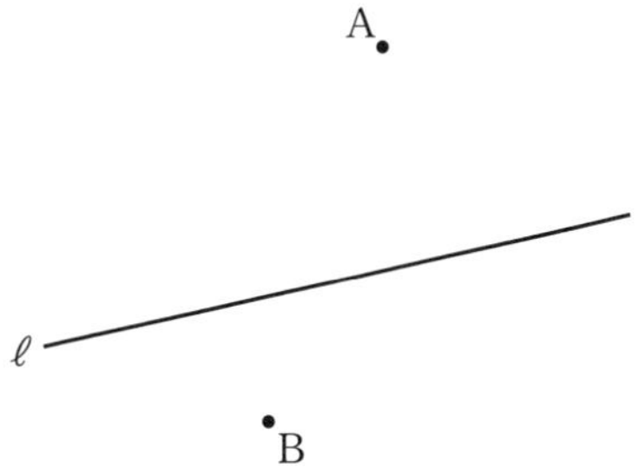

□ **7** 右の図の △ABC の3辺 AB，BC，CA に接する円を作図しなさい。

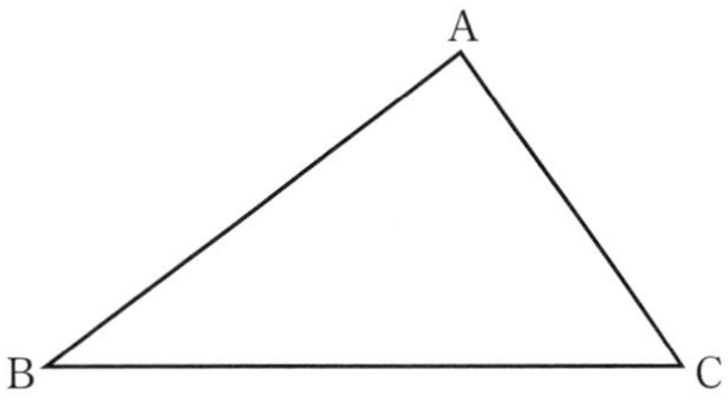

8 右の図のように，半径 6cm，中心角 150°のおうぎ形 OAB があります。次の問に答えなさい。

□(1) おうぎ形 OAB の弧の長さを求めなさい。

□(2) おうぎ形 OAB の面積を求めなさい。

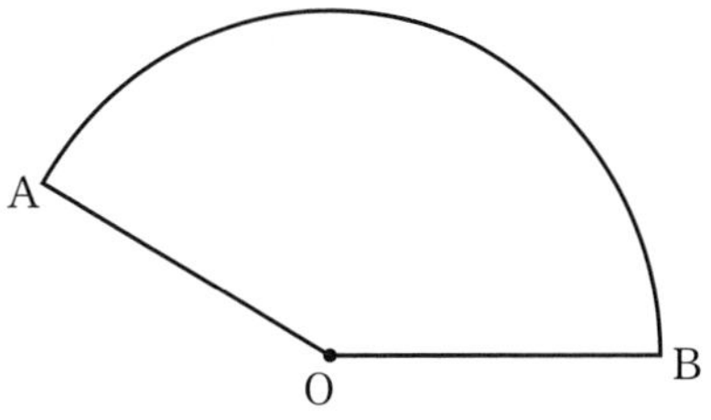

ヒント

作図する前にどんな作図になるのかを簡単にかいてみると，どんな作図がどの順番で必要なのかがイメージできるよ。

5章の問題　平面図形　平面図形の見方をひろげよう

解答 p.60

1 **右の図は，△ABC を △A′B′C′ に対称移動させたものです。次の問に答えなさい。**

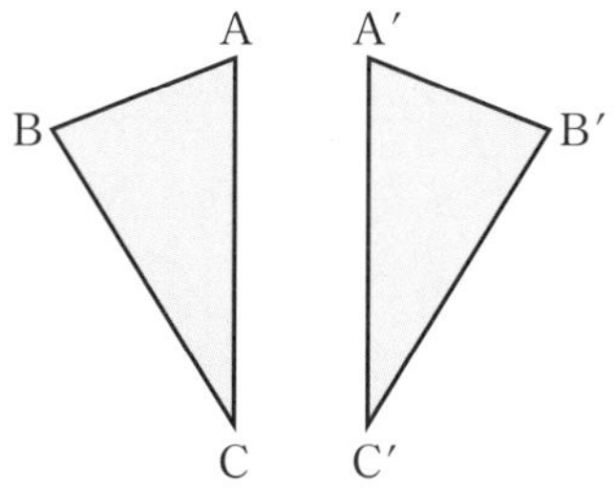

□(1)　対称の軸を，コンパスと定規を使って作図しなさい。

(2)　次の関係を記号を使って表しなさい。

□①　∠BAC と ∠B′A′C′ の大きさは等しい。

□②　AA′ と BB′ は平行である。

2 **右の図は，正方形を 8 等分したものです。次の問に答えなさい。**

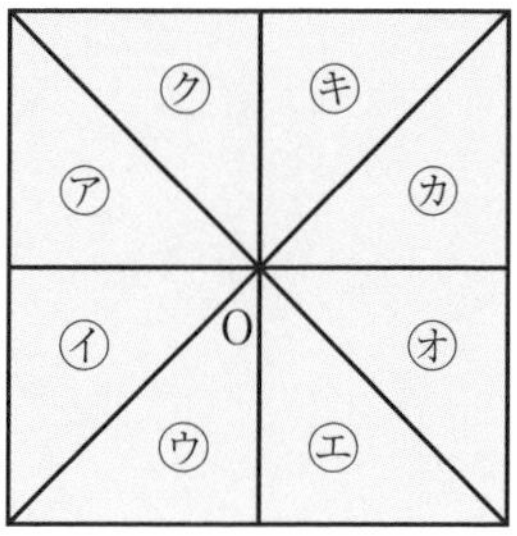

□(1)　三角形㋐を点 O を中心として回転移動させて，㋖に重ね合わせるには，三角形㋐を反時計回りに何度回転させればよいですか。

□(2)　三角形㋐を対称移動させてから平行移動させて三角形㋒に重ね合わせます。㋐を対称移動させたときに重なる三角形はどの三角形ですか。記号で答えなさい。

□**3** **下の図で，∠CAB＝75°，∠CBA＝45° となる △ABC を作図しなさい。**

□**4** **右の図で，長方形 ABCD の辺 DC 上に点 E をとり，線分 AE を折り目として △ADE を折り返したときに頂点 D がうつる点 D′ を作図によって求めなさい。**

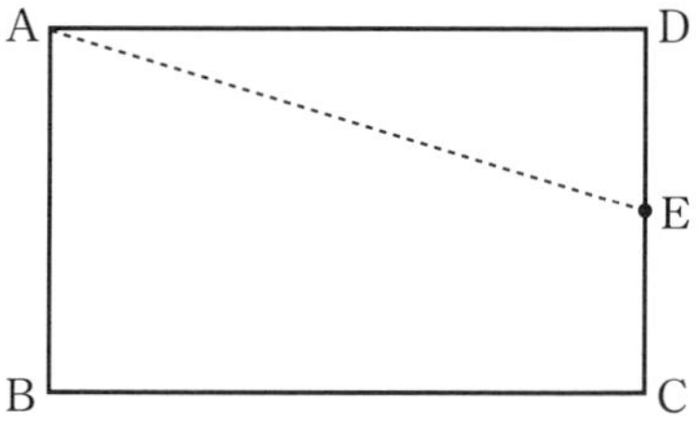

ヒント

4　△ADE を，AE を軸として対称移動させることになるね。

5 右の図で，直線 ℓ 上に点 M をとり，AM＋BM の長さがもっとも短くなるようにするとき，点 M を作図しなさい。

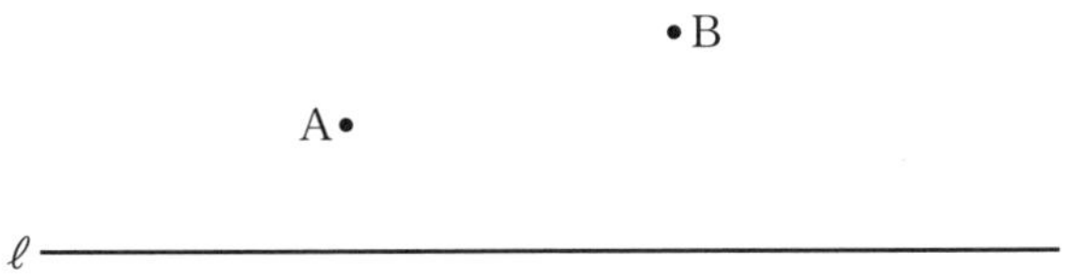

6 下の図のように，1 辺が 3cm の正三角形 ABC の辺 AB が直線 ℓ 上にあります。この △ABC を，直線 ℓ 上を矢印の方向にすべることなく回転させます。頂点 A がふたたび ℓ 上にくるまで回転させたとき，頂点 A が動いたあとにできる線の長さを求めなさい。

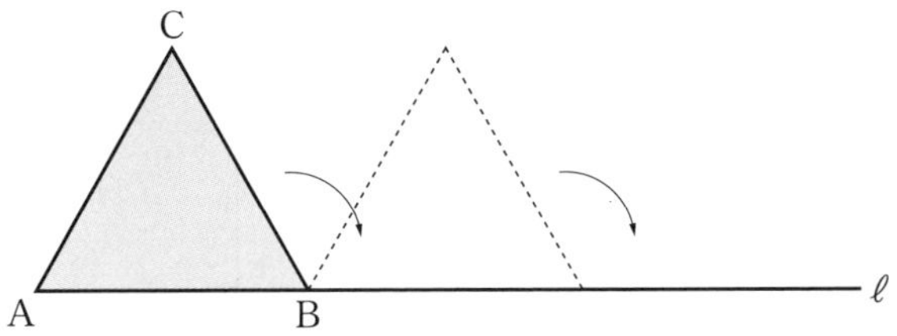

7 次の問に答えなさい。

(1) 右の図で色をつけた部分の周の長さを求めなさい。

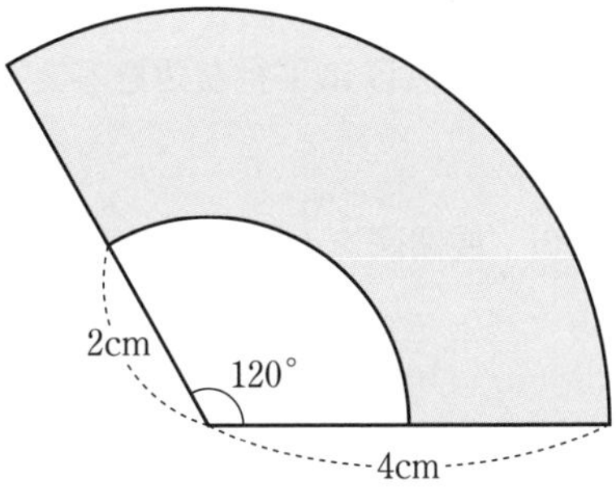

(2) 半径が 8cm，中心角が 144° のおうぎ形の弧の長さと面積を求めなさい。

ヒント

5 点 B を，直線 ℓ を軸として対称移動させた点 B′ を作図してみよう。線分 BM と線分 B′M の長さには，どのような関係があるかな。

6章 空間図形

小５　角柱，円柱，見取図，展開図

小６　角柱，円柱の体積

中１　平面図形

立体の見方をひろげよう

ウォーミングアップ

1　右の展開図を組み立てて直方体を作ります。

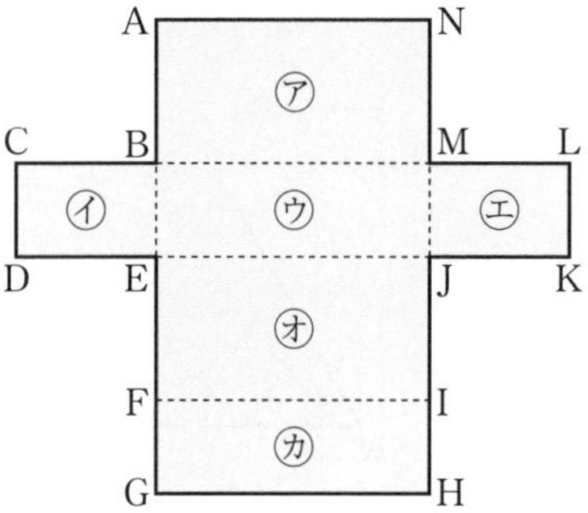

□(1)　点Ａと重なる点をすべて答えなさい。

□(2)　面㋔に垂直になる面をすべて答えなさい。

□(3)　辺CDと重なる辺を答えなさい。

2　次の三角柱について答えなさい。

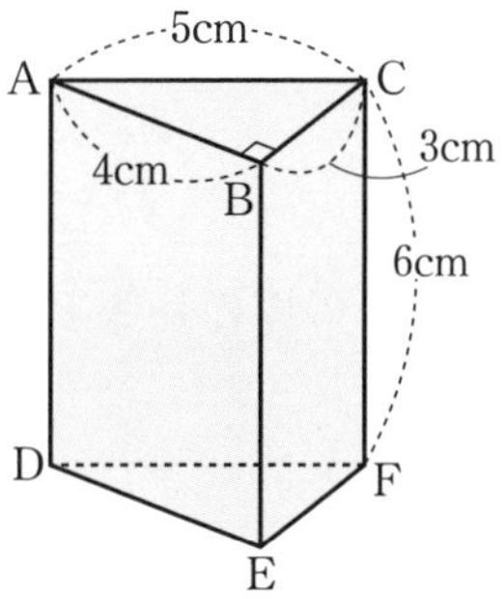

□(1)　底面に垂直な辺をすべて答えなさい。

□(2)　辺ABに平行な辺を答えなさい。

□(3)　展開図をかきなさい。

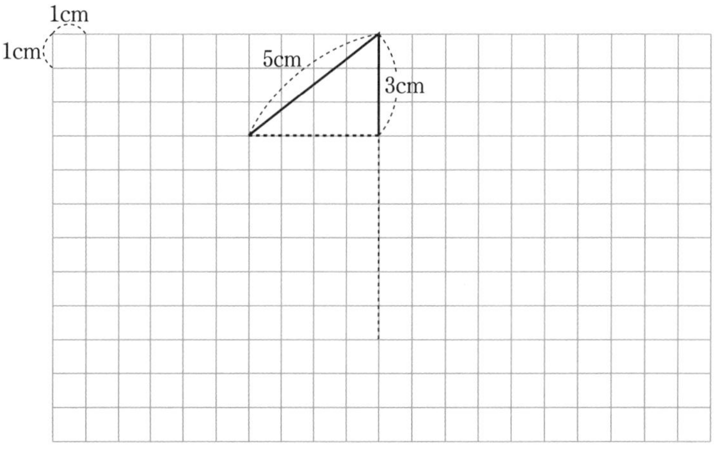

ふりかえり　小5

角柱と円柱

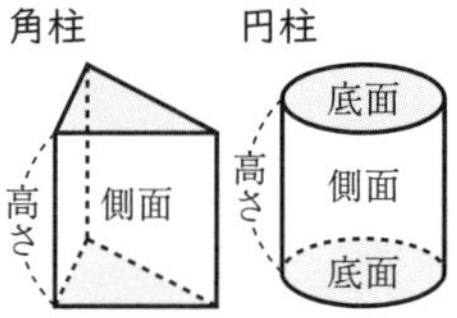

底面は平行で合同

3 下の図2は，図1の円柱の展開図です。次の問に答えなさい。ただし，円周率は π とします。

□(1) 図2の展開図で，線分ADの長さを求めなさい。

□(2) 図2の展開図の面積を求めなさい。

図1

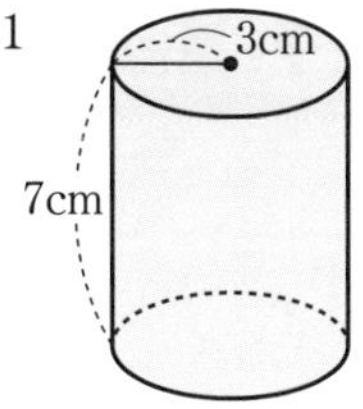

図2

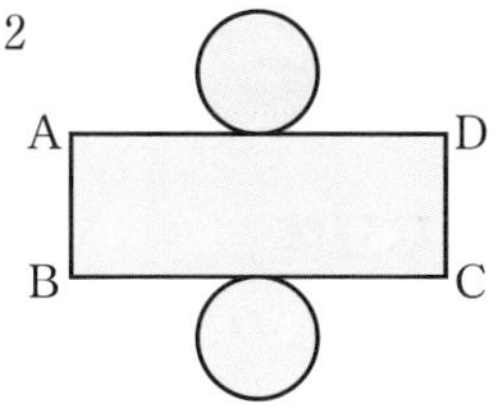

ヒント

組み立てると，ADはどの部分に重なるかを考える。

4 次の展開図㋐～㋓を組み立てて立体を作ります。

㋐

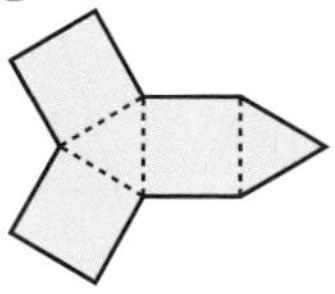

㋑

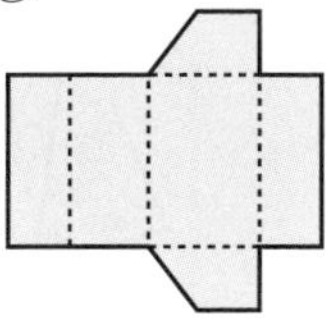

㋒

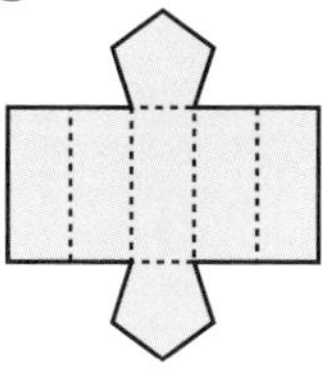

㋓

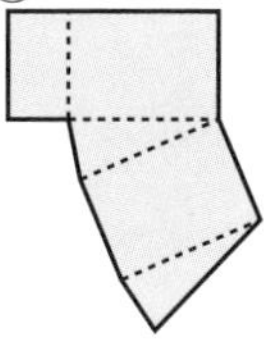

□(1) 三角柱になるものをすべて選んで，記号で答えなさい。

□(2) 四角柱になるものを選んで，記号で答えなさい。

ヒント

角柱の側面は長方形。底面を見つけよう。

5 次の立体の体積を求めなさい。

□(1) （直方体）

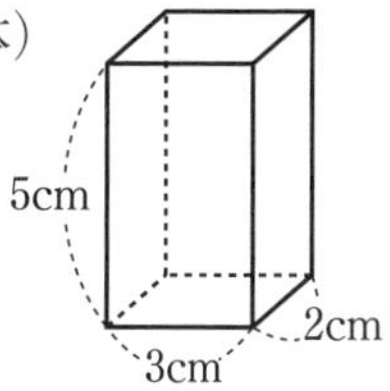

□(2) （三角柱）

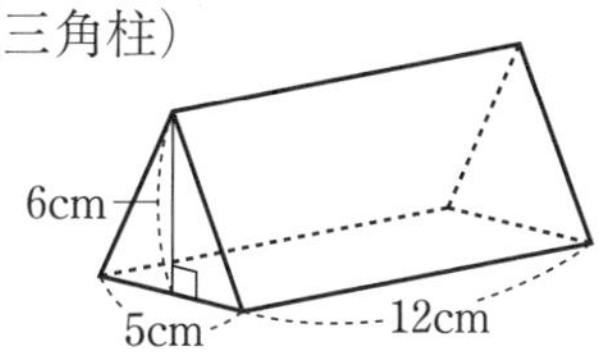

□(3) （四角柱）

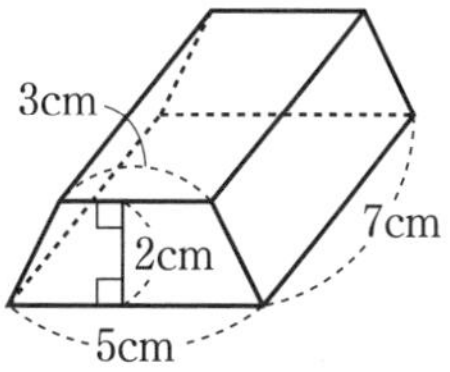

□(4) （直方体を組み合わせた形）

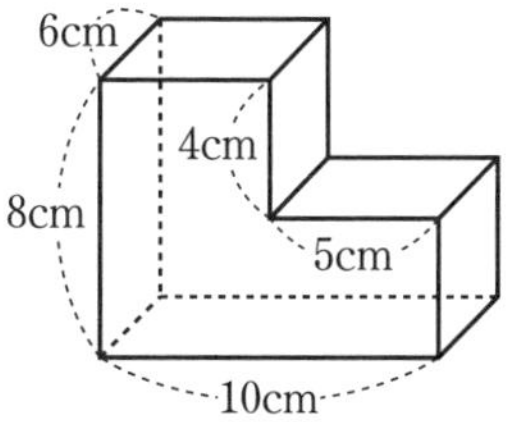

ふりかえり 小6

角柱と円柱の体積

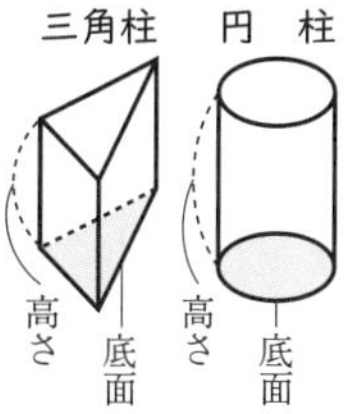

（底面積）×（高さ）

□ **6** 直径が20cmで高さが10cmの円柱の木材から，底面が正方形の四角柱を切り出します。

切り出す四角柱の体積がもっとも大きくなるとき，切り出したあとに残った部分の体積は何 cm^3 ですか。ただし，円周率は π とします。

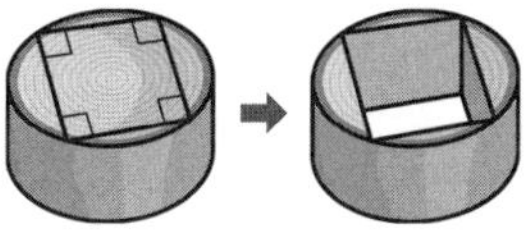

ふりかえり 小5

ひし形の面積

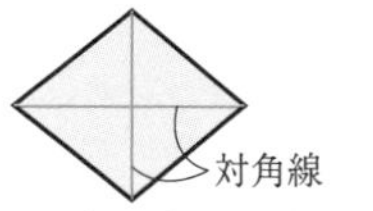

（対角線）×（対角線）÷2

解答 p.61

6章

1節 いろいろな立体
2節 立体の見方と調べ方

◀ もっとチャレンジ!

1 いろいろな立体　1 直線や平面の位置関係①

例題 1　いろいろな立体

教 p.190 ～ 192

次の㋐～㋔のうち，正しいものをすべていいなさい。

㋐　角柱には側面があるが，円柱に側面はない。

㋑　角柱や円柱には底面が 2 つあり，それらは平行である。

㋒　円錐・角錐には側面がない。

㋓　正三角錐は正四面体ともいう。

㋔　正多面体は 5 種類ある。

ポイント

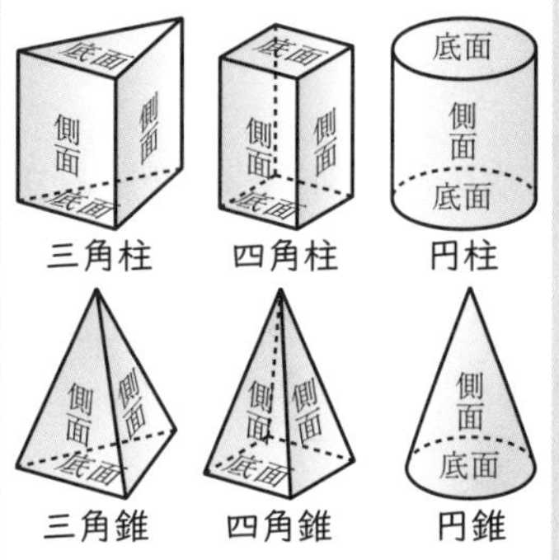

解き方

㋐　円柱の側面は曲面になっている。

㋒　円錐・角錐にも側面がある。

㋓　正三角錐の底面は正三角形で，側面は合同な二等辺三角形。

答　㋑，㋔

Check! 1　次の①～③の正多面体の名前を書きなさい。

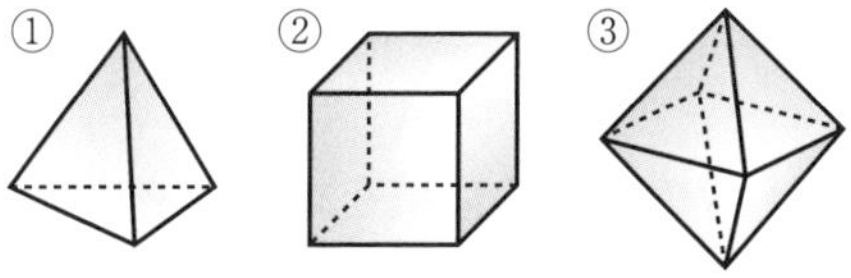

例題 2　2 つの平面，平面と直線の位置関係

教 p.194 Q，p.195 Q

右の図について，次の問に答えなさい。

(1)　平面 P と Q の位置関係を記号で表しなさい。

(2)　平面 P 上に直線 ℓ があるとき，直線 ℓ と平面 Q の位置関係を記号で表しなさい。

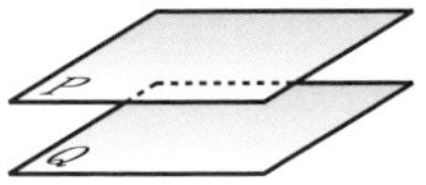

交わらない2つの平面

解き方

(1)　空間内の交わらない 2 つの平面を，平行な平面という。

(2)　ℓ と Q も平行である。

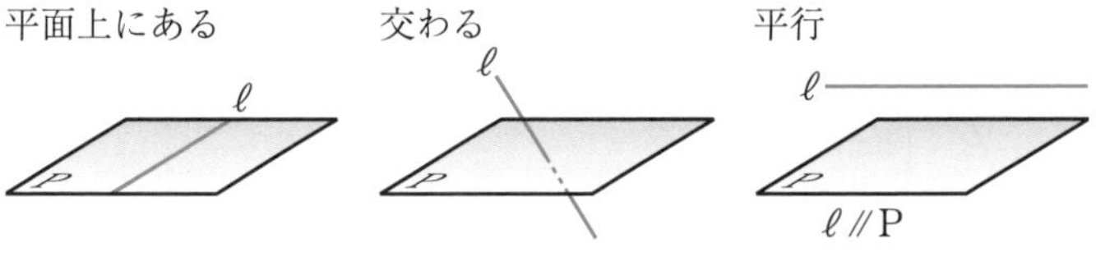

答　(1)　**P∥Q**　(2)　**ℓ∥Q**

Check! 2　右の図の正四面体で，辺 BC と同じ平面上にある辺をすべて書きなさい。

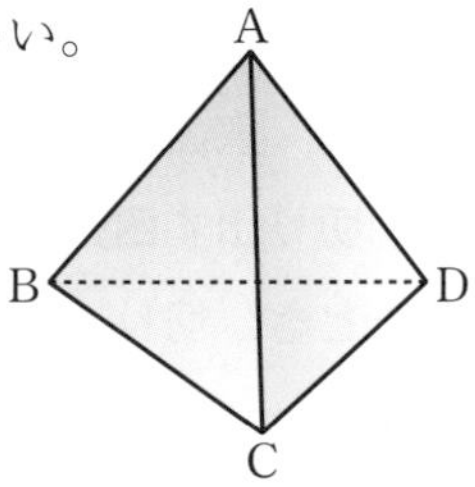

解答 p.62

1 いろいろな立体　下の図を見て，次の問に答えなさい。 教 p.192 問 6・7

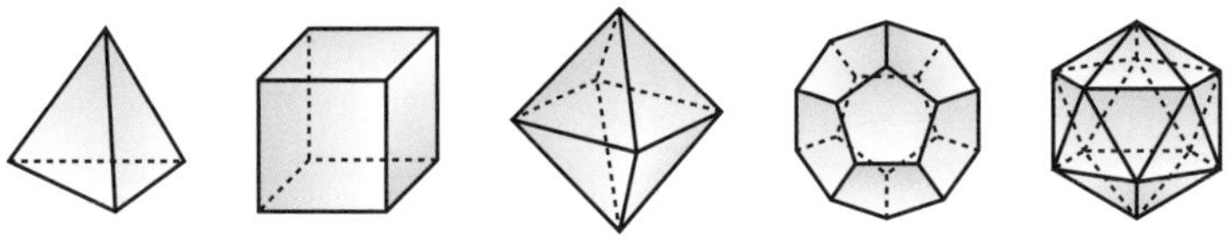

正四面体　正六面体　正八面体　正十二面体　正二十面体

□(1)　下の表の空らんをうめなさい。

	面の形（正多角形）	1つの頂点に集まる面の数	面の数（a）	辺の数（b）	頂点の数（c）
正四面体					
正六面体					
正八面体	正三角形	4	8	12	6
正十二面体	正五角形	3	12	30	20
正二十面体					

□(2)　正多面体について，面の数を a，辺の数を b，頂点の数を c とすると，次の式が成り立ちます。□にあてはまる数を答えなさい。

$a-b+c=$□

ヒント
(1)の表から，式に値をあてはめる。

2 いろいろな立体・2つの平面，平面と直線の位置関係　右の立方体について，次の問に答えなさい。 教 p.195 Q

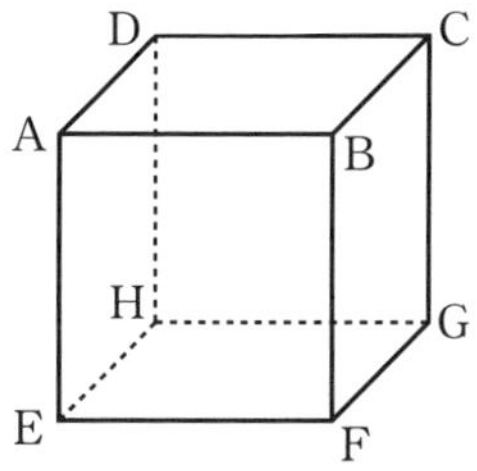

□(1)　面 AEHD と平行な面を答えなさい。

□(2)　面 AEHD に平行な辺をすべて答えなさい。

3 2つの平面，平面と直線の位置関係　右の図のように平面 P と平面 Q が交わっているとき，次の問に答えなさい。 教 p.195 Q

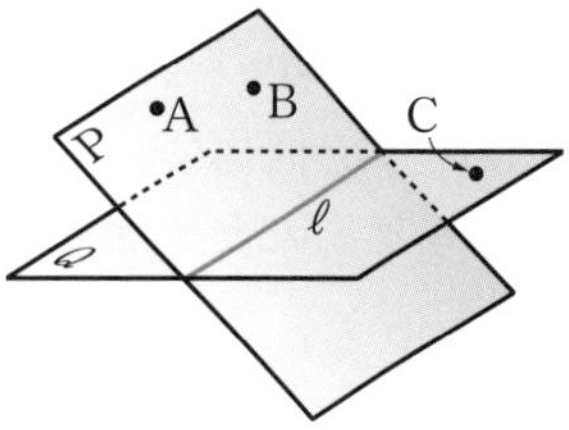

□(1)　平面 P の上の 2 点 A，B を通る直線 AB と平面 P はどのような位置関係にありますか。

□(2)　2 点 A，B と平面 Q の上の点 C は，1つの平面上にあるといえますか。

6章 空間図形

解答 p.62

◀もっとチャレンジ!

6章 2節 立体の見方と調べ方

1 直線や平面の位置関係②

例題1 2直線の位置関係

教 p.196 問2・3

右の立方体について，次の問に答えなさい。

(1) 直線ABと平行な直線をすべていいなさい。

(2) 直線ABとねじれの位置にある直線をすべていいなさい。

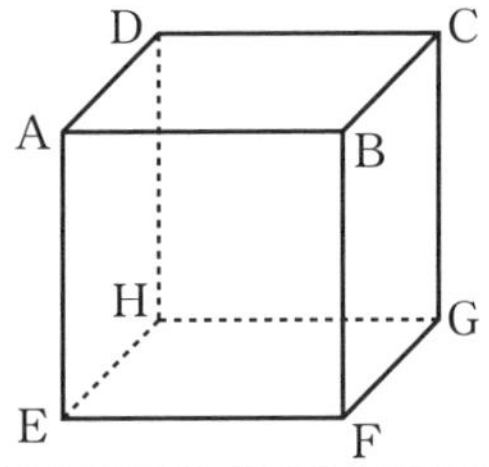

解き方

(1) 1つの平面上にあって，交わらない2直線を見つける。
面ABCD上…直線DC，
面AEFB上…直線EF，
面ABGH上…直線HG

(2) 直線ABと平行でなく交わらない直線をさがす。

ポイント

2つの直線の位置関係

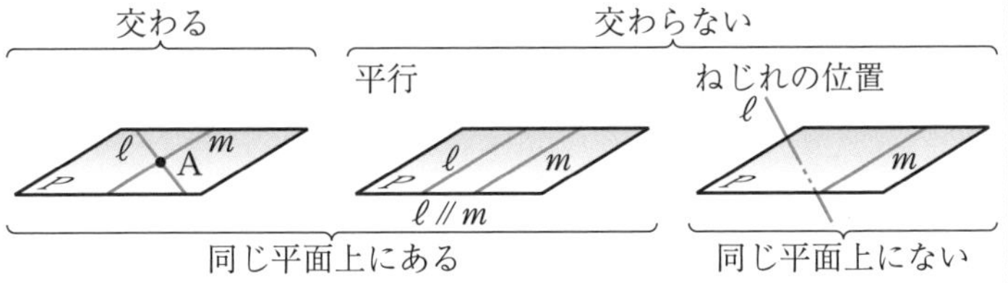

答 (1) **直線DC，直線EF，直線HG** (2) **直線DH，直線CG，直線EH，直線FG**

Check! 1 **例題1** の立方体で，対角線DFとねじれの位置にある直線をすべて答えなさい。

例題2 平面のつくる角・直線と平面の垂直

教 p.197・198

右の図は，平面Pの上に置いた立方体です。次の問に答えなさい。

(1) 直線BFと平面Pの関係を，記号で表しなさい。

(2) 平面AEHDと平面Pの関係をいいなさい。

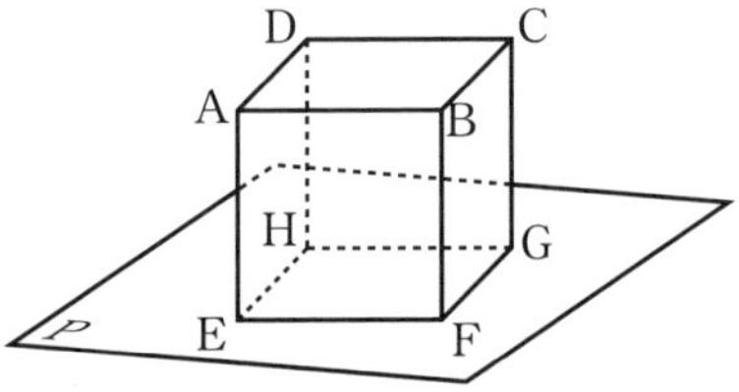

解き方

(1) 平面P上の直線GF，FEに対し，BF⊥GF，BF⊥EFより，BF⊥P

(2) (1)と同様に，AE⊥Pで，平面AEHDは辺AEをふくむから，平面AEHDは平面Pに垂直である。

ポイント

平面Pと交わる直線ℓが，平面P上の2直線に垂直のとき，ℓ⊥P

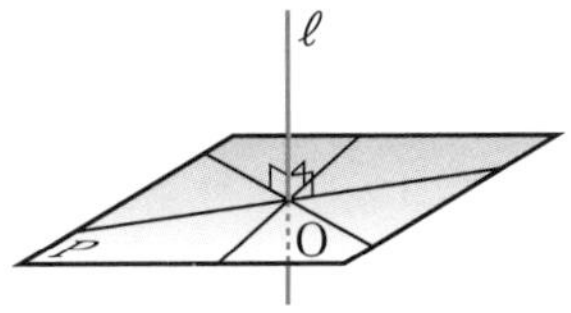

答 (1) **BF⊥P** (2) **垂直である。**

Check! 2 **例題2** で，平面AFGDと平面Pのつくる角の大きさを求めなさい。

解答 p.63

❶ 2 直線の位置関係 **右の図は正四面体です。次の問に答えなさい。**

教 p.196 問 2

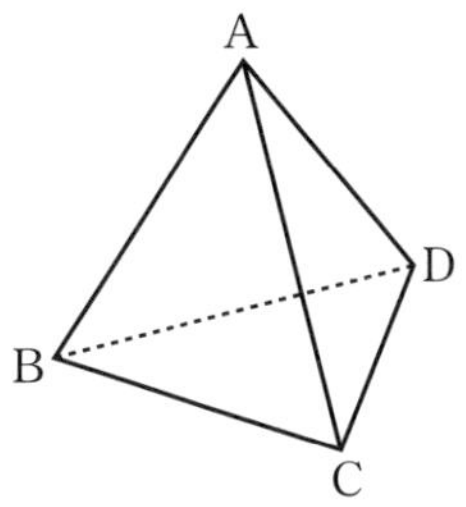

□(1) 平面 ABC にふくまれる辺をすべて答えなさい。

□(2) 辺 BC とねじれの位置にある辺を答えなさい。

❷ 平面のつくる角・直線と平面の垂直 **右の図は，立方体から三角錐 B-AFC を切り取った立体です。次の問に答えなさい。**

教 p.196 問 2，p.198 問 5

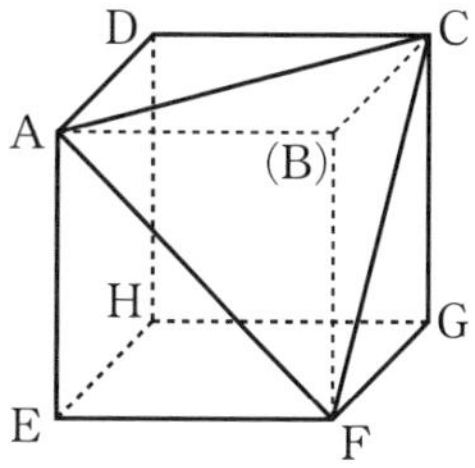

□(1) 面 AEF と垂直な辺をすべて答えなさい。

□(2) 面 AEF と交わる辺のうち，面 AEF に垂直ではないものをすべて答えなさい。

□(3) 辺 AF とねじれの位置にある辺をすべて答えなさい。

ヒント

空間内で，平行ではなく交わらない 2 つの直線をねじれの位置にあるという。

□(4) 面 AEF と面 CFG のつくる角の大きさを求めなさい。

❸ 平面のつくる角・直線と平面の垂直 **右の図で，直線 ℓ は点 O で平面 P と交わっています。また，直線 m，n は平面 P 上にあり $\ell \perp m$，$\ell \perp n$ です。次の問に答えなさい。** 教 p.197

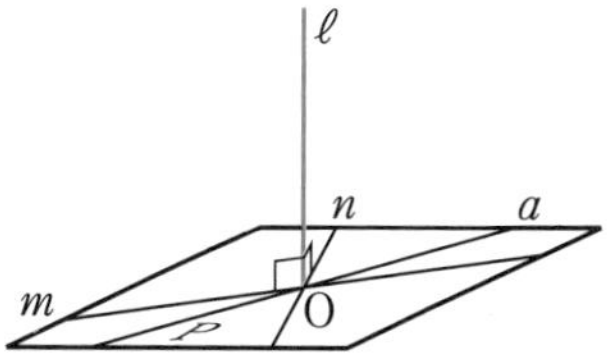

□(1) 直線 ℓ と平面 P の位置関係を記号を使って表しなさい。

□(2) 直線 a は点 O を通る平面 P 上の直線です。直線 ℓ と直線 a の位置関係を記号を使って表しなさい。

解答 p.63

◀もっとチャレンジ!

6章

2節 立体の見方と調べ方

1 直線や平面の位置関係③　2 面の動き

例題 1　点と平面・平行な平面の距離

教 p.199

右の直方体について，次の距離《きょり》を求めなさい。

(1)　頂点 B と平面 HEFG の距離

(2)　面 AEHD と面 BFGC の距離

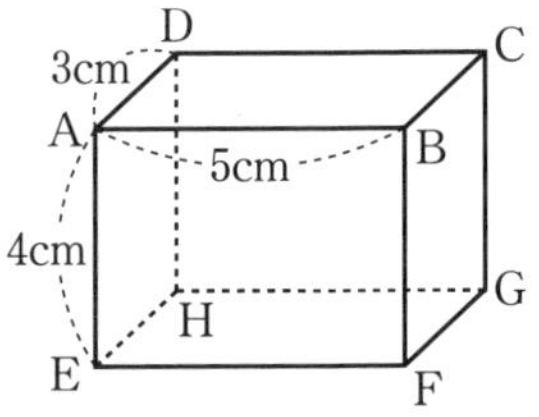

解き方

(1)　BF⊥HEFG より，距離は BF＝4cm

(2)　AEHD∥BFGC より，距離は EF＝5cm

答 (1)　**4cm**　(2)　**5cm**

ポイント

右の線分 AH の長さを，点 A と平面 P との距離という。

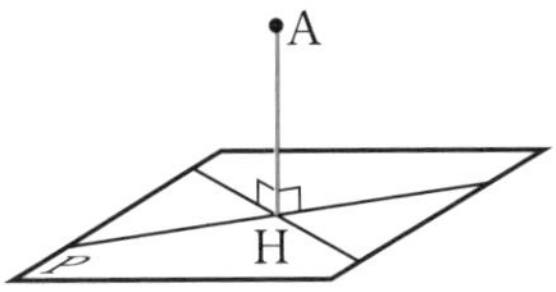

平行な平面について，右の距離を平面と平面との距離という。

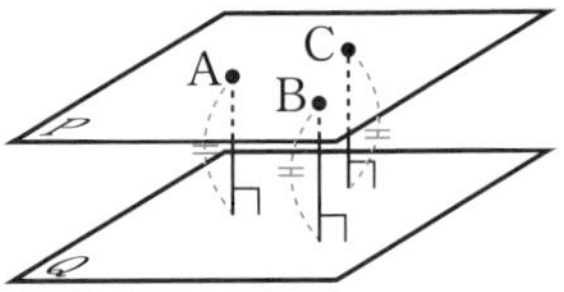

Check! 1　**例題 1** で，点 B と面 DHGC の距離，面 ABCD と面 EFGH の距離をそれぞれ求めなさい。

例題 2　面の動きと立体

教 p.200 Q，p.201 Q

右の図の △ABC は，∠A＝90° の直角三角形です。

(1)　△ABC をその面と垂直な方向に動かすと，どんな立体ができますか。

(2)　△ABC を，直線 AC を軸として回転させると，どんな立体ができますか。

(3)　(2)のとき，側面をえがく線分はどれですか。

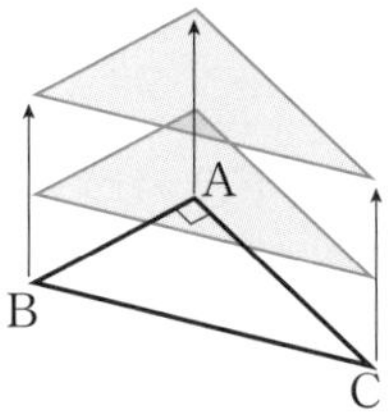

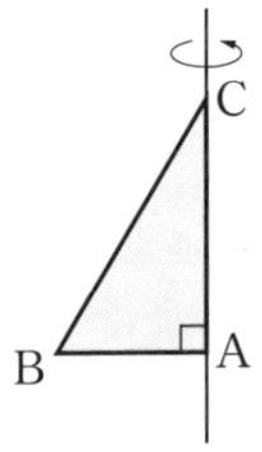

解き方

(1)　動いた距離が立体の高さになる。

(2)　∠A＝90° だから，円錐ができる。

(3)　円錐や円柱の側面をえがく線分を母線という。

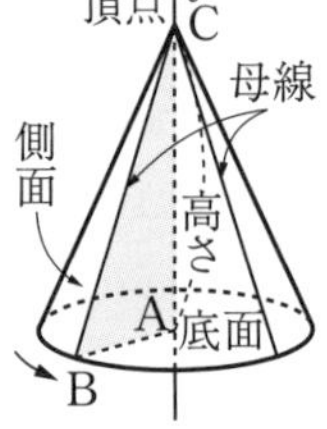

答 (1)　**三角柱**　(2)　**円錐**　(3)　**線分 CB (BC)**

Check! 2　右の長方形を，直線 AB を軸として回転させます。

(1)　どんな立体ができますか。

(2)　(1)でできた立体の母線の長さを答えなさい。

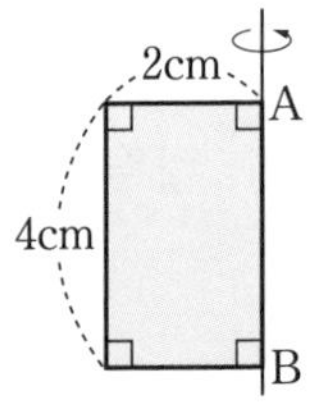

解答 p.63

❶ 点と平面・平行な平面の距離　右の図のように，立方体の一部を切り取ってできた三角錐 A-BCD があります。次の問に答えなさい。

教 p.199

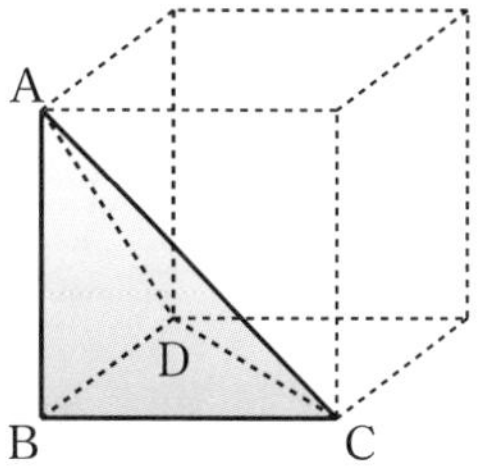

□(1)　△BCD を底面としたとき，この三角錐の高さにあたる辺を答えなさい。

□(2)　辺 BC を高さとしたとき，この三角錐の底面にあたる三角形を答えなさい。

❷ 面の動きと立体　次の問に答えなさい。 教 p.200 Q，p.202 問 4

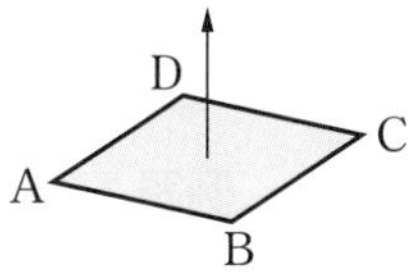

□(1)　右の図の正方形 ABCD をその面と垂直な方向に動かすと，どんな立体ができますか。

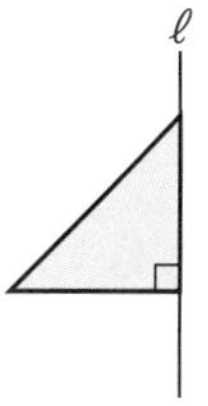

□(2)　右の図の直角三角形を，直線 ℓ を回転の軸として回転させたときにできる立体の見取図をかきなさい。

□(3)　10 円玉は厚さが約 1.5mm です。

①　10 円玉を真上に 8 枚重ねてできる立体は，どんな立体とみることができますか。名前をいいなさい。

②　①でできた立体の母線の長さを求めなさい。

❸ 面の動きと立体　右の半円 O を，その直径を延長した直線 ℓ を軸として回転させてできる立体について，次の問に答えなさい。

教 p.201 問 2，p.202 問 3

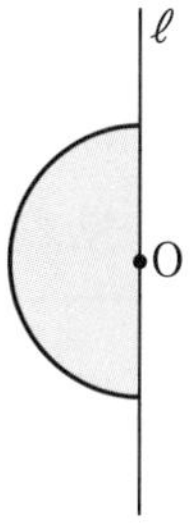

□(1)　立体の名前をいいなさい。

□(2)　この立体を平面で切るとき，切り口の面積がもっとも大きくなるのは，どのような平面で切ったときですか。

解答 p.63

◀もっとチャレンジ!

6章　2節 立体の見方と調べ方

3 立体の展開図　4 立体の投影図

例題1　柱体・錐体の展開図

教 p.204 Q

右の展開図を組み立てて正四角錐をつくります。次の問に答えなさい。

(1) 点 A と重なる点をすべて答えなさい。

(2) 辺 AB と重なる辺を答えなさい。

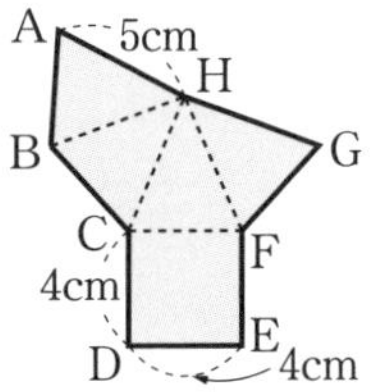

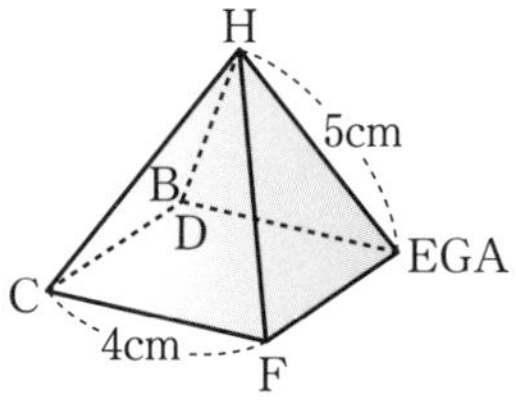

解き方

辺 BC と辺 DC のように，重なり合う辺を順に考える。

答　(1) E，G　(2) DE (ED)

Check! 1　**例題 1** の展開図で，AH と長さが等しい線分をすべて答えなさい。

例題2　円錐の展開図

教 p.205 Q

右の円錐の展開図をかくとき，側面のおうぎ形の中心角を求めなさい。

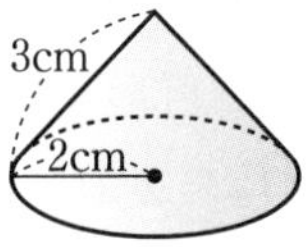

解き方

側面のおうぎ形の $\overset{\frown}{AB}$ は，底面の円O′の円周に等しい。 $2\pi\times2=4\pi$

円 O の円周は $2\pi\times3=6\pi$　$\overset{\frown}{AB}$ は円 O の円周の $\dfrac{4\pi}{6\pi}=\dfrac{2}{3}$

おうぎ形の弧は中心角に比例するから，中心角は $360^\circ\times\dfrac{2}{3}=240^\circ$

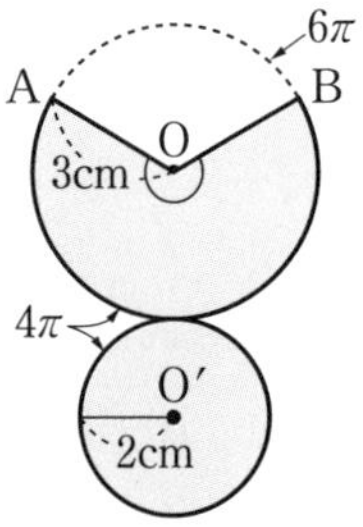

答　240°

Check! 2　底面の半径が 3cm，母線が 6cm の円錐の側面をつくるおうぎ形の中心角を求めなさい。

例題3　投影図

教 p.206，p.207 問 2

右の図は，三角柱の投影図です。不足している線をかき加えなさい。

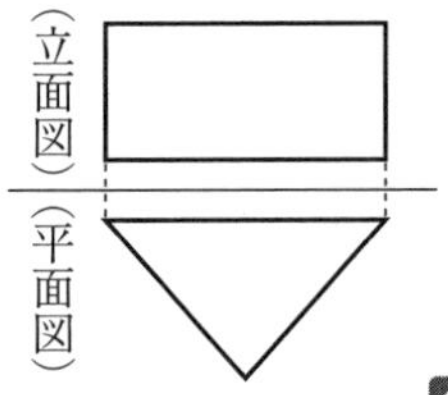

解き方

立面図は正面から見た図。平面図は真上から見た図。見える辺は実線でかく。

答

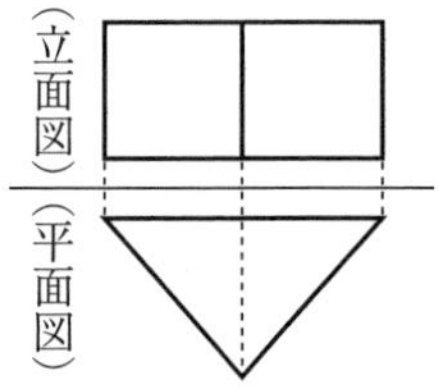

Check! 3　右の投影図は，三角柱，四角柱，円柱，円錐のうち，どの立体のものですか。考えられるものをすべて答えなさい。

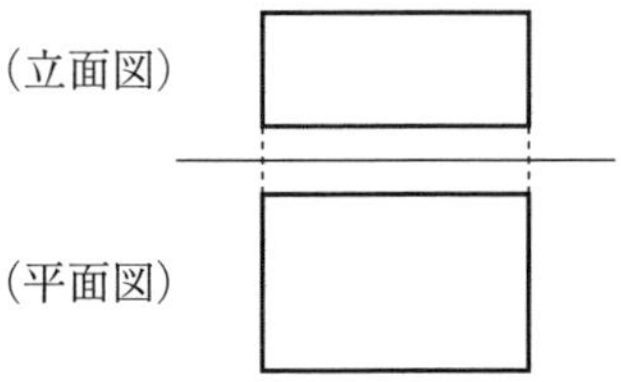

解答 p.64

1 柱体・錐体の展開図　右の展開図は，正三角形 4 枚を並べてできています。次の問に答えなさい。教 p.204 Q

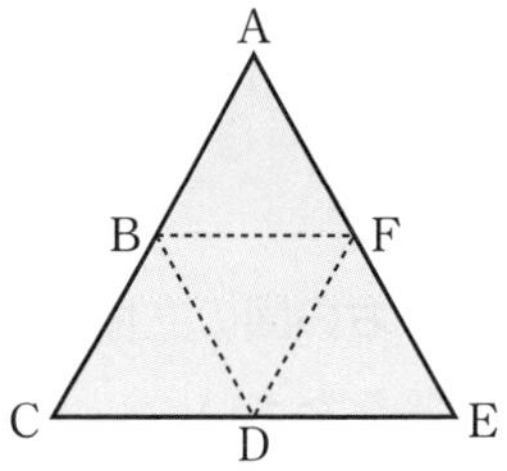

□(1)　この展開図を組み立ててできる立体の名まえを答えなさい。

□(2)　組み立てたとき，点 A と重なる点をすべて答えなさい。

□(3)　組み立てたとき，辺 AB と重なる辺を答えなさい。

2 円錐の展開図　次の円錐の側面をつくるおうぎ形の中心角を求めなさい。教 p.205 問 2

□(1)　底面の半径 2cm，母線の長さ 8cm

□(2)　底面の半径 3cm，母線の長さ 9cm

□(3)　底面の半径 6cm，母線の長さ 10cm

3 投影図　次の投影図はどんな立体を表していますか。立体の名前と，各立体の面の数，辺の数をそれぞれ答えなさい。

教 p.206 問 1・2

□(1)

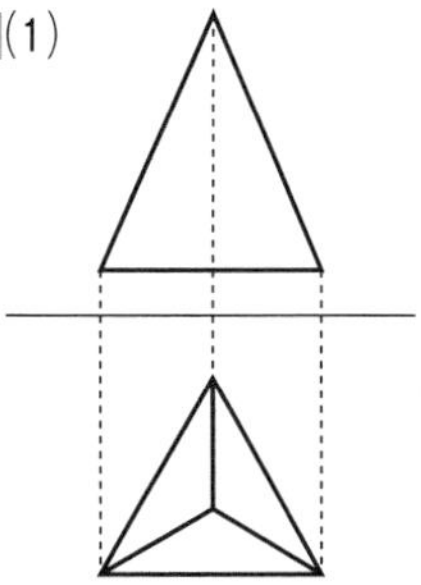

□(2)

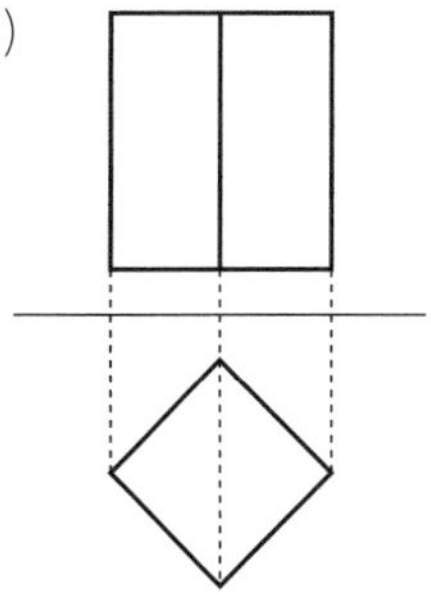

□(3)

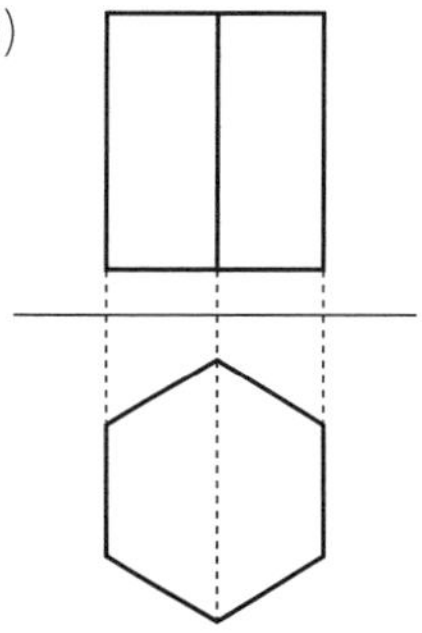

□ **4 投影図**　下の図は正五角柱の見取図です。右の図はこの立体の投影図を途《と》中《ちゅう》までかいたものです。投影図を完成させなさい。教 p.207 問 3

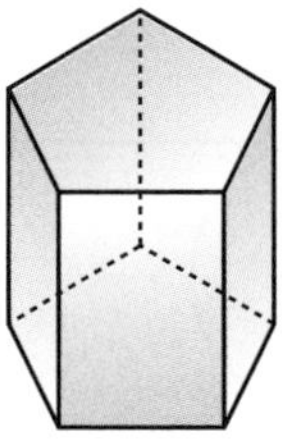

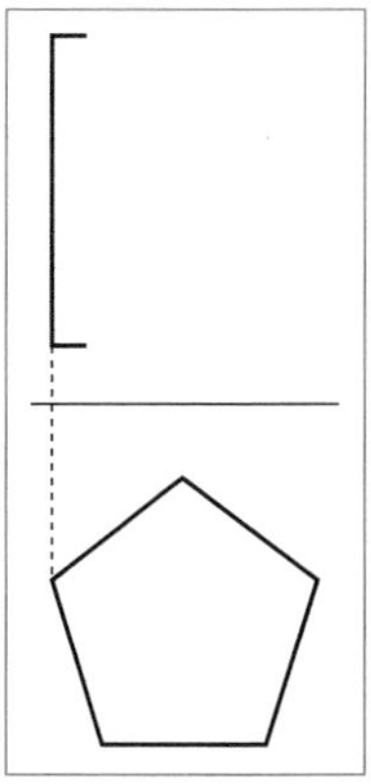

解答 p.64

1・2節の問題　いろいろな立体 立体の見方と調べ方

教科書 188 ▸ 208

解答 p.65

1 **右の図の立体は，直方体を 2 辺 AD，FC をふくむ平面で切ってできた三角柱です。次の問に答えなさい。**

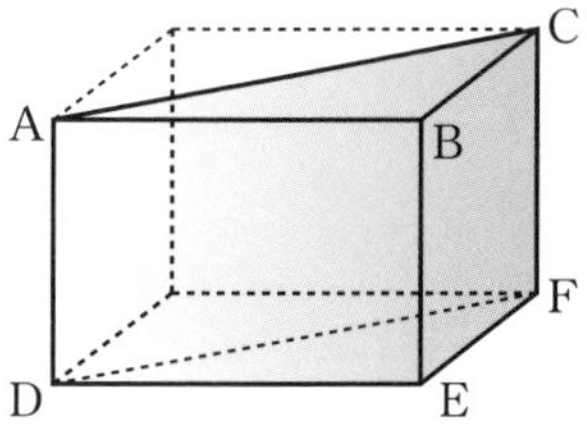

□(1)　面 ABC に平行な辺はいくつありますか。

□(2)　辺 FE と平行な辺はどれですか。

□(3)　辺 ED とねじれの位置にある辺はどれですか。

□(4)　面 ABC に垂直な辺はどれですか。

□(5)　面 BEFC に垂直な面はいくつありますか。

2 **右の図は，底面の半径が 1cm，母線が 6cm の円錐です。図のように，点 A から円錐の側面にそって，1 周するようにひもをかけました。次の問に答えなさい。**

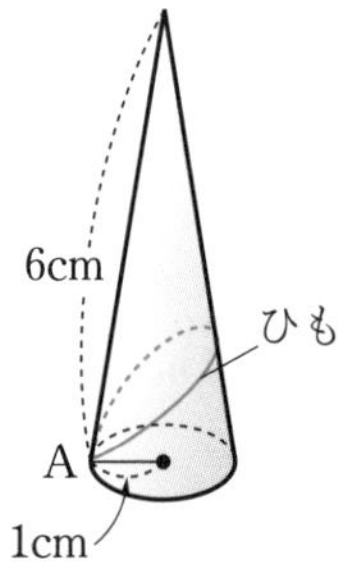

□(1)　右の円錐の展開図をかくとき，側面になるおうぎ形の弧の長さを求めなさい。

□(2)　(1)のおうぎ形の中心角を求めなさい。

□(3)　右の円錐の展開図をかきなさい。

□(4)　ひもの長さがもっとも短くなるときの，ひもの長さを求めなさい。

3 **右の図 1 は，円柱の見取り図で，A から B まで，側面を 1 周するひもをかけました。図 2 は，図 1 の円柱の展開図です。側面の長方形のたての長さが 4cm，横の長さが 4πcm のとき，次の問に答えなさい。**

□(1)　円柱の底面の半径を求めなさい。

□(2)　ひもの長さがもっとも短くなるときのひものようすを，図 2 の展開図にかきこみなさい。

図 1

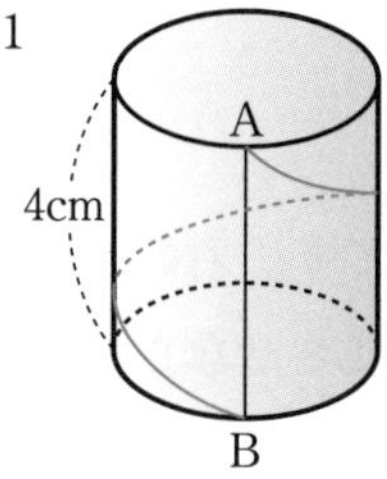

図 2

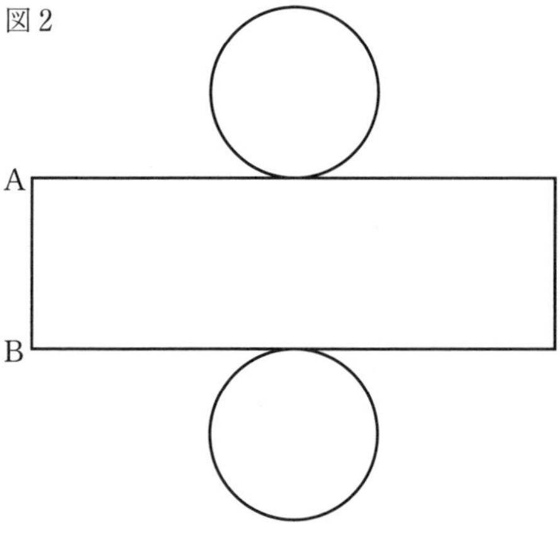

ヒント

2 (4)　展開図上で 2 点を結ぶもっとも短い線の長さを考えればいいね。

4 下の(1)，(2)の平面図形を，直線 ℓ を軸として回転させてできる立体の見取図をかきなさい。また，(3)の回転体は，どんな平面図形を回転させてできたものと考えられますか。その平面図形と回転の軸 ℓ をかきなさい。

□(1)

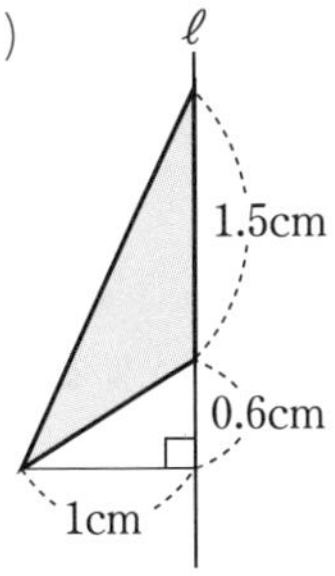

□(2)

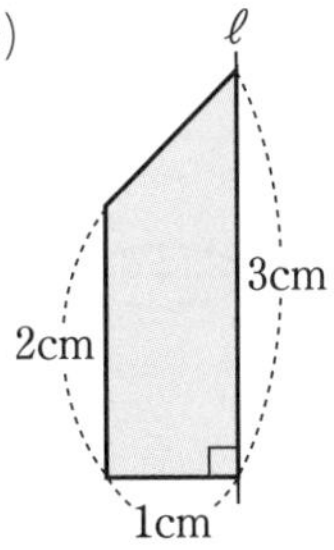

□(3)

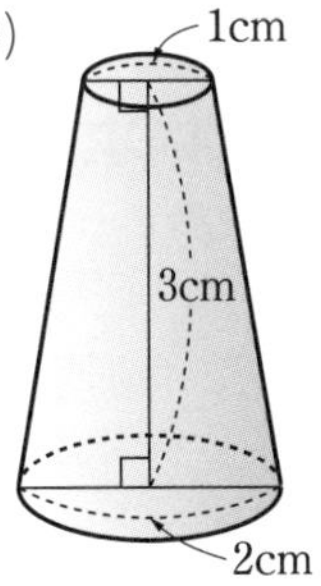

5 下の図1は，底面が1辺4cmの正方形で AB＝4cm，∠ABC＝∠ABE＝90°の四角錐 A-BCDE です。図2は，この四角錐を図1の矢印の方向からみたときの立面図です。次の問に答えなさい。

図1

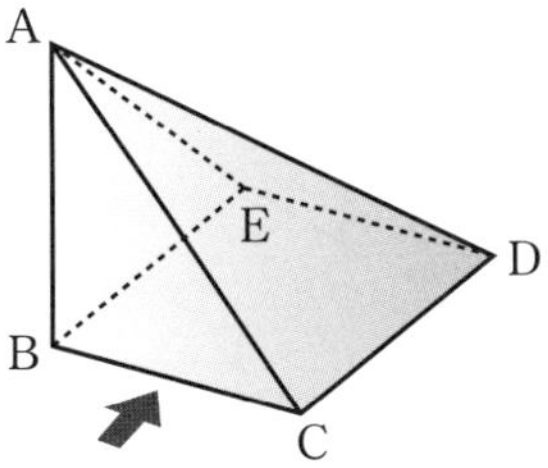

図2

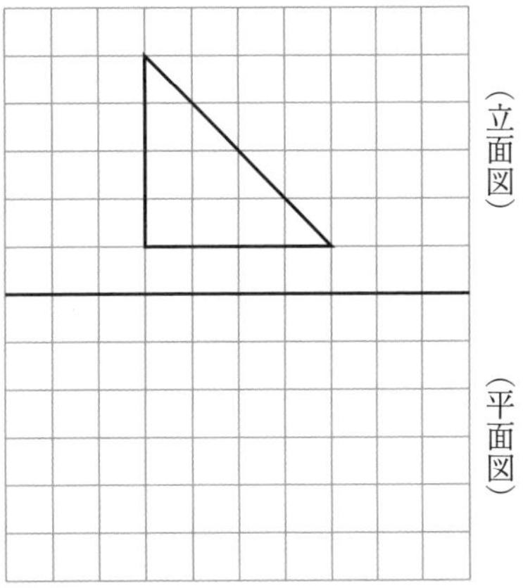

□(1) 図2の立面図に対応する平面図をかき入れ，投影図を完成させなさい。ただし，方眼の1目もりを1cmとします。

□(2) 1辺4cmの立方体をつくるには，図1の四角錐をいくつ組み合わせるとよいですか。

ヒント

5(1) ∠ABC＝∠ABE＝90°から，AB と底面はどのように交わっているといえるかな。

もっとチャレンジ!

6章

3節 立体の体積と表面積

1 体積

例題1 柱体の体積

教 p.210 問1

右の角柱や円柱の体積を求めなさい。

(1)

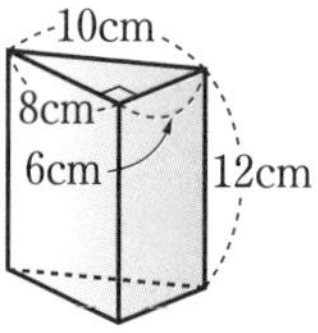

(2)

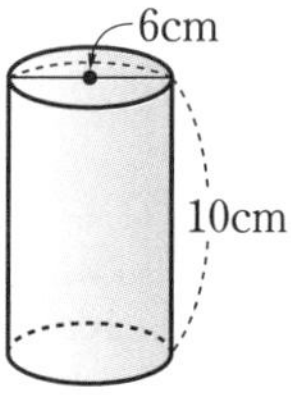

ポイント

底面積を S，高さを h とすると，
体積 $V=Sh$

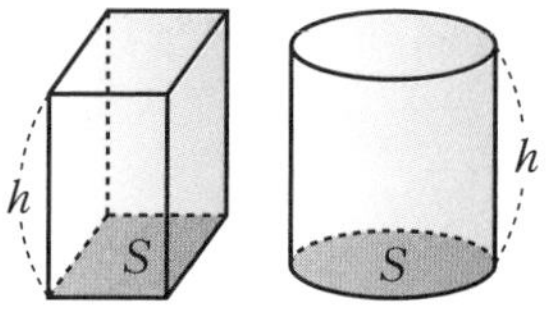

解き方

(1)　底面積 $S=6\times8\times\dfrac{1}{2}=24$ (cm^2)，高さ $h=12$ (cm)，

体積 $V=24\times12=288$ (cm^3)

(2)　底面の半径は 3cm。底面積 $S=3^2\pi=9\pi$ (cm^2)，高さ $h=10$ (cm)，

体積 $V=9\pi\times10=90\pi$ (cm^3)

答　(1)　**288cm^3**　(2)　**90πcm^3**

Check! **1**　右の角柱や円柱の体積を求めなさい。

(1)

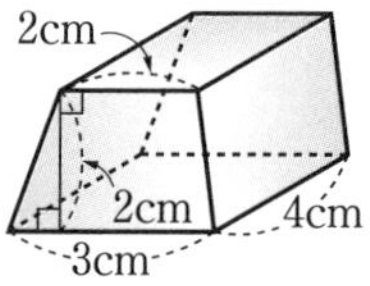

(2)

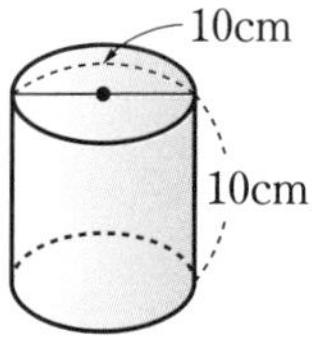

例題2 錐体の体積

教 p.212 問2・3

次の角錐や円錐の体積を求めなさい。

(1)

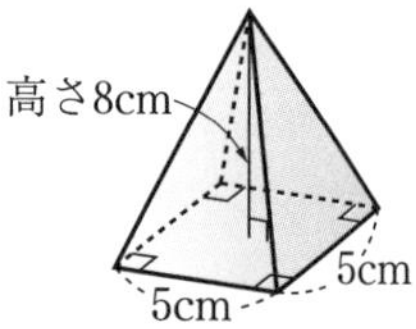

(2)

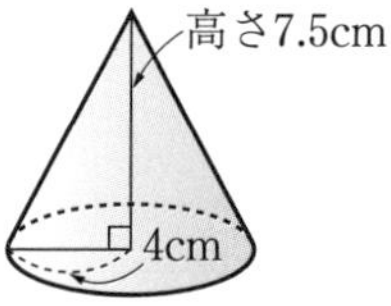

ポイント

底面積を S，高さを h とすると，
体積 $V=\dfrac{1}{3}Sh$

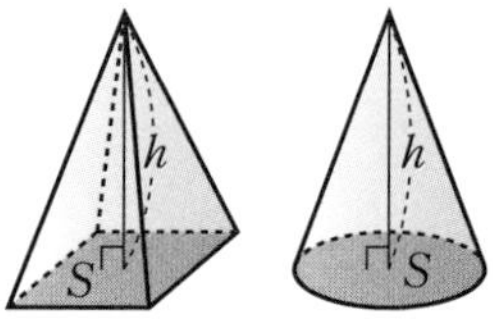

解き方

(1)　底面積 $S=5\times5=25$ (cm^2)，高さ $h=8$ (cm)，体積 $V=\dfrac{1}{3}\times25\times8=\dfrac{200}{3}$ (cm^3)

(2)　底面積 $S=4^2\pi=16\pi$ (cm^2)，高さ $h=7.5$ (cm)，体積 $V=\dfrac{1}{3}\times16\pi\times7.5=40\pi$ (cm^3)

答　(1)　**$\dfrac{200}{3}$cm^3**　(2)　**40πcm^3**

Check! **2**　右の三角錐は，底面積が 8cm^2，高さが 9cm です。
体積を求めなさい。

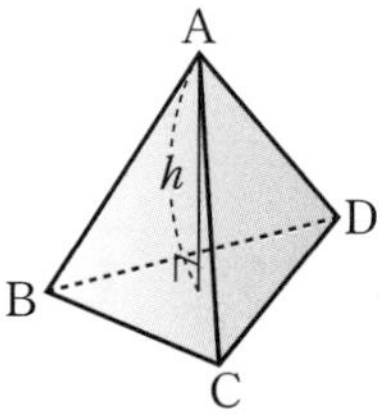

解答 p.66

❶ 柱体の体積　次の角柱や円柱の体積を求めなさい。 教 p.210 問 1，p.211 Q

□(1)

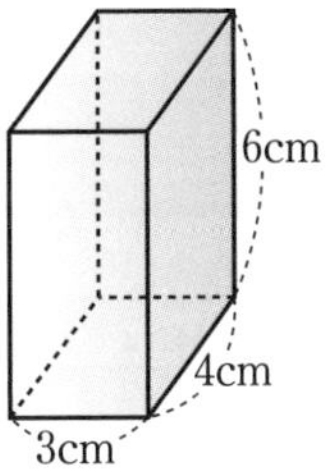

□(2)

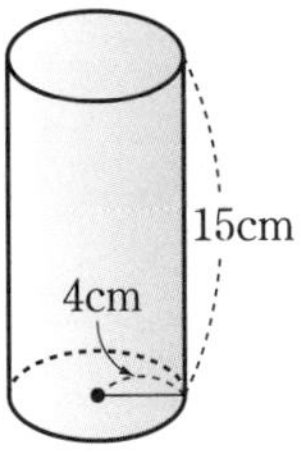

□(3)

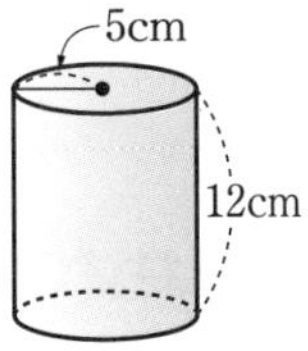

❷ 錐体の体積　次の角錐や円錐の体積を求めなさい。 教 p.212 問 2

□(1)

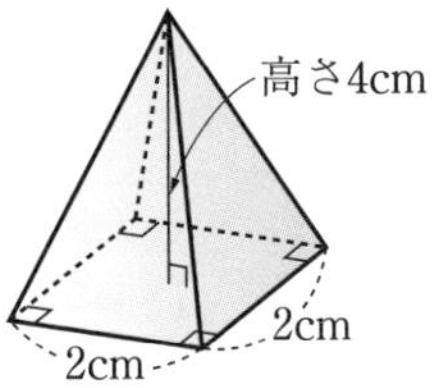

□(2)

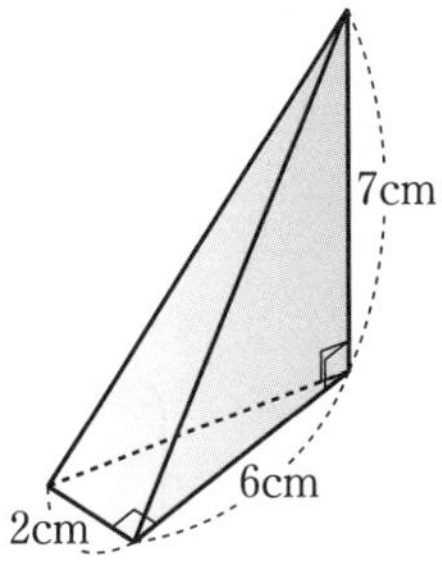

□(3)

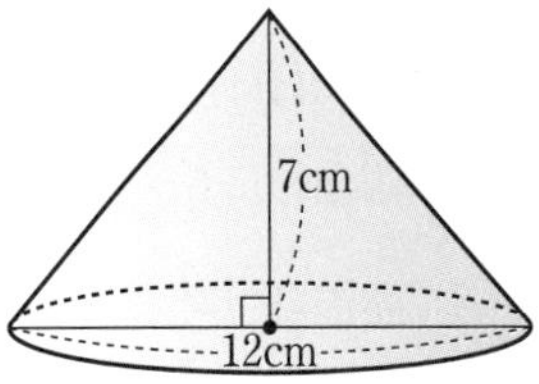

❸ 柱体の体積・錐体の体積　次の立体の体積を求めなさい。 教 p.210 問 1，p.212 問 2

□(1)　右の直角二等辺三角形を，その面と垂直な方向に 12cm 動かしてできる立体

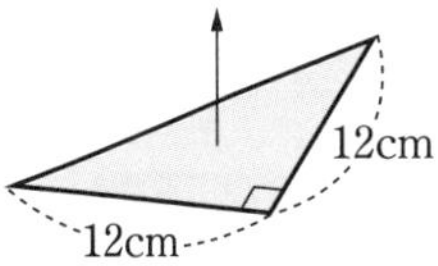

□(2)　右の展開図を組み立ててできる立体

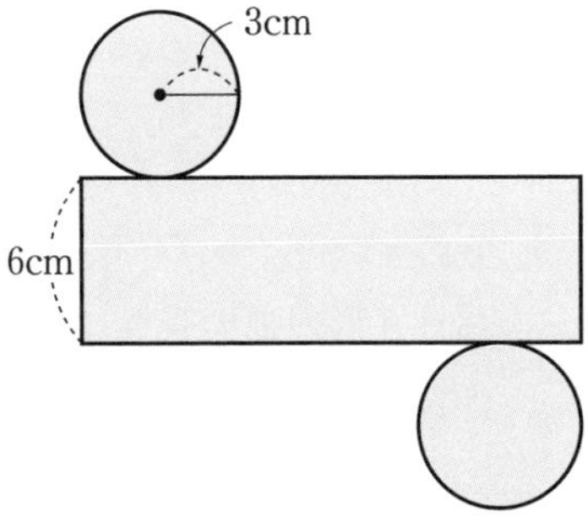

□(3)　右の △ABC を，直線 BC を軸として回転させてできる立体

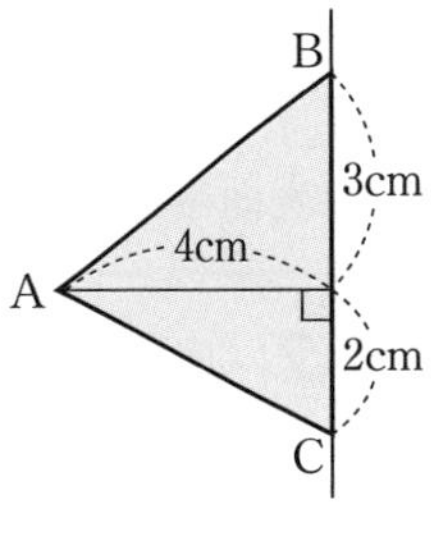

解答 p.66

もっとチャレンジ!

6章

3節 立体の体積と表面積

2 表面積

例題1 柱体の表面積

教 p.213 例1

次の角柱や円柱の表面積を求めなさい。

(1)

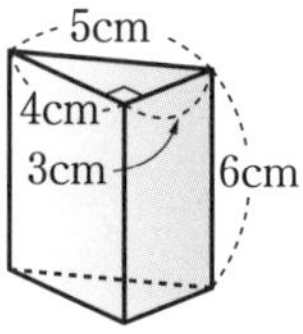

(2)

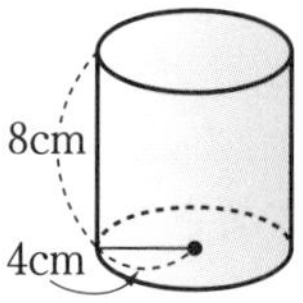

ポイント

角柱や円柱では
(表面積)
=(側面積)+(底面積)×2
になることに注意する。

解き方

右の図は(1), (2)の展開図。

(1) 側面積 $6\times(5+4+3)=72$ (cm^2)

底面積 $\frac{1}{2}\times3\times4=6$ (cm^2)

表面積 $72+6\times2=84$ (cm^2)

(2) 側面積 $8\times(2\pi\times4)=64\pi$ (cm^2)

底面積 $\pi\times4^2=16\pi$ (cm^2)

表面積 $64\pi+16\pi\times2=96\pi$ (cm^2)

(1)

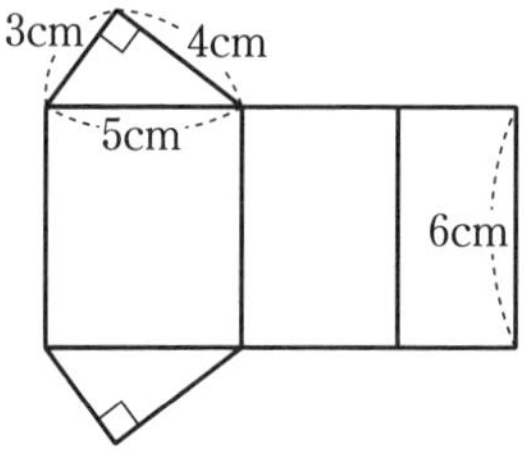

(2)

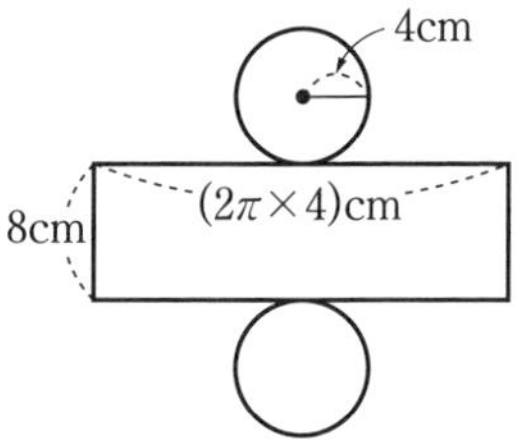

答 (1) **84cm^2** (2) **96πcm^2**

Check! 1 底面の半径が5cm, 高さが8cmである円柱の表面積を求めなさい。

例題2 円錐の表面積

教 p.214 例2

右の円錐の表面積を求めなさい。

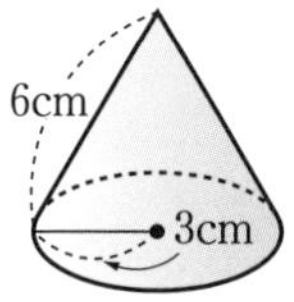

(底面の円周)
=(側面のおうぎ形の弧)
だよ。

解き方

おうぎ形の弧の長さは, 底面の円周に等しいから $2\pi\times3$ (cm)

半径が6cmの円の円周は $2\pi\times6$ (cm) したがって, おうぎ形は大きい円の $\frac{2\pi\times3}{2\pi\times6}=\frac{1}{2}$ になる。

側面積 $\pi\times6^2\times\frac{1}{2}=18\pi$ (cm^2) 底面積 $3^2\pi=9\pi$ (cm^2)

表面積 $18\pi+9\pi=27\pi$ (cm^2)

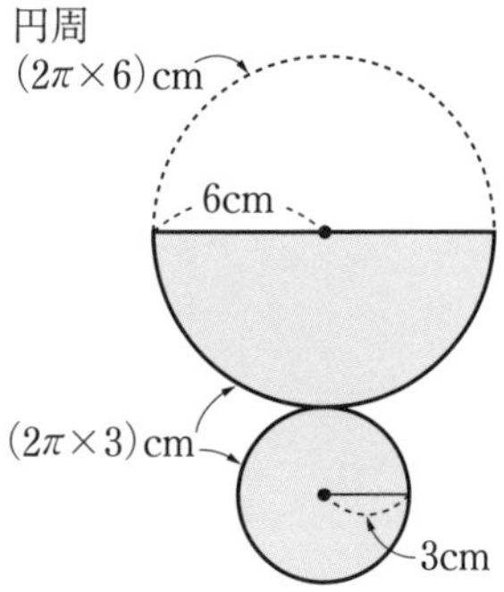

答 **27πcm^2**

Check! 2 底面の半径2cm, 母線の長さが6cmである円錐の表面積を求めなさい。

解答 p.67

❶ 柱体の表面積　次の立体の表面積を求めなさい。 教 p.213 問 1

□(1)

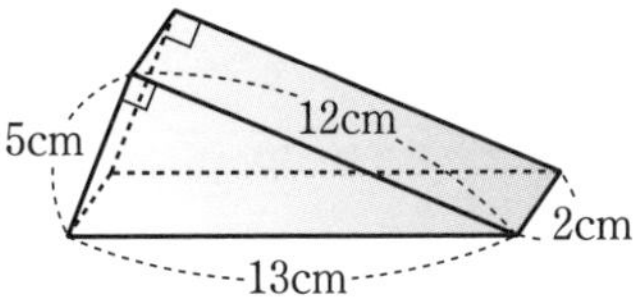

□(2)

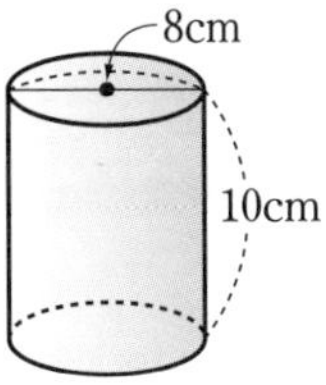

❷ 円錐の表面積　次の円錐の表面積を求めなさい。 教 p.214 問 3

□(1)

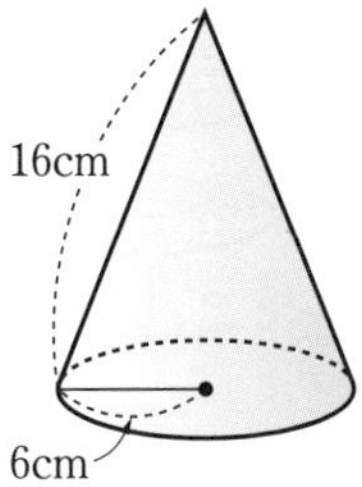

□(2)

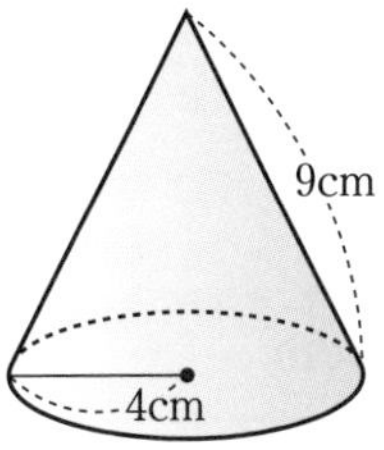

ヒント
まず，側面になるおうぎ形の弧の長さを求める。

❸ 柱体の表面積・円錐の表面積　次の図形を，直線 ℓ を軸として回転させてできる立体の表面積を求めなさい。 教 p.213 問 2

□(1)

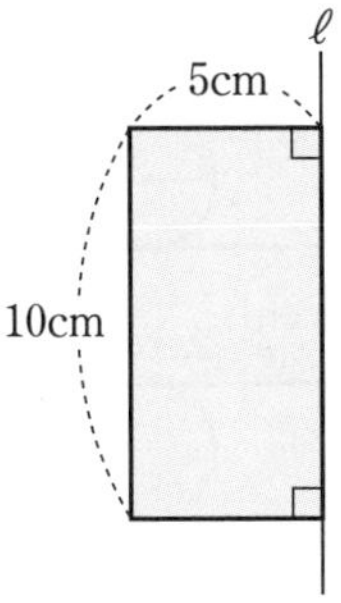

□(2)

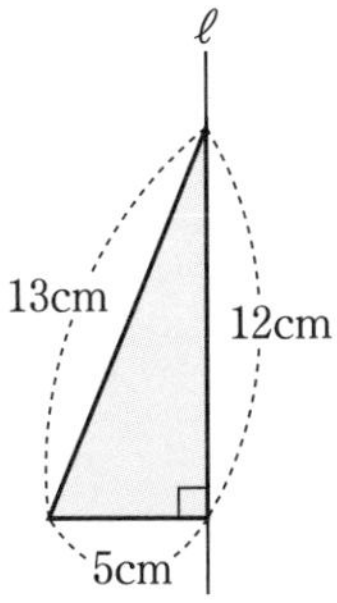

□(3)

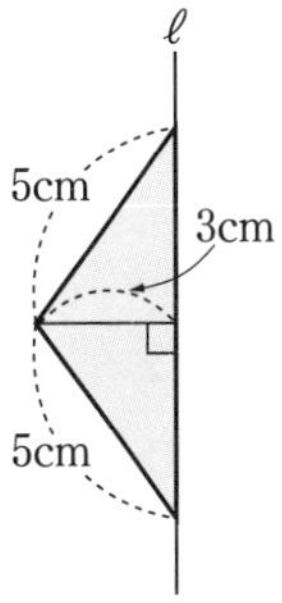

解答 p.67

もっとチャレンジ!

6章

3節 立体の体積と表面積

3 球の体積と表面積

例題 1　球の体積

教 p.216 例 1

(1)　底面の円の半径が 6cm，高さ 12cm の円柱の体積を求めなさい。

(2)　(1)の円柱にちょうど入る球の体積を求めなさい。

ポイント

半径 r の球の体積 V

$V=\frac{4}{3}\pi r^3$

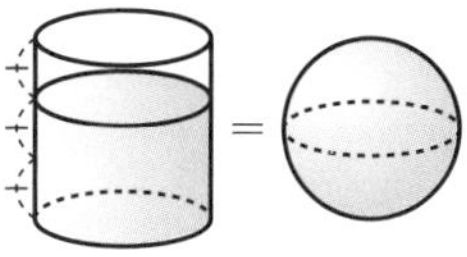

その球がちょうど入る円柱の体積の $\frac{2}{3}$ である。

$V=2\pi r^3\times\frac{2}{3}$

$=\frac{4}{3}\pi r^3$

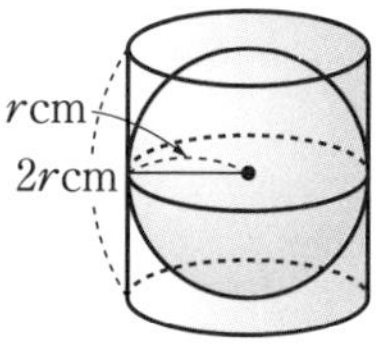

解き方

(1)　(円柱の体積)＝(底面積)×(高さ)＝ $6^2\pi\times12$

$=432\pi$ (cm^3)

(2)　半径 6cm の球の体積は，

$\frac{4}{3}\pi\times6^3=288\pi$ (cm^3)

答　(1)　**$432\pi\mathrm{cm}^3$**　(2)　**$288\pi\mathrm{cm}^3$**

Check! 1　半径が 2cm，10cm の球の体積を，それぞれ求めなさい。

例題 2　球の表面積

教 p.216 例 1

(1)　底面の半径が 6cm，高さ 12cm の円柱の側面積を求めなさい。

(2)　(1)の円柱にちょうど入る球の表面積を求めなさい。

ポイント

半径 r の球の表面積 S

$S=4\pi r^2$

その球がちょうど入る円柱の側面積に等しい。

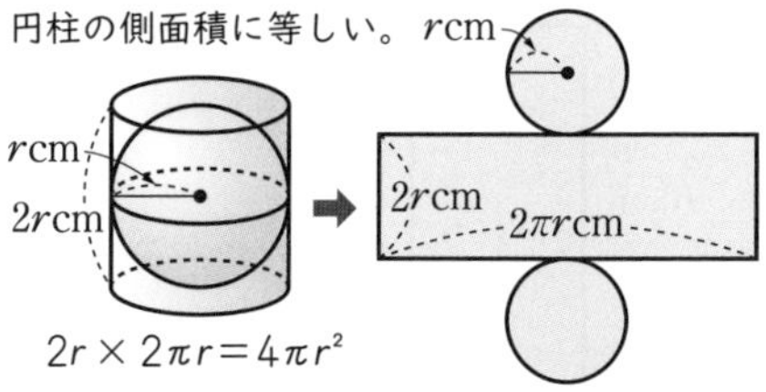

$2r\times2\pi r=4\pi r^2$

解き方

(1)　縦 12cm，横 $2\pi\times6$cm の長方形の面積だから，

$12\times2\pi\times6=144\pi$ (cm^2)

(2)　半径 6cm の球の表面積は，

$4\pi\times6^2=144\pi$ (cm^2)

答　(1)　**$144\pi\mathrm{cm}^2$**　(2)　**$144\pi\mathrm{cm}^2$**

Check! 2　半径が 1cm，7cm の球の表面積を，それぞれ求めなさい。

解答 p.68

❶ 球の体積・表面積　右の図のような，半径が 3cm の球と，この球がちょうど入る円柱があります。 教 p.215，p.216

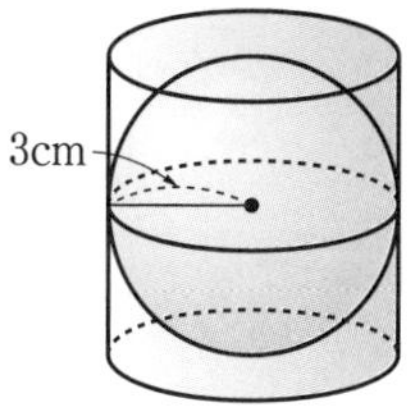

□(1)　この球と円柱の体積をそれぞれ求めなさい。

□(2)　球と円柱の体積の比を求めなさい。

□(3)　円柱の側面積を求めなさい。

□(4)　球の表面積を求めなさい。

❷ 球の体積・球の表面積　次の立体の体積と表面積を求めなさい。 教 p.217 問 1・2

□(1)　半径 4cm の球

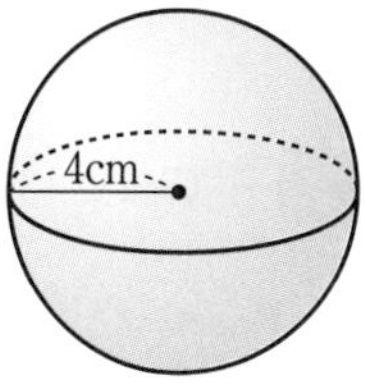

□(2)　半径 9cm の半円を，直径 AB を軸として回転させてできる立体

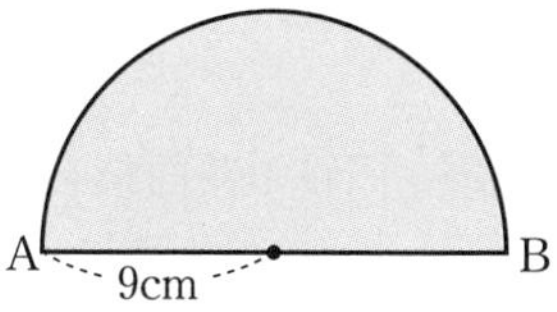

□(3)　右の図の半径 6cm，中心角 90° のおうぎ形を，半径 AO を軸として回転させてできる立体

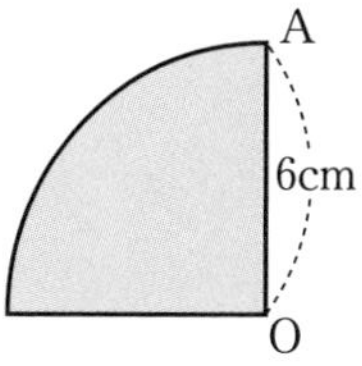

解答 p.68

3節の問題｜立体の体積と表面積

教科書 209 ▸ 217
解答 p.69

1 次の立体の体積を求めなさい。

□(1)

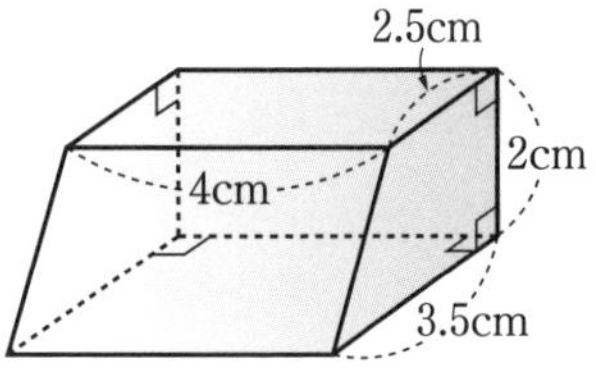

□(2)

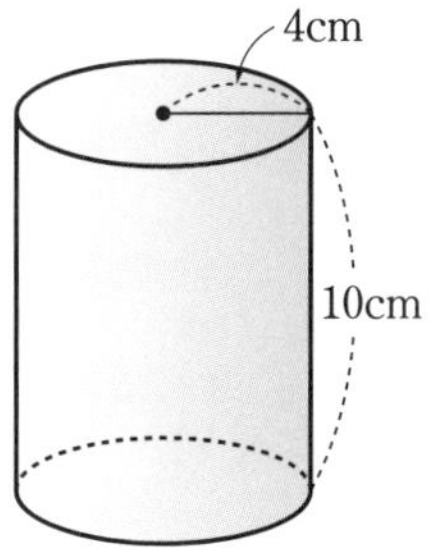

□(3)

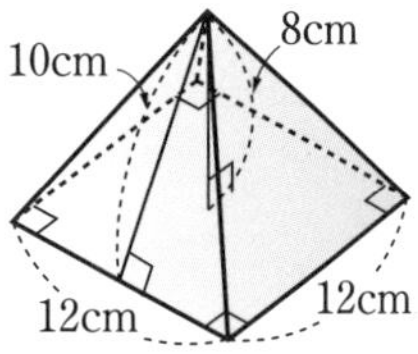

□(4)

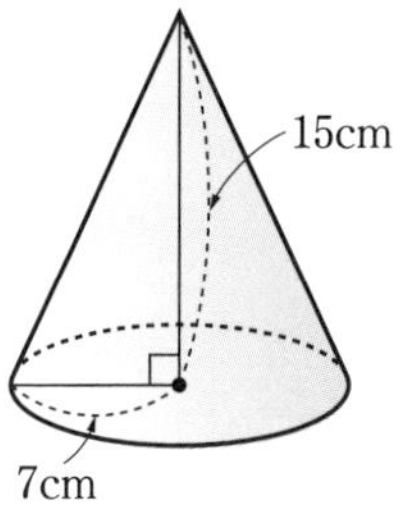

□ **2** **1**の(2)，(3)の立体の表面積を求めなさい。

3 右の図のように，底面の半径が 9cm，母線の長さが 15cm，高さが 12cm の円錐があります。次の問に答えなさい。

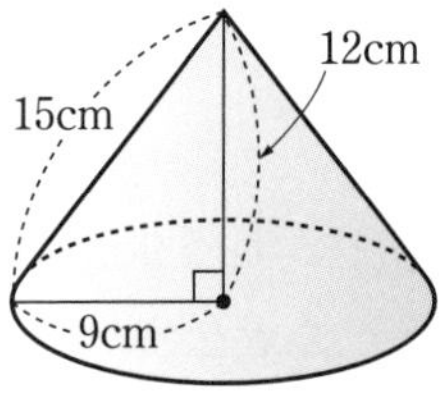

□(1)　円錐の体積を求めなさい。

□(2)　円錐の側面積を求めなさい。

□(3)　円錐の表面積を求めなさい。

□ **4** 半径 6cm の球の体積と，表面積を求めなさい。

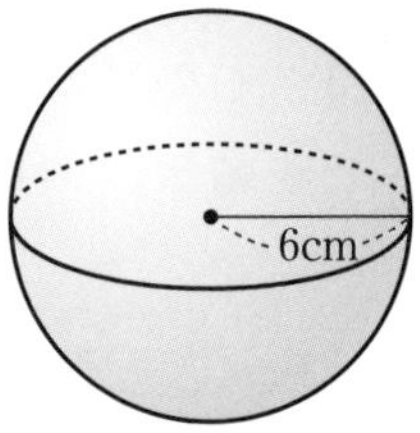

ヒント

1(1)　どの面を底面と見たらいいのかな。

5 (1)，(2)の図形を，直線 ℓ を軸として回転させてできる立体の体積と表面積を求めなさい。

□(1)

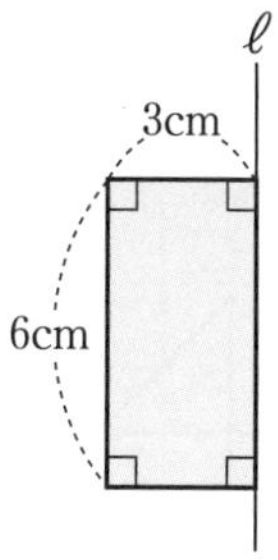

□(2)

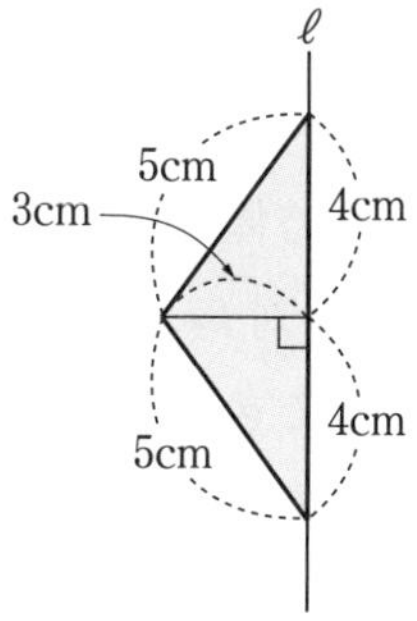

□ **6** 右の図のA，Bは，それぞれ円錐，円柱の形をした容器です。Aの容器にいっぱいになるまで水を入れ，その水をBの容器に入れかえたとき，水の深さは何cmになりますか。

A

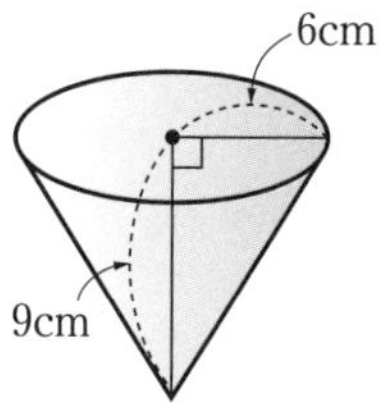

B

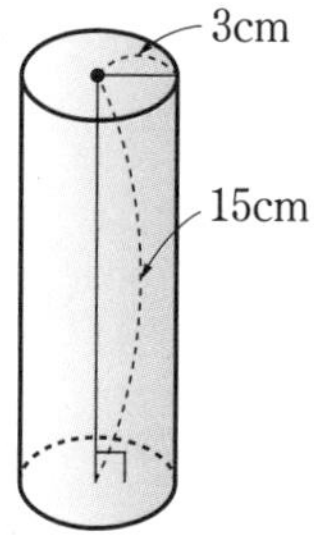

□ **7** 右の図は，縦の長さが5cm，横の長さが6cm，高さが7cmの直方体です。三角錐B-EFGの体積を求めなさい。

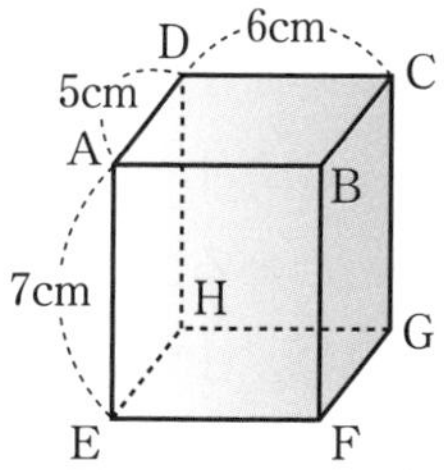

□ **8** 右の図1は，半径5cmの球で，図2は，底面の半径が4cm，高さが5cmの円柱です。図1の球の体積は，図2の円柱の体積の何倍ですか。

図1

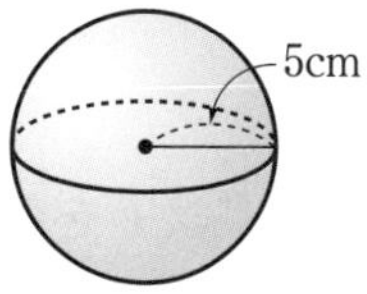

図2

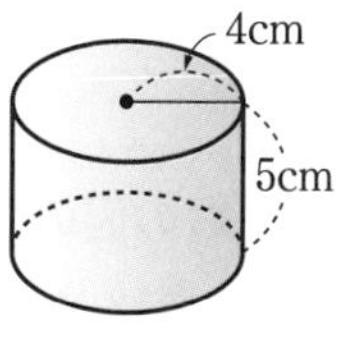

ヒント

6 まず，Aの容器に入っている水の体積を求めよう。つぎに，Bの容器に入れかえたときの水の深さを x cmとして求めるよ。

6章の問題 空間図形 立体の見方をひろげよう

教科書 187▸220

解答 p.70

1 **右の図1のように，立方体ABCD-EFGHの各面の対角線の交点を結ぶと正八面体ができます。図2は，図1の正八面体の立面図です。図1の立方体の1辺が8cmのとき，次の問に答えなさい。**

図1

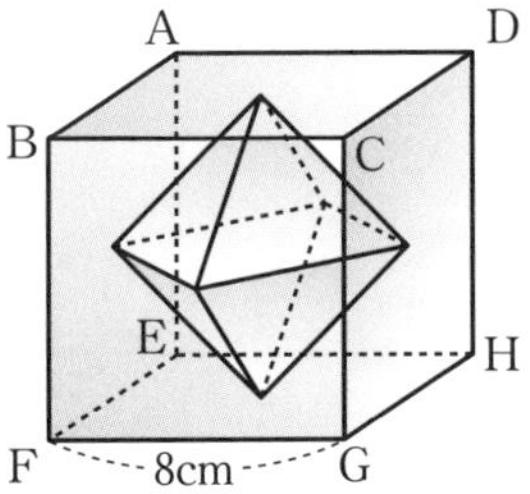

図2

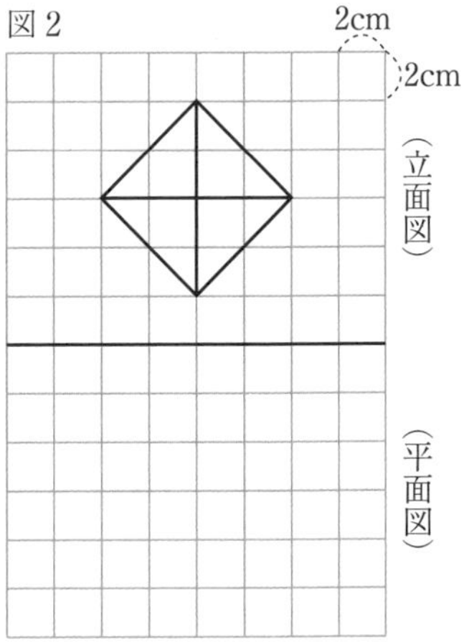

□(1) 図1の正八面体の平面図を図2にかき入れなさい。ただし，方眼の1目もりを2cmとします。

□(2) 正八面体の体積を求めなさい。

□ **2** **直線や平面の位置関係について述べた㋐～㋓について，常に成り立つものには○を，正しくないものや常に成り立たないものには×をつけなさい。**

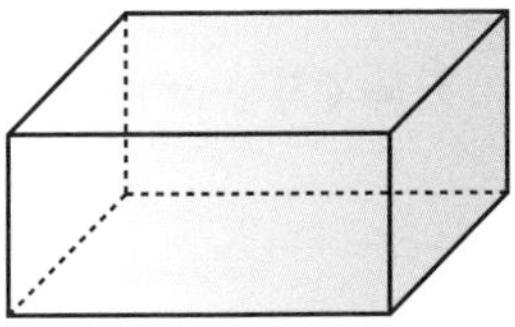

㋐ 1つの直線に平行な2つの平面は，たがいに平行である。

㋑ 1つの直線とねじれの位置にある2直線は，たがいに平行である。

㋒ 1つの平面に垂直な直線は，その平面上にあるすべての直線に垂直である。

㋓ 1つの平面に垂直な2つの直線は，平行である。

□ **3** **右の図の長方形を，直線 ℓ を軸として回転させてできる立体の見取図を書きなさい。また，その立体の体積を求めなさい。**

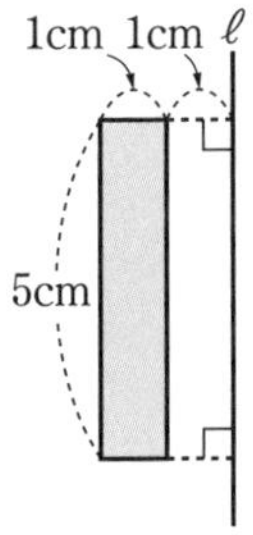

ヒント

2 それぞれ，図の直方体の例で考えてみるといいよ。

4 **右の図は，正四角錐の投影図です。次の問に答えなさい。**

□(1)　体積を求めなさい。

□(2)　表面積を求めなさい。

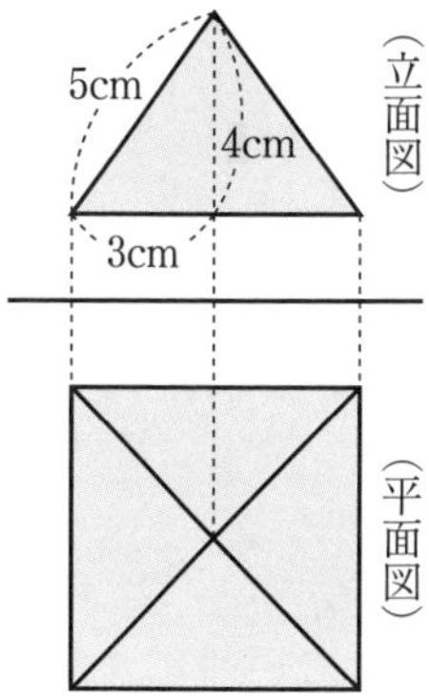

□**5** **右の図のように，底面が1辺4cmの正方形で，高さが9cmの正四角柱ABCD-EFGHがあります。辺BF上にBP：PF＝2：1となる点Pをとるとき，5点C，B，A，E，Pを頂点とする四角錐C-BAEPの体積を求めなさい。**

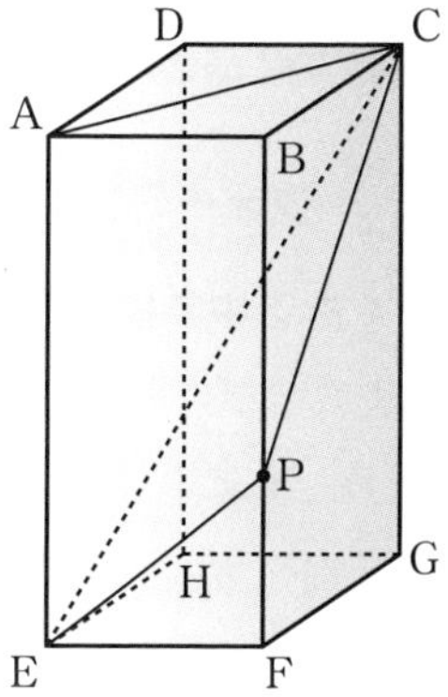

□**6** **右の図のような，半径が3cmの半球の体積と表面積を求めなさい。**

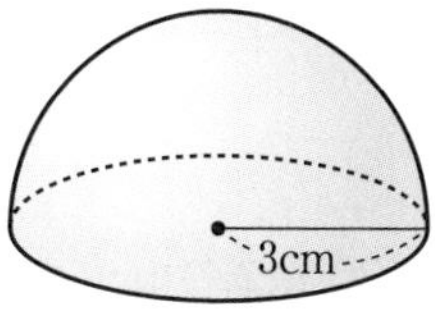

7 **右の図のように，底面の半径が5cmの円錐を，頂点Oを中心として平面上で転がしたところ，図で示した円Oの上を1周してもとの場所にもどるまでに2回転しました。次の問に答えなさい。**

□(1)　円錐の母線の長さを求めなさい。

□(2)　円錐の表面積を求めなさい。

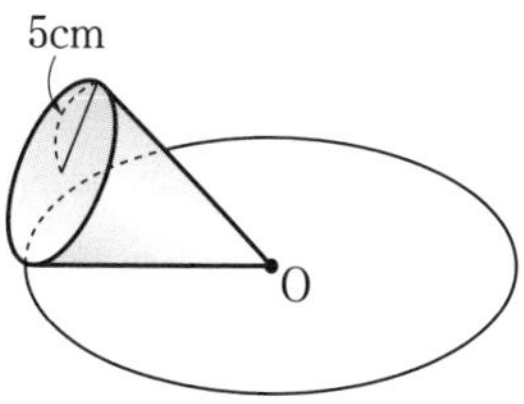

ヒント

7(1)　円Oの円周を，円錐の底面の円周から求めてみよう。

7章 データの分析と活用

小6	代表値(平均値，最頻《さいひん》値《ち》，中央値)
小6	ドットプロット
小6	度数分布を表す表やヒストグラム

データを活用して判断しよう

ウォーミングアップ

1 **ある中学校でどれくらいの生徒が携帯電話を持っているかを調べました。**

□(1)　1年生320人のうち192人が自分の携帯電話を持っていました。携帯電話を持っている生徒は，1年生の何%にあたりますか。

□(2)　2年生285人のうち，80%の生徒が携帯電話を持っていました。2年生で携帯電話を持っている生徒は何人ですか。

□(3)　3年生で携帯電話を持っている生徒は279人で，これは3年生全体の90%です。3年生の人数は何人ですか。

ふりかえり 小5

割合

(割合)＝(比べられる量)÷(もとにする量)
(割合) 0.01＝1%

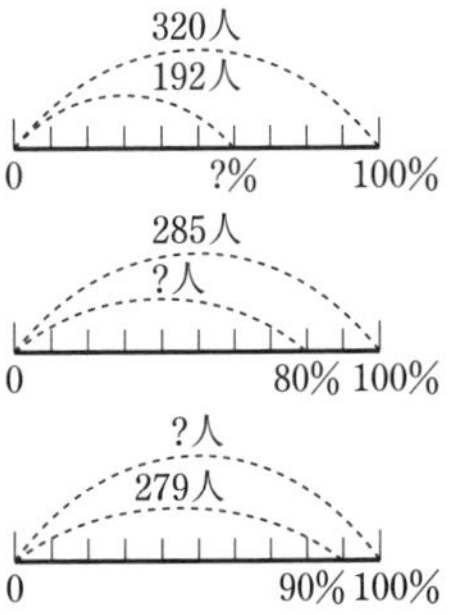

2 **下の表は，今週の欠席者の人数をまとめたものです。**

曜日	月	火	水	木	金
人数	12	6	5	3	4

□(1)　1日平均何人が欠席しましたか。

□(2)　月曜日の欠席者は，今週の欠席者全体の何%ですか。

ふりかえり 小5

平均

(平均)＝$\dfrac{(\text{資料の値の合計})}{(\text{資料の個数})}$

3 下の記録は 10 人のソフトボール投げの結果を表したものです。

番号	①	②	③	④	⑤	⑥	⑦	⑧	⑨	⑩
距離（m）	29	38	25	33	33	25	18	27	33	39

□(1)　ソフトボール投げの結果を，下の数直線を使ってドットプロットに表しなさい。

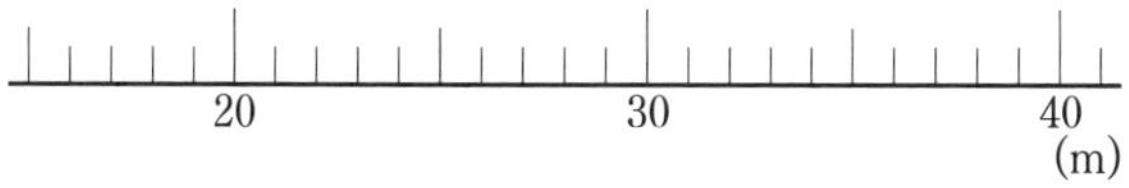

ふりかえり　小6

ドットプロット

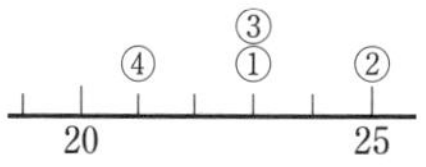

□(2)　最頻《さいひん》値《ち》と中央値を，それぞれ求めなさい。

ふりかえり　小6

最頻値

データの中で，もっとも多く出てくる値

中央値

データの値を大きさの順に並べたときの中央の値。
データの数が偶数のときは，真ん中の２つの値の平均を中央値とする。

□(3)　平均値を求めなさい。

□(4)　下の度数分布表とヒストグラム（柱状グラフ）に表しなさい。

距離(m)	人数(人)
以上　未満 15 ～ 20	
20 ～ 25	
25 ～ 30	
30 ～ 35	
35 ～ 40	
合計	

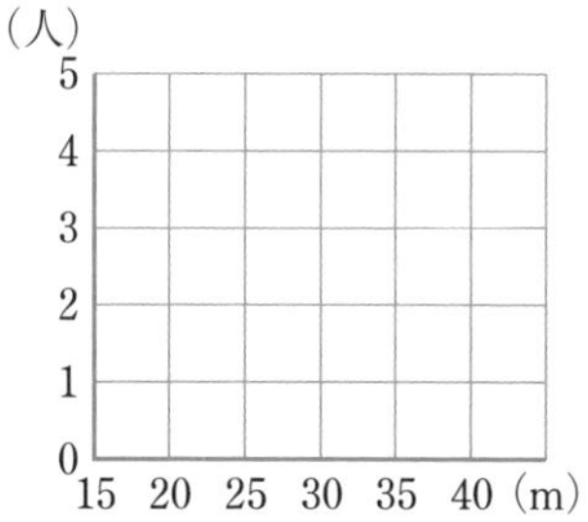

□**4** 次の①～③の目的には，㋐～㋒のどのグラフを使うとよいですか。

①　全体に対する割合を見る

②　変化の様子を調べる

③　全体のちらばりの様子を見る

㋐

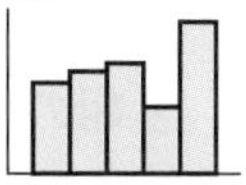

ヒストグラム（柱状グラフ）

㋑

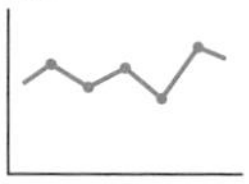

折れ線グラフ

㋒

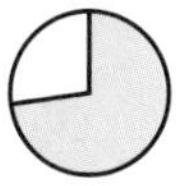

円グラフ

解答 p.71

もっとチャレンジ!

7章　1節 データの整理と分析

1 データの分布の見方

例題 1　度数分布表と累積度数

教 p.224 Q

右の表は，10 人が行ったあるゲームの得点を度数分布表に整理したものです。

(1) ㋐，㋑に当てはまる数を書きなさい。

(2) 6 点未満の人は何人いますか。

得点(点)	度数(人)	累積度数(人)
以上　未満		
2 ～ 4	1	1
4 ～ 6	2	3
6 ～ 8	5	㋐
8 ～ 10	2	㋑
合計	10	

解き方

(1) ㋐　1＋2＋5＝8(人)　または　3＋5＝8(人)

　㋑　合計人数（10）に一致する。

(2) 4 点以上 6 点未満の階級の累積度数は 3（人）

答　(1) ㋐ **8** ㋑ **10**　(2) **3 人**

ポイント

累積度数：その階級までの度数の合計
ヒストグラム：柱状グラフ

Check! 1　**例題 1** の度数分布表をもとにヒストグラムを完成させて度数折れ線をかきなさい。

ポイント

度数折れ線…ヒストグラムのおのおのの長方形の上の辺の中点を結ぶ折れ線。
両端を度数 0 としてのばす。

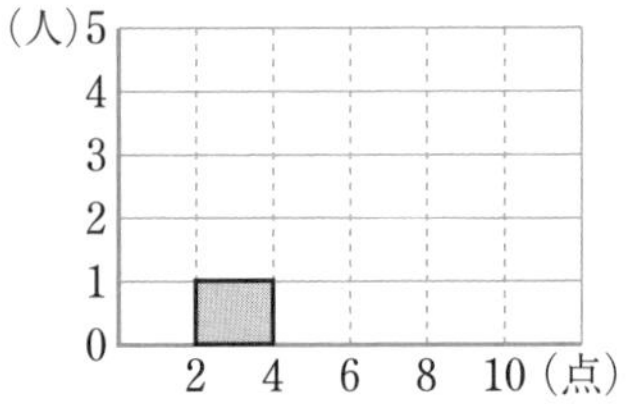

例題 2　相対度数と累積相対度数

教 p.227 ～ 229

右の表は，ある中学校の 1 年 A 組の男子 20 人の 100m 走の記録を，P 市の中学 1 年生全体の記録と比べたものです。

(1) ㋐，㋑に当てはまる数を書きなさい。

(2) 1 年 A 組で，16 秒未満の生徒は全体の何%ですか。

(3) 14 秒未満の生徒の割合を比べたとき，A 組と P 市全体では，どちらが何%多いですか。

記録(秒)	1 年 A 組		P 市の中学 1 年生全体	
	度数(人)	相対度数	相対度数	累積相対度数
以上　未満				
10 ～ 12	2	0.10	0.04	0.04
12 ～ 14	5	0.25	0.18	0.22
14 ～ 16	8	0.40	0.45	0.67
16 ～ 18	4	㋐	0.20	㋑
18 ～ 20	1	0.05	0.13	1.00
合計	20	1.00	1.00	

解き方

(1) ㋐　$(\text{相対度数})=\dfrac{(\text{その階級の度数})}{(\text{度数の合計})}=\dfrac{4}{20}=0.20$　　㋑　$0.67+0.20=0.87$

(2) 14 秒以上 16 秒未満の階級の累積相対度数は $0.10+0.25+0.40=0.75$ ⇨ 75%

(3) 12 秒以上 14 秒未満の階級の累積相対度数は A 組が $0.10+0.25=0.35$，P 市が 0.22

答　(1) ㋐ **0.20** ㋑ **0.87**　(2) **75%**　(3) **A 組のほうが 13% 多い。**

Check! 2　**例題 2** の表から，P 市の中学 1 年生の男子が 2000 人のとき，14 秒未満の生徒は何人ですか。

解答 p.72

❶ 度数分布表と累積度数　右の表は，紙飛行機の滞空時間をはかる実験の記録を度数分布表に整理したものです。次の問に答えなさい。教 p.224 Q

滞空時間(秒)	度数(回)	累積度数(回)
以上　未満 1.80 ～ 2.00	1	1
2.00 ～ 2.20	4	5
2.20 ～ 2.40	10	15
2.40 ～ 2.60	8	㋐
2.60 ～ 2.80	2	㋑
合計	25	

□(1)　㋐，㋑に当てはまる数を書きなさい。

□(2)　滞空時間が 2.40 秒未満だったのは何回ですか。

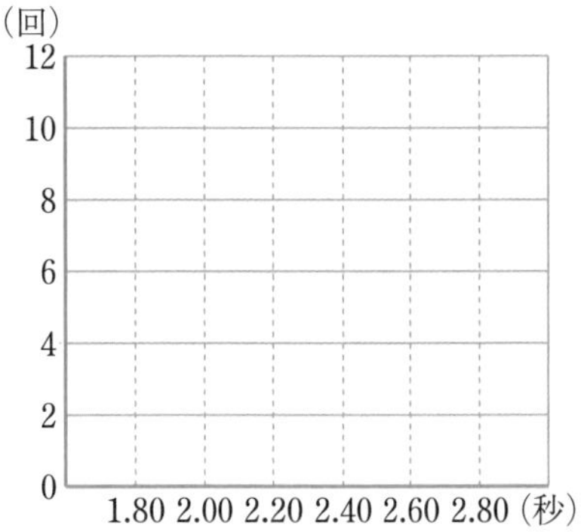

□(3)　滞空時間が 2.40 秒以上だったのは何回ですか。

□(4)　滞空時間が 2.20 秒以上 2.60 秒未満だったのは何回ですか。

□(5)　度数分布表をもとにして，ヒストグラムと度数折れ線をかきなさい。

❷ 相対度数と累積相対度数　右の表は，❶の度数分布表について相対度数と累積相対度数を整理したものです。これについて，次の問に答えなさい。教 p.229 Q

滞空時間(秒)	度数(回)	相対度数	累積相対度数
以上　未満 1.80 ～ 2.00	1	0.04	0.04
2.00 ～ 2.20	4	0.16	0.20
2.20 ～ 2.40	10	0.40	㋑
2.40 ～ 2.60	8	㋐	0.92
2.60 ～ 2.80	2	0.08	㋒
合計	25	1.00	

□(1)　㋐～㋒に当てはまる数を書きなさい。

□(2)　滞空時間が 2.20 秒未満だったのは全体の何％ですか。また，2.60 秒未満だったのは全体の何％ですか。

□(3)　滞空時間が 2.00 秒以上 2.40 秒未満だったのは全体の何％ですか。

解答 p.72

7章

1節 データの整理と分析
2節 データの活用

◀もっとチャレンジ!

2 データ分析の特徴の表し方，データの活用

例題 1 代表値

教 p.230・231

右の資料は，10 人のゲームの得点データです。
平均値，中央値，最頻値を求めなさい。

8	1	7	4	3	4	7	9	5	7

（単位　点）

解き方

$(8+1+7+4+3+4+7+9+5+7)\div 10=5.5$（点）

大きさの順に並べると，

1　3　4　4　5　7　7　7　8　9

中央値は 5 と 7 の平均値の 6 点。

ポイント

(平均値)＝(個々のデータの値の合計)÷(データの総数)
中央値…データの値を大きさの順に並べたときの中央の値
(メジアン)　データが偶数個 → 中央 2 つの値の平均
最頻値(モード)…データの中でもっとも多く出てくる値
範囲(レンジ)…データの値の範囲　(範囲)＝(最大値)－(最小値)

答　平均値　**5.5 点**，中央値　**6 点**，最頻値　**7 点**

Check! 1　**例題 1** のデータから，最大値，最小値，範囲をそれぞれ求めなさい。

例題 2 データの活用

教 p.233・234

2 つの袋 A，B に入ったニンジン 10 本ずつの長さとその合計を表にまとめました。

袋 A	16.7	16.2	16.7	17.5	15.9	15.8	17.8	16.9	17.6	16.9	合計 168.0
袋 B	18.0	16.7	18.7	17.9	16.7	14.9	16.9	18.6	15.7	17.9	合計 172.0

（単位　cm）

袋 A，B それぞれについて，次の(1)～(3)の値を求めなさい。

(1) 平均値　　(2) 中央値　　(3) 範囲（レンジ）

解き方

(1) 平均値＝(値の合計)÷(データの総数)　A：$168.0\div 10=16.8$，B：$172.0\div 10=17.2$

(2) 中央値はデータの値を大きさの順に並べたときの中央の値。データ数が 10 だから，5 番目と 6 番目の値の平均。A：$(16.7+16.9)\div 2=16.8$，B：$(16.9+17.9)\div 2=17.4$

(3) (範囲)＝(最大値)－(最小値)　A：$17.8-15.8=2.0$，B：$18.7-14.9=3.8$

答　(1) A　**16.8cm**，B　**17.2cm**　(2) A　**16.8cm**，B　**17.4cm**　(3) A　**2.0cm**，B　**3.8cm**

Check! 2　(1) **例題 2** の表を，右の度数分布表に整理しなさい。

(2) ニンジンの長さのばらつきが大きいのは，どちらの袋ですか。

長さ(cm)	袋 A	袋 B
以上　未満 14.0 ～ 15.0		
15.0 ～ 16.0		
16.0 ～ 17.0		
17.0 ～ 18.0		
18.0 ～ 19.0		
合計	10	10

解答 p.73

1 代表値 下の資料は，13 人の中学生が行ったあるゲームの得点です。教 p.230・231

5　17　23　4　11　6　10　5　23　9　8　14　5（単位　点）

□(1) データの範囲（レンジ）を求めなさい。

□(2) 平均値を求めなさい。答は四捨五入して小数第 1 位まで求めなさい。

□(3) 中央値（メジアン）を求めなさい。

□(4) 最頻値（モード）を求めなさい。

□**2 代表値** 右の表は，12 人の生徒の小テストの結果を度数分布表に整理したものです。中央値がふくまれる階級を答えなさい。

教 p.230

得点(点) 以上　未満	度数(人)
2 ～ 4	1
4 ～ 6	4
6 ～ 8	5
8 ～ 10	2
合計	12

3 データの活用 A さんはボウリング大会にそなえて，自分に合っているボールの重さを知るためのテストをしました。8 ポンド，9 ポンド，10 ポンドの 3 種類のボールについて，3 投でたおしたピンの合計本数を記録するテストを 3 回ずつ行いました。下の表はその結果です。

教 p.233・234

ボールの重さ	テスト	1 投目	2 投目	3 投目	合計
8 ポンド	1 回目	6 本	6 本	7 本	19 本
	2 回目	7 本	6 本	8 本	21 本
	3 回目	7 本	6 本	7 本	20 本
9 ポンド	1 回目	5 本	8 本	8 本	21 本
	2 回目	6 本	8 本	9 本	23 本
	3 回目	8 本	5 本	6 本	19 本
10 ポンド	1 回目	9 本	2 本	4 本	15 本
	2 回目	3 本	4 本	10 本	17 本
	3 回目	6 本	9 本	10 本	25 本

□(1) 3 種類のボールについて，3 投でたおしたピンの合計本数の平均値をそれぞれ求めなさい。

□(2) 3 種類のボールについて，1 投ごとにたおしたピンの本数の範囲（レンジ）をそれぞれ求めなさい。

□(3) A さんは，このデータを見てどのボールがよいか迷いました。その際に B さん，C さん，D さんに意見をきいたところ，B さんは 8 ポンド，C さんは 9 ポンド，D さんは 10 ポンドを使うとよいという意見でした。3 人の意見はどのような理由からだと考えられますか。それぞれの立場にたって説明しなさい。

解答 p.73

もっとチャレンジ!

7章 3節 ことがらの起こりやすさ

3 起こりやすさの表し方

例題 1 確率

教 p.236・237

右の表は，あるびんのふたを投げたときの結果です。

投げた回数	10	50	100	500	1000
表が出た回数	4	17	39	185	372

(1) 表，裏のどちらが出やすいですか。

(2) 表が出る相対度数は，どんな値に近づくと考えられますか。小数第 2 位まで求めなさい。

(3) 同じふたを 2000 回投げるとき，表は何回出ると考えられますか。

ポイント

確率

あることがらが起こると期待される程度を表した数値

解き方

(1) いずれの回数でも表が出たのは半数よりも少ない。 **答** **裏**

(2) 10 回投げて表が出る相対度数は，$4 \div 10 = 0.40$ 同様に，それぞれの回数での相対度数は，0.34，0.39，0.37，0.37 となる。投げる回数が多いほど，相対度数は 0.37 に近づく。

答 **0.37**

(3) (2)の結果より $2000 \times 0.37 = 740$ (回) **答** **740 回**

Check! 1 **例題 1** で，同じふたを 10000 回投げるとき，裏は何回出ると考えられますか。

例題 2 起こりやすさの傾向

教 p.238 ～ 239

ある商店で，合計で 1000 足の靴を仕入れるのに，各サイズの靴を何足仕入れるかを決めることにしました。下の図は，過去 1 年間に販売した各サイズの靴の数の相対度数を表したもので，平均値は 23.5cm でした。

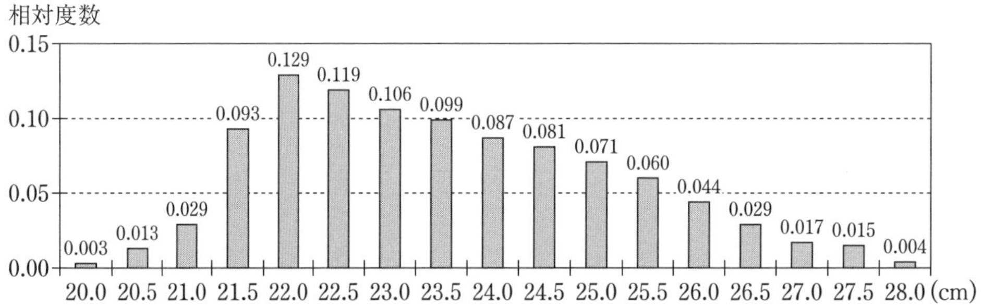

このデータから，平均値である 23.5cm をいちばん多く仕入れることは適切ではないと考えられます。その理由をいいなさい。

解き方

相対度数が大きいほど，販売された数が多いので，多く仕入れる必要がある。

答 **平均値の 23.5cm より，22.0cm，22.5cm，23.0cm のほうが相対度数が大きいから。**

Check! 2 **例題 2** のデータから，25.0cm の靴は何足仕入れるとよいですか。

解答 p.74

❶ 確率　右の図のような，黒と白の面がある円柱の形をした石が 2 つあります。

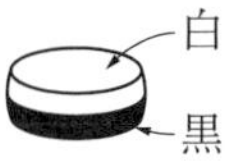

この 2 つの石を同時に投げるとき，黒と白の出かたは，次の 3 通りあります。

㋐　2 枚とも白　　㋑　1 枚は白で 1 枚は黒　　㋒　2 枚とも黒

下の表は，石を何回も投げて，㋐～㋒の出た回数をまとめたものです。

この表について，次の問に答えなさい。教 p.236・237

回数	100	200	400	1000
㋐	26	46	100	250
㋑	51	104	205	502
㋒	23	50	95	248

□(1)　㋐～㋒について，1000 回投げたときの相対度数をそれぞれ求めなさい。答は四捨五入して小数第 2 位まで求めなさい。

□(2)　もっとも起こりやすいのは㋐～㋒のどの出かたですか。

□(3)　石を 2000 回投げるとき，㋐は何回起こると考えられますか。

❷ 起こりやすさの傾向　ある町の駅から A 高校まで行くバスがあります。右の表は，このバスに 40 回乗って，駅から A 高校に到着するまでにかかった時間を調べ，相対度数の分布表にまとめたものです。次の問に答えなさい。

教 p.238・239

階級（分）	相対度数
以上　未満 20 ～ 25	0.05
25 ～ 30	0.50
30 ～ 35	0.21
35 ～ 40	0.20
40 ～ 45	0.04
合計	1.00

□(1)　到着までにかかる時間として，もっとも起こりやすいのは何分以上何分未満ですか。

□(2)　35 分以上 40 分未満で到着する場合と，40 分以上 45 分未満で到着する場合とでは，どちらが起こりやすいですか。

□(3)　このバスに 200 回乗ったとき，到着するのに 35 分以上かかることは何回あると考えられますか。

解答 p.74

1～3節の問題　データの整理と分析　データの活用，ことがらの起こりやすさ

教科書 222 ▸ 241　解答 p.74

1 右の表は，ある中学校の 1 年生女子 40 名の 800m 走の記録を度数分布表に整理したものです。次の問に答えなさい。

記録（秒）	度数（人）
以上　未満	
145 ～ 155	3
155 ～ 165	5
165 ～ 175	10
175 ～ 185	8
185 ～ 195	6
195 ～ 205	6
205 ～ 215	2
合　計	40

□(1) 度数のもっとも多い階級の相対度数を求めなさい。

□(2) 165 秒以上 175 秒未満の階級の累積度数を求めなさい。

□(3) 度数折れ線を，下の図にかき入れなさい。

□(4) 175 秒以上 185 秒未満の階級の累積相対度数を求めなさい。

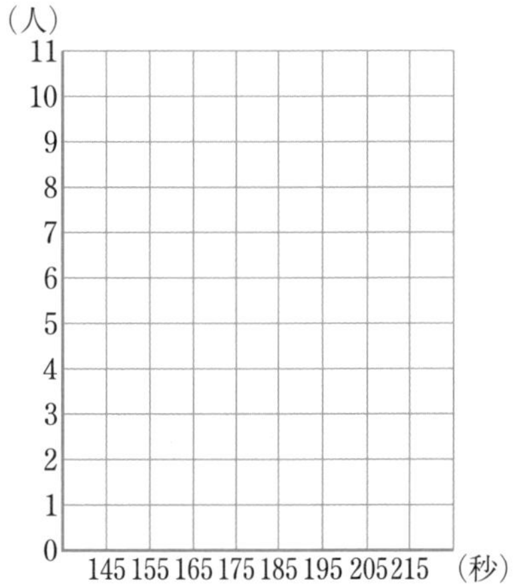

2 下の資料は，あるクラスの中学 1 年生 12 人のこの 3 か月で読んだ本の冊数を示したものです。

1，6，2，3，2，1，3，4，2，1，3，2（単位　冊）

□(1) 冊数の分布の範囲を求めなさい。

□(2) 最頻値を求めなさい。

□(3) 平均値，中央値をそれぞれ求めなさい。

ヒント

1(4) 各階級の相対度数を求めて合計するよりも，この階級の累積度数を求めて利用するといいよ。

3 下の図1のヒストグラムは，中学1年生50人の数学のテストの結果を表したものです。図2は，このテストの得点が70点以上の生徒と70点未満の生徒に分け，1週間の数学の家庭学習時間を調べ，階級の幅を0.5時間として各階級の相対度数を求め，折れ線に表したものです。次の問に答えなさい。

図1
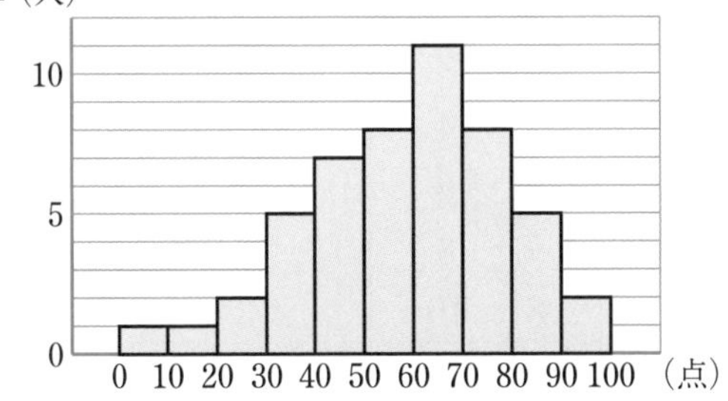

図2
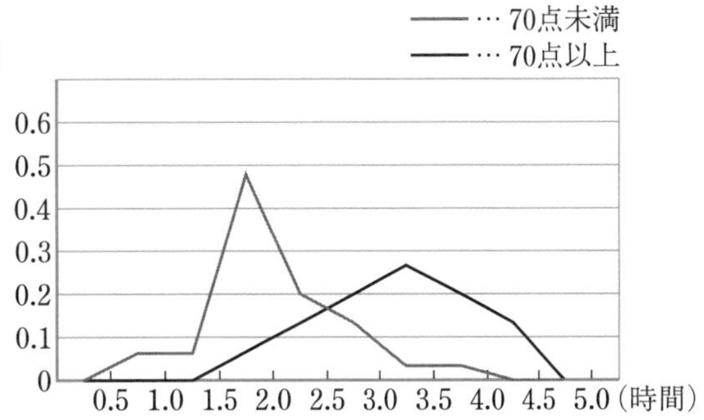

□(1) 得点が70点以上の生徒は，全体の何%ですか。

□(2) 図2のグラフから，数学のテストが70点以上の生徒と70点未満の生徒の数学の家庭学習時間を比較したときに，どのようなことがわかりますか。簡潔に説明しなさい。

4 下の表は，ある画びょうを多数回投げたときの針の向きを調べてまとめたものです。次の問に答えなさい。

投げた回数	100	200	300
針が上向きに出た回数	61	119	177
針が上向きに出た相対度数	①	②	③

□(1) 表の①～③の値を，四捨五入して小数第2位まで求めなさい。

□(2) 上向きと下向きでは，どちらのほうが出やすいと考えられますか。

□(3) 上向きが出る相対度数は，どんな値に近づくと考えられますか。小数第2位まで求めなさい。

□(4) この画びょうを1000回投げたとき，上向きはおよそ何回出ると考えられますか。

ヒント
3(2) 70点以上と70点未満の生徒の分布のようすにどんな違いがあるといえるかな。

7章の問題 データの分析と活用 データを活用して判断しよう

教科書 221 ▸ 244

解答 p.75

1 まさとさんの通う中学校の2年生について，けん垂のできた回数を調べ，右の度数分布表にまとめました。2年1組の生徒は30人で，2年生全体の人数は150人です。次の問に答えなさい。

階級（回）	度数（人）	
	2年1組	2年生全体
以上　未満 0 ～ 2	5	26
2 ～ 4	10	45
4 ～ 6	7	54
6 ～ 8	5	16
8 ～ 10	3	9
合計	30	150

□(1)　2年1組と2年生全体について，けん垂のできた回数の最頻値を，それぞれ求めなさい。

□(2)　まさとさんは，2年1組と2年生全体を比べて，6回以上できた生徒の人数から，2年1組は，けん垂が多くできる生徒が多いと判断しました。そのように判断した理由を，相対度数を使って説明しなさい。

□ **2** ある中学校の1年2組で10点満点の英語の小テストをしました。1年2組の生徒数は15人で，得点の平均点は5点，中央値は4点，最頻値の度数は全体の20％でした。その得点を表したヒストグラムとしてもっとも適切なものを次の㋐～㋒から選びなさい。

㋐

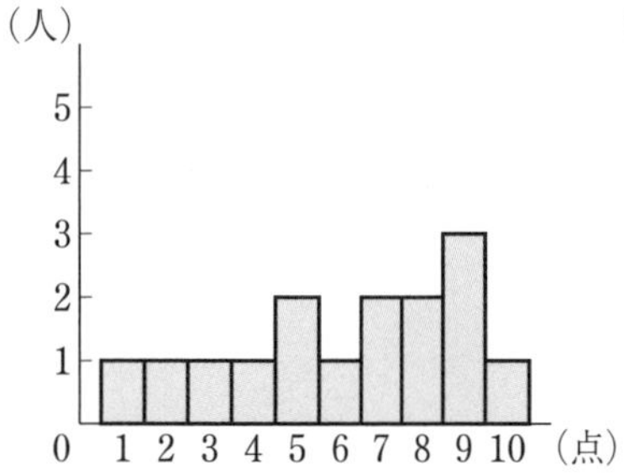

㋑

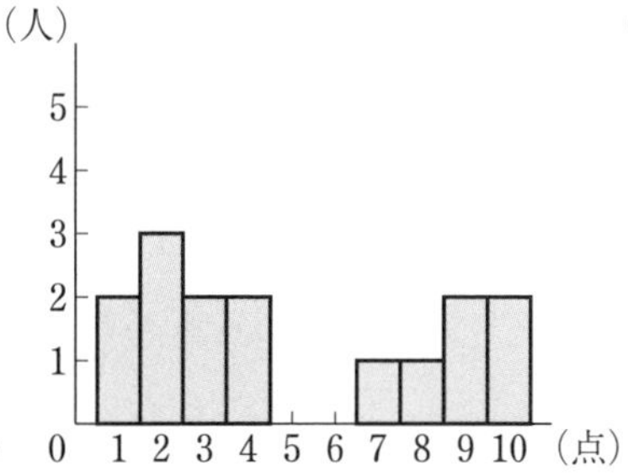

㋒

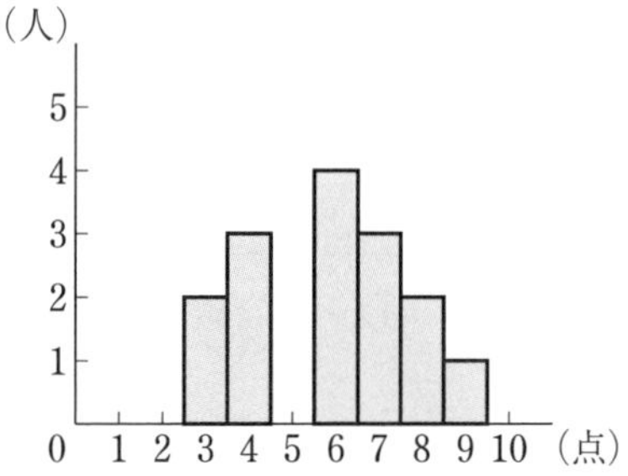

□ **3** 下の資料は，中学1年生10人について，1学期に読んだ本の冊数を調べてまとめたものです。冊数の平均値が4.1冊，中央値が4冊で，最頻値も4冊であるとき，x，y に当てはまる値をそれぞれ求めなさい。ただし，$x < y$ であるものとします。

1，2，2，3，4，4，5，10，x，y　（単位　冊）

ヒント

3　平均値をもとにして，x と y の和を求めよう。

4 右の図は，えみさんのクラス 15 人の立ち幅跳びの記録をヒストグラムに表したもので，記録の平均値は 177cm でした。下の会話は，えみさんの記録について，えみさんとこうたさんが話しているようすです。次の問に答えなさい。

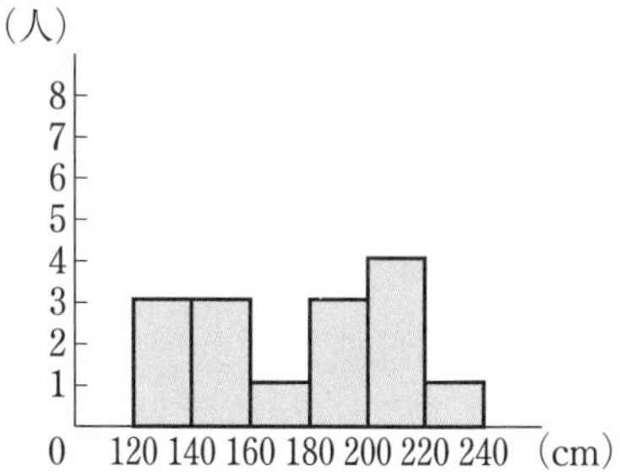

〈会話〉

えみさん　：私の記録は 178cm で，平均値よりも大きいから，クラスの中では上位に入るよね。

こうたさん：そうとはいえないよ。［ ㋐ ］は［ ㋑ ］の階級にふくまれているから，えみさんの記録は，クラスの中では，記録が真ん中の人よりも小さいことになるね。

えみさん　：代表値を利用するときは，それぞれの代表値の特徴をおさえておかなくてはならないね。

□(1) ㋐に当てはまることばを，平均値，最頻値，中央値の中から選びなさい。

□(2) ㋑に当てはまる階級を，ヒストグラムから選び，その階級の階級値を答えなさい。

5 ある洋菓子店で，シュークリームを 1 種類だけ販売しています。日曜日は混雑が予想されるため，あらかじめ決まった個数のシュークリームを箱につめておき，販売することにしました。

何個入りの箱を多く作っておくのがよいかを考えるため，先週の日曜日にシュークリームを購入した客が，1 人あたり何個購入したかを調べて，右のグラフにまとめました。この日，1 人が買った個数の平均値は 5.8 個でした。次の問に答えなさい。

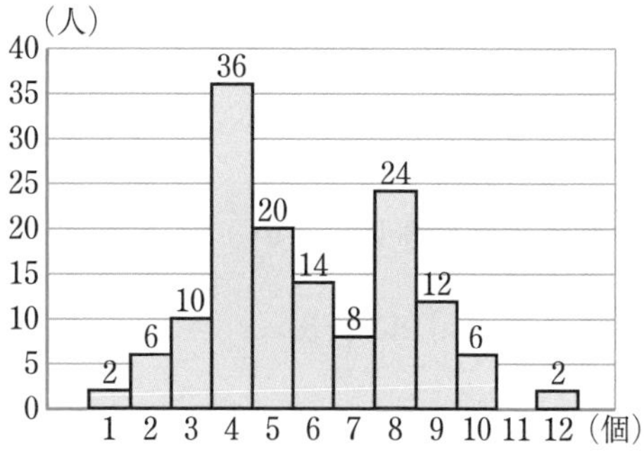

□(1)「個数の平均値 5.8 個はおよそ 6 個だから，6 個入りの箱をいちばん多く作るとよい」という考え方は，適切とはいえません。その理由を説明しなさい。

□(2) グラフをもとに考えると，何個入りの箱をいちばん多く作るのがよさそうですか。「平均値」「最頻値」「中央値」のうちいずれかの語句を使って，その理由もあわせて説明しなさい。

ヒント

4(1) クラスの中で記録が真ん中よりも良いかどうかを調べるには，どの代表値と比べるのがいいのかな。

定期テスト 予想問題 教科書 p.10～60

定期テスト前に予想問題で実力を確かめよう！ 別冊解答 p.76~77

時間 40分

/100

0章・1章　正負の数

1 次の問に答えなさい。 教 p.12～25　　　各3点

□(1) 138を素因数分解しなさい。

□(2) 下の数直線で，点Pに対応する数はいくつですか。

□(3) 次の3つの数の大小を，不等号を使って表しなさい。

$-\dfrac{1}{6}$,　　-0.06,　　-1

□(4) 絶対値が4より小さい整数は，全部で何個ありますか。

(1)	
(2)	
(3)	
(4)	

2 次の計算をしなさい。 教 p.28～37　　　各3点

□(1) $(-5)+(+6)$

□(2) $(-7)-(-9)+(-12)$

□(3) $15-8-18+2$

□(4) $-\dfrac{5}{3}-\dfrac{3}{4}-\left(-\dfrac{5}{6}\right)$

(1)	
(2)	
(3)	
(4)	

3 次の計算をしなさい。 教 p.39～49　　　各3点

□(1) $(-15)\times(-3)$

□(2) $\dfrac{15}{8}\times\left(-\dfrac{4}{3}\right)$

□(3) $(-5)\times 13\times(-4)$

□(4) $-5\times(-2)^3$

□(5) $(-5.4)\div 9$

□(6) $18\times 2\div(-3)$

□(7) $\dfrac{3}{4}\div 2\div\left(-\dfrac{3}{5}\right)$

□(8) $-2^3\div(-6)\times 3$

(1)	
(2)	
(3)	
(4)	
(5)	
(6)	
(7)	
(8)	

4 次の計算をしなさい。教 p.50～51

各 4 点

□(1) $14-12\div(-6)$　　□(2) $-3+(2-10)\times\dfrac{1}{4}$

□(3) $36\div(-2)^3+2$　　□(4) $3\times\{(27-6)\div(-3^2)\}$

□(5) $\left(\dfrac{3}{4}-\dfrac{1}{6}\right)\times(-24)$　　□(6) $-4.9\times3.4+2.9\times3.4$

(1)	
(2)	
(3)	
(4)	
(5)	
(6)	

5 右の図は，数の集合を表しています。次の(1)，(2)に当てはまる数を，下の㋐～㋓からそれぞれすべて選びなさい。教 p.52

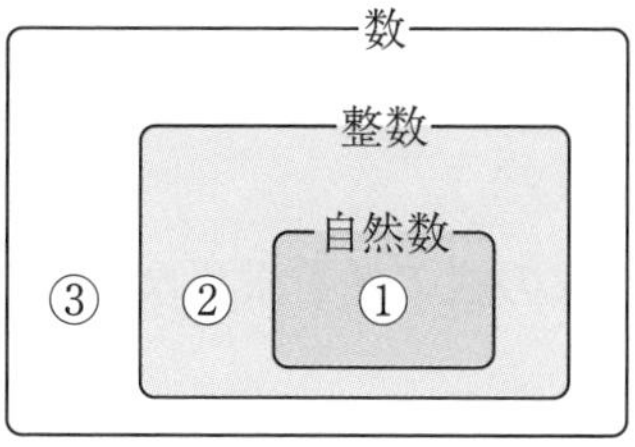

各 4 点

□(1) ①で示した部分に入る数。

□(2) ②で示した部分に入る数。

㋐ 3.14　㋑ -500　㋒ 1　㋓ 0

(1)	
(2)	

□**6** 3 つの整数 a，b，c があり，$c<0<b<a$ であるとき，計算の結果がいつでも自然数の範囲で求められる式を，㋐～㋓からすべて選びなさい。教 p.52～53

10 点

㋐ $a+b+c$　　㋑ $a\times b-c$

㋒ $(b-a)\times c$　　㋓ $(b-c)\div a$

7 下の表は，A さんと B さんが受けた国語・数学・社会・理科・英語の 5 教科のテストの得点を，80 点を基準として，高い場合は正の数，低い場合は負の数で表したものです。教 p.57

各 5 点

	国語	数学	社会	理科	英語
A さんの得点と基準との差(点)	$+17$	$+9$	-3	-13	$+6$
B さんの得点と基準との差(点)	-18	-6	$+4$	$+1$	㋐

□(1) A さんの 5 教科のテストの得点のうち，得点のもっとも高い教科ともっとも低い教科の得点の差は何点ですか。

□(2) B さんの 5 教科のテストの平均点は 78.8 点でした。表の ㋐ に当てはまる数を答えなさい。

(1)	
(2)	

2章 文字と式

時間 40分

/100

1 次の式を，文字式の表し方にしたがって表しなさい。

各3点

教 p.66〜67

□(1) $a-b\times 7$　　□(2) $x\times 5\div 4$

(1)	
(2)	

2 次の式を，×または÷の記号を使って表しなさい。教 p.68

各3点

□(1) a^3　　□(2) $\dfrac{a+b}{2}$

(1)	
(2)	

3 $x=-5$，$y=6$ のとき，次の式の値を求めなさい。

各4点

教 p.71〜72

□(1) $-x+2y$　　□(2) $\dfrac{20}{x}-\dfrac{y}{12}$

(1)	
(2)	

4 次の計算をしなさい。教 p.74〜77

各4点

□(1) $2a-8-15a+11$　　□(2) $(-10a+3)-(6a-12)$

□(3) $\dfrac{2}{3}x+1-\dfrac{1}{2}x-\dfrac{1}{3}$　　□(4) $6x\times(-5)$

□(5) $6y\div 15$　　□(6) $18x\div\dfrac{1}{4}$

(1)	
(2)	
(3)	
(4)	
(5)	
(6)	

5 次の計算をしなさい。教 p.78〜79

各4点

□(1) $(21a-28)\div(-7)$　　□(2) $(-18)\times\dfrac{x-4}{3}$

□(3) $6(2a-1)-3(a+5)$

□(4) $-\dfrac{1}{5}(10x-15)+\dfrac{1}{4}(20x-28)$

(1)	
(2)	
(3)	
(4)	

6 次の数量を，文字を使った式で表しなさい。 教 p.83

各 4 点

□(1) 縦 $a$cm，横 7cm，高さ $a$cm の直方体の体積

□(2) 1 個 x 円のプリンを定価の 30%引きで 1 個買ったときの代金

□(3) 30kg の代金が a 円の米の，1kg あたりの値段

□(4) 1 本 x 円の鉛筆《えんぴつ》と，1 本 y 円のボールペンを 1 本ずつ買い，1000 円札を 1 枚出して支払ったときのおつり

(1)	
(2)	
(3)	
(4)	

□ **7 右の図のようなひし形の面積を，文字を使った式で表しなさい。** 教 p.83

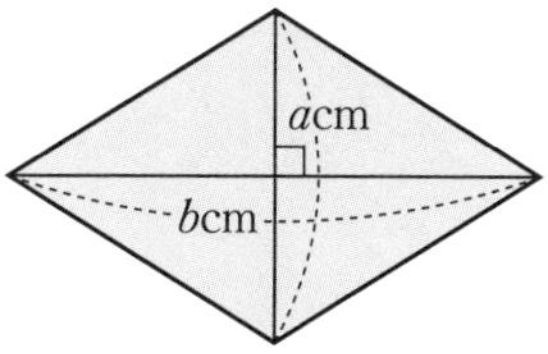

4 点

□ **8 家から am 離《はな》れた学校へ，行きは分速 50m，帰りは分速 80m で歩いて往復したとき，往復にかかった時間は何分ですか。** 教 p.83

5 点

9 次の数量の関係を，等式または不等式で表しなさい。 教 p.84 ～ 85

各 5 点

□(1) 兄の身長は $x$cm で，弟の身長 $y$cm よりも 15cm 高い。

□(2) ある数 x の 4 倍に 8 を加えた数は，50 より小さい。

□(3) am の長いリボンから，長さ 30cm のリボンを b 本切り取ると，リボンは 50cm 残った。

(1)	
(2)	
(3)	

定期テスト前に予想問題で実力を確かめよう！　別冊解答 p.79

時間 40分　　/100

3章　方程式

□ **1** 方程式 $2x+5=-1$ を，右の図のように解きました。(1)，(2)のように式を変形するとき，等式の性質のうちどれを使っていますか。下の㋐〜㋓からそれぞれ1つ選びなさい。

教 p.94〜95

$2x+5=-1$
$2x=-1-5$　(1)
$2x=-6$
$x=-3$　(2)

各4点

(1)	
(2)	

㋐　$A=B$ ならば $A+C=B+C$

㋑　$A=B$ ならば $A-C=B-C$

㋒　$A=B$ ならば $A\times C=B\times C$

㋓　$A=B$ ならば $\dfrac{A}{C}=\dfrac{B}{C}$（ただし $C\neq 0$）

2 次の方程式を解きなさい。教 p.96〜97

各4点

□(1)　$x-4=11$

□(2)　$\dfrac{x}{3}=15$

□(3)　$3x-8=5x$

□(4)　$9x+12=11-2x$

□(5)　$-5(x+8)=2x+9$

□(6)　$x-2(5x-1)=-7$

(1)	
(2)	
(3)	
(4)	
(5)	
(6)	

3 次の方程式を解きなさい。教 p.98〜100

各5点

□(1)　$0.3x+0.4=1.5x-2$

□(2)　$0.05x+0.21=0.02x$

□(3)　$\dfrac{4}{3}x-1=\dfrac{5}{6}x+3$

□(4)　$\dfrac{x-4}{3}+\dfrac{7-x}{2}=5$

(1)	
(2)	
(3)	
(4)	

□**4** 兄は2000円，弟は1000円持って買い物に行き，兄はカーネーション5本と400円のバラを1本，弟はカーネーション2本だけを買ったところ，2人の残金は同じになりました。カーネーション1本の値段はいくらですか。教 p.103～104

6点

□**5** ある枚数の袋を用意して，箱の中のみかんをすべて袋につめることにしました。1袋に4個ずつつめるには，袋が6枚たりず，1袋に5個ずつつめるには，みかんが8個たりません。用意した袋の枚数を x 枚として，方程式をつくり，用意した袋の枚数とみかんの個数をそれぞれ求めなさい。

教 p.103～104

各5点

方程式
袋
みかん

□**6** Aさんは午前8時に家を出発し，1kmはなれた学校に向かって歩きました。Aさんの忘れ物に気づいたお母さんは，午前8時12分に家を出発し，Aさんを自転車で追いかけました。Aさんの歩く速さを分速60m，お母さんの自転車の速さを分速300mとすると，お母さんは家を出発して何分後にAさんに追いつきますか。お母さんが家を出発して x 分後として方程式をつくり，求めなさい。教 p.105～106

各5点

方程式
答

7 次の比例式で，x の値をそれぞれ求めなさい。教 p.107～108

□(1) $x : 21 = 4 : 7$　　□(2) $9 : 15 = x : 40$

□(3) $(x+6) : 16 = 5 : 4$　　□(4) $(x-3) : 5 = (3x-5) : 3$

各4点

(1)	
(2)	
(3)	
(4)	

□**8** 400本のくじがあり，あたりくじとはずれくじの本数の比は1：15です。あたりくじは全部で何本入っていますか。

教 p.107～109

6点

定期テスト　予想問題　教科書 p.114～152

定期テスト前に予想問題で実力を確かめよう！　別冊解答 p.80

時間 40分　　/100

4章　比例と反比例

1 次の㋐～㋓のうち，y が x の関数であるものをすべて選びなさい。　4点

教 p.116～120

㋐　周の長さが 10cm である長方形の縦の長さが $x$cm のとき，横の長さを $y$cm とする。

㋑　周の長さが $x$cm である長方形の面積を $y\text{cm}^2$ とする。

㋒　身長が $x$cm の人の体重を $y$kg とする。

㋓　1m のテープを x 等分したときの 1 本の長さを $y$cm とする。

2 120L 入る，空の水そうに，1 分間に 8L の割合で，いっぱいになるまで水を入れます。水を入れ始めて x 分後の，水そうの中の水の量を yL とします。教 p.147～148　各6点

(1)　y を x の式で表しなさい。

(2)　x の変域を，不等号を使って表しなさい。

(1)	
(2)	

3 y は x に比例し，$x=4$ のとき $y=-6$ です。教 p.125　各6点

(1)　y を x の式で表しなさい。

(2)　$y=-24$ となるときの x の値を求めなさい。

(1)	
(2)	

4 次の関数のグラフをかきなさい。教 p.128～131　各6点

(1)　$y=-3x$

(2)　$y=\dfrac{2}{3}x$

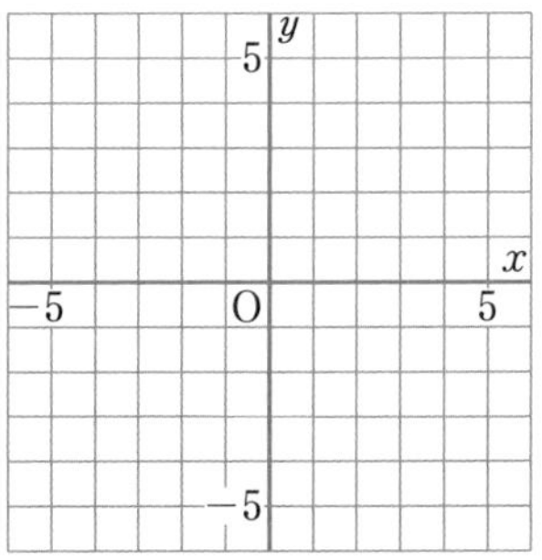

5 y は x に反比例し，$x=-2$ のとき $y=18$ です。教 p.137　各6点

(1)　y を x の式で表しなさい。

(2)　$x=4.5$ のときの y の値を求めなさい。

(1)	
(2)	

6 **次の問に答えなさい。** 教 p.138～143

各 6 点

□(1) 関数 $y=\dfrac{6}{x}$ のグラフをかきなさい。

□(2) 右の図は，反比例の関係のグラフです。①，②のそれぞれについて，y を x の式で表しなさい。

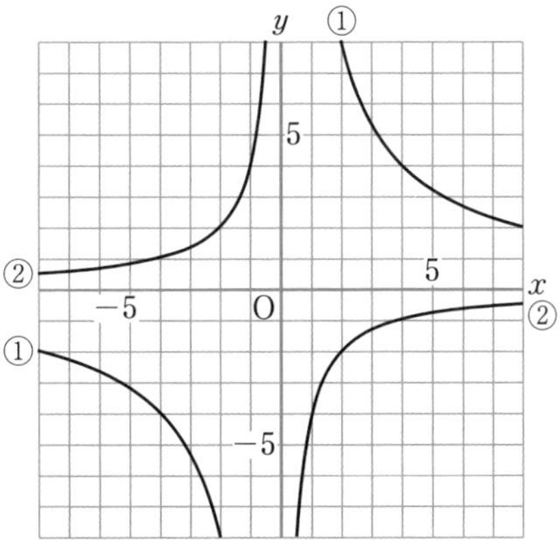

(1)	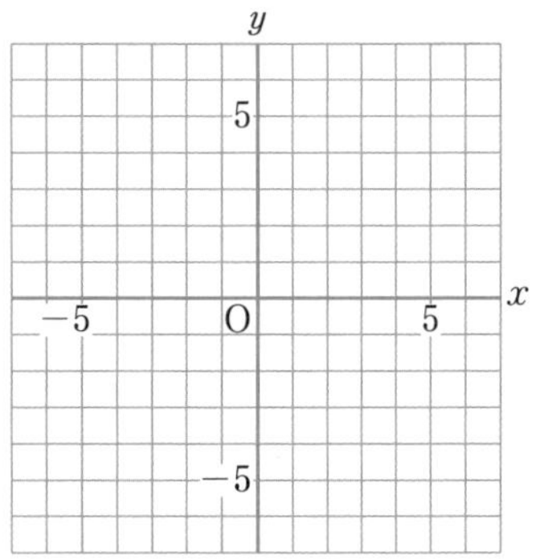	
(2)	①	
	②	

7 **100kg の荷物を，何人かで同じ重さずつ分けて運びます。**

教 p.147～148

各 6 点

□(1) x 人で分けて運ぶとき，1 人が運ぶ荷物の重さを $y$kg とします。y を x の式で表しなさい。

□(2) 5 人で運ぼうとしましたが，重くて運べなかったので，何人か増やしたところ，1 人が運ぶ荷物の量が，5 人のときの $\dfrac{1}{3}$ になりました。運ぶ人は全部で何人になりましたか。

(1)	
(2)	

8 **右の図の，㋐は関数 $y=\dfrac{a}{x}$（a は定数）のグラフの $x>0$ の部分，㋑は関数 $y=3x$ のグラフで，グラフ㋐と㋑は x 座標が 2 である点 A で交わっています。2 点 B，C は x 軸上にあり，点 C の x 座標は点 B の x 座標より大きく，四角形 ABCD は正方形です。** 教 p.151

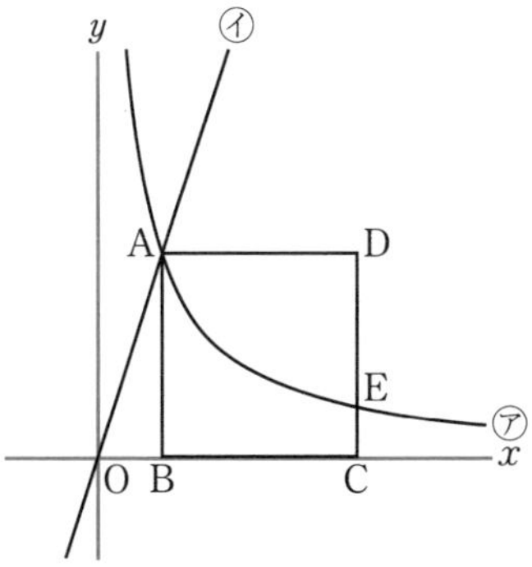

□(1) 点 A の y 座標を求めなさい。

□(2) a の値を求めなさい。

□(3) 辺 CD と㋐のグラフが交わった点を E とします。点 E の座標を求めなさい。

各 6 点

(1)	
(2)	
(3)	

定期テスト 予想問題 教科書 p.154～186

定期テスト前に予想問題で実力を確かめよう！ 別冊解答 p.81

時間 40分　　/100

5章　平面図形

1 **右の図は，合同な直角三角形を並べてできる正六角形 ABCEFG です。次の問に答えなさい。** 教 p.154～164

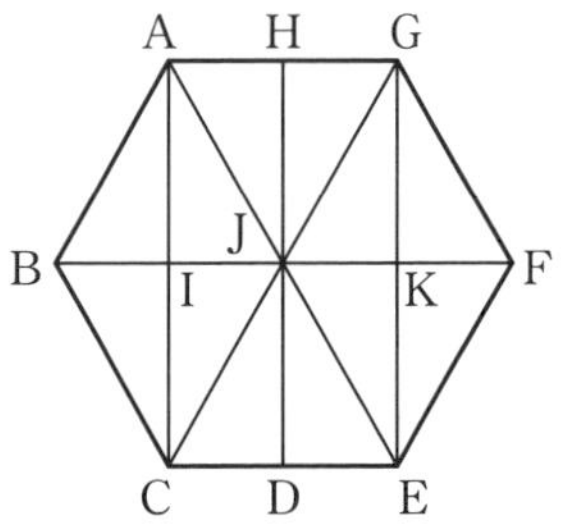

□(1)　線分 BC と線分 GF は，長さが等しく平行です。このことを，記号を使って表しなさい。

□(2)　直線 AC と直線 BF の位置関係を，記号を使って表しなさい。

□(3)　△ABI を平行移動させるだけで重ね合わせることのできる三角形はどれですか。すべて書きなさい。

□(4)　四角形 ABJG を，点 G を中心として反時計回りに 60° 回転移動させると重なり合う四角形はどれですか。

各 5 点

(1)	
(2)	
(3)	
(4)	

□**2** **右の図は，△ABC を，直線 OP を対称の軸として対称移動させて △A′B′C′ とし，これをさらに直線 OQ を対称の軸として対称移動させて △A″B″C″ としたものです。∠POQ＝60° のとき，△ABC を 1 回の移動で △A″B″C″ に重ね合わせるには，どのように移動させればよいですか，簡単に説明しなさい。**

教 p.159～160

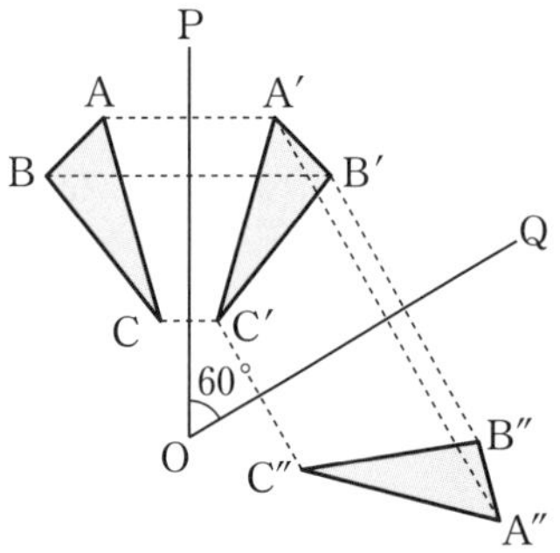

10 点

3 **次の作図をしなさい。ただし，点を示す記号「P」もかき入れなさい。** 教 p.168～174

□(1)　∠AOP＝∠BOP となる辺 AB 上の点 P

□(2)　辺 CD を底辺とみたときの，平行四辺形 ABCD の高さ BP

各 10 点

(1)

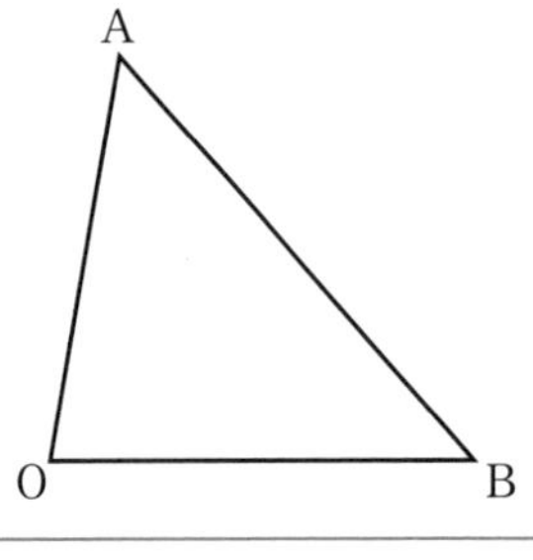

(2)

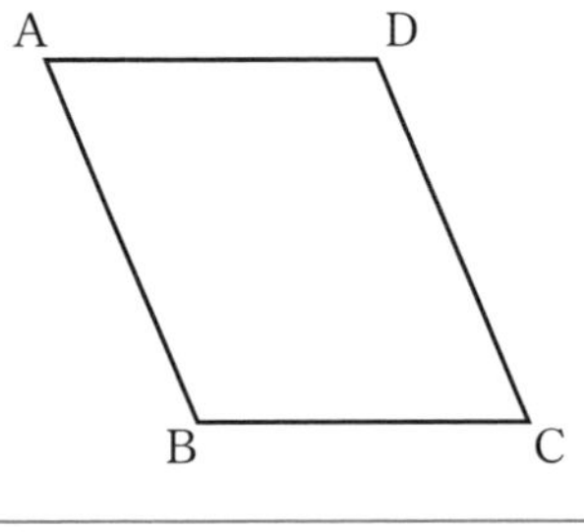

4 次の作図をしなさい。 教 p.173 ～ 178

□(1) AB＝BC，∠ ABC＝45° となる △ ABC

□(2) △ ABC の紙を，辺 AB が辺 AC に重なるように折るときの，折り目の直線

各 10 点

(1)		(2)	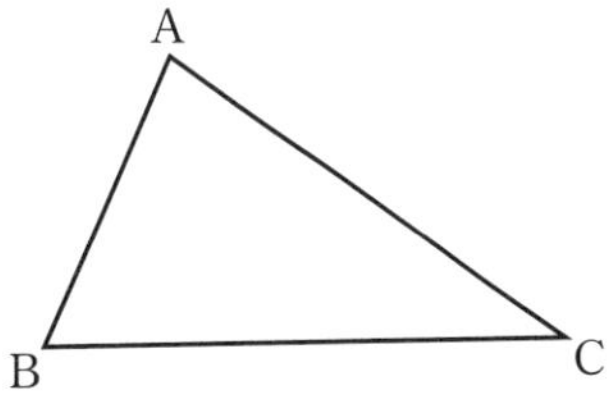

5 次の作図をしなさい。 教 p.175 ～ 176

□(1) 右の図は円の一部分を示したものです。この円の中心 O を作図によって求めなさい。

□(2) 右の図で，点 P で半直線 OX に接する円のうち，半直線 OY にも接する円を作図しなさい。

各 10 点

(1)		(2)	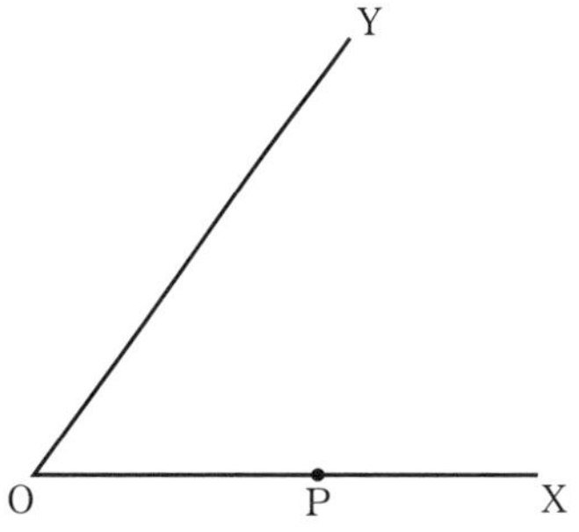

6 右の図は，半径が 6cm，中心角が 150° のおうぎ形 OAB です。円周率は π とします。 教 p.180 ～ 181

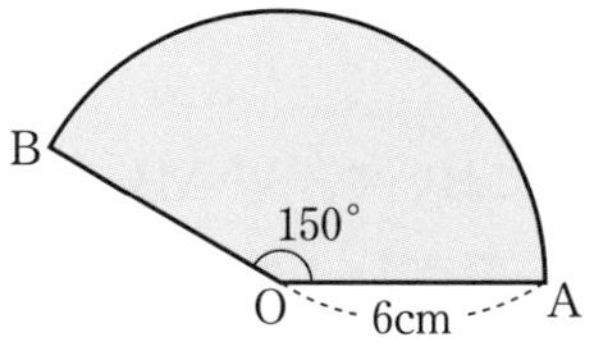

□(1) $\overset{\frown}{AB}$ の長さを求めなさい。

□(2) おうぎ形 OAB の面積を求めなさい。

各 5 点

(1)	
(2)	

定期テスト 予想問題 教科書 p.188～220

定期テスト前に予想問題で実力を確かめよう！ 別冊解答 p.82

時間 40分

/100

6章 空間図形

1 右の図は，直方体から三角柱を切り取ってできる立体です。

教 p.190～198

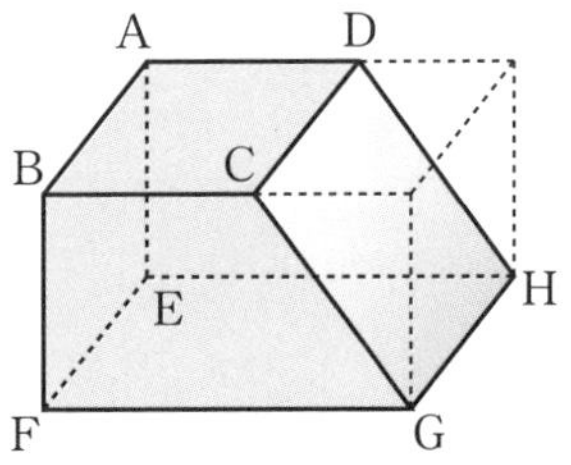

□(1) 右の立体は何面体といえますか。

□(2) 辺 CG とねじれの位置にある辺はどれですか，すべて書きなさい。

□(3) 辺 AB に平行な面はどれですか，すべて書きなさい。

□(4) 面 BFGC に垂直な面は，全部でいくつありますか。

各 6 点

(1)	
(2)	
(3)	
(4)	

□ **2** 右の図のような，∠C＝∠D＝90°，AD＜BC の台形 ABCD があります。この台形 ABCD を，辺 CD を回転の軸として回転させると，どのような立体ができますか。その見取図をかきなさい。 教 p.201～202

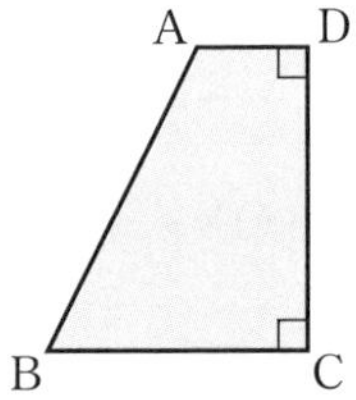

6 点

3 下の図 2 は，図 1 の正四面体 ABCD の展開図です。

教 p.203～204

図 1

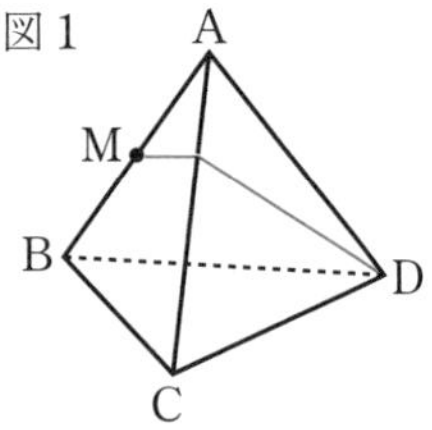

図 2

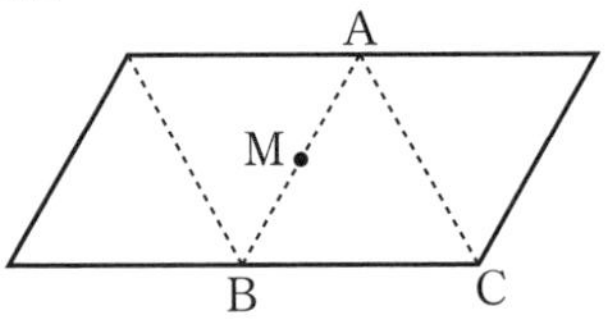

□(1) 図 2 の展開図で，組み立てたときに辺 BC に重なる辺を，図に太線で示しなさい。

□(2) 図 1 の正四面体 ABCD において，辺 AB の中点を M とします。点 M から頂点 D まで，辺 AC と交わるように正四面体の面にそってひもをかけます。ひもの長さがもっとも短くなるとき，ひものあとを図にかき入れなさい。

各 6 点

(1)

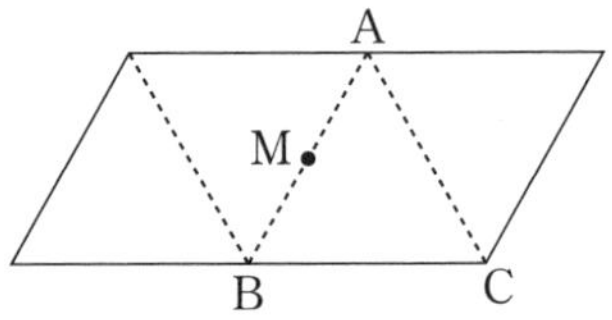

(2)

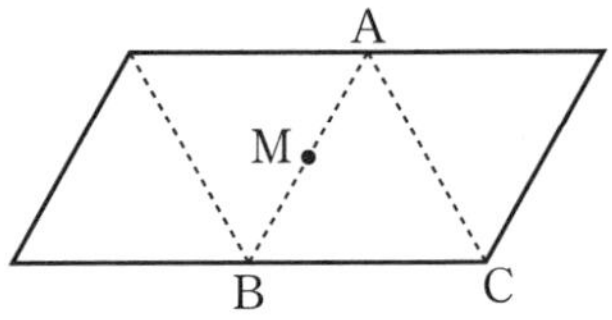

4 **右の図の円錐の展開図について，次の問に答えなさい。円周率は π とします。**

教 p.204

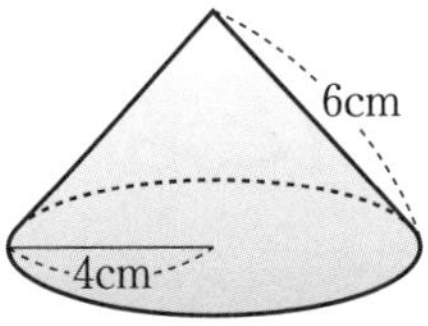

各 6 点

(1)	
(2)	

□(1)　側面になるおうぎ形の弧の長さを求めなさい。

□(2)　側面になるおうぎ形の中心角を求めなさい。

□ **5** **右の(1)，(2)の投影図は，三角錐，円柱，円錐，球のうち，どの立体を表したものですか。**

教 p.206

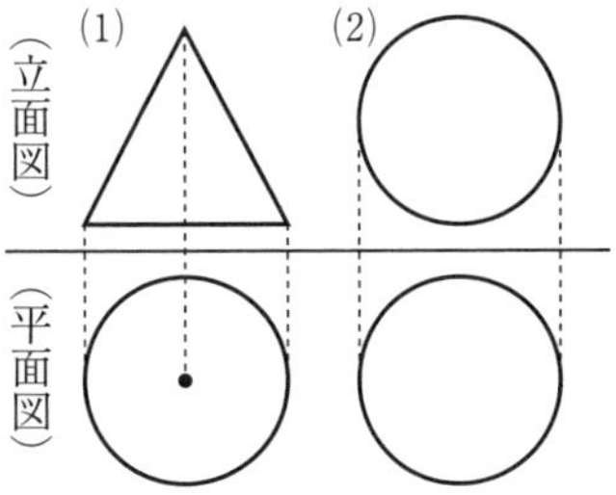

各 5 点

(1)	
(2)	

6 **次の立体の体積を求めなさい。**

教 p.210～212

各 6 点

(1)	
(2)	

□(1)　（四角柱）

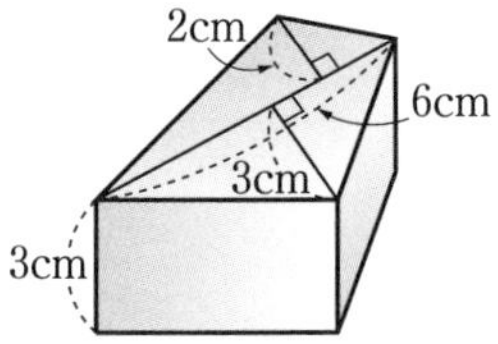

□(2)　（正四角錐）

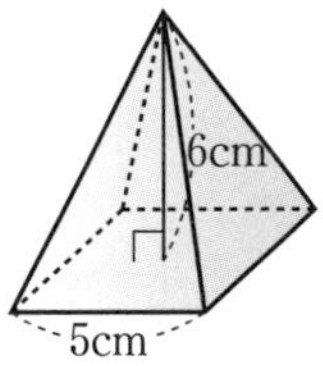

7 **右の図の直角三角形 ABC を，辺 AC を軸として回転させてできる立体について，次の問に答えなさい。ただし，円周率は π とします。**

教 p.212～214

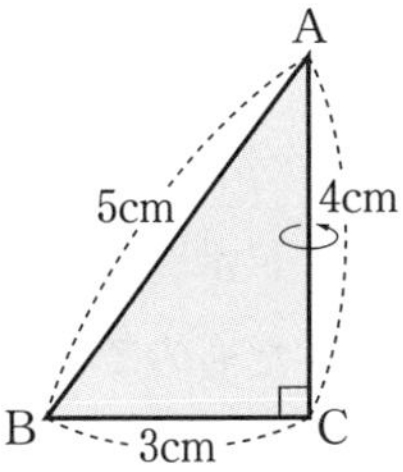

各 6 点

(1)	
(2)	

□(1)　体積を求めなさい。

□(2)　表面積を求めなさい。

8 **半径 4cm の球があります。次の問に答えなさい。ただし，円周率は π とします。**

教 p.215～217

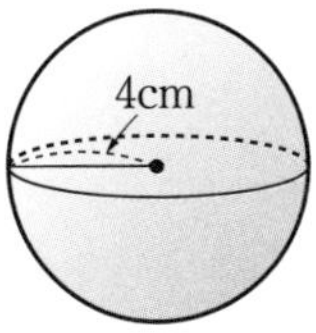

各 6 点

(1)	
(2)	

□(1)　表面積を求めなさい。

□(2)　体積を求めなさい。

7章　データの分析と活用

時間 40分　　/100

1 下のデータは，ある中学校の男子 14 人の 50m 走の記録で，度数分布表は，調べた 14 人の記録を整理したものです。教 p.224～229

7.2	8.9	9.4	7.1
7.5	6.7	7.4	8.6
8.9	7.8	7.2	9.6
10.1	8.0	(単位　秒)	

記録（秒）	度数(人)
以上　　未満	
6.0 ～　7.0	1
7.0 ～　8.0	㋐
8.0 ～　9.0	㋑
9.0 ～ 10.0	2
10.0 ～ 11.0	1
合計	14

□(1)　階級の幅を答えなさい。

□(2)　上の表の㋐，㋑に当てはまる数を書きなさい。

□(3)　ヒストグラムと度数折れ線を，解答らんの図にかき入れなさい。

□(4)　8.0 秒以上 9.0 秒未満の階級の累積度数を求めなさい。

□(5)　7.0 秒以上 8.0 秒未満の階級の相対度数を，四捨五入によって小数第 2 位までの概数で求めなさい。

(3) 10 点，他各 6 点

(1)	
(2)	㋐
	㋑
(3)	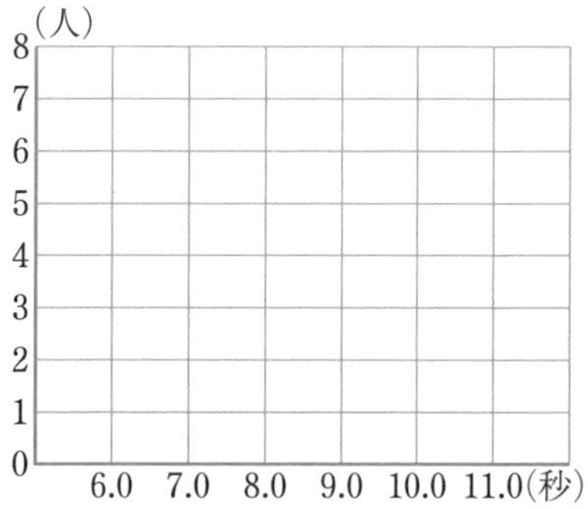
(4)	
(5)	

2 右の表は，あるクラスのハンドボール投げの記録を度数分布表に表したものです。教 p.229～230

記録（m）	度数(人)
以上　未満	
0 ～ 10	2
10 ～ 20	6
20 ～ 30	7
30 ～ 40	4
40 ～ 50	1
合計	20

□(1)　10m 以上 20m 未満の階級の階級値を求めなさい。

□(2)　中央値は，どの階級に入っていますか。

□(3)　最頻値を求めなさい。

□(4)　20m 以上 30m 未満の階級の累積相対度数を求めなさい。

各 7 点

(1)	
(2)	
(3)	
(4)	

3 **ある中学校の体育の授業で，2km の持久走を行いました。下の図は，1 組の男子 16 人と 2 組の男子 15 人の記録を，それぞれヒストグラムに表したものです。** 教 p.230

各 8 点

(1)	
(2)	

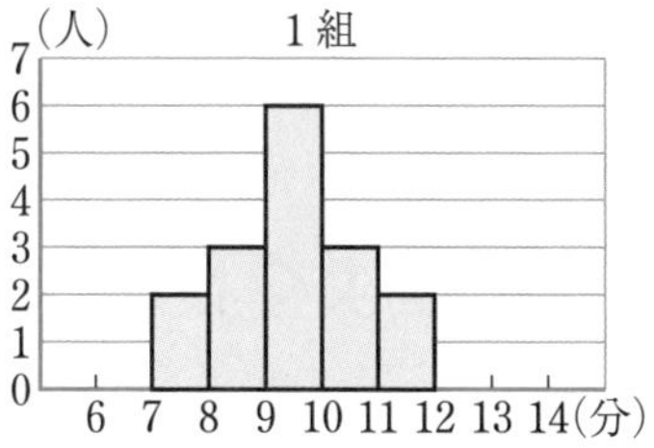

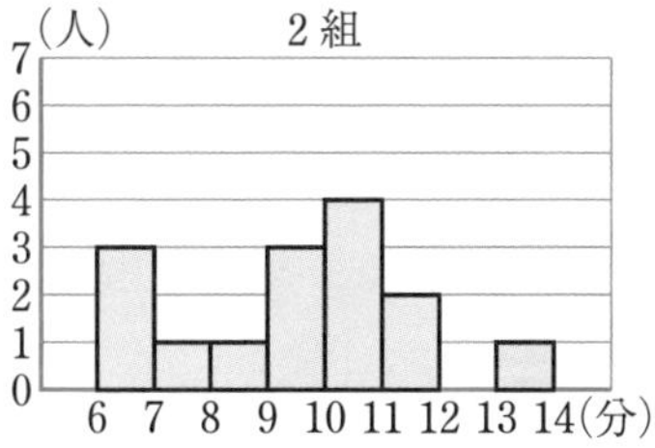

□(1) 1 組と 2 組のヒストグラムを比較した内容として適切なものを，㋐～㋔からすべて選びなさい。

㋐ 範囲が大きいのは 2 組である。

㋑ 11 分以上 12 分未満の階級の相対度数は同じである。

㋒ 平均値・中央値・最頻値の 3 つの値が，ほぼ同じ値になるのは，2 組である。

㋓ 中央値がふくまれる階級は，1 組も 2 組も同じである。

㋔ 最頻値で比べると，2 組のほうが記録が良い。

□(2) 市の駅伝大会に出場するために，1 組と 2 組を合わせた 31 人の記録をよい順に並べ，上位 6 人を代表選手に選びました。この 6 人のうち，1 組の選手の記録の平均値が 7 分 10 秒，2 組の選手の記録の平均値が 6 分 40 秒であるとき，代表選手 6 人の記録の平均値は何分何秒ですか，求めなさい。

4 **下の表は，あるペットボトルのキャップを投げる実験をして，投げた回数，表が出た回数および表が出た割合を表したものです。** 教 p.236 ～ 242

各 8 点

(1)	
(2)	

投げた回数	10	20	30	40	50	100	1000	2000	3000
表が出た回数	4	5	7	8	9	20	224	461	689
表が出た割合	0.4	0.25	0.23	0.20	0.18	0.20	0.22	0.23	

□(1) このキャップを 3000 回投げたときの表が出た割合を，小数第 3 位を四捨五入して求めなさい。

□(2) このキャップを 10000 回投げたとき，表は何回出ると考えられますか。

東京書籍の教科書完全準拠教材

教科書 要点ズバっ!

◆教科書のポイントがよくわかる！
◆驚きの定期テスト対策本！

【全 15 点】
ニューホライズン
　英単語・英熟語　1・2・3年
　基本文・基本表現　1・2・3年
新しい数学　1・2・3年
新しい科学　1・2・3年
新しい社会　地理・歴史・公民

◇B6判／2色刷
◇暗記用フィルター付き
◇英語はQRコードを使った音声付き
「QRコード」は㈱デンソーウェーブの登録商標です。

解答と解説

数学１年
ワーク&テスト

0・1章　正負の数

ウォーミングアップ　p.4～5

1 (1)

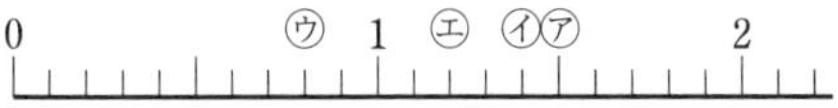

(2)① $\frac{1}{3} > 0.3$　② $\frac{3}{8} < \frac{2}{5}$

③ $1.1 < \frac{8}{7}$

2 (1) $\frac{5}{6}$　(2) $\frac{3}{28}$

(3) $\frac{5}{16}$　(4) $\frac{20}{9}$

(5) $\frac{20}{21}$　(6) $\frac{18}{35}$

3 (1) 17　(2) 4

(3) 68　(4) 32

(5) 5　(6) 9

4 (1) $\frac{6}{7}$　(2) 41

(3) 1700　(4) 32

(5) 19　(6) 5

5 (1) ㋐100，㋑100，㋒3，㋓2575

(2) ㋐1000，㋑1000，㋒2，㋓2994

6 10冊

解説

1(1) ㋐$\frac{3}{2}=\frac{15}{10}$，㋑$\frac{7}{5}=\frac{14}{10}$，数直線の1目もりが$\frac{1}{10}$であることを利用する。

(2)① $\frac{1}{3}=\frac{10}{30}$，$0.3=\frac{3}{10}=\frac{9}{30}$

② $\frac{3}{8}=\frac{15}{40}$，$\frac{2}{5}=\frac{16}{40}$

③ $1.1=\frac{11}{10}=\frac{77}{70}$，$\frac{8}{7}=\frac{80}{70}$

2(1) $\frac{3}{10}+\frac{8}{15}=\frac{9}{30}+\frac{16}{30}=\frac{25}{30}=\frac{5}{6}$

(2) $\frac{6}{7}-\frac{3}{4}=\frac{24}{28}-\frac{21}{28}=\frac{3}{28}$

(4) わり算は，かけ算になおして計算する。

$\frac{5}{6}\div\frac{3}{8}=\frac{5}{6}\times\frac{8}{3}=\frac{20}{9}$

(5) 小数を分数になおして計算する。

$2\times\frac{3}{7}\div 0.9=2\times\frac{3}{7}\div\frac{9}{10}$

$=2\times\frac{3}{7}\times\frac{10}{9}=\frac{20}{21}$

(6) $\frac{3}{5}\div\frac{7}{15}\div\frac{5}{2}=\frac{3}{5}\times\frac{15}{7}\times\frac{2}{5}=\frac{18}{35}$

3(1) (　)の中を先に計算する。

$52-(14+21)=52-35=17$

(2) (　)の中の × を先に計算する。

$(4\times 8-4)\div 7=28\div 7=4$

(3) $8+12\times 5=8+60=68$

(4) $7\times 5-6\div 2=35-3=32$

(5) (　)の中の × から計算する。

$8-(9-3\times 2)=8-(9-6)=5$

(6) ×，÷ は左から順に計算する。

$15-21\div 7\times 2=15-3\times 2=15-6=9$

4(3) $17\times 25\times 4=17\times(25\times 4)=17\times 100$

$=1700$

(4) $8\times 3.2\times 1.25=8\times 1.25\times 3.2=10\times 3.2$

$=32$

(5) $24\times\left(\frac{5}{3}-\frac{7}{8}\right)=24\times\frac{5}{3}-24\times\frac{7}{8}$

$=40-21=19$

(6) $\frac{5}{17}\times 19-\frac{5}{17}\times 2=\frac{5}{17}\times(19-2)$

$=\frac{5}{17}\times 17=5$

6 (平均)＝(冊数の合計)÷(日数)

$(13+9+7+11+18+12+0)\div 7=10$

基本ワーク　p.6～7

Check!

1　23，29

2　(1)　21＝3×7　　(2)　55＝5×11

(3)　100＝2×2×5×5

3　(1)　1，2，5，10

(2)　1，3，17，51

(3)　1，3，9

基本問題

❶　自然数…8，5，99，101

素数…5，101

❷　(1)　9 個　　(2)　31，37

❸　(1)　62＝2×31　　(2)　57＝3×19

(3)　60＝2×2×3×5

(4)　8＝2×2×2

❹

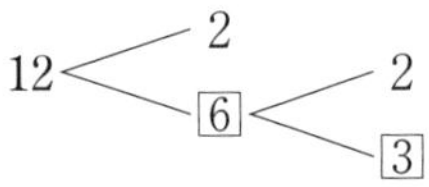

❺　(1)　117＝3×3×13

(2)　1，3，9，13，39，117

解説

❶　8＝2×2×2，99＝9×11 より，これらは素数ではない。

❷(1)　1 から 9 までで自然数は 9 個ある。0 は自然数ではない。

(2)　偶数 (2 の倍数)，3 の倍数，5 の倍数，7 の倍数，…を順に除いていく。

30＝2×15　31⇒○　32＝2×16　33＝3×11

34＝2×17　35＝5×7　36＝2×18　37⇒○

38＝2×19　39＝3×13　40＝2×20

❸(1)

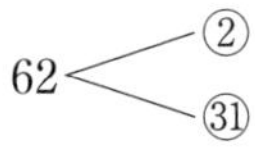

(2)

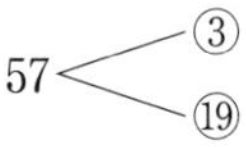

(3)
2) 60
2) 30
3) 15
　　5

(4)
2) 8
2) 4
　　2

❺(2)　117＝3×3×13＝3×(3×13)

＝(3×3)×13 より，117 の約数は，

1，3，3×3，13，3×13，3×3×13

基本ワーク　p.8～9

Check!

1 (1)　＋11.8℃　　(2)　－0.5℃

2 (1)　－8020m　　(2)　＋1977m

3 A 中学校…＋6 人，B 中学校…－15 人

基本問題

❶ 負の整数…－22　　負の小数…－1.8

負の分数…$-\frac{1}{9}$　　自然数…30

❷ (1)①　－4℃　　②　＋11 個

③　－2.5m

(2)①　南へ 2km 進む

②　1800 円の収入

❸ (1)　＋10000m　　(2)　－1000m

❹ (1)　(順に)－0.6，＋3.3，0，－0.6

(2)　27.7℃

❺ 国語…＋1.8 点，社会…＋23.2 点，
数学…－5.0 点，理科…－5.5 点，
英語…＋16.7 点

解説

❶ － がついた数が負の数。負の数の中から，負の分数，負の小数を分別する。自然数は正の整数。0 は正の数でも負の数でもない。

❷ ＋，－ の符号を使って，反対の性質をもつ量を表すことができる。

❹(1)　20 (水)，23 (土) の前日比から，前日の最高気温を基準として，前日よりも高い日を ＋，低い日を － で表したことがわかる。例えば 19 (火) の場合，前日より最高気温が
26.0－25.4＝0.6(℃)低いので，前日比は －0.6℃ である。

(2)　18 (月) の前日比が －1.7℃ だから，17 日の最高気温は 18 (月) より 1.7℃ 高い。

❺ 平均点よりも高い得点を ＋，低い得点を － で表す。国語…73－71.2＝1.8 (点)
(平均点)＜(A さんの得点) より ＋1.8 点
社会…92－68.8＝＋23.2 (点)
数学…59.0－54＝5.0 (点)
(A さんの得点)＜(平均点) より，－5.0 点
理科…55.5－50＝5.5 (点)　－5.5 点
英語…95－78.3＝＋16.7 (点)

基本ワーク p.10 ～ 11

Check!

1

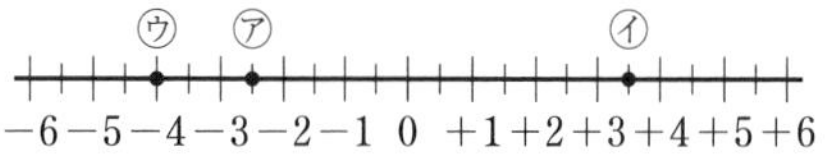

2 (1) $-3<-2<4$ $(4>-2>-3)$

(2) $-4<-3<5$ $(5>-3>-4)$

3 -0.04…0.04, $+1000$…1000

絶対値が 3.6 である数…3.6, -3.6

基本問題

❶ A…$+2.5$, B…-1.25, C…-2

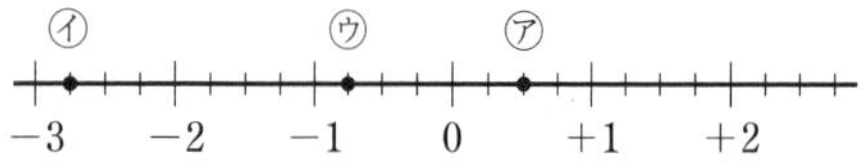

❷ (1) $-2<-1$ $(-1>-2)$

(2) $-6<-2<+3$ $(+3>-2>-6)$

❸ (1) 絶対値がもっとも大きい数…-4.3

数の大小…$-4.3<-3.43<-3.4$

$(-3.4>-3.43>-4.3)$

(2) 絶対値がもっとも大きい数…$-\frac{1}{4}$

数の大小…$-\frac{1}{4}<-\frac{1}{5}$

$\left(-\frac{1}{5}>-\frac{1}{4}\right)$

❹ (1) 4, -4 (2) -4 (3) 7 つ

解説

❶ 数直線の 1 を 4 等分しているから，小さい目もりは $\frac{1}{4}$ (0.25) を表している。

❷(2) $+3>-6<-2$ と書くと，$+3$ と -2 の大小がわからないので，誤り。

❸ 負の数は，絶対値が大きいほど小さい。

❹(1) 数直線上で，原点からの距離が 4 である。

(2) 絶対値が 4 の整数のうち，負の数。

(3) 原点からの距離が 4 より小さい整数は，

-3, -2, -1, 0, 1, 2, 3

0 は原点からの距離が 0 → 0 の絶対値は 0

1節の問題　p.12～13

1 (1)　-300m　　(2)　5000円の収入

2 A　-2.5　　B　-6

C　$+0.5$　　D　$+4.5$

3 (1)　$-3.1<-3$　　(2)　$-3<0<+1$

(3)　$-0.6<-0.18<+0.6$

(4)　$-1.2<-\frac{2}{3}<-\frac{5}{9}$

4 (1)　4，0，1　　(2)　-10.6

(3)　1　　(4)　$-\frac{1}{3}$

5 (1)　8，-8　　(2)　9個

(3)　$+3$，$+4$，-3，-4

6 (1)　福岡タワー　-99m

東京スカイツリー　$+301$m

(2)　-400m

7 (1)①　3月12日　　②　-4

(2)　もっとも大きかった都市　京都

もっとも小さかった都市　静岡

解説

1 (1)　東を「＋」で表すと，西は「－」で表すことができる。

(2)　支出を「－」で表しているので，「＋」は収入を表す。

2　数直線は，直線上に基準の点0をとり，その点から左右に等間隔に目もりをつけた直線である。1目もりがいくつなのかを正確に読み取ることが大切になる。

3　数の大小は，数直線を使って考えるとよい。負の数は，絶対値が大きいほど小さいことに気をつける。

(1)　数直線上で，-3は，-3.1より右にある。

(2)　(負の数)$<0<$(正の数)である。

(3)　$0.18<0.6$だから，$-0.6<-0.18$となる。

(4)　すべて負の数なので，絶対値が大きいほど小さい。$\frac{5}{9}$と$\frac{2}{3}$はともに1より小さいから，絶対値がもっとも大きいのは-1.2。$\frac{2}{3}=\frac{6}{9}$なので，絶対値は$\frac{5}{9}$より$\frac{2}{3}$のほうが大きい。

4 (1)　整数には，正の整数(自然数)，0，負の整数がある。

(2)　符号をとった数がいちばん大きい数を選ぶ。

(3)　自然数は，1と4なので，もっとも小さい数は1となる。

(4)　負の数は，-10.6，$-\frac{1}{3}=-0.33\cdots$，

$-\frac{2}{5}=-0.4$

5 (1)　絶対値は，数直線上で原点との距離だから，-8と$+8$の2つある。

(2)　数直線で表すとわかりやすい。「以下」とあるので，-4，4も入る。

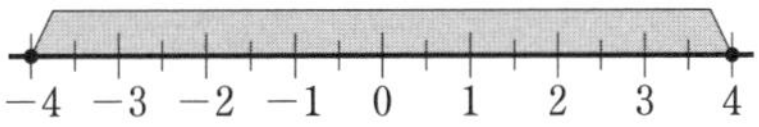

(3)　「より大きく」「より小さい」なので，その数は入らない。

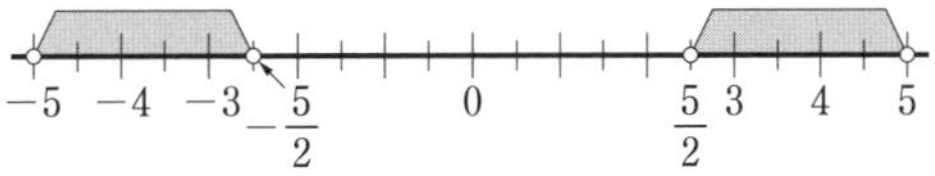

6 (1)　東京タワーを基準の0mとするので，それよりも高い東京スカイツリーは「＋」で表され，福岡タワーは「－」で表される。

福岡タワーは，$-(333-234)=-99$ (m)

東京スカイツリーは，$+(634-333)=+301$ (m)

となる。

(2)　東京スカイツリーよりも福岡タワーが低いので，絶対値の差に－の符号をつける。

よって，$-(634-234)=-400$ (m)

7 (1)　①は，3月9日の3日後だから，3月12日。②で，3月5日は3月9日より4日早いので，差は-4。

(2)　表から「差」の絶対値がもっとも大きい都市ともっとも小さい都市を選ぶ。絶対値がもっとも大きい22の京都と，絶対値がもっとも小さい3の静岡となる。

基本ワーク　p.14 〜 15

Check!

1　(1)　$+3$　　(2)　-13

(3)　-12

2　(1)　0　　(2)　-2

(3)　$+1$

3　(1)　-3.3　　(2)　$-\dfrac{11}{24}$

(3)　$+\dfrac{5}{2}$

基本問題

❶　(1)　$+13$　　(2)　$+8$

(3)　$+30$　　(4)　-8

(5)　-33　　(6)　-25

❷　(1)　0　　(2)　$+1$

(3)　-3　　(4)　-9

(5)　0　　(6)　-2

(7)　$+7$　　(8)　-27

(9)　$+100$

❸　(1)　-1　　(2)　-7.6

(3)　$+21$　　(4)　$+\dfrac{4}{5}$

(5)　0　　(6)　$+1$

(7)　$-\dfrac{17}{18}$　　(8)　$-\dfrac{4}{3}$

(9)　$-\dfrac{17}{20}$

解説

❶(1)　$(+9)+(+4)=+(9+4)=+13$

(4)　$(-5)+(-3)=-(5+3)=-8$

(6)　$(-9)+(-16)=-(9+16)=-25$

❷(1)　$(+10)+(-10)=0$

(2)　$(+13)+(-12)=+(13-12)=+1$

(3)　$0+(-3)=-3$

(4)　$(-26)+(+17)=-(26-17)=-9$

(6)　$(-2)+0=-2$

(9)　$(-50)+(+150)=+(150-50)$

$=+100$

❸(1)　$(-0.7)+(-0.3)=-(0.7+0.3)=-1$

(3)　$(+0.9)+(+20.1)=+(0.9+20.1)=+21$

(4)　$\left(+\dfrac{3}{5}\right)+\left(+\dfrac{1}{5}\right)=+\left(\dfrac{3}{5}+\dfrac{1}{5}\right)=+\dfrac{4}{5}$

(5)　$\left(-\dfrac{3}{8}\right)+\left(+\dfrac{3}{8}\right)=0$

(6)　$\left(+\dfrac{5}{3}\right)+\left(-\dfrac{2}{3}\right)=+\left(\dfrac{5}{3}-\dfrac{2}{3}\right)=+1$

(7)　$\left(+\dfrac{2}{9}\right)+\left(-\dfrac{7}{6}\right)=\left(+\dfrac{4}{18}\right)+\left(-\dfrac{21}{18}\right)$

$=-\left(\dfrac{21}{18}-\dfrac{4}{18}\right)=-\dfrac{17}{18}$

(8)　$(-2)+\left(+\dfrac{2}{3}\right)=-\left(2-\dfrac{2}{3}\right)$

$=-\left(\dfrac{6}{3}-\dfrac{2}{3}\right)=-\dfrac{4}{3}$

基本ワーク　p.16 ～ 17

Check!

1 (1) ＋10　(2) ＋2

2 (1) ＋18　(2) －28

(3) －20

3 (1) ＋6.5　(2) $+\frac{3}{8}$

(3) $-\frac{11}{10}$

基本問題

❶ (1) ＋13　(2) －18

(3) ＋1　(4) ＋5

(5) 0　(6) －15

❷ (1) ＋8　(2) －22

(3) 0　(4) －33

(5) ＋14　(6) ＋70

❸ (1) －7.1　(2) －5

(3) ＋5.5　(4) $+\frac{24}{5}$

(5) －2　(6) $-\frac{7}{10}$

(7) $+\frac{5}{14}$　(8) $+\frac{29}{52}$

(9) $-\frac{9}{10}$ (－0.9)

解説

❶(3) $(+6)+(-6)+(+8)+(-7)$

$=\{(+6)+(-6)\}+(+8)+(-7)=+1$

(4) $(-11)+(+5)+(+7)+(+4)$

$=(-11)+\{(+7)+(+4)\}+(+5)$

$=\{(-11)+(+11)\}+(+5)$

$=0+(+5)=+5$

(5) $(-3)+(+13)+(-7)+(+10)+(-13)$

$=\{(+13)+(-13)\}+\{(-3)+(-7)\}+(+10)$

$=\{(+13)+(-13)\}+\{(-10)+(+10)\}$

$=0+0=0$

(6) $(-2)+(+20)+(-3)+(-35)+(+5)$

$=\{(-2)+(-3)\}+(+5)+(+20)+(-35)$

$=\{(-5)+(+5)\}+(+20)+(-35)$

$=0+(+20)+(-35)=-15$

❷(1) $(+4)-(-4)=(+4)+(+4)=+8$

(2) $(-7)-(+15)=(-7)+(-15)=-22$

(3) $(-10)-(-10)=(-10)+(+10)=0$

(4) $(-16)-(+17)=(-16)+(-17)=-33$

(5) $(+52)-(+38)=(+52)+(-38)=+14$

(6) $(-7)-(-77)=(-7)+(+77)=+70$

❸(1) $(-1.1)-(+6)=(-1.1)+(-6)=-7.1$

(3) $(+3.3)-(-2.2)$

$=(+3.3)+(+2.2)=+5.5$

(4) $(+5)-\left(+\frac{1}{5}\right)=(+5)+\left(-\frac{1}{5}\right)$

$=\left(+\frac{25}{5}\right)+\left(-\frac{1}{5}\right)=+\frac{24}{5}$

(5) $\left(-\frac{8}{3}\right)-\left(-\frac{2}{3}\right)=\left(-\frac{8}{3}\right)+\left(+\frac{2}{3}\right)$

$=-\frac{6}{3}=-2$

(6) $\left(-\frac{3}{10}\right)-\left(+\frac{2}{5}\right)=\left(-\frac{3}{10}\right)+\left(-\frac{2}{5}\right)$

$=\left(-\frac{3}{10}\right)+\left(-\frac{4}{10}\right)=-\frac{7}{10}$

(7) $\left(+\frac{1}{2}\right)-\left(+\frac{1}{7}\right)=\left(+\frac{1}{2}\right)+\left(-\frac{1}{7}\right)$

$=\left(+\frac{7}{14}\right)+\left(-\frac{2}{14}\right)=+\frac{5}{14}$

(8) $\left(+\frac{11}{52}\right)-\left(-\frac{9}{26}\right)=\left(+\frac{11}{52}\right)+\left(+\frac{9}{26}\right)$

$=\left(+\frac{11}{52}\right)+\left(+\frac{18}{52}\right)=+\frac{29}{52}$

(9) $\left(-\frac{4}{5}\right)-(+0.1)=\left(-\frac{4}{5}\right)-\left(+\frac{1}{10}\right)$

$=\left(-\frac{8}{10}\right)+\left(-\frac{1}{10}\right)=-\frac{9}{10}$

基本ワーク　p.18〜19

Check!

1　(1)　$(+4)-(-6)+(-3)$

$=(+4)+(+6)+(-3)$

$=+4+6-3=+7$

(2)　$(+8)-(-5)+(-7)-(+2)$

$=(+8)+(+5)+(-7)+(-2)$

$=8+5-7-2=+4$

2　(1)　0　　(2)　10

(3)　-4　　(4)　-0.5

❶ 基本問題

(1)　$(+7)-(+6)+(-3)$

$=(+7)+(-6)+(-3)$

$=7-6-3=-2$

(2)　$(-9)-(-1)+(-5)+(+3)$

$=(-9)+(+1)+(-5)+(+3)$

$=-9+1-5+3=-10$

(3)　$(-21)+(+35)+(+17)-(+31)$

$=(-21)+(+35)+(+17)+(-31)$

$=-21+35+17-31=0$

(4)　$(-1.9)+(-1.8)-(-5.7)$

$=(-1.9)+(-1.8)+(+5.7)$

$=-1.9-1.8+5.7=2$

❷　(1)　7　　(2)　-11

(3)　14　　(4)　-0.6

(5)　0　　(6)　-20

(7)　80　　(8)　12.6

(9)　$\dfrac{11}{6}$　　(10)　$-\dfrac{7}{18}$

(11)　$\dfrac{93}{35}$　　(12)　$-\dfrac{1}{12}$

解説

❶　項だけを並べた式 ⇨ 加法だけの式のかっこと，加法の記号 ＋ をはぶいた式。計算の結果が正のとき，＋ の記号は省略できる。

❷　交換法則により正の項どうし，負の項どうしをまとめ，結合法則により，まとめた部分を計算すると，計算しやすくなる。

(1)　$3-2+6=3+6-2$　← 交換法則

$=9-2=7$

(2)　$5-9+1-8$

$=5+1-9-8$　← 交換法則

$=6-17$　← 結合法則

$=-11$

(3)　$12-26+18+10$

$=12+18+10-26$

$=40-26=14$

(4)　$-0.8+3.5-3.3$

$=3.5-0.8-3.3=3.5-4.1$

$=-0.6$

(5)　$3-11+9-6+5$

$=3+9+5-11-6$

$=17-17$

$=0$

(6)　$-9-3+(-16)+8$

$=-9-3-16+8$　←項だけを並べる

$=8-9-3-16$

$=8-28$

$=-20$

(9)　$2-\dfrac{1}{2}+\dfrac{1}{3}=2+\dfrac{1}{3}-\dfrac{1}{2}$

$=\dfrac{7}{3}-\dfrac{1}{2}=\dfrac{14}{6}-\dfrac{3}{6}=\dfrac{11}{6}$

(10)　$\dfrac{4}{9}-\left(+\dfrac{2}{3}\right)-\dfrac{1}{6}=\dfrac{4}{9}-\dfrac{2}{3}-\dfrac{1}{6}$

$=\dfrac{8}{18}-\dfrac{12}{18}-\dfrac{3}{18}=-\dfrac{7}{18}$

(11)　$3-\left(+\dfrac{6}{5}\right)-\left(-\dfrac{6}{7}\right)$

$=3-\dfrac{6}{5}+\dfrac{6}{7}=3+\dfrac{6}{7}-\dfrac{6}{5}$

$=\dfrac{27}{7}-\dfrac{6}{5}=\dfrac{135}{35}-\dfrac{42}{35}=\dfrac{93}{35}$

(12)　$\dfrac{3}{2}-\left(+\dfrac{4}{3}\right)+\left(-\dfrac{1}{4}\right)$

$=\dfrac{3}{2}-\dfrac{4}{3}-\dfrac{1}{4}$

$=\dfrac{18}{12}-\dfrac{16}{12}-\dfrac{3}{12}=-\dfrac{1}{12}$

2節の問題 p.20 ~ 21

1 (1) -7　(2) -19　(3) 58
(4) 0　(5) 3　(6) -0.5
(7) $-\frac{1}{2}$　(8) -1　(9) $-\frac{11}{9}$
(10) $-\frac{9}{5}\,(-1.8)$

2 (1) -7　(2) 2　(3) -9
(4) -8　(5) 27　(6) 5
(7) -4　(8) 19　(9) 36
(10) -0.7　(11) $\frac{4}{3}$　(12) $-\frac{9}{8}$

3 (1) -5　(2) -9

4 (1) 6　(2) ㋐ 2　㋑ 1

5 ㋓

6 (1) 土曜日　(2) 24.2℃

解説

1 (1) $(-9)+(+2)=-9+2=-7$

(2) $(-12)+(-7)=-12-7=-19$

(3) $(+21)-(-37)=21+37=58$

(7) $(+2)+\left(-\frac{5}{2}\right)=2-\frac{5}{2}=\frac{4}{2}-\frac{5}{2}=-\frac{1}{2}$

(8) $(-0.9)+(-0.1)=-0.9-0.1=-1$

(9) $\left(-\frac{2}{3}\right)-\left(+\frac{5}{9}\right)=-\frac{2}{3}-\frac{5}{9}=-\frac{6}{9}-\frac{5}{9}$

$=-\frac{11}{9}$

(10) $(-1.2)+\left(-\frac{3}{5}\right)=-\frac{12}{10}-\frac{3}{5}=-\frac{6}{5}-\frac{3}{5}$

$=-\frac{9}{5}$

2 (2) $7-4-3+2=7+2-4-3=9-7=2$

(3) $-9+1-6+5=-9-6+1+5$

$=-15+6=-9$

(4) $(+7)+(-11)-(+4)=7-11-4$

$=7-15=-8$

(6) $(+15)+(-16)-(+7)-(-13)$

$=15-16-7+13=15+13-16-7$

$=28-23=5$

(9) $22+(-37)-(-51)=22-37+51$

$=22+51-37=73-37=36$

(10) $1.9-(+2.1)-0.5=1.9-2.1-0.5$

$=1.9-2.6=-0.7$

(11) $1-\frac{4}{3}-\left(-\frac{1}{6}\right)+\frac{3}{2}=1-\frac{4}{3}+\frac{1}{6}+\frac{3}{2}$

$=\frac{6}{6}-\frac{8}{6}+\frac{1}{6}+\frac{9}{6}=\frac{6}{6}+\frac{1}{6}+\frac{9}{6}-\frac{8}{6}$

$=\frac{16}{6}-\frac{8}{6}=\frac{8}{6}=\frac{4}{3}$

(12) $-\frac{1}{4}+(-0.5)-\frac{3}{8}=-\frac{1}{4}-\frac{1}{2}-\frac{3}{8}$

$=-\frac{2}{8}-\frac{4}{8}-\frac{3}{8}=-\frac{9}{8}$

3 (1) ある数を□とおくと，□から -4 をひいたら，答えが -1 になったので，□は，-1 に -4 をたすと求められる。したがって，

□ $=(-1)+(-4)=-1-4=-5$

(2) (1)より，ある数は -5 なので，正しい計算は，

$(-5)+(-4)=-5-4=-9$

4 (1) 一番上の行で求めると，$3+5-2=8-2=6$

(2) (1)から 1 列の数の和が 6 なので，

$5+$㋐$-1=$㋐$+4=6$ だから，

㋐ $=6-4=2$

$3+2+$㋑$=5+$㋑$=6$ だから，

㋑ $=6-5=1$

5 ㋐ $-\mathrm{A}-\mathrm{B}=-(\mathrm{A}+\mathrm{B})=-$(正＋正)

$=-$正＝負

㋑ $\mathrm{A}=1$，$\mathrm{B}=3$，$\mathrm{C}=-1$ の場合，

$\mathrm{A}-\mathrm{B}-\mathrm{C}=1-3-(-1)=1-3+1=-1$

となり，つねに正の数になるとはいえない。

㋒ $\mathrm{A}=5$，$\mathrm{B}=2$，$\mathrm{C}=-1$ の場合，

$-\mathrm{C}+\mathrm{B}-\mathrm{A}=-(-1)+2-5=1+2-5$

$=-2$ となり，

つねに正の数になるとはいえない。

㋓ 正＋正－(負)＝正＋正＋正＝正

6 (1) 月曜日の気温を基準の 0℃とすると，

火曜日　$+2.1$

水曜日　$+2.1-1.5=+0.6$

木曜日　$+0.6-0.8=-0.2$

金曜日　$-0.2-1.6=-1.8$

土曜日　$-1.8-0.9=-2.7$　となり，土曜日の気温がもっとも低かったといえる。

(2) (1)から，木曜日は，月曜日より 0.2℃低いので，月曜日は，木曜日より 0.2℃高い。

$24+0.2=24.2$℃

基本ワーク　p.22 ～ 23

Check!

1　(1)　-44　　(2)　78

(3)　6　　(4)　100

(5)　-2.7

2　(1)　330　　(2)　3100

(3)　-188　　(4)　20

基本問題

❶　(1)　8　　(2)　-159

(3)　88　　(4)　-112

(5)　-72　　(6)　-169

(7)　-5.1　　(8)　$\frac{90}{11}$

(9)　5.09　　(10)　$-\frac{3}{10}$

❷　(1)　-260　　(2)　-180

(3)　900　　(4)　-840

(5)　388　　(6)　4

(7)　900　　(8)　-3640

(9)　138

解説

❶(1)　$(+4)\times(+2)=+(4\times2)=8$

(2)　$53\times(-3)=-(53\times3)=-159$

(3)　$(-11)\times(-8)=+(11\times8)=88$

(5)　$-(+72)=(-1)\times(+72)=-72$

(9)　$-(-5.09)=(-1)\times(-5.09)=5.09$

(10)　$-\left(-\frac{2}{5}\right)\times\left(-\frac{3}{4}\right)=\left(+\frac{2}{5}\right)\times\left(-\frac{3}{4}\right)$

$=-\left(\frac{2}{5}\times\frac{3}{4}\right)=-\frac{3}{10}$

❷(1)　$(-5)\times(-13)\times(-4)$

$=(-5)\times(-4)\times(-13)$

$=20\times(-13)$

$=-260$

(2)　$3\times(-4)\times15=3\times\{(-4)\times15\}$

$=3\times(-60)=-180$

(3)　$-9\times(-25)\times4=-9\times(-100)$

$=900$

(4)　$5\times(-21)\times8=5\times8\times(-21)$

$=40\times(-21)$

$=-840$

(5)　$(-4)\times(+9.7)\times(-10)$

$=(-4)\times(-97)=388$

(6)　$18\times(-2)\times\left(-\frac{1}{9}\right)$

$=18\times\left(-\frac{1}{9}\right)\times(-2)$

$=-2\times(-2)=4$

別解例　$(-36)\times\left(-\frac{1}{9}\right)=4$ としてもよい。

(7)　$-30\times6\times(-5)$

$=-30\times(-30)=900$

(8)　$(+52)\times(-14)\times5$

$=(+52)\times(-70)=-3640$

(9)　$-8\times(+23)\times\left(-\frac{3}{4}\right)$

$=-8\times\left(-\frac{3}{4}\right)\times(+23)$

$=6\times23=138$

基本ワーク p.24 ~ 25

Check!

1 (1) 96 (2) $-\dfrac{20}{7}$

2 (1) $(-5)^3$

(2) (順に) -0.008, -64, 1000

(3) (順に) $20=2^2\times5$, $25=5^2$, $162=2\times3^4$

基本問題

❶ (1) -54 (2) -32

(3) 1200 (4) -14.4

(5) -64 (6) -20

❷ (1) $(-1)^3$ (2) 3.14^2

(3) -10^3 (4) $\left(-\dfrac{1}{6}\right)^2$

❸ (1)① 49 ② -25

③ -16 ④ 144

(2)① $63=3^2\times7$ ② $56=2^3\times7$

③ $250=2\times5^3$

解説

❶(1) $-6\times(+3)\times3$ ← $-$は1つ

$=-54$

(2) $(+8)\times(-4)\times1$ ← $-$は1つ

$=-(8\times4\times1)=-32$

(3) $(-12)\times(-10)\times10$ ← $-$は2つ

$=+\{12\times(10\times10)\}$ ← 結合法則

$=+12\times100=1200$

(4) $(-9)\times(-0.5)\times(-3.2)$ ← $-$は3つ

$=-(9\times0.5\times3.2)=-14.4$

(5) $\left(+\dfrac{4}{5}\right)\times\left(-\dfrac{1}{2}\right)\times(-10)\times18\times\left(-\dfrac{8}{9}\right)$

$=-\left\{\left(\dfrac{4}{5}\times\dfrac{1}{2}\times10\right)\times\left(18\times\dfrac{8}{9}\right)\right\}$

$=-(4\times16)=-64$

(6) $-6\times\dfrac{1}{3}\times\left(-\dfrac{5}{7}\right)\times(-14)$

$=-\left\{\left(6\times\dfrac{1}{3}\right)\times\left(\dfrac{5}{7}\times14\right)\right\}$

$=-(2\times10)=-20$

❷(2) 小数であっても右肩に指数を書く。

(3) $-10\times10\times10=-10^3$

❸(1)① $(-7)^2=(-7)\times(-7)=49$

② $-5^2=-(5\times5)=-25$

③ $(-4)\times2^2=(-4)\times4=-16$

④ $(3\times4)^2=12^2=144$

(2)① $63=3\times3\times7=3^2\times7$

② $56=2\times2\times2\times7=2^3\times7$

③ $250=2\times5\times5\times5=2\times5^3$

基本ワーク　p.26 ～ 27

Check!

1　(1)　-10　　(2)　13

(3)　-4

2　(1)　$\frac{3}{20}$　　(2)　0

(3)　$-\frac{1}{6}$

3　(1)　$-\frac{28}{9}$　　(2)　$-\frac{12}{25}$

基本問題

❶　(1)　-2　　(2)　$-\frac{32}{5}\ (-6.4)$

(3)　10　　(4)　-11

(5)　$\frac{3}{2}\ (1.5)$　　(6)　$-\frac{1}{2}\ (-0.5)$

❷　(1)①　$-\frac{1}{5}$　　②　$-\frac{5}{6}$

③　$-\frac{10}{7}$

(2)①　$-\frac{1}{12}$　　②　$\frac{35}{9}$

③　$-\frac{7}{30}$　　④　64

⑤　$-\frac{40}{3}$　　⑥　$-\frac{12}{43}$

❸　(1)　$\frac{36}{5}$　　(2)　$\frac{1}{3}$

(3)　$-\frac{3}{16}$　　(4)　$-\frac{45}{8}$

解説

❶(1)　$(-54)\div(+27)=-(54\div27)=-2$

(2)　$(+32)\div(-5)$

$=-(32\div5)=-\frac{32}{5}\ (-6.4)$

(3)　$(+8)\div(+0.8)=10$

(5)　$(-9)\div(-6)=+(9\div6)=\frac{3}{2}\ (1.5)$

(6)　$5.6\div(-11.2)=-\frac{1}{2}\ (-0.5)$

❷(1)　○×△＝1のとき，○は△の逆数であり，△は○の逆数である。

③　$-0.7\times\square=-\frac{7}{10}\times\square$

$-\frac{7}{10}\times\square=1$　$\square=-\frac{10}{7}$

(2)①　$\frac{5}{6}\div(-10)=-\frac{5}{6}\times\frac{1}{10}=-\frac{1}{12}$

②　$\left(-\frac{8}{9}\right)\div\left(-\frac{8}{35}\right)=\frac{8}{9}\times\frac{35}{8}=\frac{35}{9}$

④　$(-16)\div\left(-\frac{1}{4}\right)=16\times4=64$

⑤　$4\div\left(-\frac{3}{10}\right)=-4\times\frac{10}{3}=-\frac{40}{3}$

⑥　$(+1)\div\left(-\frac{43}{12}\right)=-\left(1\times\frac{12}{43}\right)=-\frac{12}{43}$

❸(1)　$(-3)\times(+2)\div\left(-\frac{5}{6}\right)$

$=3\times2\times\frac{6}{5}=\frac{36}{5}$

(2)　$\frac{5}{9}\div\left(-\frac{9}{5}\right)\times\left(-\frac{27}{25}\right)$

$=\frac{5}{9}\times\frac{5}{9}\times\frac{27}{25}=\frac{1}{3}$

(3)　$\left(+\frac{1}{4}\right)\div\left(-\frac{2}{3}\right)\times\left(+\frac{1}{2}\right)$

$=-\frac{1}{4}\times\frac{3}{2}\times\frac{1}{2}=-\frac{3}{16}$

(4)　$(-5^2)\times\left(-\frac{3}{4}\right)\div\left(-\frac{10}{3}\right)$

$=-25\times\frac{3}{4}\times\frac{3}{10}=-\frac{45}{8}$

基本ワーク　p.28 ～ 29

Check!

1　(1)　$-\frac{25}{3}$　　(2)　$-\frac{5}{2}$

2　(1)　-48　　(2)　$-\frac{92}{9}$

3　(1)　-7　　(2)　-230

(3)　-51.5

基本問題

❶　(1)　-9　　(2)　-11

(3)　-3　　(4)　$-\frac{1}{2}\ (-0.5)$

(5)　-77　　(6)　6

❷　(1)　-23　　(2)　3

(3)　-2　　(4)　20

(5)　0　　(6)　1

❸　(1)　-19　　(2)　-21

(3)　480　　(4)　-520

(5)　-5353　　(6)　-3485

解説

❶(1)　$7+8\times(-2)=7+(-16)=-9$

(2)　$15\div(-3)+(-6)=(-5)+(-6)=-11$

(3)　$2\times(-5)-28\div(-4)=(-10)-(-7)$

$=-10+7=-3$

(4)　$-6\div\{3-(-9)\}=-6\div(3+9)=-\frac{1}{2}$

(5)　$-(9-2)\times11=-7\times11=-77$

(6)　$(11-12)\times(-6)=-1\times(-6)=6$

❷(1)　$-2\times(-3)^2-5$

$=-2\times9-5=-18-5=-23$

(2)　$(-6)^2\div3+(-9)$

$=36\div3-9=12-9=3$

(3)　$(3-11)\div(-2)^2=-8\div4=-2$

(4)　$5\times(-4+2^3)$

$=5\times(-4+8)=5\times4=20$

(5)　$(-3^3)\div9-(-3)$

$=-27\div9+3$

$=-3+3=0$

(6)　$-3+(-2)\times4^2\div(-8)$

$=-3+2\times16\div8$

$=-3+4=1$

❸(1)　$\left(\frac{8}{15}-\frac{7}{6}\right)\times30$

$=\frac{8}{15}\times30-\frac{7}{6}\times30=16-35=-19$

(2)　$-22\times\left(\frac{1}{2}+\frac{5}{11}\right)$

$=-22\times\frac{1}{2}+\left(-22\times\frac{5}{11}\right)$

$=-11-10=-21$

(3)　$33\times12+7\times12=(33+7)\times12$

$=40\times12=480$

(4)　$52\times27-52\times37=52\times(27-37)$

$=52\times(-10)=-520$

(5)　$101\times(-53)=(100+1)\times(-53)$

$=100\times(-53)+1\times(-53)$

$=-5300+(-53)=-5353$

(6)　$-17\times205=-17\times(200+5)$

$=-17\times200-17\times5=-3400-85=-3485$

基本ワーク　p.30 ～ 31

Check!

1　(例)$2-6$, $2\div6$

2　$a\times b$…A

$a\div b$…C

基本問題

❶　(1)　①, ③, ④

(2)　①, ②, ③

(3)　②　減法

$a-b$		ひく数 b			
		1	2	3	4
ひかれる数 a	1	×	×	×	×
	2		×	×	×
	3			×	×
	4				×

④　除法

$a\div b$		わる数 b			
		1	2	3	4
わられる数 a	1		×	×	×
	2			×	×
	3		×		×
	4			×	

(4)　①　加法

$a+b$		たす数 b			
		1	2	3	4
たされる数 a	1	○	○		○
	2	○		○	
	3		○		○
	4	○		○	

③　乗法

$a\times b$		かける数 b			
		1	2	3	4
かけられる数 a	1		○	○	
	2	○			
	3	○			
	4				

❷　(1)　①, ②, ③

(2)　②

解説

❶(2)　0 や負の整数も整数だから，減法もふくまれることに注意。

❷(1)　$(-3)\div5=-\dfrac{3}{5}$ のように整数どうしの除法では，計算結果がいつでも整数であるとはかぎらない。

(2)　たとえば $a=b=\dfrac{1}{3}$, $a=b=-0.2$ などの場合も考える。

①　$a+b$ ⇒ 数全体

②　$a-b=0$

③　$a\times b$ ⇒ 正の数 (分数，小数もふくむ)

④　$a\div b=1$

基本ワーク　p.32 ～ 33

Check!

1　152.8cm

2　表…(日曜日から順に) $+4$, $+6$, $+2$, $+3$, $+6$, (0), $+4$

最高気温の平均…26.6℃

基本問題

❶ (1)　(A から順に) -9, $+18$, -11, -6, $+14$, (0)

(2)　21000 人

❷ (1)　下の図

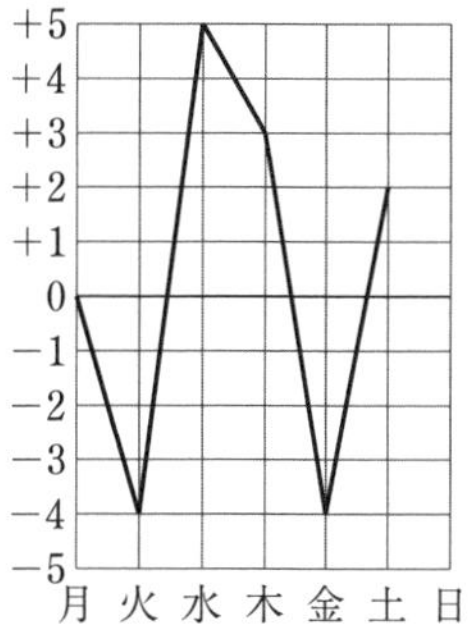

(2)　水曜日，63 万円

(3)　火曜日と金曜日

(4)　-3

解説

❶(1)　F 球場の 20 との差を求めると，

A…$11-20=-9$，B…$38-20=+18$

C…$9-20=-11$，D…$14-20=-6$

E…$34-20=+14$

(2)　基準は F の 2 万人だから，平均は，

$20+(-9+18-11-6+14+0)\div 6$

$=20+(+18+14-9-11-6+0)\div 6$

$=20+(32-26)\div 6=20+1$

$=21$ (千人) → 21000 (人)

別解例　$(11+38+9+14+34+20)\div 6$

$=126\div 6=21$ (千人)

❷(1)　表の数値は，前日との差であることに注意する。

(2)　グラフより水曜日で，$58+5=63$ (万円)

または表より，$58-4+9=63$ (万円)

(3)　グラフから読み取ることができる。

(4)　月曜日の 58 万円より 1 万円少ないので，グラフの点は -1 になり，土曜日より 3 万円少ない。

3・4節の問題 p.34 ～ 35

1 (1) -35 (2) 0

(3) $-\frac{1}{3}$ (4) 120

2 (1) $32=2^5$ (2) $45=3^2\times 5$

(3) $132=2^2\times 3\times 11$

(4) $252=2^2\times 3^2\times 7$

3 (1) 64 (2) -64

(3) -72

4 (1) -9 (2) 0

(3) -16 (4) $\frac{1}{2}$

5 (1) -14 (2) $\frac{81}{2}$

6 (1) 17 (2) 2

(3) -3 (4) $\frac{1}{2}$

7 (1) -210 (2) -2929

8 (1) 60 点

(2)① 0 ② 72

(3) 22 点 (4) 60.2 点

9 (1) ㋑，㋓ (2) ㋐，㋑，㋒

解説

1 (1) $(-7)\times(+5)=-(7\times 5)=-35$

(3) $\frac{8}{9}\times\left(-\frac{3}{8}\right)=-\frac{\overset{1}{\cancel{8}}\times\overset{1}{\cancel{3}}}{\underset{3}{\cancel{9}}\times\underset{1}{\cancel{8}}}=-\frac{1}{3}$

(4) $(-4)\times 6\times(-5)=4\times 5\times 6=20\times 6=120$

2 (1)
2) 32
2) 16
2) 8
2) 4
　　2
$2\times 2\times 2\times 2\times 2=2^5$

(3)
2) 132
2) 66
3) 33
　　11
$2\times 2\times 3\times 11$
$=2^2\times 3\times 11$

3 (1) $(-8)^2=(-8)\times(-8)=64$

(2) $-8^2=-(8\times 8)=-64$

(3) $(-2)^3\times 3^2=(-2)\times(-2)\times(-2)\times 3\times 3$
$=-72$

4 (1) $18\div(-2)=-(18\div 2)=-9$

(3) $64\div(-4)=-(64\div 4)=-16$

(4) $\left(-\frac{2}{7}\right)\div\left(-\frac{4}{7}\right)=\frac{\overset{1}{\cancel{2}}\times\overset{1}{\cancel{7}}}{\underset{1}{\cancel{7}}\times\underset{2}{\cancel{4}}}=\frac{1}{2}$

5 (1) $7\times(-4)\div 2=-7\times 4\times\frac{1}{2}=-14$

(2) $(-15)\div\left(-\frac{5}{3}\right)\div\frac{2}{9}=15\times\frac{3}{5}\times\frac{9}{2}=\frac{81}{2}$

6 (1) $9-4\times(-2)=9-(-4\times 2)=9-(-8)$
$=9+8=17$

(2) $3\times(-3)+11=-(3\times 3)+11$
$=-9+11=2$

(3) $49\div 7-(13-3)=7-10$
$=-3$

(4) $1-(-1)^2\div 2=1-1\div 2$
$=1-\frac{1}{2}=\frac{1}{2}$

7 (1) $21\times(-6)+21\times(-4)=21\times\{(-6)+(-4)\}$
$=21\times(-10)=-(21\times 10)=-210$

(2) $101\times(-29)=(100+1)\times(-29)$
$=100\times(-29)+1\times(-29)$
$=-2900-29=-2929$

8 (1) A の得点から，(基準の得点) $-10=50$ なので，(基準の得点) $=50+10=60$ (点) となる。

(2) (1)から，基準が 60 点なので，①は 0，②は，
$60+12=72$ (点)

(3) 基準との差で比べると，C がもっとも高く，A がもっとも低いので，その差は，
$12-(-10)=12+10=22$ (点)

(4) (平均点) $=60+(-10+0+12+5-6)\div 5$
$=60+1\div 5=60+0.2=60.2$ (点)

9 ㋐ (自然数) + (自然数) = (自然数)

㋑ (自然数) − (自然数) は，$1-2=-1$ のように，負の整数になる場合もある。

㋒ (自然数) × (自然数) = (自然数)

㋓ (自然数) ÷ (自然数) は，$1\div 2=\frac{1}{2}$ のように，小数や分数になる場合もある。

1 章の問題　p.36 ～ 37

1 (1) 1, 2, 3, 6, 7, 14, 21, 42

(2) 1, 2, 3, 4, 5, 6, 10, 12, 15, 20, 30, 60

(3) 1, 2, 7, 14, 49, 98

2 (1) -7　(2) 1

(3) 2　(4) 1.8

(5) 1　(6) 0

(7) 1　(8) 8

3 (1) -18　(2) 5

(3) $-\dfrac{7}{4}$　(4) -12

(5) -200　(6) -3

(7) 14　(8) 4

4 (1) 4　(2) $\dfrac{1}{4}$

5 (1) 7　(2) -42

6 ㋒

7 46 個

8 (1) 4　(2) 1

9 (例)　整数 A を -2，整数 B を 3 としたとき，$A\times B=-2\times 3=-6$ となり，$-6<0$ より，必ずしも整数 A に整数 B をかけた数が 0 より大きいとはいえない。

解説

1 (1)

2) 42	1×42
3) 21	2×21
7	3×14
	6×7

(2)

2) 60	1×60
2) 30	2×30
3) 15	3×20
5	4×15
	5×12
	6×10

(3)

2) 98	1×98
7) 49	2×49
7	7×14

2 (3) $-19+21=+(21-19)=2$

(4) $-0.3-(-2.1)=-0.3+2.1=1.8$

(5) $\dfrac{5}{8}-\left(-\dfrac{3}{8}\right)=\dfrac{5}{8}+\dfrac{3}{8}=\dfrac{8}{8}=1$

(6) $4+7-2-9=11-11=0$

(8) $-2+7-(-4)-(+1)=-2+7+4-1$

$=-2-1+7+4=-3+11=8$

3 (3) $\dfrac{7}{16}\times(-4)=-\dfrac{7\times \cancel{4}^{1}}{{}_{4}\cancel{16}}=-\dfrac{7}{4}$

(4) $(-9)\div\dfrac{3}{4}=-\left(9\times\dfrac{4}{3}\right)=-12$

(5) $(-2)^3\times(-5)^2$

$=(-2)\times(-2)\times(-2)\times(-5)\times(-5)$

$=(-8)\times(+25)=-200$

(6) $(-60)\div 4\div 5=-\left(60\times\dfrac{1}{4}\times\dfrac{1}{5}\right)=-3$

(7) $(-2)\times(-6)-(-8)\div 4=12-(-2)$

$=12+2=14$

(8) $2\times(-9)\div 3+10=-\left(2\times 9\times\dfrac{1}{3}\right)+10$

$=-6+10=4$

4 (1) $8-\{8\div(5-3)\}=8-(8\div 2)=8-4=4$

(2) $\left(-\dfrac{1}{2}\right)^2\times 3-1\div 2=\dfrac{1}{4}\times 3-\dfrac{1}{2}$

$=\dfrac{3}{4}-\dfrac{2}{4}=\dfrac{1}{4}$

5 (1) $\left(\dfrac{3}{4}-\dfrac{1}{6}\right)\times 12=\dfrac{3}{\cancel{4}_{1}}\times\cancel{12}^{3}-\dfrac{1}{\cancel{6}_{1}}\times\cancel{12}^{2}$

$=9-2=7$

(2) $(-36)\times\left(\dfrac{5}{12}+\dfrac{3}{4}\right)$

$=(-\overset{3}{\cancel{36}})\times\dfrac{5}{\cancel{12}_{1}}+(-\overset{9}{\cancel{36}})\times\dfrac{3}{\cancel{4}_{1}}$

$=-15-27=-42$

6 $A\times B<0$，$B\div C<0$ より，A と B，B と C は異符号だから，A と C は同符号。また $A+C>0$ より $A>0$，$B>0$ よって $B<0$

7 6 日間の販売個数が 234 個なので，1 日の平均販売個数は，$234\div 6=39$ (個)　土曜日は，平均よりも 7 個多く売れたので，

$39+7=46$ (個)

8 (1) $2-1+2+1=4$

(2) 3 回目までの合計点は，B が 2，C が 1 である。B，C の 4 回目の得点は，それぞれ 2 か -1 で，合計点の差が 2 であるから，B が -1，C が 2 の場合，B が $2-1=1$　C が $1+2=3$ で，合計点の差が $3-1=2$ となり適する。

9 解答と同じように，整数 A と整数 B をかけた数が 0 よりも小さい，もしくは 0 である例が書かれていれば，正解とする。

2章　文字と式

ウォーミングアップ　p.38 ～ 39

1　(1)①　$80 \times 3 + 70$

②　$80 \times x + 70 = y$

③　630

(2)①　りんご 5 個の代金

②　りんご 1 個とかごの代金の合計

③　りんご 8 個とかごの代金の合計

2　(1)　$y = 20 - x$　　(2)　$y = x \times 6$

(3)　$y = x \div 5$

3　(1)①　20%　　②　48%

③　100%　　④　1.23

(2)　90 人　　(3)　224 円

(4)　$x \times 0.8$

4　①　㋒　　②　㋐　　③　㋑

5　(1)①　5　　②　7

③　9　　④　11

(2)　2 本

(3)（例）　$y = 1 + 2 \times x$

(4)　41 本

解説

1(1)①　ペンが 3 本で，80×3（円）。これに 70 円の消しゴムの代金を加える。

②　80 円のペンが x 本で，$80 \times x$（円）だから，これに 70 円の消しゴムの代金を加える。

③　②の式の x に 7 をあてはめて，
$80 \times 7 + 70 = 630$

(2)②　x はりんご 1 個の値段を表す。

③　$x \times 8$ はりんご 8 個の代金を表す。

2(1)　折り紙 20 枚から x 枚をひくと，残りの枚数になる。

(2)　三角形の面積の公式に当てはめる。

(3)　全体を 5 等分した 1 つ分は，（全体）$\div 5$ で求められる。

3(2)　150（人）$\times 0.6 = 90$（人）

(3)　$1 - 0.2 = 0.8$，2 割引きの代金は，280 円の 0.8 倍にあたるから，$280 \times 0.8 = 224$（円）

(4)　もとにする量が x 円なので，$x \times 0.8$ となる。

4①　$(20 - 2)$ は，㋒の 1 辺の両端にある頂点をのぞいた碁石の数。4 辺分の個数は $(20 - 2) \times 4$ で求められ，全体の個数は，これに頂点の 4 つを加えると求められる。

5(2)　正三角形が 1 個から 2 個になったときに増えるマッチ棒を数える。

(3)　最初にマッチ棒が 1 本あり，正三角形が 1 個増えるごとに棒が 2 本ずつ増えると考える。
$3 + 2 \times (x - 1)$ などでもよい。

(4)　(3)の式の x が 20 のとき，$1 + 2 \times 20 = 41$

基本ワーク　p.40 ～ 41

Check!

1 ⑴ $(a\times5)$cm

⑵ $(1000-70\times x)$ 円

2 $3a^2-ab$

3 $-\dfrac{a+b}{3}\left(-\dfrac{1}{3}(a+b)\right)$

基本問題

❶ ⑴ $(5\times x)$ 個

⑵ $(x-4)$ 脚

⑶ $(a\div6)$ m

❷ ⑴ (左から順に)(6)，11，16

⑵ $(1+5\times n)$ 本

❸ ⑴① $3ax$　② $2(a-5)$

③ $\dfrac{3}{5}x$　④ $-xy$

⑤ $-5a+3b$　⑥ a^3b^2

⑦ $\dfrac{3y}{5}$　⑧ $\dfrac{4-b}{3}$

⑨ $x^2-\dfrac{x}{4}$

⑵① $(-5)\times x\times x\times x\times y$

② $a\div3-b\div3$

③ $1.8\times(a-b)$

❹ ⑴ $\dfrac{192+a}{5}$ kg　⑵ $(10-ax)$ L

解説

❷⑴ 長方形が 2 個のとき，縦 3 本，横 4×2 本

長方形が 3 個のとき，縦 4 本，横 6×2 本

⑵ 1 個の長方形で 6 本の棒を使うが，縦の辺が重なるから，長方形が 1 個増えるごとに棒は 5 本ずつ増えていく。

❸⑴③ $\dfrac{3}{5}$ は数だから，文字 x の前に書く。

④ $1\times x=x$，$-1\times x=-x$ のように表す。

⑤ 加法の記号 ＋ は，はぶくことができない。

⑨ $x\div(-4)=\dfrac{x}{-4}=-\dfrac{x}{4}$

⑵① $-5x^3y=(-5)\times x\times x\times x\times y$

② $a\div3+b\div(-3)$，$\dfrac{1}{3}\times a-\dfrac{1}{3}\times b$

などでもよい。

③ $(a-b)$ はひとまとまりの数なので，そのまま。

❹⑴ $(51+43+48+50+a)\div5$

$=\dfrac{192+a}{5}$ (kg)

⑵ x 人分の合計は，$a\times x=ax$ (L)

基本ワーク　p.42～43

Check!

1　(1)　$(x+0.08)$ kg　(2)　$(60h+m)$ 分

(3)　$\left(x+\dfrac{y}{1000}\right)$ L

または $(x+0.001y)$ L

2　(1)　$\dfrac{3}{10}a$ L　(2)　$\dfrac{7}{10}b$ 人

(3)　$\dfrac{x}{3}$ 時間

基本問題

❶　(1)①　$\dfrac{y}{10}$ $(0.1y)$

②　$x-\dfrac{y}{10}$ $(x-0.1y)$

③　$10x-y$

(2)①　$\dfrac{x}{60}$　②　$60x$

③　$1-\dfrac{x}{60}$

❷　(1)　$\dfrac{4}{5}x$ 円　または $0.8x$ 円

(2)　$\left(1000-\dfrac{4}{5}x\right)$円

または $(1000-0.8x)$ 円

❸　(1)　$\dfrac{600}{x}$ 分

(2)　時速 $\dfrac{a}{4}$ km，分速 $\dfrac{25a}{6}$ m

解説

❶(1)①　1cm = 10mm より 1mm = $\dfrac{1}{10}$ cm だから，

$y$mm = $\dfrac{y}{10}$ cm　または $\dfrac{1}{10}y$cm，$0.1y$cm

③　ろうそくの長さは $x$cm = $10x$mm だから，
残った部分は $(10x-y)$mm

(2)①　1 時間 = 60 分より 1 分 = $\dfrac{1}{60}$ 時間だから，

x 分 = $\dfrac{x}{60}$ 時間

②　1 分 = 60秒だから，
x 分→ $60\times x$ (秒) = $60x$ (秒)

③　①より $\left(1-\dfrac{x}{60}\right)$ 時間

❷(1)　(代金) = (定価) × $\dfrac{80}{100}$ = $x\times\dfrac{80}{100}$

= $\dfrac{4}{5}x$ (円)

(2)　(おつり) = 1000 − (代金) = $1000-\dfrac{4}{5}x$ (円)

❸(1)　(時間) = (道のり) ÷ (速さ)

(2)　(速さ) = (道のり) ÷ (時間)

時速…a (km) ÷ 4 (時間) = $\dfrac{a}{4}$ (km/h)

分速…$1000a$ (m) ÷ (4×60) (分) = $\dfrac{1000a}{240}$

= $\dfrac{25a}{6}$ (m/min)

基本ワーク　p.44 ～ 45

Check!

1　$\dfrac{\pi a^2}{2}$ cm^2

2　(1)　周の長さ・cm

(2)　面積・cm^2

基本問題

❶　(1)　πx^2 cm^2　　(2)　$2\pi r$cm

(3)　$\dfrac{\pi y}{2}+y$ (cm)

❷　(1)①　二等辺三角形の周の長さ・cm

②　二等辺三角形の面積・cm^2

(2)①　直角二等辺三角形の面積・cm^2

②　直角二等辺三角形の周の長さ・cm

(3)①　長方形の面積・m^2

②　長方形の周の長さ・m

(4)①　台形の面積・cm^2

②　台形の周の長さ・cm

解説

❶(3)　半円の周は，円周の半分 (曲線部分) と直径の和である。(円周) = (直径) × (円周率) より直径 $y$cm の円の円周は πy (cm)

(円周の半分) $= \pi y \div 2 = \dfrac{\pi y}{2}$ (cm)

❷(1)①　$2a+b=2\times a+b$

→ (等しい 2 辺の和) + (底辺)

→三角形の周の長さ

②　$\dfrac{1}{2}bc=b\times c\div 2$

→ (底辺) × (高さ) ÷ 2 →三角形の面積

(2)①　$\dfrac{1}{2}x^2=x\times x\div 2$ → (底辺) × (高さ) ÷ 2

→三角形の面積

②　$2x+y$ → (等しい 2 辺の和) + (他の 1 辺)

→周の長さ

(3)①　$ab=a\times b$ → (縦) × (横)

→長方形の面積

②　$2a+2b$ → (縦) × 2 + (横) × 2

→長方形の周の長さ

(4)①　$\dfrac{ph}{2}$ → 三角形㋐の面積

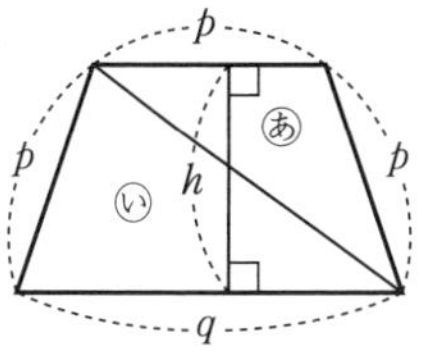

$\dfrac{qh}{2}$ → 三角形㋑の面積

$\dfrac{ph}{2}+\dfrac{qh}{2}$ → 台形の面積

②　$3p+q$ → $3\times p+q$

→ 台形の周の長さ

基本ワーク　p.46 ～ 47

Check!

1　(1)　2.7　　(2)　-21
　(3)　-8

2　(1)　9　　(2)　-9
　(3)　9

3　(1)　8　　(2)　6
　(3)　-24

基本問題

❶　(1)①　-39　　②　43
　③　$\dfrac{1}{3}$
　(2)①　$12x$ 個　　②　36 個

❷　($a=-1$，$a=2$ の順に)
　(1)　-1，-4　　(2)　5，20
　(3)　9，-72

❸　(1)①　30　　②　26
　③　-2
　(2)①　9　　②　1

解説

❶(1)①　$10x-9$ に $x=-3$ を代入して，
　$10\times(-3)-9=-39$
　②　$-7x+22$ に $x=-3$ を代入して，
　$-7\times(-3)+22=21+22=43$
　③　$x=-3$ を代入して，$-\dfrac{1}{x}=-\dfrac{1}{-3}=\dfrac{1}{3}$
　(2)②　$x=3$ を代入して，$12x=12\times3=36$ (個)

❷(1)　$a=-1$ のとき，$-a^2=-(-1)^2=-1$
　$a=2$ のとき，$-a^2=-2^2=-4$
　(2)　$a=-1$ のとき，$5a^2=5\times1=5$
　$a=2$ のとき，$5a^2=5\times4=20$
　(3)　$a=-1$ のとき，$-9a^3=-9\times(-1)^3=9$
　$a=2$ のとき，
　$-9a^3=-9\times2^3=-9\times8=-72$

❸(1)①　$x-y=7-(-23)=30$
　②　$x^2+y=7^2+(-23)=49-23=26$
　③　$3x+y=3\times7+(-23)=-2$
　(2)①　$-a+\dfrac{12}{b}=-(-5)+\dfrac{12}{3}=5+4=9$
　②　$\dfrac{2}{5}a^2-3b=\dfrac{2}{5}\times(-5)^2-3\times3$
　$=10-9=1$

1節の問題 p.48～49

1 (1) $4ab$　(2) $5(a-2)$

(3) $-\dfrac{7y}{2}$　(4) $\dfrac{x+9}{6}$

(5) b　(6) $-p$

(7) $-4c-9b$　(8) $-x-\dfrac{c}{3}$

(9) $0.1a+c$

2 (1) $(-3)\times x\times x$　(2) $\dfrac{6}{5}\times a\ (6\times a\div 5)$

(3) $b-4\div a$　(4) $(x-2)\div 9$

3 (1) $(120a+70b)$ 円

(2) $4b$cm　(3) $\dfrac{x-1}{3}$ m

(4) a^2b cm^3　(5) $(100x-4y)$cm

(6) $\dfrac{7a}{20}$ L　(7) $\dfrac{2}{7}a$ km/h

(8) $\dfrac{3}{10}a$ 円　または$0.3a$ 円

(9) $\dfrac{1}{20}a$cm^3　または $0.05a$cm^3

4 (1) bhcm^2　(2) $2(a+b)$cm

5 (1) 半円の半径・cm

(2) 半円の周の長さ・cm

6 ① 10　② −36

7 ① 5　② −11　③ −2

8 (1) 9 本

(2) $3+2(n-1)$ 本　または $(1+2n)$ 本

解説

1 (3) $7y\div(-2)=\dfrac{7y}{-2}=-\dfrac{7y}{2}$

(5) $b\times 1=1\times b=b$

(7) $c\times(-4)-b\times 9=(-4)\times c-9\times b$

$=-4c-9b$

(8) $x\times(-1)-c\div 3=(-1)\times x-c\div 3$

$=-x-\dfrac{c}{3}$

3 (1) (代金の合計)

＝(ケーキ a 個の代金)＋(クッキー b 個の代金)

より，$120\times a+70\times b=120a+70b$ (円)

(2) (正方形の周の長さ)＝(1 辺の長さ)×4 より，

$b\times 4=4b$ (cm)

(3) $(x-1)\div 3=\dfrac{x-1}{3}$ (m)

(4) (直方体の体積)＝(縦)×(横)×(高さ) より，

$a\times b\times a=a^2b$ (cm^3)

(5) xm＝$100x$cm　単位に気をつける。

(6) (1 人分の量)

＝(ジュース全部の量)÷(人数) より，

$a\times 7\div 20=\dfrac{7a}{20}$ (L)

(7) (速さ)＝(道のり)÷(時間) より，

$a\div 3.5=a\div\dfrac{7}{2}=a\times\dfrac{2}{7}=\dfrac{2}{7}a$ (km/h)

(8) 3 割は $\dfrac{3}{10}$ だから，$a\times\dfrac{3}{10}=\dfrac{3}{10}a$ (円)

(9) 5％は $\dfrac{5}{100}=\dfrac{1}{20}$ だから，

$a\times\dfrac{1}{20}=\dfrac{1}{20}a$ (cm^3)

4 (1) (平行四辺形の面積)＝(底辺)×(高さ)

(2) $a$cm の辺と $b$cm の辺が 2 本ずつある。

$(2a+2b)$cm としてもよい。

5 (1) 直径を 2 でわっている。

(2) πa は (直径)×(円周率) より直径 $a$cm の円の周を表しているから，$\dfrac{\pi a}{2}$ はその半分で半円の曲線部分。これに直径の a をたしている。

6 ① $4-3\times(-2)=4+6=10$

② $-9\times(-2)^2=-9\times 4=-36$

7 ① $-1-2\times(-3)=-1+6=5$

② $2\times(-1)+3\times(-3)=-2-9=-11$

③ $(-3)-(-1)=-3+1=-2$

8 (2) 下の表のように，1 個目の正三角形を作るのにマッチ棒は 3 本必要で，2 個目からは，正三角形が 1 つ増えるごとにマッチ棒は 2 本ずつ増える。よって正三角形が n 個できるときのマッチ棒の数は，$3+2(n-1)$ 本　初めの 1 本をのぞいて考えて $(1+2n)$ 本　でもよい。

三角形(個)	1	2	3	4	…	n
マッチ棒(本)	3	5	7	9		$2n+1$

+2　+2　+2

$3+2\times\underline{1}$　$3+2\times\underline{2}$　$3+2\times\underline{3}$　$3+2\underline{(n-1)}$

基本ワーク　p.50 ～ 51

Check!

1　(1)　$-x$　　(2)　$-2a+2$

　(3)　-2

2　(1)　$3a-3$　　(2)　0

3　(1)　$\frac{1}{3}x$　　(2)　$\frac{7}{6}y$

基本問題

❶　(1)　$2a$　　(2)　$-7x$

　(3)　y　　(4)　$17x-5$

　(5)　$6a$　　(6)　$-\frac{22}{15}x$

❷　(1)①　$-2x-20$　　②　$5x+17$

　③　$-x+7$　　④　$-11a-12$

　⑤　$-4x$　　⑥　$-\frac{1}{14}x+20$

　(2)　和…0，差…$10x-8$

❸　(1)　$-x$　　(2)　$3x$

　(3)　$15x$　　(4)　$\frac{x}{2}$

　(5)　$0.6x$　　(6)　$-\frac{49}{25}b$

解説

❶(1)　$-a+3a=(-1+3)a=2a$

(2)　$5x+(-12x)=(5-12)x=-7x$

(3)　$5y-4y=(5-4)y=y$

(4)　$-7+24x-7x+2$

$=(24-7)x+(-7+2)=17x-5$

(5)　$a+2a+3a=(1+2+3)a=6a$

(6)　$-\frac{2}{3}x-\frac{4}{5}x=-\left(\frac{10}{15}+\frac{12}{15}\right)x=-\frac{22}{15}x$

❷(1)①　$(3x-7)+(-5x-13)$

$=3x-7-5x-13=-2x-20$

②　$(11x+6)-(6x-11)$

$=(11x+6)+(-6x+11)$

$=11x+6-6x+11=5x+17$

③　$(2x+3)-(3x-4)=2x+3-3x+4$

$=-x+7$

④　$(-1-7a)-(4a+11)$

$=-1-7a-4a-11=-11a-12$

⑤　$(x+1)-(2x-3)-(3x+4)$

$=x+1-2x+3-3x-4=-4x$

⑥　$\left(\frac{1}{7}x+9\right)+\left(-\frac{3}{14}x+11\right)$

$=\frac{1}{7}x+9-\frac{3}{14}x+11=-\frac{1}{14}x+20$

(2)　たす…$(5x-4)+(4-5x)$

$=5x-4+4-5x=0$

ひく…$(5x-4)-(4-5x)$

$=5x-4-4+5x=10x-8$

❸(1)　$-1\times x=-(1\times x)=-x$

(2)　－が2つの積だから，符号は＋

(3)　$24\times\frac{5}{8}x=\left(24\times\frac{5}{8}\right)\times x=15x$

(4)　÷の記号をはぶき，分数の形にする。

(5)　$3.6x\div 6=3.6\times x\div 6$

$=(3.6\div 6)\times x=0.6x$

(6)　$\frac{7}{5}b\div\left(-\frac{5}{7}\right)=-\frac{7}{5}b\times\frac{7}{5}=-\frac{49}{25}b$

基本ワーク　p.52 ～ 53

Check!

1　$10x+15$

2　(1)　$-x+3$　　(2)　$-\frac{1}{3}x+\frac{2}{3}$

(3)　$-\frac{1}{5}x-1$

3　(1)　$-6x+7$　　(2)　$6x-15$

(3)　$-33x+1$

基本問題

❶　(1)①　$-45a+35$　　②　$-33x-24$

③　$-5+x$　　④　$-72x+24$

⑤　$0.2x-4.2$　　⑥　$-\frac{3}{2}x+\frac{9}{5}$

(2)　$(6a-9)\ \mathrm{cm}^2$

❷　(1)　$x+2$　　(2)　$2x-3$

(3)　$-a-2$　　(4)　$-2x+4$

❸　(1)　$-18x+4$　　(2)　$-12+16x$

(3)　$9x-26$　　(4)　$10x+53$

(5)　$x+\frac{1}{2}$　　(6)　$\frac{7}{6}x-\frac{1}{3}$

解説

❶(1)　分配法則 $a(b+c)=ab+ac$,

$(a+b)c=ac+bc$ を使う。

①　$5(-9a+7)=5\times(-9a)+5\times7$

$=-45a+35$

②　$-3(11x+8)=-3\times11x-3\times8$

$=-33x-24$

③　$-(5-x)=(-1)\times(5-x)=-5+x$

④　$(18x-6)\times(-4)$

$=18x\times(-4)-6\times(-4)=-72x+24$

⑤　$0.2(x-21)=0.2\times x-0.2\times21$

$=0.2x-4.2$

⑥　$-3\left(\frac{1}{2}x-\frac{3}{5}\right)=-3\times\frac{1}{2}x+3\times\frac{3}{5}$

$=-\frac{3}{2}x+\frac{9}{5}$

(2)　長方形の縦は 3cm で，横は $(2a-3)$ cm だから，面積は，$3(2a-3)=6a-9\ (\mathrm{cm}^2)$

❷　除法は逆数をかける乗法になおす。

(1)　$(-2x-4)\div(-2)$

$=(-2x-4)\times\left(-\frac{1}{2}\right)$

$=2x\times\frac{1}{2}+4\times\frac{1}{2}=x+2$

別解例　$(-2x-4)\div(-2)$

$=-2x\div(-2)+(-4)\div(-2)$

$=(2\div2)x+(4\div2)=x+2$

(2)　$(6x-9)\div3=(6x-9)\times\frac{1}{3}$

$=6x\times\frac{1}{3}-9\times\frac{1}{3}=2x-3$

別解例　$(6x-9)\div3=6x\div3-9\div3=2x-3$

(4)　$(5x-10)\div\left(-\frac{5}{2}\right)=(5x-10)\times\left(-\frac{2}{5}\right)$

$=5x\times\left(-\frac{2}{5}\right)-10\times\left(-\frac{2}{5}\right)=-2x+4$

❸(1)　$\frac{-9x+2}{15}\times30$

$=\frac{-9x+2}{15}\times\frac{30}{1}$

$=(-9x+2)\times2$

$=-9x\times2+2\times2=-18x+4$

(2)　$\frac{3-4x}{7}\times(-28)=(3-4x)\times(-4)$

$=-12+16x$

(3)　$7(x-3)+(2x-5)$

$=7x-21+2x-5=9x-26$

(4)　$10(2x+3)-(10x-23)$

$=20x+30-10x+23=10x+53$

(5)　$\frac{1}{2}(3x+4)-\frac{1}{4}(2x+6)$

$=\frac{3}{2}x+2-\frac{1}{2}x-\frac{3}{2}=x+\frac{1}{2}$

(6)　$\frac{x}{2}+\frac{2x-1}{3}=\frac{1}{2}x+\frac{2}{3}x-\frac{1}{3}$

$=\frac{3}{6}x+\frac{4}{6}x-\frac{1}{3}=\frac{7}{6}x-\frac{1}{3}$

基本ワーク　p.54 ~ 55

Check!

1　奇数

2　$7x+12>47$，$7x+12\geqq 47$

3　(1)　おとな5人の入園料より，中学生6人の入園料のほうが安い。(おとな5人の入園料は，中学生6人の入園料より高い。)

(2)　おとな2人と中学生4人の入園料の合計は6000円以下である。

基本問題

❶　(1)①　4の倍数　　②　18の倍数

(2)　偶数（2の倍数）
または，真ん中の数の2倍

❷　(1)　$(320n+400)$ 円

(2)　$320n+400=3920$

(3)　$320n+400\leqq 5000$

❸　(1)　三角形の底辺の長さが高さより短い。

(2)　三角形の面積が 30cm^2 以下である。

解説

❶(1)①　$4m=4\times m$…整数の4倍⇒4の倍数

(2)　もっとも小さい整数ともっとも大きい整数の和は，

$$\begin{aligned}(n-1)+(n+1)&=n-1+n+1\\&=n+n-1+1\\&=2n\end{aligned}$$

となる。この式は2×(整数)を表すから，偶数（2の倍数）である。

❷(1)　(代金の合計)＝(りんご n 個の代金)＋(箱の代金)

(2)　代金が3920円に等しいから，等式を使う。

(3)　(代金)≦5000の不等式で表す。

❸(1)　(底辺)＜(高さ)

(2)　$\frac{1}{2}ab=a\times b\div 2$

→(底辺)×(高さ)÷2→三角形の面積

2・3節の問題　p.56 ~ 57

1　(1)　項　$7x$，$-y$

係数　$7x\to 7$　$-y\to -1$

(2)　項　$-2x$，$\frac{y}{5}$，-4

係数　$-2x\to -2$　$\frac{y}{5}\to\frac{1}{5}$

2　(1)　$7x$　　(2)　$8x$

(3)　$2y$　　(4)　$-9x+4$

3　(1)　$8a+5$　　(2)　$8a-9$

4　(1)　$35x$　　(2)　$9a$

(3)　$-7y$　　(4)　$\frac{8}{3}y$

5　(1)　$-12a+24$　　(2)　$-5+b$

(3)　$3b-2$　　(4)　$-2b-1$

6　(1)　$11x+1$　　(2)　$2a+4$

(3)　$x-4$　　(4)　$27y+1$

7　(1)　$2n$　　(2)　$2n+1$ $(2n-1)$

(3)　$3n$　　(4)　$5n+2$ $(5n-3)$

8　(1)　$1000-(5x+100)=350$

$(1000-5x-100=350)$

$(5x+100+350=1000)$

(2)　$0.8x\leqq 500\left(\frac{4}{5}x\leqq 500\right)$

(3)　$26-a<10$

(4)　$a=b+10$

(5)　$x-5=3y$

9　(1)①　A，B，Cの3人の体重の和は170kgである。

②　A，B，Cの3人の体重の平均は，55kgよりも重い。

(2)①　この円の周の長さは，36πcm以下である。

②　この円の面積は，$25\pi\text{cm}^2$ である。

解説

2(2)　$-x+9x=(-1+9)x=8x$

(3)　$7y-3y-2y=(7-3-2)y=2y$

(4)　$x-4-10x+8$

$=(1-10)x-4+8=-9x+4$

3(1)　$(2a-1)+(6a+6)=(2a+6a)+(-1+6)$

$=8a+5$

(2)　$(9a-4)-(a+5)$

$=9a-4-a-5=9a-a-4-5$

$=8a-9$

4(2)　$90a\times\dfrac{1}{10}=\dfrac{\overset{9}{\cancel{90}}a\times 1}{\underset{1}{\cancel{10}}}=9a$

(3)　$21y\div(-3)=\dfrac{\overset{7}{\cancel{21}}y}{-\underset{1}{\cancel{3}}}=-7y$

(4)　$\dfrac{4}{7}y\div\dfrac{3}{14}=\dfrac{4y\times\overset{2}{\cancel{14}}}{\underset{1}{\cancel{7}}\times 3}=\dfrac{8}{3}y$

5(1)　$6(-2a+4)$

$=6\times(-2a)+6\times 4=-12a+24$

(2)　$(5-b)\times(-1)$

$=5\times(-1)+(-b)\times(-1)=-5+b$

(3)　$(27b-18)\div 9=27b\div 9-18\div 9=3b-2$

(4)　$(12b+6)\div(-6)$

$=12b\div(-6)+6\div(-6)=-2b-1$

6(2)　$3(a+1)-(a-1)$

$=3\times a+3\times 1-1\times a-1\times(-1)$

$=3a+3-a+1=2a+4$

(3)　$4(-x+4)-5(4-x)$

$=4\times(-x)+4\times 4-5\times 4-5\times(-x)$

$=-4x+16-20+5x$

$=-4x+5x+16-20=x-4$

(4)　$7(6y-2)-5(3y-3)$

$=42y-14-15y+15=42y-15y-14+15$

$=27y+1$

7(1)　偶数は2の倍数。

(2)　奇数は偶数に1をたした数，または，偶数から1をひいた数なので，(2の倍数)＋1，または，(2の倍数)－1で表せる。

(4)　5でわると2あまる数は，5の倍数よりも2大きい。(または,5の倍数に3たりない数と考えて，$5n-3$としてもよい。)

8(1)　1000－(代金)＝(おつり)

(2)　2割引きは，値段の8割。

(3)　未満なので，残りの人数は10人より少ない。

(5)　$x-5=y\times 3$　$x-5=3y$

9(1)②　左辺は，A，B，Cの3人の体重をたして人数の3でわっているので，3人の体重の平均であり，それが55kgよりも重いことを表している。

(2)①　$2\pi r$は半径rの円の周の長さを表している。

②　πr^2は半径rの円の面積を表している。

2章の問題 p.58 ～ 59

1 (1) $(-4)\times x$　(2) $(-1)\times a\times b$

(3) $(2x+y)\div 7$ または $(2x+y)\times\dfrac{1}{7}$

2 (1) $2b$　(2) $9x-7$

(3) $\dfrac{5a}{6}$　(4) $-x+\dfrac{8}{5}$

3 (1) -17　(2) $-\dfrac{14}{5}$

4 (1) $\{5000-(x+3y)\}$ 円

(2) $\dfrac{a}{60}$ 時間　(3) $(4a+40b)$ 円

(4) $\dfrac{5a+5b}{2}$ cm^2

5 (1) $200-2x=y\ (2x+y=200)$

(2) $\dfrac{21}{20}a \geqq 5000\ (1.05a \geqq 5000)$

6

7 (1) A　② 21　③ 27　④ 9　⑤ 2

(2) B　② $3n$　③ $3n+6$

④ $n+2$　⑤ 2

8 (1) 16個　(2) $(3n+1)$ 個

解説

2(1) $(3b-5)-(b-5)=3b-5-b+5=2b$

(2) $\left(\dfrac{3}{7}x-\dfrac{1}{3}\right)\times 21$

$=\dfrac{3}{7}x\times 21-\dfrac{1}{3}\times 21=9x-7$

(3) $\dfrac{2a+1}{3}-\dfrac{2-a}{6}$

$=\dfrac{2(2a+1)-(2-a)}{6}$

$=\dfrac{4a+2-2+a}{6}=\dfrac{5}{6}a$

(4) $\dfrac{1}{5}(5x+3)-\dfrac{1}{2}(4x-2)$

$=\dfrac{1}{5}\times 5x+\dfrac{1}{5}\times 3-\dfrac{1}{2}\times 4x-\dfrac{1}{2}\times(-2)$

$=x+\dfrac{3}{5}-2x+1=-x+\dfrac{8}{5}$

3 $a=-9$, $b=-1$ をそれぞれの式に代入する。

(1) $2\times(-9)+(-1)^2=-18+1=-17$

(2) $\dfrac{-9}{3}-\dfrac{-1}{5}=-3+\dfrac{1}{5}=-\dfrac{14}{5}$

4(1) (おつり)＝(出した金額)－(商品の代金)

したがって，$5000-(x+y\times 3)$

$=5000-(x+3y)$ (円)

(2) (時間)＝(道のり)÷(速さ)

したがって，$a\div 60=\dfrac{a}{60}$ (時間)

(3) 団体割引を使うと，20%引きで入館できる。

(20%引きの入館料)＝(もとの入館料の80%)

したがって，$(5a+50b)\times 0.8=4a+40b$ (円)

(4) (台形の面積)＝{(上底)＋(下底)}×(高さ)÷2

$(a+b)\times 5\div 2=\dfrac{5(a+b)}{2}=\dfrac{5a+5b}{2}$ (cm^2)

5(1) (景品全体の数)－(配った数)＝(あまりの数)

より，$200-2\times x=y$　$200-2x=y$

(2) 今年の旅行者は昨年の105% (1.05倍)。

$a\times\dfrac{105}{100}\geqq 5000$　　$\dfrac{21}{20}a\geqq 5000$

6 1列の数から2個ひいたものに，4つの角にあたる4個をたしている。

7(1) ②$7\times 3=21$　③$21+6=27$

④$27\div 3=9$　⑤$9-7=2$

(2) (1)と同様に①の文字から順に条件にあう式をつくっていく。②$n\times 3=3n$　③$3n+6$

④$(3n+6)\div 3=n+2$　⑤$n+2-n=2$

以上より，n の値にかかわらず，⑤の計算結果は必ず2になる。

8(2) 色紙1枚目は，画びょうが4個必要で，色紙が1枚増えるごとに画びょうは3個ずつ必要となる。表にすると，次のようになる。よって，色紙 n 枚目では，

$4+3(n-1)=4+3n-3=3n+1$ (個)

色紙(枚)	1	2	3	4	…	n
画びょう(個)	4	7	10	13		$4+3(n-1)$

+3　+3　+3

4+3×1　4+3×2　4+3×3

3章　方程式

ウォーミングアップ　p.60 ～ 61

1 (1)①　18　　②　5

(2)　㋒

(3)　(式)　80＋□＝110

(□に当てはまる数)　30

2 (1)①　3：5，比の値　$\frac{3}{5}$

②　8：5，比の値　$\frac{8}{5}$

(2)①　$x=40$　　②　$x=9$

3 (1)　60g　　(2)　姉 6m，妹 4m

4 (1)①　45　　②　60

(2)　150km　　(3)　40 分

(4)　㋑

解説

1(1)①　□＝48－30＝18

②　□×13＝65 だから，□＝65÷13＝5

(2)　あめの数□を，1 人に配ったあめの個数でわると人数になる。

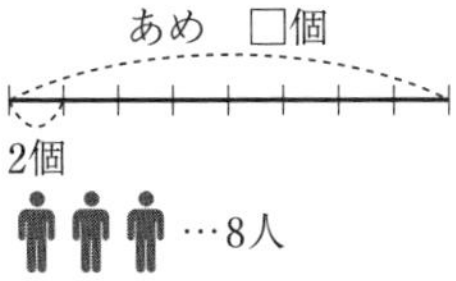

(3)　80＋□＝110,

□＝110－80＝30

2(1)①　比を表す 2 つの数を，最大公約数の 5 でわる。(15÷5)：(25÷5)＝3：5

②　比を表す 2 つの数を 2 倍して，整数の比になおす。(4×2)：(2.5×2)＝8：5

(2)①　4→32 は 8 倍になっているので，x の値は $5\times8=40$

②　12→6 は $\frac{1}{2}$ 倍になっているので，x の値は，$18\times\frac{1}{2}=9$

3(1)　砂糖の重さを xg とする。

$2:5=x:150$　より　$x=60$ (g)

(2)　姉の分の長さは，全体の $\frac{3}{5}$ だから，

$10\,(\text{m})\times\frac{3}{5}=6\,(\text{m})$。

妹は，10 (m)－6 (m)＝4 (m)

4(1)①　$\frac{3}{4}\times60=45$ (分)　②　120÷2＝60

(2)　(道のり)＝(速さ)×(時間) に当てはめて，

50×3＝150 (km)

(3)　単位を合わせるために，2.6km＝2600m とする。

(時間)＝(道のり)÷(速さ) に当てはめて，

2600÷65＝40 (分)

(4)　(満水になる時間)＝

(水そうの容積)÷(1 分間に入れる水の量)

㋐　70÷3.5＝20 (分)

㋑　120÷10＝12 (分)

㋒　100÷8＝12.5 (分) より，㋑がいちばん早い。

基本ワーク　p.62 〜 63

Check!

1　(1)　2　　(2)　㋒

2　①　5　　②　$\frac{1}{3}$

③　-1

基本問題

❶　(1)①　-1　　②　1

(2)　㋒

❷　③

❸　(上から順に)(1)　$\boxed{1}$, $\boxed{4}$

(2)　$\boxed{5}$, $\boxed{2}$, $\boxed{4}$

❹　(1)　$x=-2$　　(2)　$x=-\frac{5}{2}$

(3)　$y=9$　　(4)　$x=19$

(5)　$x=4$　　(6)　$a=\frac{27}{7}$

解説

❶(1)①　$x=-2$ のとき，

(左辺)$=2\times(-2)-1=-5$

(右辺)$=3\times(-2)=-6$　　(×)

$x=-1$ のとき，

(左辺)$=2\times(-1)-1=-3$

(右辺)$=3\times(-1)=-3$　　(○)

$x=0$ のとき，

(左辺)$=2\times0-1=-1$

(右辺)$=3\times0=0$　　(×)

$x=1$ のとき，

(左辺)$=2\times1-1=1$

(右辺)$=3\times1=3$　　(×)

$x=2$ のとき，

(左辺)$=2\times2-1=3$

(右辺)$=3\times2=6$　　(×)

②　①と同様に，1つずつ確かめると，

$x=1$ のとき，

(左辺)$=\frac{1}{2}\times1+3=\frac{7}{2}$

(右辺)$=\frac{5}{2}+1=\frac{7}{2}$　　(○)

(2)　$x=-3$ を代入して，左辺と右辺の値を比べる。

㋐…(左辺)$=5\times(-3)+11=-4$

(右辺)$=-2$　　(×)

㋑…(左辺)$=-3\times(-3)+13=22$

(右辺)$=-16$　　(×)

㋒…(左辺)$=-\frac{7}{2}+\frac{1}{2}\times(-3)=-5$

(右辺)$=-5$　　(○)

❷　$x=5$ を当てはめて確かめる。

①　(左辺)$=-12\times5+34=-26$

(右辺)$=57+11\times5=112$　　(×)

②　(左辺)$=4.8-4\times5=-15.2$

(右辺)$=1-0.2\times5=0$　　(×)

③　(左辺)$=\frac{3}{5}\times5+4=7$

(右辺)$=-18+5\times5=7$　　(○)

❸(1)　両辺に7をたすから$\boxed{1}$，次に両辺を2でわるから$\boxed{4}$。

(2)　2行目は，左辺と右辺を入れかえているから，$\boxed{5}$を利用している。

次に両辺から9をひくから$\boxed{2}$，次に-3でわるから$\boxed{4}$。

❹(1)　両辺を-7でわって，$x=-2$

(2)　左右の式を入れかえて，$6x=-15$

両辺を6でわって，$x=-\frac{15}{6}=-\frac{5}{2}$

(4)　両辺から9をひいて，$-x=-19$

両辺に-1をかけて，$x=19$

(5)　両辺に4をかけて，$x=4$

(6)　両辺から9をひいて，$-\frac{7}{3}a=-9$

両辺に$-\frac{3}{7}$をかけて，

$a=-9\times\left(-\frac{3}{7}\right)=\frac{27}{7}$

基本ワーク p.64 ~ 65

Check!

1 (1) $x=-8$ (2) $x=-2$

2 (1) $x=3$ (2) $x=0$

基本問題

❶ (1) $x=2$ (2) $x=7$

(3) $x=1$ (4) $x=1$

(5) $x=-6$ (6) $x=21$

(7) $x=2$ (8) $x=\frac{1}{3}$

❷ (1) $x=5$ (2) $x=5$

(3) $x=-5$ (4) $x=3$

(5) $x=-2$ (6) $x=-4$

(7) $x=-11$ (8) $x=13$

解説

❶ x の項を左辺に，数の項を右辺に移項する。

(1) $x-1=1$　$x=1+1$　$x=2$

(2) $3+x=10$　$x=10-3$　$x=7$

(3) $5x-11=-6x$　$5x+6x=11$

(4) $-x+6=3x+2$　$-x-3x=2-6$

$-4x=-4$　$x=1$

(5) $7=-2x-5$　$2x=-5-7$

$2x=-12$　$2x\div 2=-12\div 2$

(6) $9-x=-12$　$9+12=x$　$x=21$

(7) $11-8x=8x-21$

$8x-21=11-8x$

$8x+8x=11+21$　$16x=32$

(8) $x-2=-11x+2$　$x+11x=2+2$

$12x=4$　$x=\frac{1}{3}$

❷ かっこをはずしてから解く。

(1) $3(x+2)=21$　$3x+6=21$

$3x=15$　$3x\div 3=15\div 3$　$x=5$

別解例 両辺を 3 でわって，$x+2=7$ として解く。

(2) $7(x-3)=5x-11$

$7x-21=5x-11$

$7x-5x=-11+21$　$2x=10$

(3) $10(1-x)-2x=70$

$10-10x-2x=70$　$-12x=60$

(4) $3-6(x-4)=3x$

$3-6x+24=3x$　$-9x=-27$　$x=3$

(5) $-(x+10)-5=6x-1$

$-x-10-5=6x-1$　$-7x=14$

(6) $-8(x+9)+5=8x-3$

$-8x-72+5=8x-3$　$-16x=64$

(7) $10(x+33)=-20x$　両辺を 10 でわる

$x+33=-2x$　$3x=-33$　$x=-11$

(8) $5(2x-7)-4=7x$　$10x-35-4=7x$

$3x=39$　$x=13$

基本ワーク p.66 ~ 67

Check!

1 (1) $x=-10$ (2) $x=-\dfrac{23}{5}$

2 (1) $x=\dfrac{1}{4}$ (2) $x=35$

基本問題

❶ (1) $x=-1$ (2) $x=5$

(3) $x=\dfrac{1}{80}$ (4) $x=-\dfrac{34}{9}$

(5) $x=1000$ (6) $x=\dfrac{1}{10}$ (0.1)

❷ (1) $x=-7$ (2) $x=-6$

(3) $x=-\dfrac{2}{9}$ (4) $x=6$

(5) $x=-8$ (6) $x=\dfrac{5}{4}$

(7) $x=0$ (8) $x=10$

解説

❶(1) $0.2x-0.8=x$ (両辺)$\times 10$

$2x-8=10x$ 移項する

$2x-10x=8$ $-8x=8$ $x=-1$

(2) $5.4-x=0.5x-2.1$ (両辺)$\times 10$

$54-10x=5x-21$

$-15x=-75$ $x=5$

(3) $2.7x+0.01=3.5x$ (両辺)$\times 100$

$270x+1=350x$ $1=80x$ $x=\dfrac{1}{80}$

(4) $-1.5x+34=-10.5x$ (両辺)$\times 10$

$-15x+340=-105x$ $90x=-340$

両辺を 90 でわって，$x=-\dfrac{34}{9}$

(5) $0.001x=11-0.01x$ (両辺)$\times 1000$

$x=11\times 1000-10x$ $11x=11\times 1000$

両辺を 11 でわって，$x=1000$

(6) $3+3.3x=33.3x$ (両辺)$\times 10$

$30+33x=333x$

$-300x=-30$ $x=\dfrac{1}{10}$

❷(1) $\dfrac{5}{7}x=-5$ (両辺)$\times 7$

$\dfrac{5}{7}x\times 7=-5\times 7$ $5x=-35$ $x=-7$

(2) $-\dfrac{7}{9}x=\dfrac{14}{3}$ (両辺)$\times 9$

$-7x=42$ 両辺を -7 でわって，$x=-6$

(3) $\dfrac{1}{10}x-\dfrac{1}{5}=x$ (両辺)$\times 10$

$x-2=10x$ $-9x=2$ $x=-\dfrac{2}{9}$

(4) $\dfrac{x}{2}-\dfrac{3}{5}=\dfrac{3}{8}x+\dfrac{3}{20}$

分母の最小公倍数は 40 → (両辺)$\times 40$

$\left(\dfrac{x}{2}-\dfrac{3}{5}\right)\times 40=\left(\dfrac{3}{8}x+\dfrac{3}{20}\right)\times 40$

$20x-24=15x+6$ $5x=30$ $x=6$

(5) $\dfrac{x-7}{3}=-5$ (両辺)$\times 3$ $x-7=-15$

(6) $\dfrac{2x+5}{2}=3x$ (両辺)$\times 2$ $2x+5=6x$

$-4x=-5$ $x=\dfrac{5}{4}$

(7) $\dfrac{2x-3}{6}=\dfrac{5x-4}{8}$ (両辺)$\times 24$

$4(2x-3)=3(5x-4)$ $8x-12=15x-12$

$x=0$

(8) $\dfrac{5-3x}{5}=-\dfrac{x+5}{3}$ (両辺)$\times 15$

$3(5-3x)=-5(x+5)$

$15-9x=-5x-25$ $-4x=-40$

1節の問題　p.68～69

1　㋒，㋓

2　(1)　$x=2$　(2)　$x=-6$

(3)　$x=6$　(4)　$x=-9$

(5)　$x=4$　(6)　$x=-\dfrac{1}{6}$

3　(1)　$x=-1$　(2)　$x=4$

(3)　$x=2$　(4)　$x=-12$

4　(1)　$x=-5$　(2)　$x=3$

(3)　$x=2$　(4)　$x=-\dfrac{9}{14}$

5　(1)　$x=-2$　(2)　$x=14$

(3)　$x=27$　(4)　$x=\dfrac{5}{9}$

6　①　㋐　②　㋓（または㋒）

7　(1)　$a=3$　(2)　$a=-3$

(3)　$a=-2$

8　(1)　6　(2)　$x=-1$

9　㋑　$x+2x=3\times 2$

$x+2x=6$

$3x=6$

$x=2$

解説

2(3)　$6x-3x=-3+21$

$3x=18$

$x=6$

(5)　$\dfrac{5}{4}x=6-1$

$\dfrac{5}{4}x=5$

$x=5\times\dfrac{4}{5}$

$x=4$

3(3)　$6x-4+x=10$

$6x+x=10+4$

$7x=14$

$x=2$

(4)　$-10x-30=-8x-6$

$-10x+8x=-6+30$

$-2x=24$

$x=-12$

4(3)　$(0.24x-0.2)\times 100=(0.4-0.06x)\times 100$

$24x-20=40-6x$

$24x+6x=40+20$

$30x=60$

$x=2$

(4)　$(-0.4)\times 10\times(x+1)=(x+0.5)\times 10$

$-4(x+1)=(x+0.5)\times 10$

$-4x-4=10x+5$

$-4x-10x=5+4$

$-14x=9$

$x=-\dfrac{9}{14}$

5(2)　$\left(1-\dfrac{x}{7}\right)\times 14=\left(\dfrac{1}{14}x-2\right)\times 14$

$14-2x=x-28$

$-2x-x=-28-14$

$-3x=-42$

$x=14$

(4)　$\left(\dfrac{3x-1}{3}\right)\times 6=\left(\dfrac{1-x}{2}\right)\times 6$

$2(3x-1)=3(1-x)$

$6x-2=3-3x$

$6x+3x=3+2$

$9x=5$

$x=\dfrac{5}{9}$

7(1)　$x=6$ を代入すると，$6a+9=30-a$

これを a についての方程式とみると，

$6a+a=30-9$　$7a=21$　$a=3$

(3)　2つの式は，同じ解をもつので，1つ目の方程式の解を求め，2つ目の式にその解を代入して，2つ目の式の a の値を求める。

1つ目の式　$-3x-4x=-10-4$

$-7x=-14$　$x=2$……①

2つ目の式　$a+4x=3x$　$a=-x$

に①を代入して，$a=-2$

8(2)　$6*x=6-3x$　$6*x=9$ より，$6-3x=9$

$-3x=9-6$　$-3x=3$　$x=-1$

9　㋑の左辺は，㋐の左辺を2倍しているが，㋑の右辺は2倍されていない。よって，等しい関係が成り立たないので㋑がまちがいとなる。

基本ワーク　p.70 ～ 71

Check!

1　$x+(x-6)=50$

2　17 枚

基本問題

❶ (1)　$(x-39)$ 人

(2)　方程式…$x+(x-39)=365$

答…202 人

❷ 12 分

❸ ケーキ…2 個，プリン…10 個

解説

❶(1)　女子の人数は男子より 39 人少ない。

(2)　男女合わせて 365 人なので，方程式は

$x+(x-39)=365$　$2x=404$　$x=202$

❷　1 クラスあたりの持ち時間を x 分とすると，12 クラスの持ち時間の合計は $12x$ 分。入れ替えは全部で 11 回行われるから，入れ替えのための時間の合計は $6\times11=66$ (分)。合唱の開始から終了までの時間は $(12x+66)$ 分と表せる。

9 時 30 時開始，13 時終了だから，全体で 210 分。したがって方程式は

$12x+66=210$　$12x=144$　$x=12$

❸　ケーキを x 個買うとして，数量を表に整理すると，

	ケーキ	プリン	合計
1 個の値段 (円)	380	260	
個数 (個)	x	$12-x$	12
代金 (円)	$380x$	$260(12-x)$	3360

表より，方程式をつくると，

$380x+260(12-x)=3360$

$38x+26(12-x)=336$

$12x=24$　$x=2$

プリンは $(12-x)$ 個だから，プリンの個数は

$12-2=10$ (個)

基本ワーク　p.72 ～ 73

Check!

1　$\dfrac{a-11}{4}=\dfrac{a+7}{6}$

2　20 秒後

基本問題

❶ (1)　$8x-170=6x+100$

(2)　ジュース 1 本の値段…135 円，

持っていた金額…910 円

(3)　方程式…$\dfrac{y+170}{8}=\dfrac{y-100}{6}$

答…910 円

❷ (1)　60 分後

(2)　30 分後

解説

❶(1)　持っていた金額を 2 通りの式で表す。

ジュース 8 本の代金 $8x$ 円に 170 円たりないから，

持っていた金額…$(8x-170)$ 円

ジュース 6 本の代金 $6x$ 円より 100 円多いから，

持っていた金額…$(6x+100)$ 円

どちらも「持っていた金額」だから，等しい。

(2)　$8x-170=6x+100$

$8x-6x=100+170$　$2x=270$

$x=135$

持っていた金額は

$6x+100=6\times135+100=910$ (円)

(3)　ジュース 1 本の値段を 2 通りの式で表す。

8 本買うには 170 円たりないから，持っていた金額に 170 円たせば，ちょうど 8 本買える。したがって，ジュース 1 本の値段は，$\left(\dfrac{y+170}{8}\right)$ 円

……①

同様に，6 本買うと 100 円余るから，持っていた金額から 100 円をひけばちょうど 6 本買える。したがって，ジュース 1 本の値段は

$\left(\dfrac{y-100}{6}\right)$ 円……②

①と②は等しいから，方程式は

$\dfrac{y+170}{8}=\dfrac{y-100}{6}$

両辺に 8 と 6 の最小公倍数 24 をかけて,

$3(y+170)=4(y-100)$

$3y+510=4y-400 \quad -y=-910$

$y=910$

❷(1) 2 人が出発して t 分後に出会うとすると, A, B 2 人の道のりはそれぞれ $50t$ m, $60t$ m だから, 道のりについての方程式

$50t+60t=6600$ が成り立つ。$t=60$

(2) A さんが出発してから s 分後に B さんが追いつくとすると, B さんは A さんが出発してから 5 分後に出発したので, B さんが出発して A さんに追いつくまでの時間は $(s-5)$ 分となる。追いつくまでに A, B 2 人が移動した道のりは, それぞれ $50s$ m, $60(s-5)$m だから, 道のりについての方程式 $50s=60(s-5)$ が成り立つ。$s=30$

基本ワーク　p.74 〜 75

Check!

1 (1) $x=16$　(2) $x=40$

2 27kg

基本問題

❶ (1) $x=21$　(2) $x=4$

(3) $x=7$　(4) $y=34$

(5) $x=2$　(6) $x=\frac{3}{5}$

❷ (1) 64m　(2) 80 枚

(3) 48 人　(4) 50 枚

解説

❶(1) $14:4=x:6 \quad 4x=14\times6 \quad 4x=84$

(2) $25:x=5:0.8 \quad 5x=25\times0.8$

$x=5\times0.8=4$

(3) $(x+3):2=15:3 \quad 3(x+3)=2\times15$

$x+3=2\times5 \quad x=10-3=7$

(4) $17:y=7:(y-20) \quad 17(y-20)=7y$

$17y-340=7y \quad 10y=340 \quad y=34$

(5) $2:7x=1:(6x-5) \quad 2(6x-5)=7x$

$12x-10=7x \quad 5x=10 \quad x=2$

(6) $3:8=x:(x+1) \quad 3(x+1)=8x$

$3x+3=8x \quad -5x=-3 \quad x=\frac{3}{5}$

❷(1) 3.2kg=3200g　$3200:x=50:1$

$50x=3200 \quad x=64$

(2) コインの枚数を x 枚とすると,

$x:360=20:90$ より, $x\times90=360\times20$

$x=360\times20\div90 \quad x=80$

(3) 男子の人数を x 人とすると,

$x:(x+6)=8:9$ より, $x\times9=(x+6)\times8$

$9x=8x+48 \quad x=48$

(4) 姉の折り紙の枚数を x 枚とすると,

$x:(85-x)=10:7$ より,

$x\times7=(85-x)\times10 \quad 7x=850-10x$

$7x+10x=850 \quad 17x=850 \quad x=50$

2節の問題　p.76 ～ 77

1 (1) 豚まん…5 個，あんまん…7 個

(2) チューリップ 1 本の値段…100 円
持っていた金額…580 円

(3) (方程式) $6x+14=8(x-1)$
生徒の人数…80 人

(4) みかさん…110cm
ひとみさん… 60cm

(5) 15 分後

(6) 2.5 時間後　または $\frac{5}{2}$ 時間後

2 (1) $x=12$　(2) $x=20$
(3) $x=-9$　(4) $x=5$

3 60mL

4 60cm

5 姉…12000 円　弟…8000 円

6 (1) 64 個　(2) $n=7$

7 (例) 130 円のケーキと 120 円のパイを合わせて 5 個買うと，代金の合計は 630 円になりました。ケーキとパイをそれぞれ何個買いましたか。

解説

1 (1) 買った豚まんの個数を x 個とすると，あんまんの個数は $(12-x)$ 個と表せる。
代金の合計に着目して式をつくると，
$180x+150(12-x)=1950$　$x=5$　$12-5=7$
したがって，豚まん 5 個，あんまん 7 個

(2) チューリップ 1 本の値段を x 円として，持っていた金額を 2 通りに表す。持っていた金額は，チューリップ 7 本の代金よりも 120 円少ないから，$(7x-120)$ 円……①
また，持っていた金額は，チューリップ 5 本の代金よりも 80 円多いから，$(5x+80)$ 円……②
①＝②より，$7x-120=5x+80$　$x=100$
持っていた金額は，$7\times100-120=580$ (円)

(3) 1 室に 6 人ずつだと，14 人が部屋に入れないので，生徒の人数は $(6x+14)$ 人。8 人ずつだと部屋が 1 室余るので，生徒の人数は $8(x-1)$ 人
$6x+14=8(x-1)$　$x=11$
$8\times(11-1)=80$ (人)

(4) ひとみさんのひもの長さを $x$cm とすると，みかさんのひもの長さは，$(x+50)$cm……①と表せる。ひもは，全部で 170cm なので，
$x+(x+50)=170$　$x=60$
①より，$60+50=110$　よって，みかさん 110cm，ひとみさん 60cm

(5) 兄が家を出発して x 分後に妹が兄に追いついたとすると，妹は 6 分後に出発したので，兄に追いつくまでに $(x-6)$分かかる。妹が兄に追いついたとき，2 人の進んだ道のりが等しくなるから，$90x=150(x-6)$　$x=15$

(6) 2 人が出会うまでの時間を x 時間とすると，2 人が出会うまでに進んだ道のりの合計が 25km となるので，$4x+6x=25$　$x=2.5$

2 (4) $3(13+x)=2(4x+7)$　$39+3x=8x+14$
$3x-8x=14-39$　$-5x=-25$　$x=5$

3 必要な酢の量を xmL とすると，$90:x=3:2$
$90\times2=3x$　$180=3x$　$x=60$

4 妹がもらうリボンの長さを $x$cm とすると，
姉のリボンの長さは $(160-x)$cm
$(160-x):x=5:3$ より $x=60$
別解例　$160:x=(5+3):3$　$160\times3=8x$
$8x=480$　$x=60$

5 姉のお年玉の金額は，弟の金額の 1.5 倍$\left(\frac{3}{2}倍\right)$なので，$\frac{3}{2}x$ (円)　姉は$\frac{3}{2}x\times\frac{2}{3}$ (円)，弟は $x\times\frac{1}{2}$ (円) を出し合って 12000 円のゲーム機を買ったので，$\frac{3}{2}x\times\frac{2}{3}+\frac{1}{2}x=12000$
$x+\frac{1}{2}x=12000$　$\frac{3}{2}x=12000$　$x=8000$
姉のお年玉は，$8000\times1.5=12000$ (円)

6 (2) いちばん外側のご石の数を表に整理すると，下のようになる。

番	1	2	3	4	…	n
ご石の個数(個)	4	12	20	28		$4+8(n-1)$

+8　+8　+8　+8

最初のご石の数から 8 個ずつ増えるので
$4+8(n-1)=52$　$8n-4=52$　$8n=56$　$n=7$

3章の問題　p.78 ～ 79

1 ㋑

2 ① ㋒　② ㋐

3 (1) $x=-13$　(2) $x=-10$

(3) $x=-3$　(4) $x=-\frac{5}{6}$

4 (1) $x=2$　(2) $x=2$

(3) $x=-1$　(4) $x=-12$

5 (1) $x=15$　(2) $x=19$

6 $a=-8$

7 園児　11人　チョコレート　64個

8 1200m　**9** 200円

10 5個　**11** 8分間

12 150円

13 等しい辺の長さ　11cm

もう1辺の長さ　7cm

解説

1 -4 をそれぞれの式の x に代入して，(左辺)＝(右辺) になるものを探す。

㋑ (左辺)$=5\times(-4)+2=-18$

(右辺)$=4\times(-4)-2=-18$

2 ①は，両辺に6をかけている。

②は，両辺に12をたしている。

3 (2) $x=4\times\left(-\frac{5}{2}\right)=-10$

(4) $-10x-2x=11-1$

$-12x=10$　$x=-\frac{10}{12}$　$x=-\frac{5}{6}$

4 (2) $(1.1x-0.4)\times10=(2-0.1x)\times10$

$11x-4=20-x$　$11x+x=20+4$

$12x=24$　$x=2$

(3) $2.1(3x+2)\times10=(0.9x-1.2)\times10$

$21(3x+2)=9x-12$

$63x+42=9x-12$　$x=-1$

(4) $\left(\frac{x-2}{2}\right)\times10=\left(\frac{3x+1}{5}\right)\times10$

$5(x-2)=2(3x+1)$　$x=-12$

5 (2) $3(4+2x)=7(x-1)$

$12+6x=7x-7$　$x=19$

6 $x=6$ を代入する。$3(12-a)=2(6-3a)$

これを a についての方程式とみて解く。

$36-3a=12-6a$　$3a=-24$　$a=-8$

7 園児の人数を x 人として，チョコレートの個数について方程式をつくると，$5x+9=7x-13$

$-2x=-22$　$x=11$　チョコレートの個数は，

$5x+9$ に $x=11$ を代入して，

$5\times11+9=64$ (個)

8 分速60mで歩くときにかかる時間を x 分とすると，分速80mで歩くときにかかる時間は $(x-5)$ 分。美術館までの道のりに着目して，

$60x=80(x-5)$　$60x=80x-400$

$-20x=-400$　$x=20$　美術館までの道のりは，

$60x$ に $x=20$ を代入して，

$60\times20=1200$ (m)

別解例　道のりを xm として方程式をつくると

$\frac{x}{60}=\frac{x}{80}+5$

9 シュークリーム1個の値段を x 円とすると，残金の関係から，$2000-4x=2(1200-3x)$

$2000-4x=2400-6x$　$2x=400$　$x=200$

10 Aの皿からBの皿に移したまんじゅうの個数を x 個とすると，

$(19-x):(11+x)=7:8$

$8(19-x)=7(11+x)$　$x=5$

11 Aの給水管のみ開いていた時間を x 分とすると，A，Bを両方開いていた時間は $(10-x)$ 分。

$4x+(4+2)\times(10-x)=44$

$4x+6(10-x)=44$　$x=8$

別解例　Aを開いていた時間は10分，

Bを開いていた時間は $(10-x)$ 分だから

$4\times10+2(10-x)=44$

12 クリームパンの通常の値段を x 円として，合計代金に着目すると，$90+0.9x\times6=900$

$90+5.4x=900$　$10(90+5.4x)=900\times10$

$54x=8100$　$x=150$

13 等しい2辺の長さを $x$cm とすると，もう1辺の長さは $(x-4)$ cm

$2x+(x-4)=29$　$3x=33$　$x=11$

4章　比例と反比例

ウォーミングアップ　p.80 ～ 81

1 (1)　(横 3，縦 4)

(2)

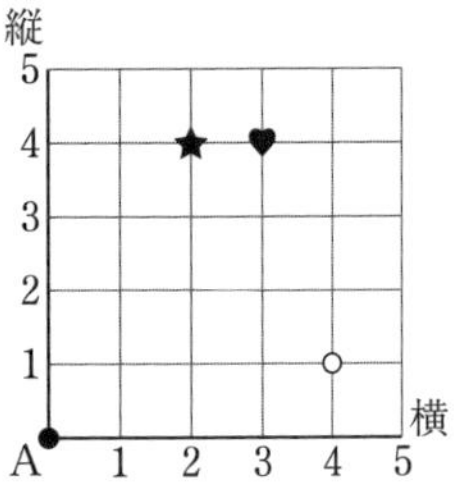

2　□ に当てはまる数…18

20 分で印刷できる枚数…360 枚

3 (1)　3 円　　(2)　540 円

(3)　200g

4 (1)　□ に当てはまる数…5，$y = 5x$

(2)　60g

(3)

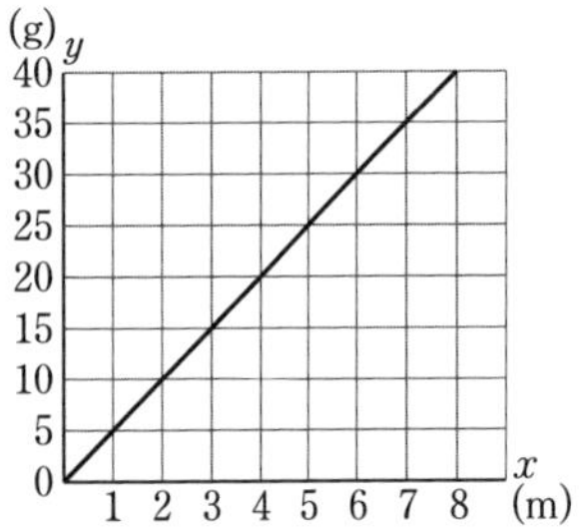

5 (1)　$xy = 21$

(2)①　21　　②　$\frac{21}{2}$

③　7　　④　$\frac{21}{5}$

⑤　3　　⑥　1

(3)　反比例する

(4)　$y = 21 \div x$　または　$y = \frac{21}{x}$

6 (1)　2 分　　(2)　400m

(3)　10 分

解説

1(1)　♥の位置は，点 A から横に 3，縦に 4 の位置にある。

2　1 分あたりの印刷枚数は

$270 \div 15 = 18$ (枚)，20 分で印刷できる枚数は

$18 \times 20 = 360$ (枚)

3(1)　1g あたりの値段を求めるので，値段を重さでわる。450 (円) $\div 150$ (g) $= 3$ (円)

(2)　(1g の値段) × (重さ) より，

$3 \times 180 = 540$ (円)

(3)　$600 \div 3 = 200$ (g)

4(1)　針金の長さが 2 倍，3 倍，…になると，重さも 2 倍，3 倍，…となっているので，y は x に比例している。表を縦に見ると，重さは長さの 5 倍になっているから，表の □ に当てはまる数は 5

(2)　1m で 5g なので，$5 \times 12 = 60$ (g)

5(1)　(長方形の面積)

＝(縦の長さ) × (横の長さ)

に当てはめて，$x \times y = 21$ となる。

(3)　縦の長さが 2 倍，3 倍，…になると，横の長さが $\frac{1}{2}$ 倍，$\frac{1}{3}$ 倍，…になる。

(4)　$x \times y = 21$ だから，$y = 21 \div x$

6(1)　グラフから，1200m 地点を通過する時間は，兄が走り始めて 4 分後，弟が走り始めて 6 分後である。$6 - 4 = 2$ (分)

(2)　グラフの 4 分のところを縦に見ると，兄は 1200m の地点，弟は 800m の地点にいる。

$1200 - 800 = 400$ (m)

(3)　グラフより弟は 1000m を 5 分で走るので，

$1000 \div 5 = 200$ より，速さは分速 200m である。

2km ＝ 2000m 走るのにかかる時間は，

$2000 \div 200 = 10$ (分)

基本ワーク p.82 ～ 83

Check!

1 (1) $-5<x\leqq 5$

(2) $-8<x<-1$

2 ㋐，㋑

基本問題

❶ (1)① $-4\leqq x\leqq 1$

② $x>0\ (0<x)$

(2)① $3\leqq x<5$ ② $x<-5\ (-5>x)$

❷ ㋒

❸ (1) (左から順に)(6.28,)12.56，18.84，25.12

(2) いえる。 (3) いえる。

解説

❶ 不等号が2つ以上ある場合，必ず同じ方向を向いている必要がある。例えば $a\leqq x\leqq b$ は正しいが，$a\leqq x\geqq b$，$a\geqq x\leqq b$ は誤り。

(1) ＝は等号。不等号には＜，＞，≦，≧，$\neq$ などがある。

(2) 「a 未満」と「a より小さい」は同じ意味。

不等号は○＜a (a＞○)

「a 以上」は，「a に等しいか，または a より大きい」 不等号は a≦○ (○≧a)

「a 以下」は，「a に等しいか，または a より小さい」 不等号は a≧○ (○≦a)

❷ x の値が決まると y の値が1つに決まるのは，㋒だけである。

❸(1) (円周)＝2×(半径)×3.14 → $y=6.28x$

(2) x の値が決まれば y の値は1つに決まる。

(3) 面積を z とすると，(面積)＝(半径)×(半径)×3.14 だから，$z=3.14x^2$ x の値が決まれば z の値が1つに決まるから，関数といえる。

基本ワーク　p.84 ～ 85

Check!

1　(1)　$y=4x$　(2)　いえる。
(3)　4

2　(1)　$y=\dfrac{60}{x}$　(2)　いえる。
(3)　60

基本問題

❶　(1)①　㋐，比例定数…3
②　㋓，比例定数…10
(2)①　走った時間　②　容器の容積

❷　(1)　(左から順に)3，40，6
(2)　y を x の式で表すと，$y=10x$ となり，$y=ax$ の形で表されるから，y は x に比例する。
比例定数　10
表している量　底辺の長さ

❸　(1)　(左から順に)50，2.5，10
(2)　y を x の式で表すと，$y=\dfrac{50}{x}$ となり，$y=\dfrac{a}{x}$ の形で表されるから，y は x に反比例する。
比例定数　50
表している量　長方形の面積

解説

❶(1)①②　$y=ax$ の形の式で表されるものが比例，$y=\dfrac{a}{x}$ の形で表されるものが反比例。
㋐…$y=3x$　㋑…$y=x-800$
㋓…$y=\dfrac{10}{x}$
㋒は，プールの大きさ (底面積) がわからないので式で表せない。

❷(1)　(平行四辺形の面積)＝(底辺)×(高さ) だから，
$y=10\times x=10x$
$y=30$ のとき，$30=10x$ より，$x=3$
$x=4$ のとき，$y=10\times 4=40$
$y=60$ のとき，$60=10x$　$x=6$
(2)　比例していることの説明→$y=ax$ の形の式で表せることをいえばよい。

❸(1)　(長方形の面積)＝(縦)×(横) だから，
$x\times y=50$ より，$y=\dfrac{50}{x}$
式を $xy=50$ として，
$x=1$ のとき，$1\times y=50$　$y=50$
$y=20$ のとき，$20x=50$　$x=2.5$
$y=5$ のとき，$5x=50$　$x=10$
(2)　反比例していることの説明→$y=\dfrac{a}{x}$ の形の式で表せることをいえばよい。

基本ワーク　p.86 ～ 87

Check!

1 (1) (左から順に)12，8，-1，-4，-8

(2) 2倍，3倍，…になる。

2 (1) $y=x$

(2) $y=\frac{1}{5}x$

(3) $y=-\frac{1}{2}x$　(4) $y=-10x$

基本問題

❶ (1) いえる。

（理由）x の値が2倍，3倍，…になると y の値も2倍，3倍，…になるから。

(2) (左から順に)20，12，4，-16，-20

(3) $y=-4x$

❷ (1) $y=-x$　(2) $y=\frac{1}{2}x$

(3) $y=\frac{3}{4}x$　(4) $y=-3x$

(5) $y=-6x$　(6) $y=-\frac{8}{3}x$

❸ (1) $y=-2x$　(2) $y=-4$

解説

❶(1) $x=1$ のとき $y=-4$，$x=2$ のとき $y=-8$，$x=3$ のとき $y=-12$　$2\div1=(-8)\div(-4)=2$，$3\div1=(-12)\div(-4)=3$ より，x の値が2倍，3倍，…になると y の値も2倍，3倍，…になっている。

(3) (1)より y が x に比例しているから，x と y の関係は $y=ax$ と表せる。$x=1$ のとき $y=-4$ だから，$-4=a$　よって，$y=-4x$

❷ $y=ax$ に x，y の値を代入する。

(1) $x=1$，$y=-1$ を代入して，$-1=a$

(2) $x=-2$，$y=-1$ を代入して，$-1=-2a$

(3) $x=8$，$y=6$ を代入して，$6=8a$

$8a=6$　$a=\frac{6}{8}=\frac{3}{4}$

(4) $x=-6$，$y=18$ を代入して，$18=-6a$

$a=-3$

(5) $x=-\frac{2}{3}$，$y=4$ を代入して，$4=-\frac{2}{3}a$

$a=4\times\left(-\frac{3}{2}\right)=-6$

(6) $x=\frac{1}{8}$，$y=-\frac{1}{3}$ を代入して，$-\frac{1}{3}=\frac{1}{8}a$

$a=-\frac{1}{3}\times8=-\frac{8}{3}$

❸(1) $y=ax$ に $x=-7$，$y=14$ を代入して，

$14=-7a$　$a=-2$

(2) $y=-2x$ に $x=2$ を代入して，

$y=-2\times2=-4$

基本ワーク　p.88 ～ 89

Check!

1　(1)　A (3,　4)　　(2)　B (−1,　1)

2　(左から順に) 6,　4,　2,　0,　−2,　−4,　−6,

グラフは下の図

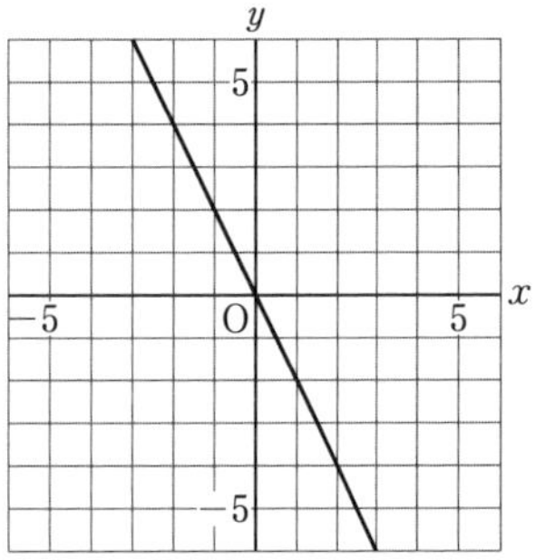

基本問題

❶　A (1,　−2),　B (3,　0),　C (−2,　−3),

点 P,　Q,　R は下の図

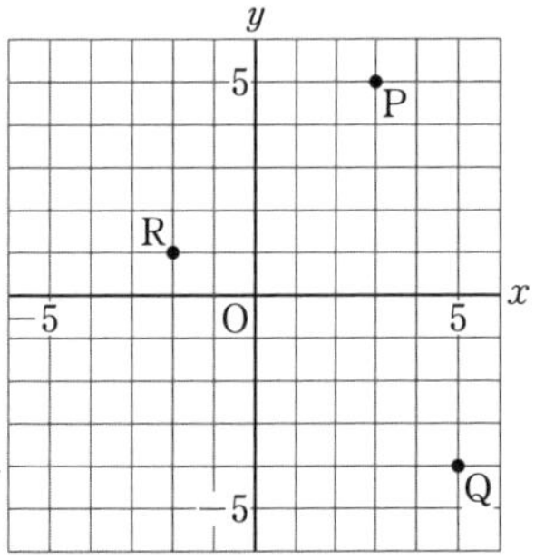

❷　(1)　A (−2,　5)

(2)　B (2,　2)

(3)　C (0,　0)

❸　(1)　(左から順に)−2,　−1,　0,　1,　2

(2)　下の図

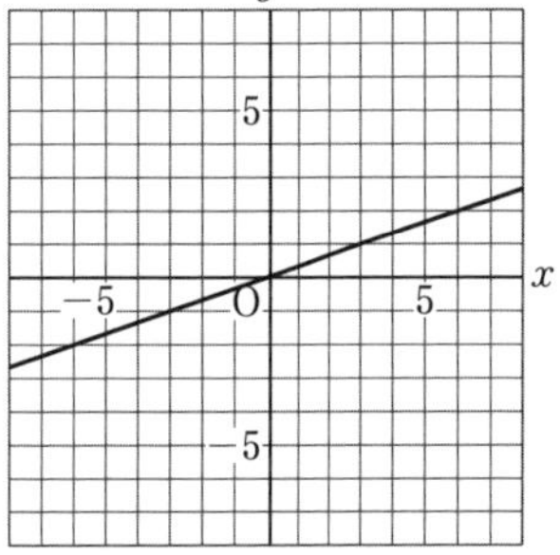

❹　(1)～(3)　下の図

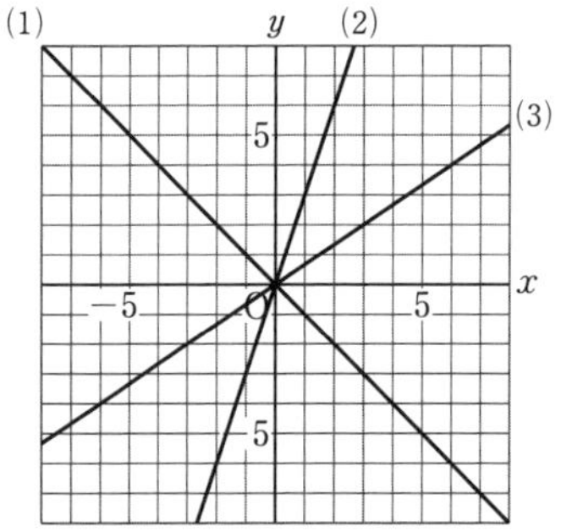

解説

❶　x 座標，y 座標の値を目もりから正しく読み取る。A…x 座標が 1，y 座標が −2 → A (1,　−2)

x 軸上の点の y 座標，y 軸上の点の x 座標は 0 である。B (3,　0) は x 軸上の点。原点は，x 座標も y 座標も 0 である。

❷　点 C は原点と一致する。

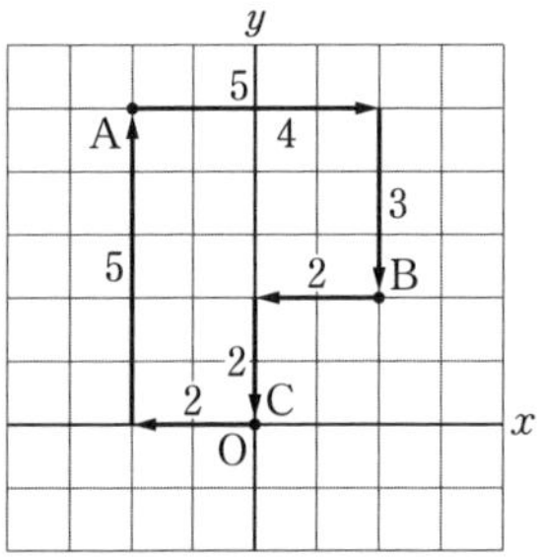

❸(1)　$y=\frac{1}{3}x$ に，$x=-6$,　-3,　0,　3,　6 を代入して，y の値を求める。

(2)　(−6,　−2),　(−3,　−1),　(0,　0),　(3,　1),　(6,　2) を通る直線をかく。

❹　原点のほかに，原点からはなれた点を 1 つか 2 つ見つけて結べばよい。

(例)　(1)　(0,　0),　(5,　−5),　(−5,　5) を結ぶ。

(2)　(0,　0),　(−2,　−6),　(2,　6) を結ぶ。

(3)　(0,　0),　(−6,　−4),　(6,　4) を結ぶ。

別解例　(1)　原点から右へ 1，下へ 1 をくり返す。

(2)　原点から右へ 1，上へ 3 をくり返す。

(3)　原点から右へ 3，上へ 2 をくり返す。

基本ワーク　p.90 ～ 91

Check!

1　$y=2.5x$

2　(1)　$y=3x$　　(2)　$y=-\frac{1}{2}x$

基本問題

❶　(1)　㋐　$y=4x$　　㋑　$y=-2x$

　　　㋒　$y=\frac{2}{3}x$

　(2)　㋐　$y=36$　　㋑　$y=-18$

　　　㋒　$y=6$

❷　㋐　$y=-3x$　　㋑　$y=\frac{1}{2}x$

❸　(1)　㋐　$y=\frac{2}{3}x$　　㋑　$y=-\frac{4}{3}x$

　(2)　㋐　$y=\frac{2}{3}$　　㋑　$y=-\frac{4}{3}$

解説

❶(1)　式を $y=ax$ とおいて，a の値を求める。

㋐　a の値は，$x=1$ のときの y の値だから $a=4$

別解例　x の値が 1 増加すると y の値は 4 増加しているから $a=4$

別解例　$y=ax$ に $x=1$，$y=4$ を代入して $4=a\times1$ より $a=4$

㋑　$y=ax$ に $x=3$，$y=-6$ を代入して $-6=a\times3$ より $a=-2$

㋒　$y=ax$ に $x=3$，$y=2$ を代入して $2=a\times3$ より $a=\frac{2}{3}$

(2)　それぞれの式に $x=9$ を代入する。

❷㋐　点 $(1,\ -3)$ を通る $(x=1$ のとき $y=-3)$ から a の値 (比例定数) は -3，式は $y=-3x$

㋑　点 $(2,\ 1)$ を通るから　$1=a\times2$，$a=\frac{1}{2}$

だから　$y=\frac{1}{2}x$

❸(1)　㋐　点 $(3,\ 2)$ を通るから　$2=a\times3$，$a=\frac{2}{3}$

㋑　点 $(3,\ -4)$ を通るから

$-4=a\times3$，$a=-\frac{4}{3}$

(2)　$x=1$ のときの y の値は，比例定数 (a) に等しいから　㋐　$y=\frac{2}{3}$，㋑　$y=-\frac{4}{3}$

別解例　それぞれの式に $x=1$ を代入して y の値を求める。

1・2節の問題　p.92～93

1 ㋐，㋓

2 (1) $x \leqq -1$　　(2) $0 \leqq x < 9$

3 (1)① 0　② 9　③ 5

(2) $y=3x\,(0 \leqq x \leqq 5)$

4 (1) $y=\dfrac{1}{3}x$，y は x に比例する。

比例定数 $\dfrac{1}{3}$

(2) $y=\dfrac{240}{x}$，y は x に反比例する。

比例定数 240

5 (1)① 1　② $\dfrac{1}{2}$　③ 0

④ $-\dfrac{1}{2}$　⑤ -1　⑥ $-\dfrac{3}{2}$

(2) (y の値は) $\dfrac{1}{2}$ 減少する。

(3) (y の値も) 3 倍になる。

6 (1) $y=-4x$　　(2) $y=12$

(3) $x=-4$

7 (1) A$(-3,\ 4)$　B$(4,\ -2)$　O$(0,\ 0)$

(2)

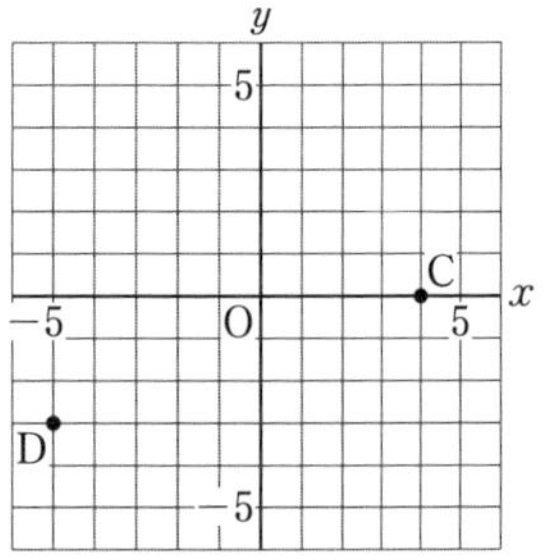

(3) 8cm^2

8

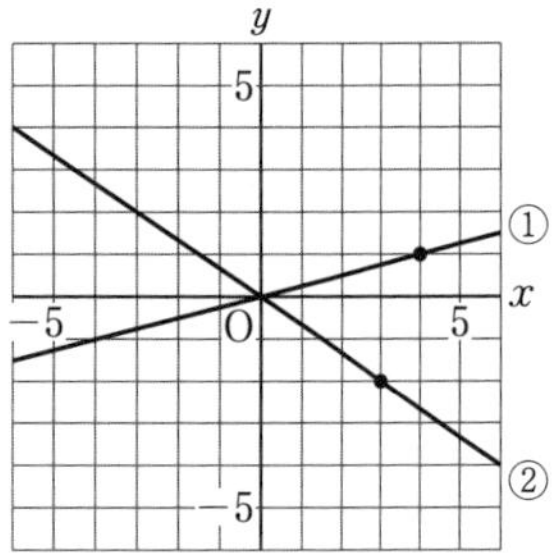

③ $y=3x$　　④ $y=-\dfrac{3}{5}x$

9 (1) ㋓　　(2) -6

解説

1 y が x の関数であるとき，x の値を決めると，y の値も 1 つに決まる。

㋑ 横の長さがわからないので，y の値は 1 つに決まらない。

㋒ x の値が 1 の整数は 1 と -1 の 2 つあるので，y が x の関数であるとはいえない。

3(1) 1 分間に 3L ずつ水を入れるので，

① $3 \times 0 = 0$ (L)　　② $3 \times 3 = 9$ (L)

③ $15 \div 3 = 5$ (分)

(2) (1)より y は x に比例し $a=\dfrac{y}{x}=\dfrac{9}{3}=3$

また，x の変域は，(1)の表より，$0 \leqq x \leqq 5$

4(1) (1 日あたりに読む量)

＝(全体のページ数)÷(日数)

$y=\dfrac{x}{3}$ でもよい。

(2) (時間)＝(道のり)÷(速さ)

5(3) (1)から $x=1$ のとき，$y=-\dfrac{1}{2}$……①

$x=3$ のとき，$y=-\dfrac{3}{2}$……②

②÷①より　$-\dfrac{3}{2} \div \left(-\dfrac{1}{2}\right) = 3$ (倍)

6(1) $y=ax$ に $x=2$，$y=-8$ を代入する。

$-8=2a$　$a=-4$

したがって，$y=-4x$

(2) $x=-3$ を(1)で求めた式に代入する。

$y=-4 \times (-3) = 12$

(3) $y=16$ を(1)で求めた式に代入する。

$16=-4x$　$-4x=16$　$x=-4$

7(3) 三角形 AOC の OC を底辺とするとき，点 A の y 座標が高さにあたるので，高さは 4cm。

三角形 AOC$=\dfrac{1}{2} \times 4 \times 4 = 8$ (cm^2)

8 比例定数が分数のときは，整数値をとる座標と原点を結ぶ。

① $(4,\ 1)$ と原点を結ぶ直線。

② $(3,\ -2)$ と原点を結ぶ直線。

9(1) それぞれの座標の値を，$y=-\dfrac{1}{2}x$ の式に代入して，(左辺)＝(右辺) が成り立てば $y=-\dfrac{1}{2}x$ のグラフ上にある。㋓の x 座標の値

4を式に代入すると，$y=-\frac{1}{2}\times4=-2$となり，
$y=-\frac{1}{2}x$のグラフ上にあることがわかる。

(2)　$y=3$を$y=-\frac{1}{2}x$に代入すると，$3=-\frac{1}{2}x$
$x=3\times(-2)=-6$

基本ワーク　p.94 ～ 95

Check!

1　(1)　(左から順に)
4，6，12，-12，-6，-4

(2)　$\frac{1}{2}$倍，$\frac{1}{3}$倍，…になる。

2　$y=-\frac{8}{x}$

基本問題

❶　(1)　$y=-\frac{6}{x}$

(2)　(左から順に)-6，-3

(3)　$y=-\frac{1}{2}$

❷　(1)　$y=\frac{12}{x}$　　(2)　$y=\frac{2}{x}$

(3)　$y=-\frac{15}{x}$

❸　(1)　$y=\frac{6}{x}$　　(2)　4組

解説

❶(1)　$y=\frac{a}{x}$に$x=-1$，$y=6$を代入すると
$6=\frac{a}{-1}$，$a=-6$より$y=-\frac{6}{x}$

(2)　$y=-\frac{6}{x}$(または$xy=-6$)に，$x=1$，
$x=2$を代入してyの値を求める。

(3)　$y=-\frac{6}{12}=-\frac{1}{2}$

❷　$y=\frac{a}{x}$を変形して$a=xy$の式にx，yの値を代入し，aの値を求める。($y=\frac{a}{x}$に代入してもよい。)

(1)　$a=3\times4=12$

(2)　$a=(-2)\times(-1)=2$

(3)　$a=-3\times5=-15$

❸(1)　$a=(-2)\times(-3)=6$

(2)　x，yが自然数(1，2，3…)のとき，$xy=6$になる(x, y)の組は，(1，6)，(2，3)，(3，2)，(6，1)の4つ。

基本ワーク

p.96 ~ 97

Check!

1

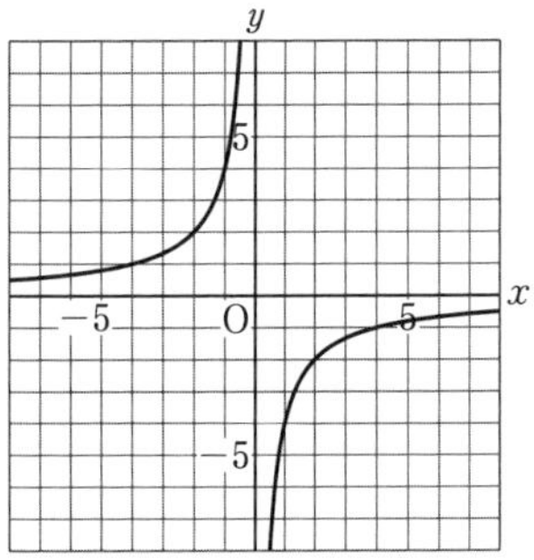

2 (1) 増加する。

(2) 増加する。

基本問題

❶ (1) (表の左から順に)1，2，3，6，-6，-3，-2，-1

(グラフ) 右の図

(2) 右の図

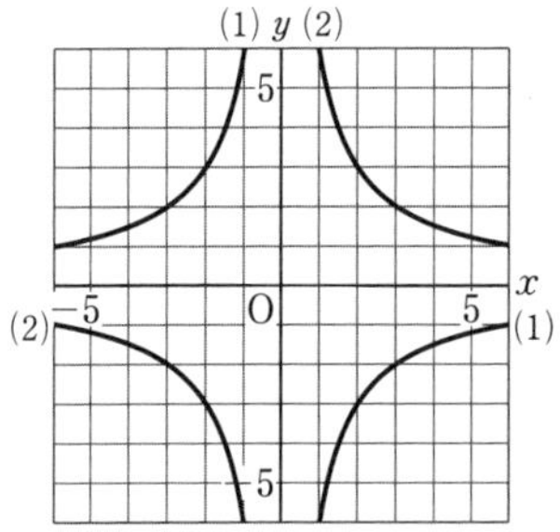

❷

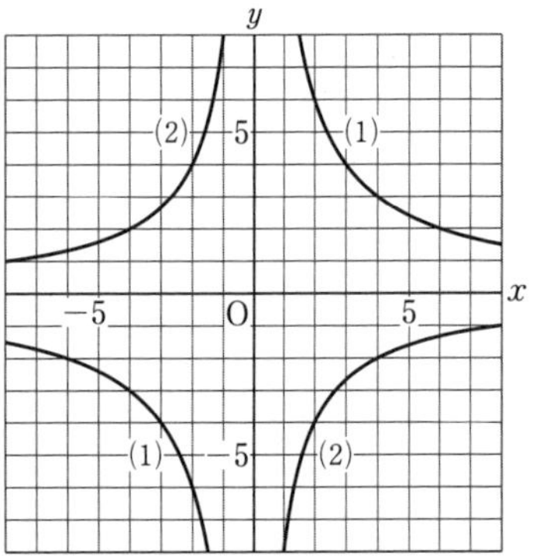

❸ (1) 双曲線　(2) ㋐　(3) 減少

解説

❶(1) $y=-\dfrac{6}{x}$ に $x=-6$，-3，$-2\cdots$ と代入していき，y の値を求める。

(2) 表から $(x,\ y)$ の点をとっていき，なめらかな曲線で結ぶ。

❷(1) $(2,\ 6)$，$(3,\ 4)$，$(4,\ 3)$，$(6,\ 2)$，$(-2,\ -6)$，$(-3,\ -4)$，$(-4,\ -3)$，$(-6,\ -2)$ を通る。

(2) $(1,\ -8)$，$(2,\ -4)$，$(4,\ -2)$，$(8,\ -1)$，$(-1,\ 8)$，$(-2,\ 4)$，$(-4,\ 2)$，$(-8,\ 1)$ を通る。

❸(1) 双曲線は「2つの曲線」という意味である。

(2) ㋑は $a<0$ のときのグラフ。

(3) グラフは右下がりになっていることに注意する。右下がりのグラフでは，x の値が増加すると，y の値は減少する。

基本ワーク　p.98 ～ 99

Check!

1　$y=-\dfrac{3}{x}$

2　(1)　$y=\dfrac{3}{x}$　　(2)　$y=-\dfrac{7}{x}$

基本問題

❶　(1)　14

(2)　$y=\dfrac{14}{x}$

(3)　$y=-\dfrac{7}{5}$ ($y=-1.4$)

❷　(1)①　$y=\dfrac{8}{x}$　　②　$y=-\dfrac{18}{x}$

(2)　$x=2$ のとき $y=4$，$x=-4$ のとき $y=-2$

(3)　$x=3$ のとき $y=-6$，$x=-6$ のとき $y=3$

❸　①　$y=-\dfrac{12}{x}$　　②　$y=\dfrac{2}{x}$

③　$y=-\dfrac{3}{x}$

解説

❶(1)　$y=\dfrac{a}{x}$ では，a の値 (比例定数) は $x=1$ のときの y の値に等しい。

(2)　$a=14$ だから，$y=\dfrac{14}{x}$

(3)　$y=\dfrac{14}{-10}=-\dfrac{7}{5}$ (-1.4)

❷(1)①　点 (2, 4) を通るから $4=\dfrac{a}{2}$，$a=8$

($a=xy$ として $a=2\times4=8$ としてもよい。)

②　点 (-3, 6) を通るから $6=-\dfrac{a}{3}$，

$a=-18$

(2)　$y=\dfrac{8}{x}$ に，$x=2$，$x=-4$ を代入して y の値を求める。

(3)　$y=-\dfrac{18}{x}$ に，$x=3$，$x=-6$ を代入して y の値を求める。

❸①　点 (3, -4) を通るから $-4=\dfrac{a}{3}$，$a=-12$

②　点 (1, 2) を通るから $a=2$。

※ a の値は，$x=1$ のときの y の値に等しい。

③　点 (1, -3) を通るから $a=-3$

基本ワーク　p.100～101

Check!

1　$S=5x$

2　8 分後

基本問題

❶ (1)　$S=12a$　　(2)　$a=\dfrac{36}{b}\ (ab=36)$

❷ (1)　毎分 40m　　(2)　$y=40x$

(3)　下の図

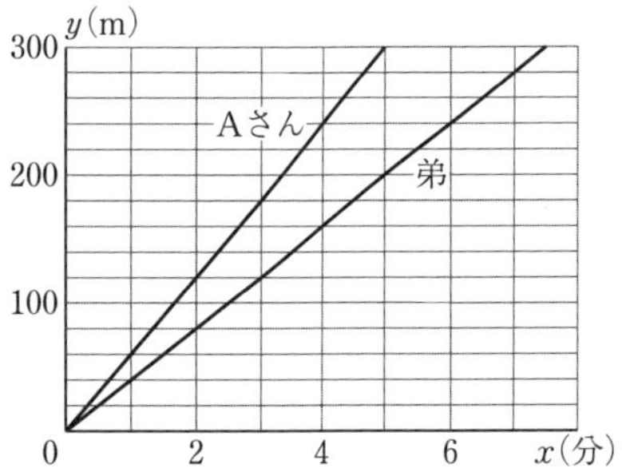

(4)　3 分後

解説

❶　平行四辺形の面積に関する式だから，$S=ab$
$b=12$ を代入すると，$S=12a$

❷(1)　グラフより，2 分間に 80m 歩いたことがわかるので，$80\div2=40$ より，毎分 40m

(2)　原点を通る直線だから，比例の関係である。

(3)　$y=60x$ のグラフをかく。

(4)　2 つのグラフの y 座標の値の差が 60 になっているところの x 座標を読みとる。

3・4節の問題　p.102～103

1 (1)①　36　　②　18　　③　12　　④　9

(2)　$y=\dfrac{36}{x}$

(3)　(y の値は) $\dfrac{1}{2}$ 倍，$\dfrac{1}{3}$ 倍，…になる。

2 (1)　$y=\dfrac{12}{x}$　　(2)　$y=-6$

3　図 1

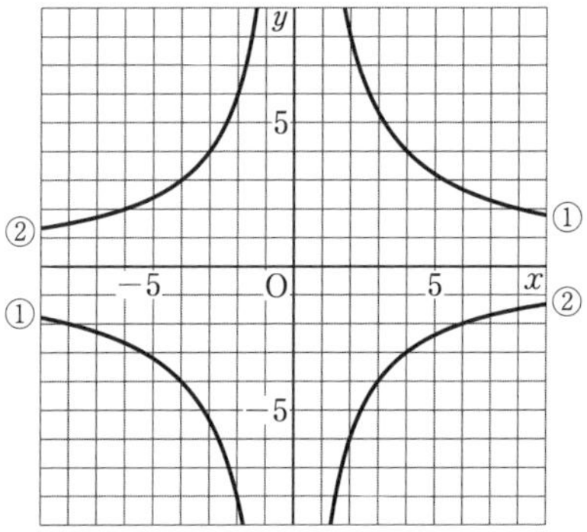

図 2　$y=\dfrac{27}{x}$

4　㋐　△　　㋑　○　　㋒　△　　㋓　○

5 (1)　$a=\dfrac{2}{3}$，$b=24$

(2)　6　　(3)　8 個

6 (1)　50 分後

(2)

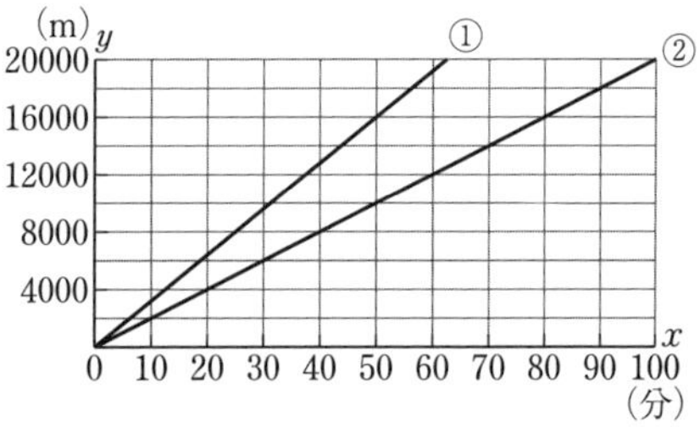

(3)　10000m

7 (1)　6 回転　　(2)　$y=\dfrac{60}{x}$

解説

1(1)　$\dfrac{1}{2}xy=18$ より $xy=36$

(2)　(1)より，(比例定数) $=1\times36=36$　よって，

$y=\dfrac{36}{x}$

(3)　(1)の表より，x の値が 2 倍，3 倍，…になると，

y の値は $\dfrac{1}{2}$ 倍，$\dfrac{1}{3}$ 倍，…になる。

2 (1) $y=\dfrac{a}{x}$ に $x=3$，$y=4$ を代入すると，

$4=\dfrac{a}{3}$　$a=4\times3=12$　$y=\dfrac{12}{x}$

(2) (1)より，$y=\dfrac{12}{x}$ に $x=-2$ を代入して，

$y=\dfrac{12}{-2}=-6$

5 (1) ①，②のグラフがともにP(6，4)を通るので，それぞれの式に $x=6$，$y=4$ を代入して，a と b の値を求める。

① $y=ax$ に $x=6$，$y=4$ を代入すると，

$4=6a$　$6a=4$　$a=\dfrac{4}{6}=\dfrac{2}{3}$

② $y=\dfrac{b}{x}$ に $x=6$，$y=4$ を代入すると，

$4=\dfrac{b}{6}$　$\dfrac{b}{6}=4$　$b=24$

(2) (1)より，①のグラフの式 $y=\dfrac{2}{3}x$ に $x=9$ を代入する。$y=\dfrac{2}{3}\times9=6$

(3) x 座標が24の約数となる場合について調べると，(1，24)，(2，12)，(3，8)，(4，6)，(6，4)，(8，3)，(12，2)，(24，1)の8つ。

6 (1) 先頭の選手は，16000 mの地点まで分速320 mで走っているので，$16000\div320=50$(分後)

(2) (1)より，先頭の選手のグラフは，原点(0，0)と，(50，16000)を通る直線となる。45位の選手は，先頭の選手が16000m地点を通過して30分後に通過したので，グラフは原点(0，0)と(80，16000)を通る直線となる。

(3) ①のグラフの y 座標が16000のときの，②のグラフの y 座標を読みとる。

7 (1) 歯車PとQはかみ合っているので，同じ時間に，同じ数だけ歯がかみ合うことになる。歯車Pは歯の数が20で1秒間に3回転するので，1秒間に $20\times3=60$ の歯が，歯車Qとかみ合う。歯車Qは歯の数が10で，1秒間に60の歯が，Pとかみ合うから，$60\div10=6$(回転)

(2) (1)より，1秒間にかみ合う歯の数は60なので，

$x\times y=60$，$y=\dfrac{60}{x}$

4章の問題

p.104～105

1 (1) $y=\dfrac{5}{2}x+10$　×

(2) $y=\dfrac{5}{2}x$　○

(3) $y=x^3$　×

(4) $y=\dfrac{10}{x}$　△

2 (1) $y=-4x$　(2) $y=-\dfrac{45}{x}$

3

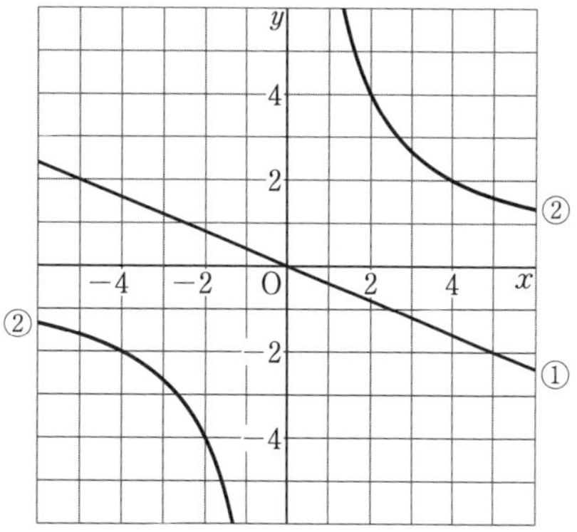

4 (1) $y=\dfrac{4}{3}x$　(2) $\dfrac{8}{3}$

(3) $-\dfrac{9}{2}$

5 (1) 330km　(2) $y=\dfrac{330}{x}$

6 (1) $y=8x$

(2) $0\leqq x\leqq3$　$0\leqq y\leqq24$

7 (1) 2倍

(2) 120cm^3

解説

1 (1) (台形の面積)

＝(上底＋下底)×(高さ)÷2より，

$y=(4+x)\times5\div2$

$y=\dfrac{5}{2}(4+x)=\dfrac{5}{2}x+10$

(2) (値段)＝(1gあたりの値段)×(重さ)

$y=x\div100\times250=\dfrac{5}{2}x$

(3) (立方体の体積)＝(1辺)×(1辺)×(1辺)

$y=x\times x\times x=x^3$

(4) (時間)＝(道のり)÷(速さ)

$y = 10 \div x = \dfrac{10}{x}$

2(1) $y=ax$ に $x=-3$, $y=12$ を代入して比例定数 a を求める。$12=-3a$　$-3a=12$

$a=-4$　したがって，$y=-4x$

(2) $y=\dfrac{a}{x}$ に $x=9$, $y=-5$ を代入して，比例定数 a を求める。$-5=\dfrac{a}{9}$,

$a=-5\times9=-45$　したがって，$y=-\dfrac{45}{x}$

4(1) $y=ax$ に点Aの座標の値を代入して求める。

$4=3a$, $a=\dfrac{4}{3}$　したがって，$y=\dfrac{4}{3}x$

(2) (1)で求めた $y=\dfrac{4}{3}x$ の式に $x=2$ を代入して，y 座標を求める。$y=\dfrac{4}{3}\times2=\dfrac{8}{3}$

(3) $y=\dfrac{4}{3}x$ の式に $y=-6$ を代入して x 座標を求める。$-6=\dfrac{4}{3}x$　$\dfrac{4}{3}x=-6$ より，

$x=-6\times\dfrac{3}{4}=-\dfrac{9}{2}$

5(1) グラフから，時速60kmのとき，5.5時間かかることから，$60\times5.5=330$ (km)

(2) (時間)＝(道のり)÷(速さ)　$y=330\div x$ より，

$y=\dfrac{330}{x}$

6(1) (三角形ABPの面積)＝$\dfrac{1}{2}\times$BP$\times$ACで表せる。点Pは，秒速2cmで x 秒間動くので，BPの長さは $2x$cmと表せる。

$y=\dfrac{1}{2}\times2x\times8$ より，$y=8x$

(2) 点Pは，秒速2cmでBC間を動くので，Cに到着するまでの時間は，$6\div2=3$ (秒)

よって x の変域は，$0\leqq x\leqq3$

また，点Pが頂点Cに到着したときに面積が最大になるから，$y=\dfrac{1}{2}\times6\times8=24$ (cm^2)

よって，y の変域は，$0\leqq y\leqq24$

7(1) 水そうA，Bの底面積を a，b とすると，4分間に入った水の体積はAが $4a$，Bが $8b$ と表せる。入った水の量は同じだから，$4a=8b$,

$a=2b$ より，a は b の2倍。

(2) 4分間で入った水の体積は，

$60\times8=480$ (cm^3)

$480\div4=120$ (cm^3)

5章　平面図形

ウォーミングアップ　p.106 ～ 107

1

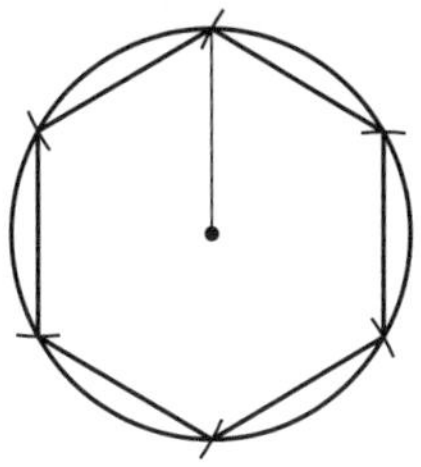

半径と同じ長さの辺を，円周上に作図していく。

2 (1)

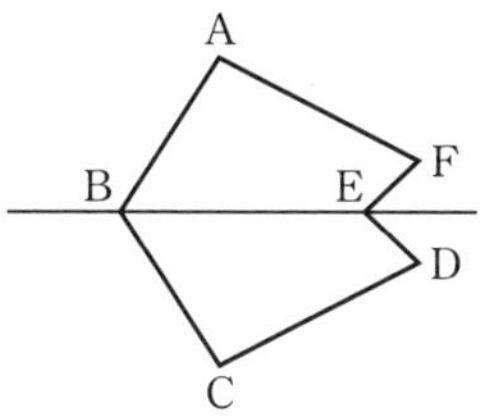

(2)　垂直　　(3)　角 A　　(4)　30cm^2

3 (1)
(2)

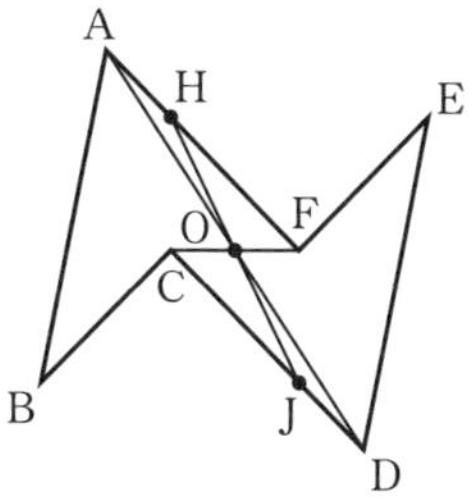

4

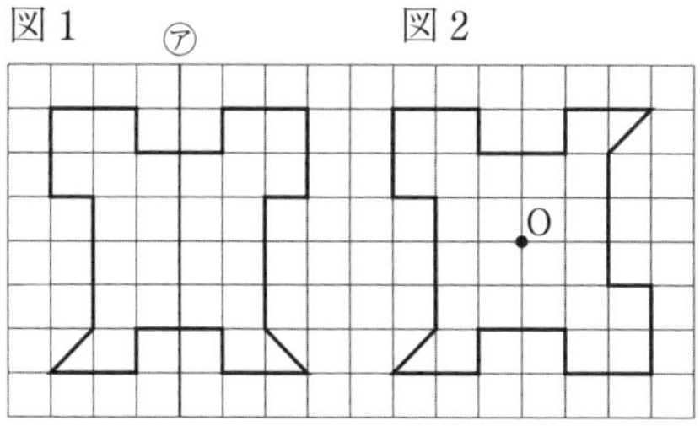

5　(1)　㋐，㋒，㋓　　(2)　㋑，㋒
(3)　㋒，㋓

6　(1)　面積　$36\pi\text{cm}^2$
まわりの長さ　$12\pi\text{cm}$

(2)　面積　$\dfrac{25}{2}\pi\text{cm}^2$

まわりの長さ　$(10\pi+10)\text{cm}$

解説

1 別解例

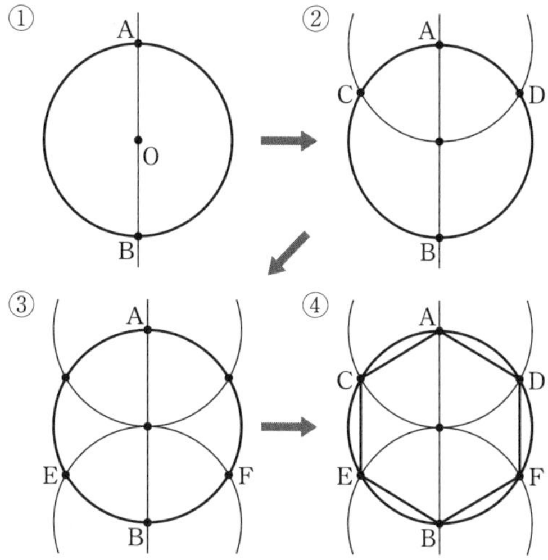

2(4)　対称の軸で分けてできる三角形 ABD と三角形 CBD は合同。四角形 ABCD の面積は，これら同じ面積の三角形 2 つ分だから，

$$10\times3\times\frac{1}{2}\times2=30\ (\text{cm}^2)$$

3(1)　対応する点を結ぶ線分は，どれも対称の中心を通る。

5(2)　平行四辺形の対角線は，それぞれのまん中の点で交わるから，対角線の交わった点が対称の中心になっている。

(3)　ひし形の対称の軸は対角線の 2 本。正五角形の対称の軸は，それぞれの頂点を通るから 5 本ある。

6(1)　面積：$6\times6\times\pi=36\pi\ (\text{cm}^2)$，
まわりの長さ：$12\times\pi=12\pi\ (\text{cm})$

(2)　面積：

$$10\times10\times\pi\times\frac{1}{4}-5\times5\times\pi\times\frac{1}{2}$$

$$=\frac{25}{2}\pi\ (\text{cm}^2),$$

まわりの長さ：

$$20\times\pi\times\frac{1}{4}+10\times\pi\times\frac{1}{2}+10$$

$$=10\pi+10\ (\text{cm})$$

基本ワーク　p.108 ～ 109

Check!

1　半直線 AB

2　AB＝A′B′，AB // A′B′

3　180°

基本問題

❶　(1)①　直線 AB　　②　線分 AB

　③　長さ

(2)①　△BCF　　②　BE＝FC

❷　(1)

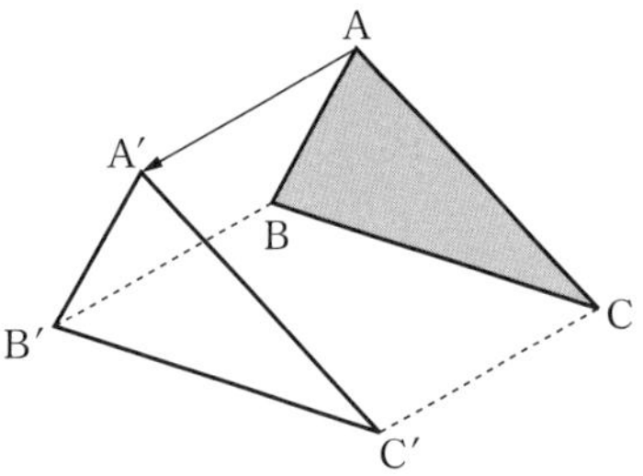

(2)　AA′＝CC′，AA′ // CC′

❸　∠CBD

❹　(1)，(3)　下の図　　(2)　∠BOB′，∠COC′

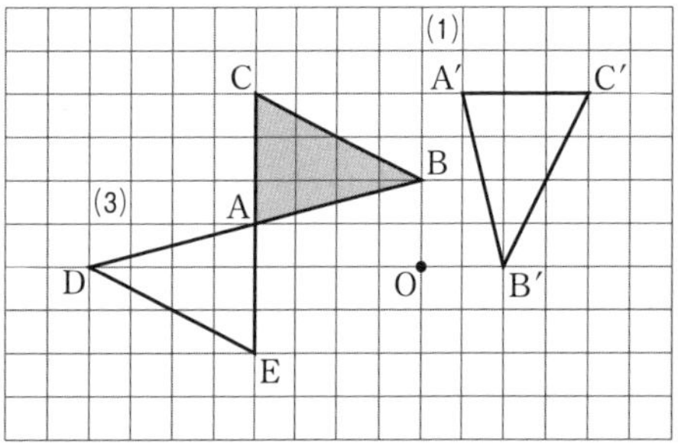

解説

❶(2)①　頂点の記号はふつう左まわりに，アルファベット順に書くが，特にきまりはない。

　△FCB，△CFB などでもよい。

②　「BE」だけで「線分 BE の長さ」という意味もある。

❷(1)　頂点 B，C を，矢印の方向に矢印の長さだけ平行移動させて，各点を結ぶ。

(2)　他に AA′＝BB′，AA′ // BB′，BB′＝CC′，BB′ // CC′ も成り立つ。

❸　右の図。

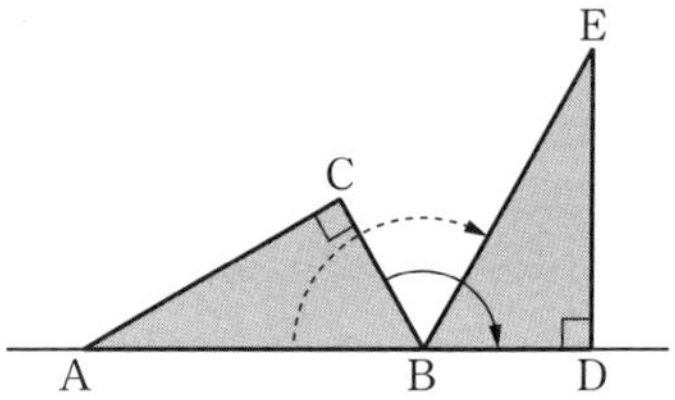

❹(1)

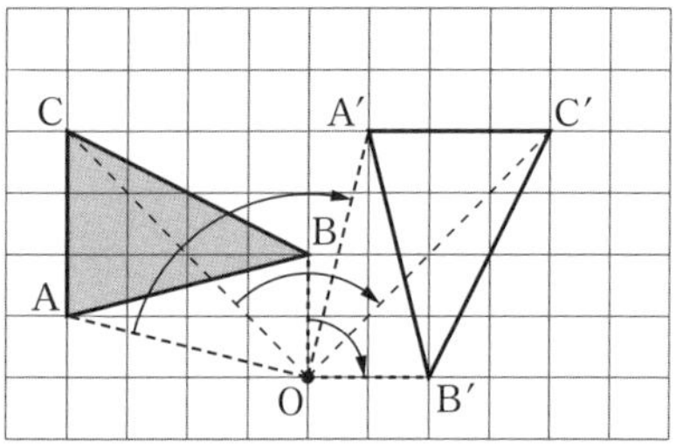

各頂点と O を結んで，1 つずつ 90° 回転させる。

(2)　線分 OB，OC も，時計回りに 90° 回転している。

(3)　点 A が回転の中心で，180° の回転移動だから，BA，CA をそれぞれ A の方向に同じ長さだけのばす。

180° の回転移動＝点対称移動

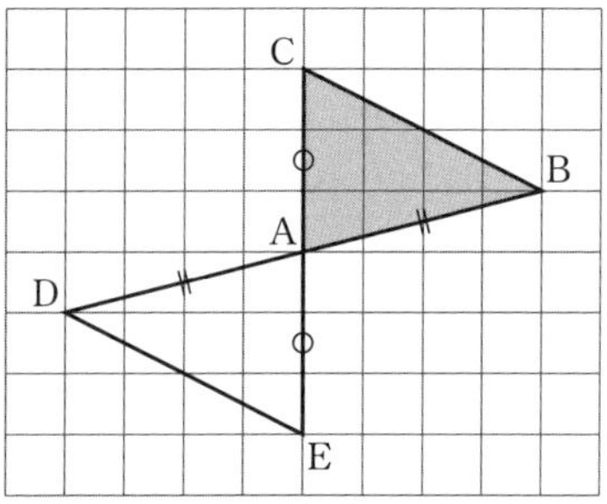

基本ワーク　p.110 ～ 111

Check!

1

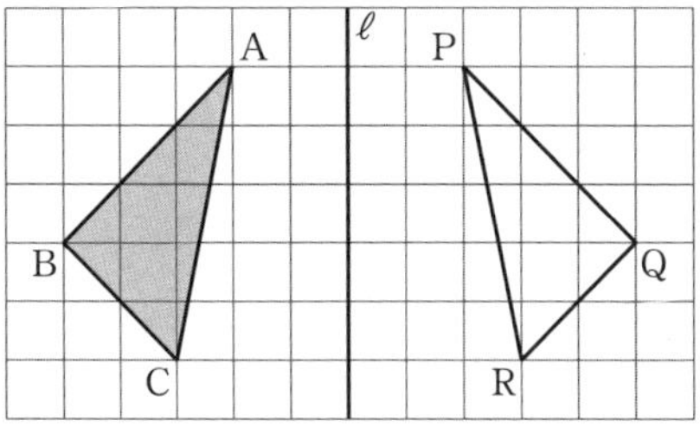

2　①　C が C′ に重なるように平行移動

②　C′ を中心に時計回りに 90° 回転移動

※②→①の順でもよい。

基本問題

❶ (1)

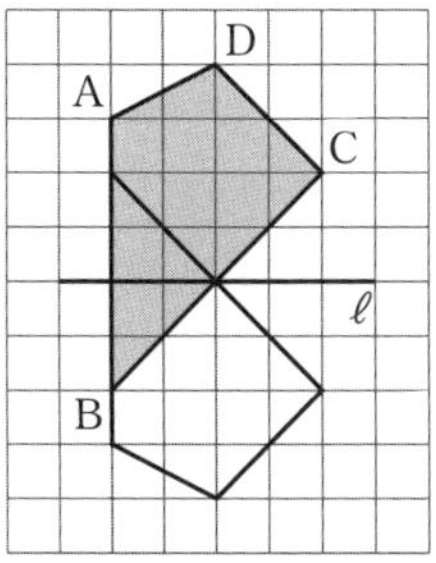

(2)

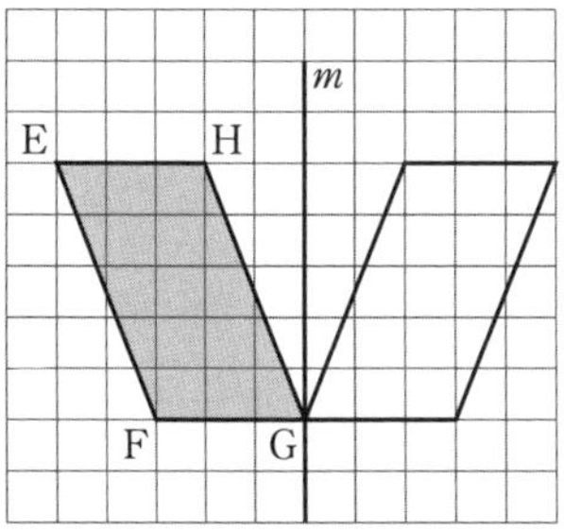

(3)①

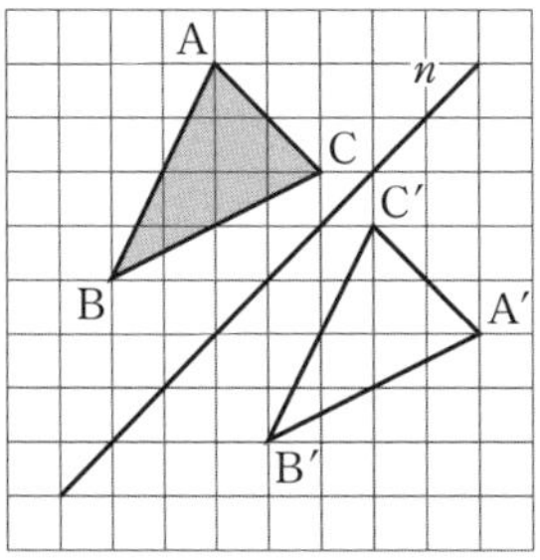

②　$n \perp BB'$，$BM = B'M$

③　4cm

❷ (1)①　(例) 直線 GM を対称の軸として対称移動する。

②　(例) 点 I を中心として時計回りに 60° 回転移動する。

(2)　(例)

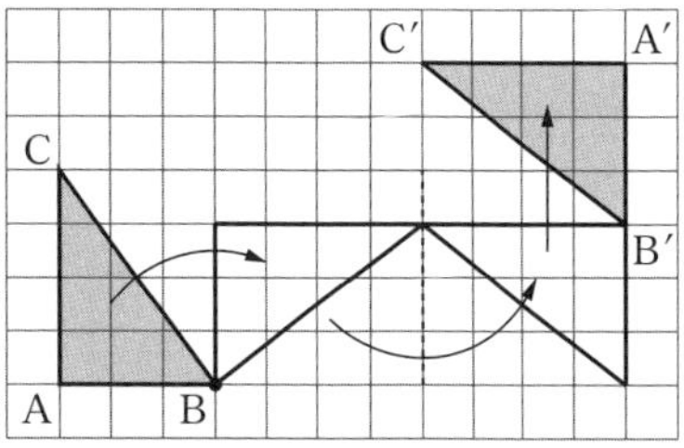

解説

❶(1)　直線 ℓ で折り返したとき，各頂点がどこに移るか考える。

(2)　G は対称の軸上にあるので移動しない。

(3)②　対応する点を結ぶ線分は，対称の軸によって垂直に 2 等分される。

③　直線 n と CC′ の交点を D とすると $AA' = 10$cm，$CC' = 2$cm だから $AD = 5$cm，$CD = 1$cm より $AC = 5 - 1 = 4$ (cm)

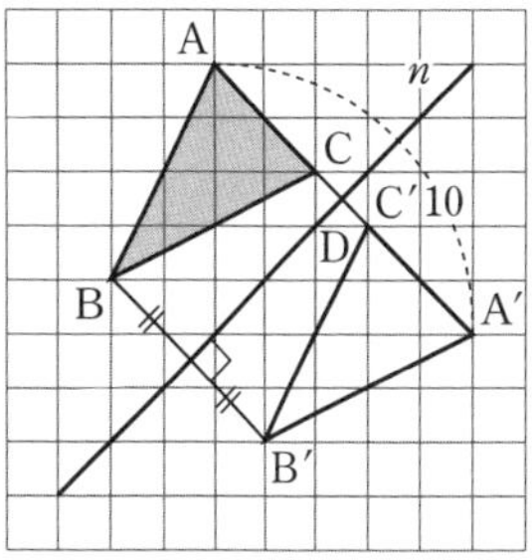

❷(1)　別解例　①　点 G を中心として反時計まわりに 60° 回転移動する。

(2)　別解例

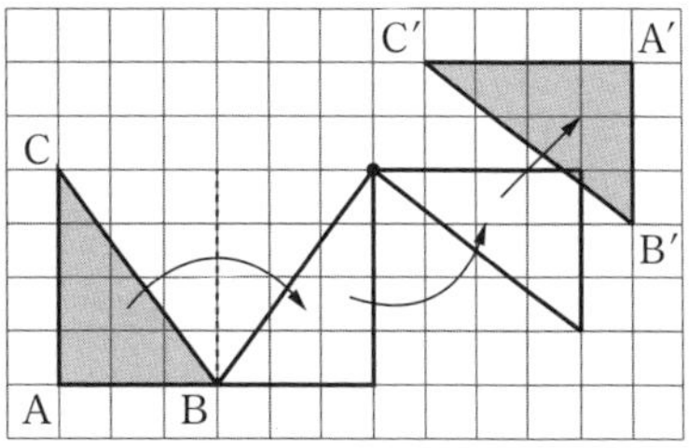

1節の問題　p.112～113

1 (1)　$AB=BC=CD=DA$

(2)　$AB /\!/ DC$，$BC /\!/ AD$

(3)　$AC \perp BD$

(4)　垂線二等分線

2 (1)　㋔　矢印は下の図参照。

(2)　㋒　対称の軸は，下の図参照。

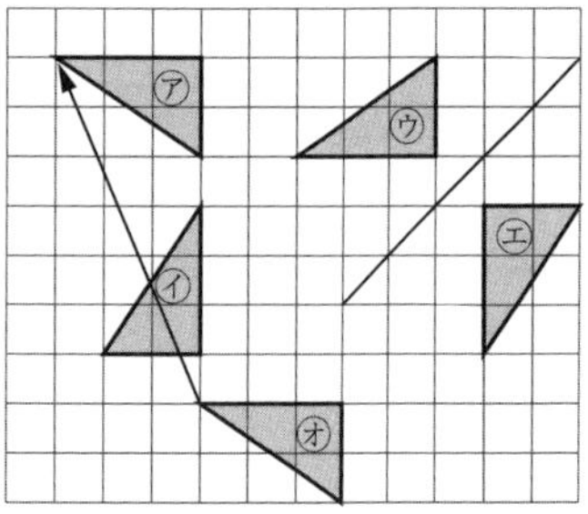

3

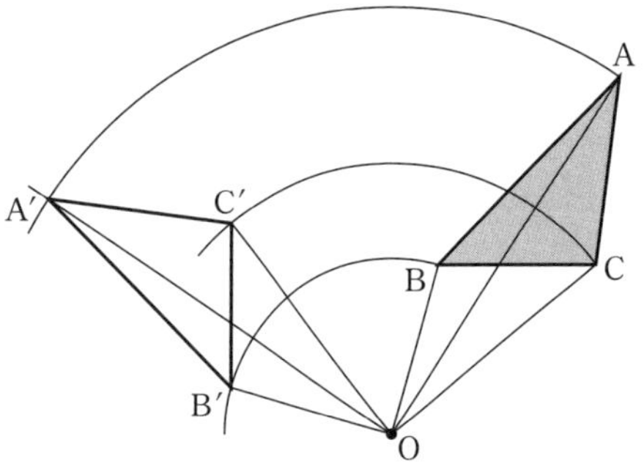

4 (1)　㋔　　(2)　㋗

(3)　㋑，㋕

5 (1)　右の図

(2)　線分 BD，
　　線分 AC

(3)　$BD \perp AC$
　　$BE=DE$

(4)　$\angle DCE$

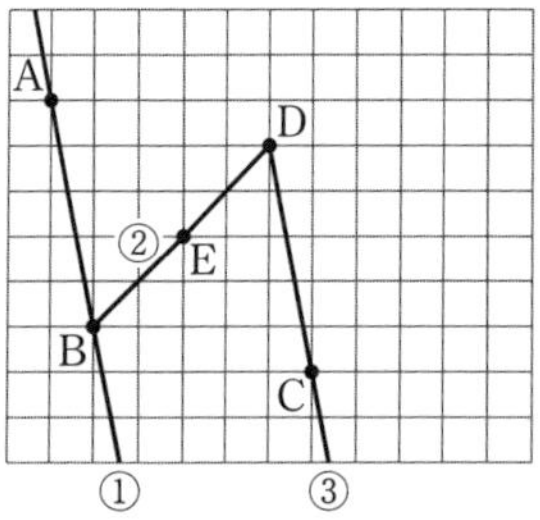

6　点 O を中心として，180° 回転させる。
(点 O を中心として点対称移動する。)

解説

2(1)　対応する各頂点を結ぶ線分が，平行で長さが等しいものを選ぶ。下の図。

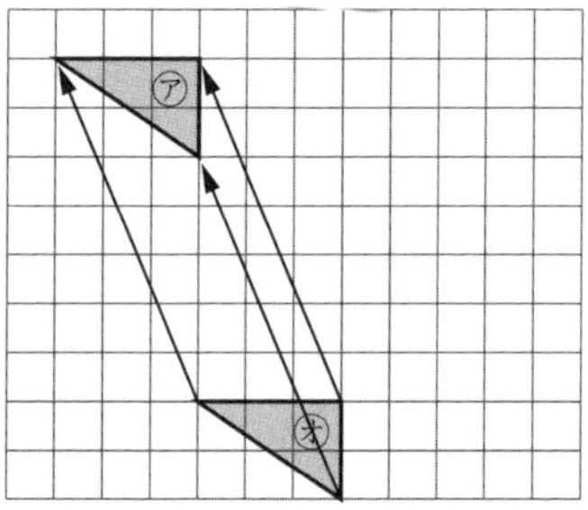

(2)　対応する頂点どうしを結ぶ線分は対称の軸に垂直で，対応する頂点から対称の軸までの距離はそれぞれ等しい。

3　中心 O と頂点 A を結び，$\angle AOA'=90^\circ$，$AO=A'O$ となる点 A′ をかく。同様に，B′，C′ をかき，A′，B′，C′ を結ぶ。

4(3)　下の図の，ℓ を対称の軸として対称移動させると㋕を，m を対称の軸として対称移動させると㋑を，㋔に重ね合わせることができる。

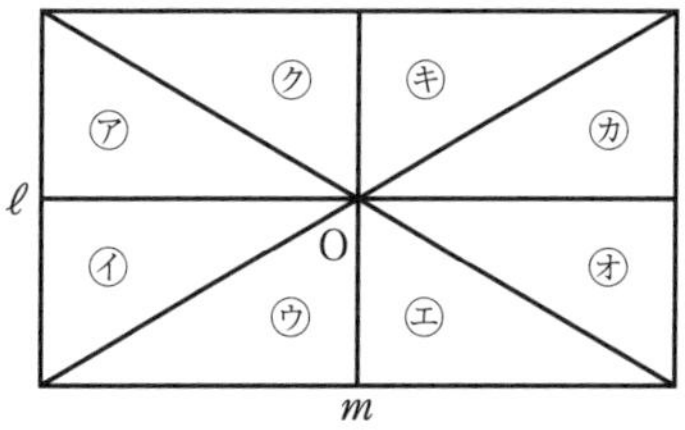

6　対応する頂点を結ぶ線分の中点がいずれも点 O になっている。180° の回転移動を，点対称移動という。

基本ワーク　p.114～115

Check!

1　60°

2　ひし形

3　右の図

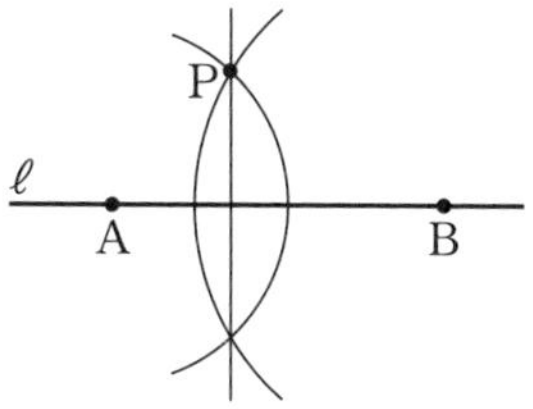

※点 A，B は直線 ℓ 上に適当にとる。

基本問題

❶

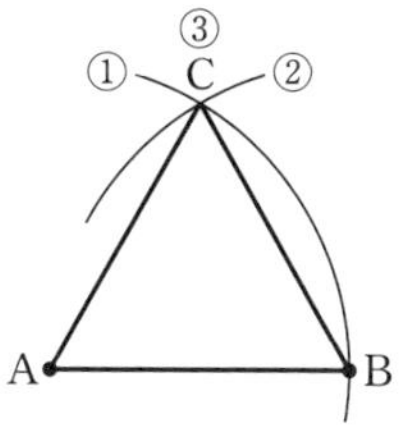

❷ (1)　2 本

(2)

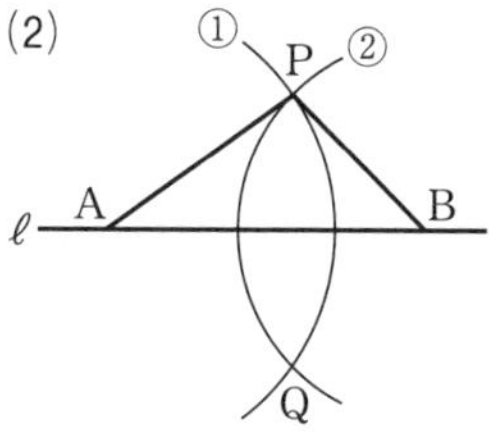

❸ (1)

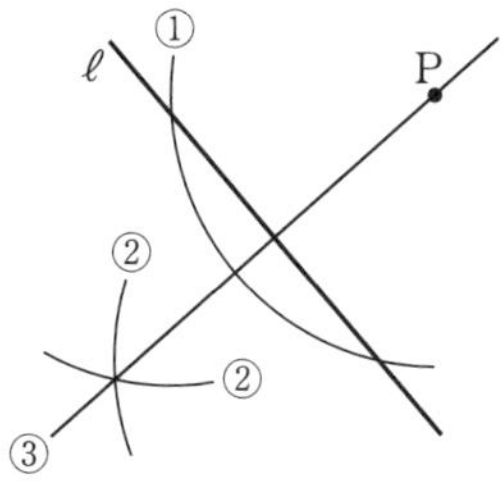

(2)

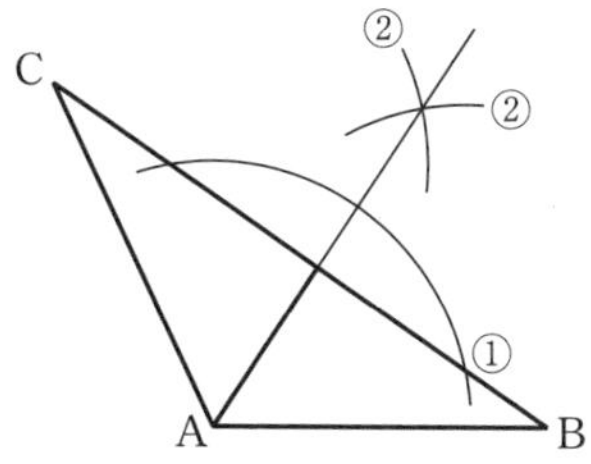

(3)

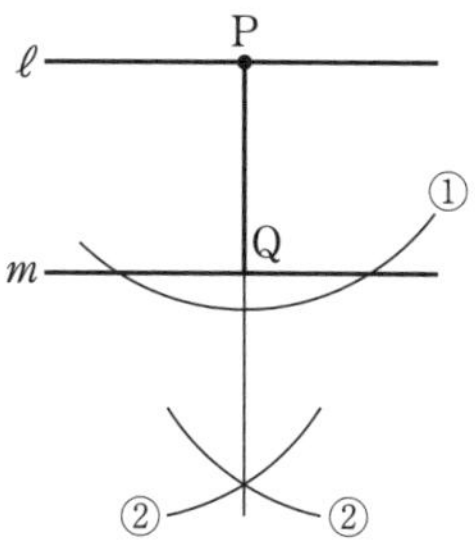

(4)

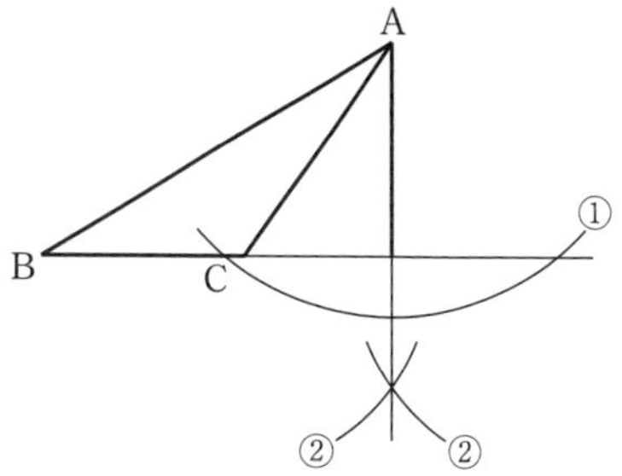

解説

❶①　点 A を中心に，AB を半径とする円をかく。

②　点 B を中心に，同じ半径で円をかく。

③　①と②の交点を C として，AC，BC をひく。

❷(1)　右の図の 2 本

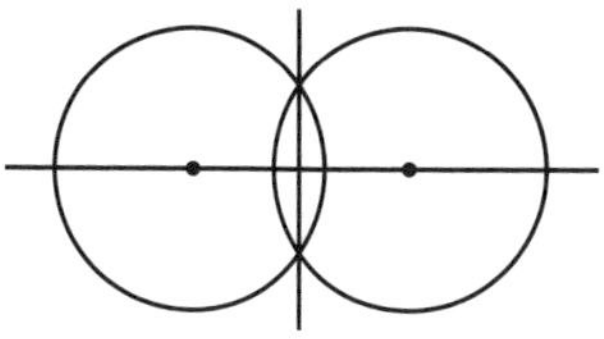

(2)　A を中心とし AP を半径とする円と，B を中心とし BP を半径とする円の，もう 1 つの交点を求める。

Check! 3 の垂線の作図と，方法は同じである。

❸(1)①　P を中心に，ℓ と 2 点で交わるように円をかく。

②　①の 2 つの交点を中心に，同じ半径で円をかき，その交点を求める。

③　P と②の交点を結ぶ。

(2)　考え方は(1)と同じ。

(3)　P を通り，*m* に垂直な直線をかき，*m* との交点を Q とする。方法は(1)と同じ。

(4)　BC を延長して，点 A を通り，直線 BC に垂直な直線をかき，直線 BC との交点と A を結ぶ。

基本ワーク　p.116～117

Check!

1　(1)

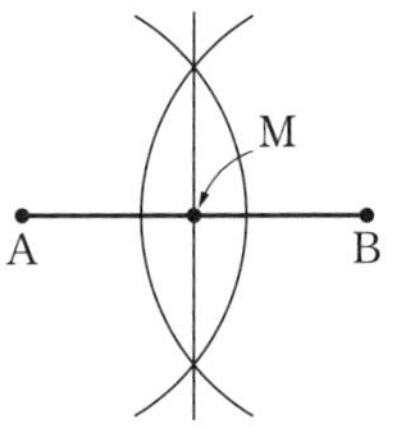

(2)　線分 AB の垂直二等分線上にある。

2　(1)

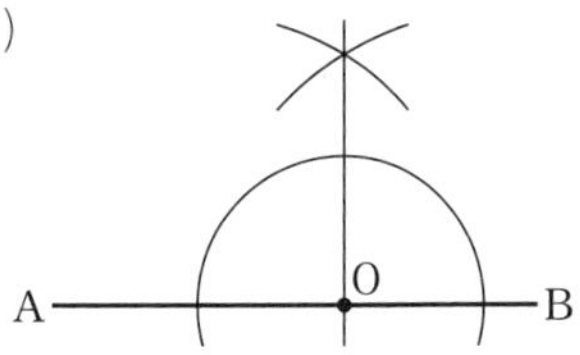

(2)　∠COD の二等分線上にある。

基本問題

❶　(1)

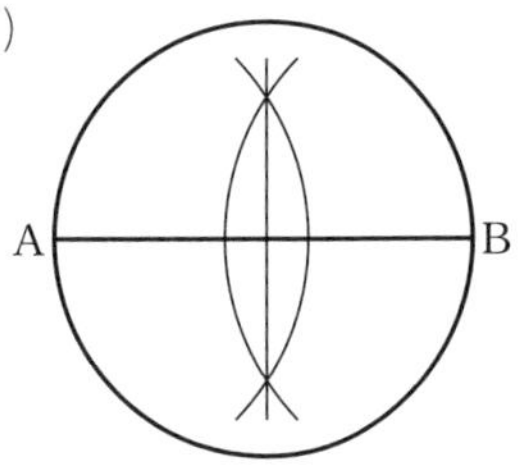

(2)

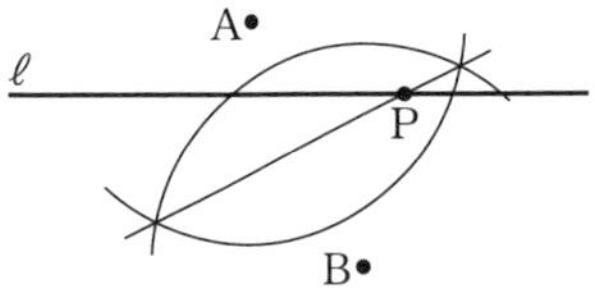

(3)

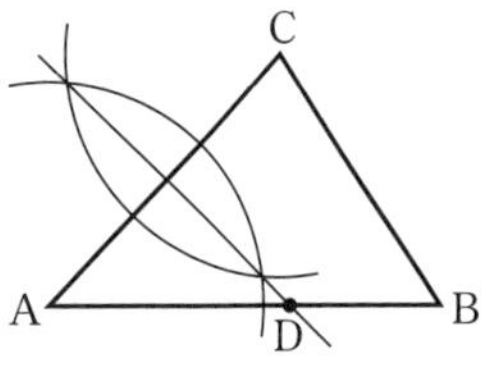

(4)

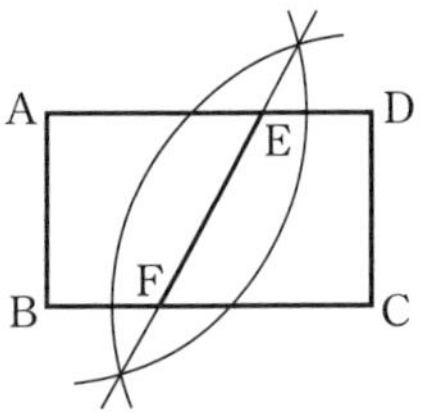

❷　(1)

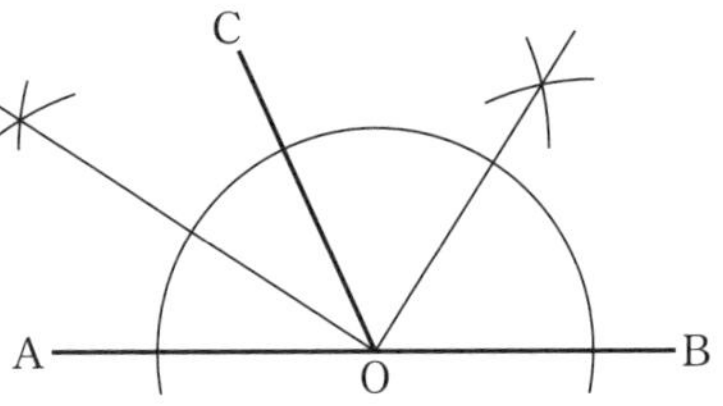

(2)

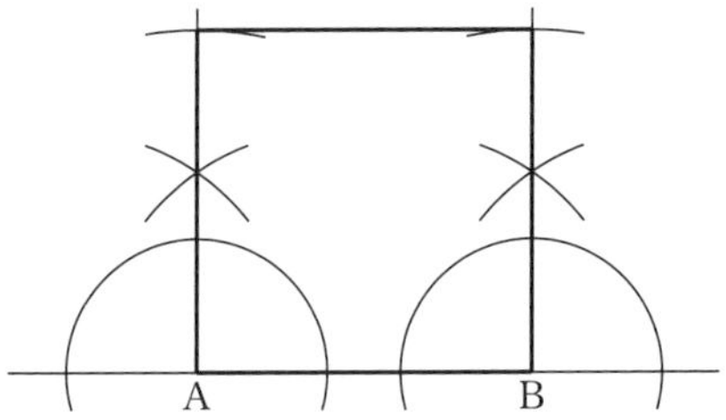

❸　下の図

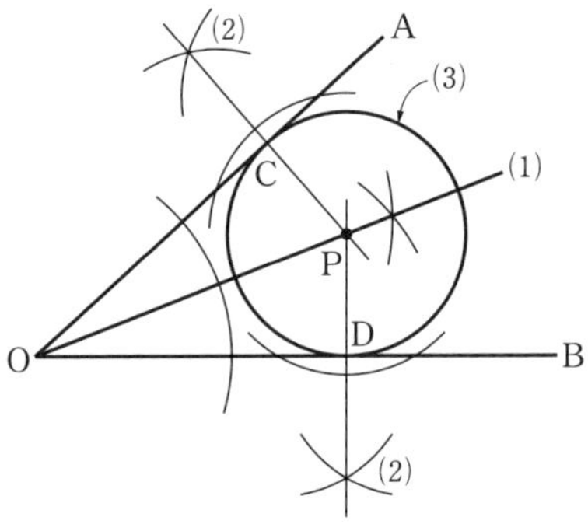

解説

❶(1)　円の中心は AB の中点。線分 AB の垂直二等分線をかく。

(2)　「2 点 A，B からの距離が等しい点」は線分 AB の垂直二等分線上にある。したがって，線分 AB の垂直二等分線と ℓ との交点が P。

(3)　「2 点 A，C から等しい距離にある」から，辺 AC の垂直二等分線をかき，辺 AB との交点が D となる。

(4)　「折り返す」=「対称移動」だから，「折り目の線」=「対称の軸」である。A が C に重なるから，線分 AC の垂直二等分線をかく。

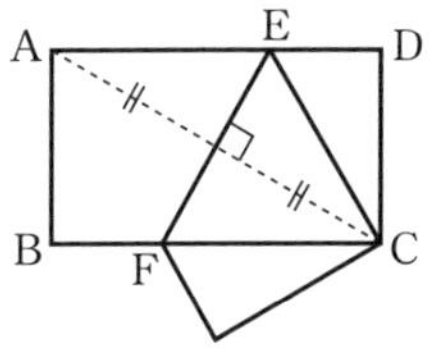

❷(1)　2 つの二等分線がつくる角は 90° になる。

(2)①　2 点 A，B を通る直線 AB の垂線をかく。

②　AB の長さを 2 本の垂線上にとる。

③　②でとった点を結ぶ。

❸(3)　点 P は OA，OB からの距離が等しいので，円 P は OA，OB の両辺に接する。

基本ワーク　p.118～119

Check!

1　(1)

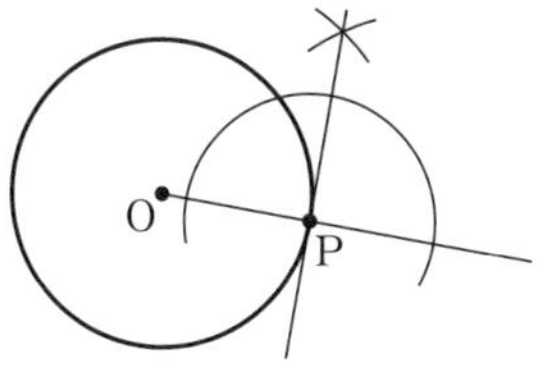

(2)

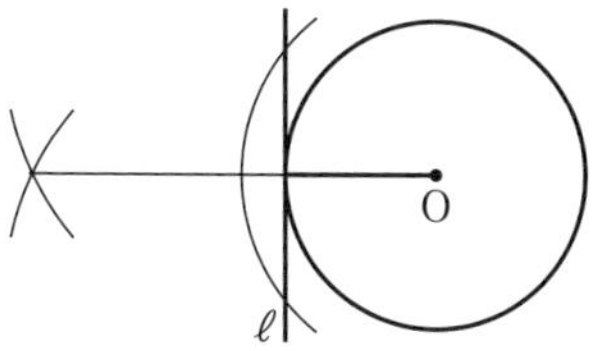

2

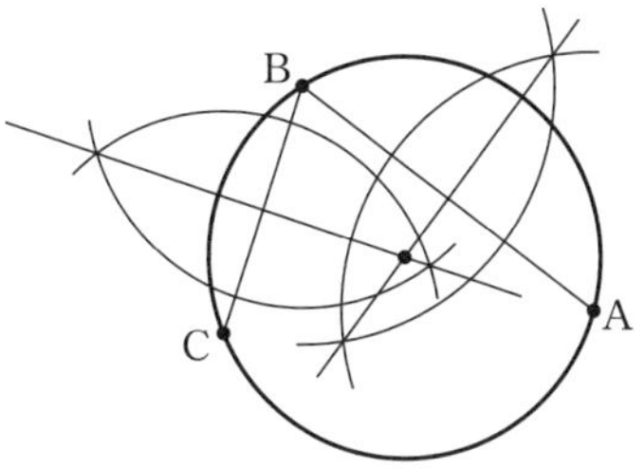

(線分 AC の垂直二等分線を作図してもよい。)

基本問題

❶　(1)　P を通る，直線 ℓ の垂線上にある。

(2)　∠ABC の二等分線上にある。

❷

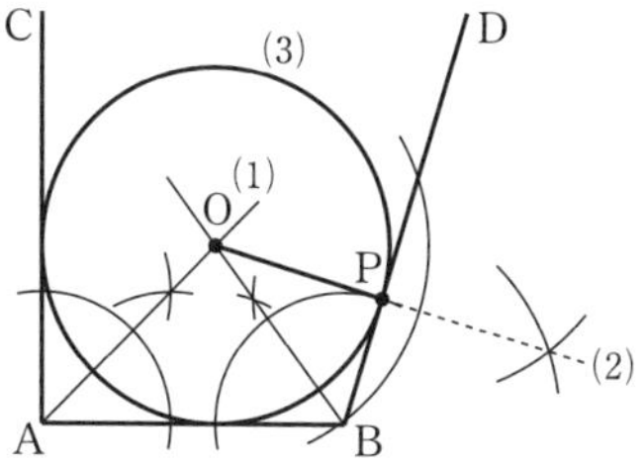

❸　(1)　(例)

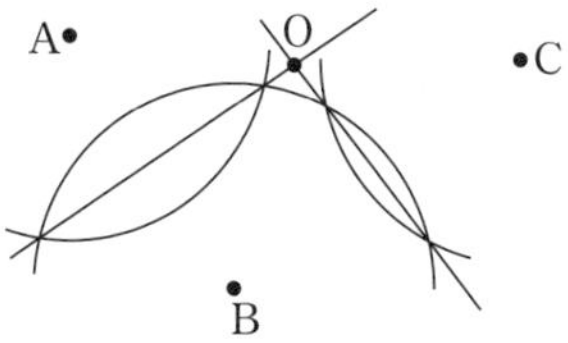

(2)　(例)

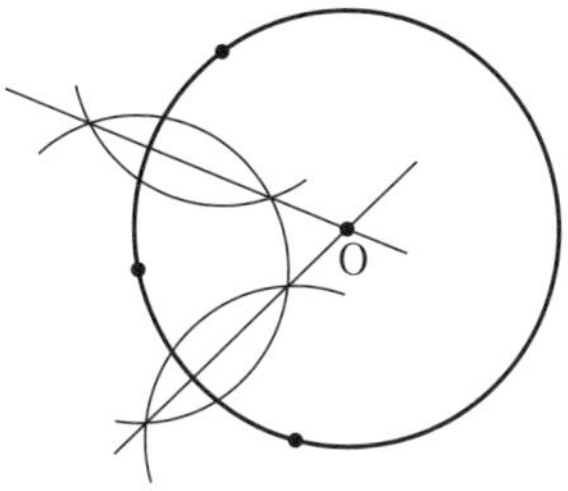

(3)

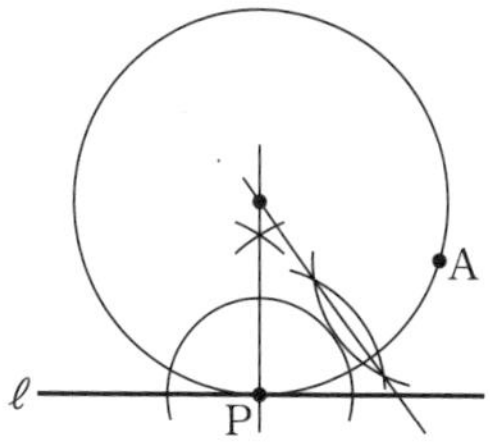

解説

❶(1)

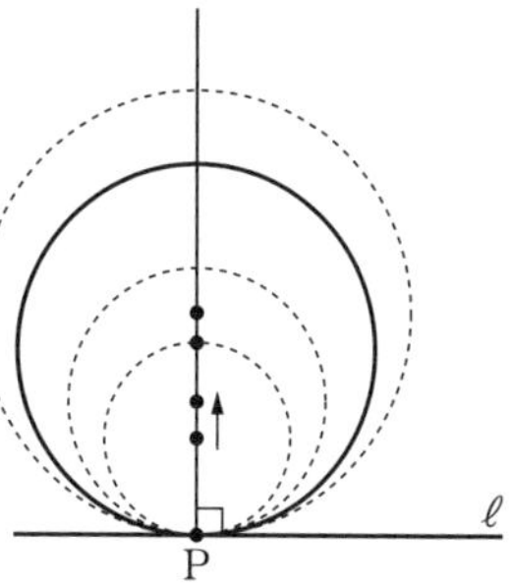

円の接線は，接点を通る半径に垂直だから，図のようになる。

(2)　角の二等分線上の点は，辺 AB，BC までの距離がそれぞれ等しいから，図のようになる。

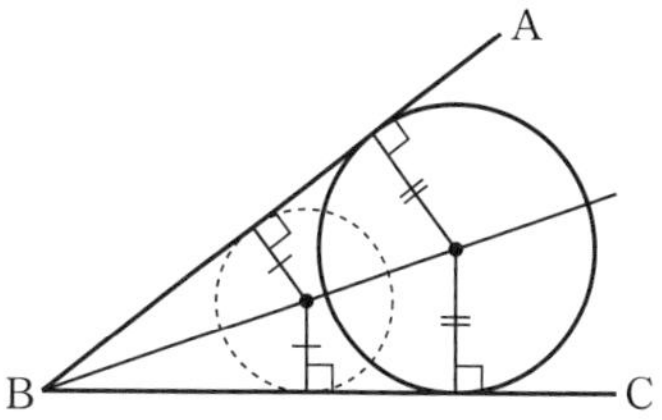

❷(1)　∠CAB の二等分線と，∠ABD の二等分線の交点が O。

(2)　「点 O から BD までの距離」＝「O から BD にひいた垂線の長さ」である。

(3)　点 O から，3 辺までの距離はすべて OP に等しいから，O を中心として，OP を半径とする円は，AC，AB，BD に接する。

❸(1)①　線分 AB の垂直二等分線をかく。

②　線分 BC の垂直二等分線をかく。

③　①，②の交点を O とする。

(2)　円周上に，適当にはなれた 3 点をとる。あとは，(1)と同じ作図になる。

(3)①　「点 P で直線 ℓ に接する」から，円の中心は，P を通る直線 ℓ の垂線上にある。

②　円は点 A と点 P を通るから，円の中心は線分 AP の垂直二等分線上にある。

①，②を作図し，その交点が円の中心。

基本ワーク　p.120 ～ 121

Check!

1

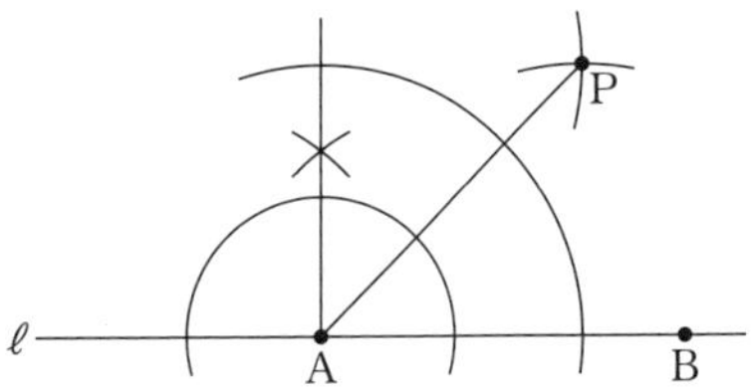

2　弧の長さ　2πcm，面積　5πcm^2

基本問題

❶ (1)　(例)

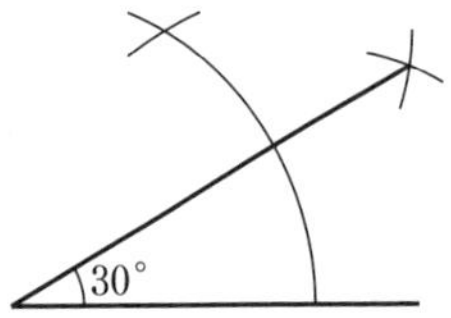

(2)

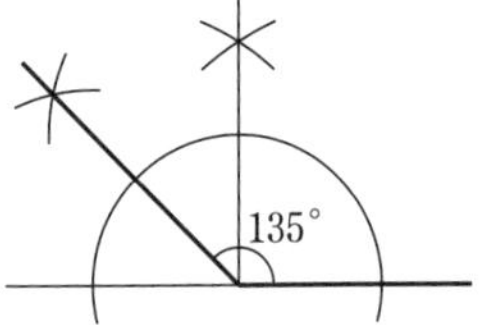

(3)

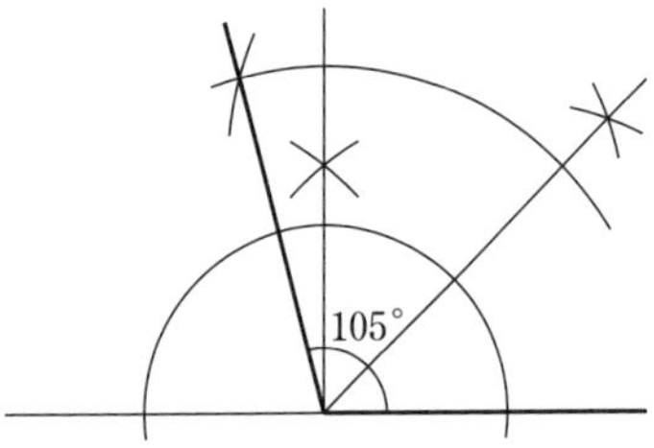

(4)

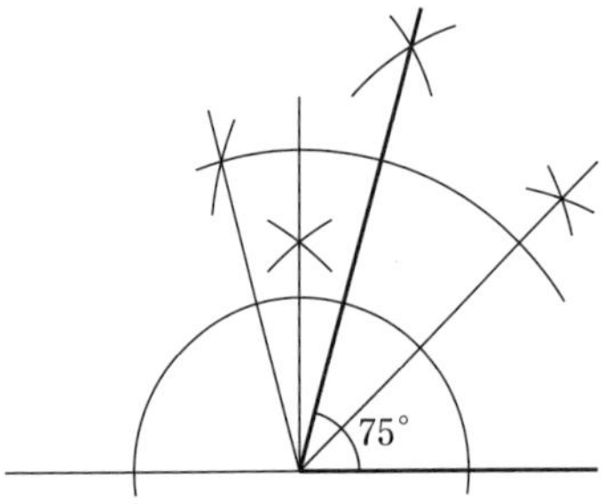

❷ (1)　㋐　120°　　㋑　135°

(2)　㋐　弧の長さ　4πcm，面積　12πcm^2

㋑　弧の長さ　$\dfrac{9}{2}\pi$cm，

面積　$\dfrac{27}{2}\pi$ cm^2

❸ (1)　弧の長さ　2πcm，面積　6πcm^2

(2)　弧の長さ　8πcm，面積　40πcm^2

(3)　弧の長さ　4πcm，面積　18πcm^2

(4)　弧の長さ　10πcm，面積　40πcm^2

解説

❶(1)　30° = 60° ÷ 2 と考えて，正三角形をつくり，1 つの角を 2 等分する。

(2)　135° = 180° − 45° = 180° − 90° ÷ 2

と考えて，直線上に垂線をひいて，それを 2 等分する。

(3)　105° = 45° + 60° = 90° ÷ 2 + 60°

と考えて，(2)と同様に，45° の角をつくり，その線上に正三角形をつくる。

(4)　75° = 105° − 30° だから，(3)でつくった正三角形の 60° の角を 2 等分すればよい。

❷(1)㋐　$360° \times \dfrac{2}{6} = 360° \times \dfrac{1}{3} = 120°$

㋑　$360° \times \dfrac{3}{8} = 135°$

(2)㋐　(弧の長さ) $= 12\pi \times \dfrac{1}{3} = 4\pi$ (cm)

(面積) $= 36\pi \times \dfrac{1}{3} = 12\pi$ (cm^2)

㋑　(弧の長さ) $= 12\pi \times \dfrac{3}{8} = \dfrac{9}{2}\pi$ (cm)

(面積) $= 36\pi \times \dfrac{3}{8} = \dfrac{27}{2}\pi$ (cm^2)

❸(1)　(弧の長さ) $= 12\pi \times \dfrac{60}{360} = 12\pi \times \dfrac{1}{6}$

$= 2\pi$ (cm)

(面積) $= 36\pi \times \dfrac{1}{6} = 6\pi$ (cm^2)

(2)　(弧の長さ) $= 20\pi \times \dfrac{144}{360} = 20\pi \times \dfrac{2}{5}$

$= 8\pi$ (cm)

(面積) $= 10^2 \times \pi \times \dfrac{2}{5} = 40\pi$ (cm^2)

(3)　(弧の長さ) $= 18\pi \times \dfrac{80}{360} = 18\pi \times \dfrac{2}{9}$

$= 4\pi$ (cm)

(面積) $= 9^2 \times \pi \times \dfrac{2}{9} = 18\pi$ (cm^2)

(4)　(弧の長さ) $= 16\pi \times \dfrac{225}{360} = 16\pi \times \dfrac{5}{8}$

$= 10\pi$ (cm)

(面積) $= 8^2 \times \pi \times \dfrac{5}{8} = 40\pi$ (cm^2)

2・3節の問題　p.122～123

1　㋐　弧AB（$\overset{\frown}{AB}$）　㋑　弦AB
㋒　おうぎ形　㋓　中心角

2　㋑

3　(例)

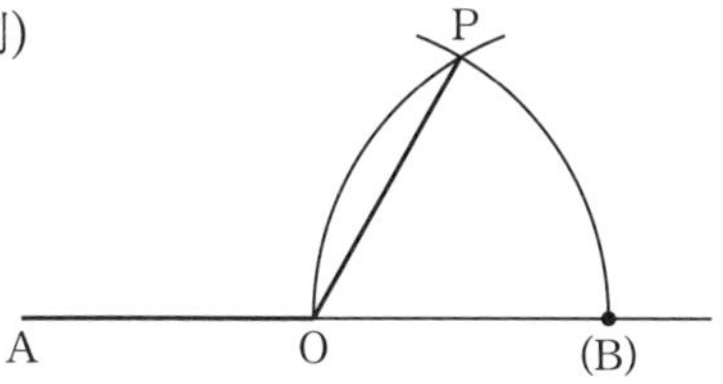

4

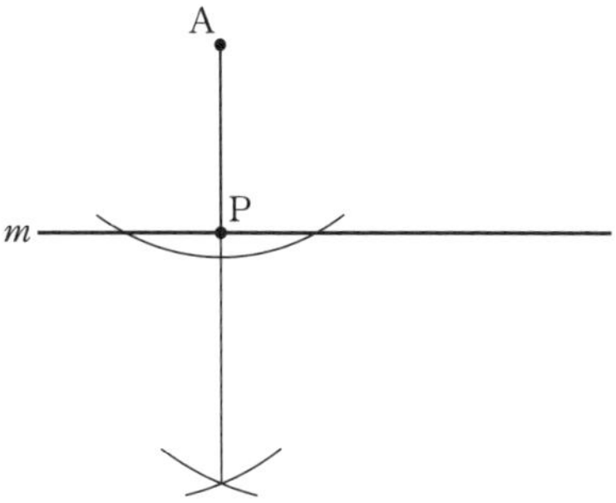

5

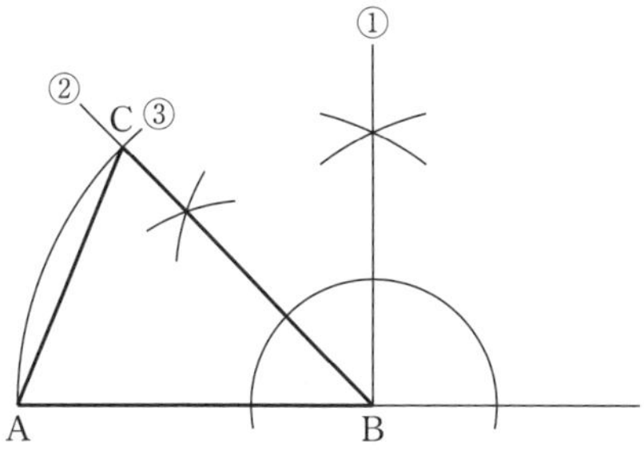

6

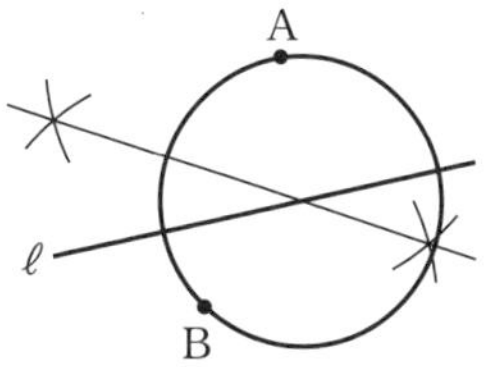

7

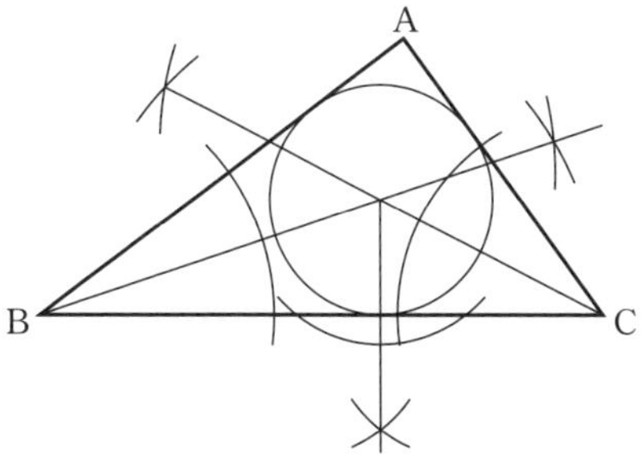

8　(1)　5πcm　(2)　15πcm^2

解説

2　辺ABの垂直二等分線上の点は，2点A，Bから等しい距離にある。辺BCの垂直二等分線についても同じことがいえるので，点Oは，3点A，B，Cから等しい距離にある。また，このとき点Oは，頂点A，B，Cを通る円の中心となる。

3　直線AO上にAとは反対側に適当な点Bをとり，OBを1辺とする正三角形の作図をして，点Pをとる。（$180^\circ - 60^\circ = 120^\circ$）

別解例

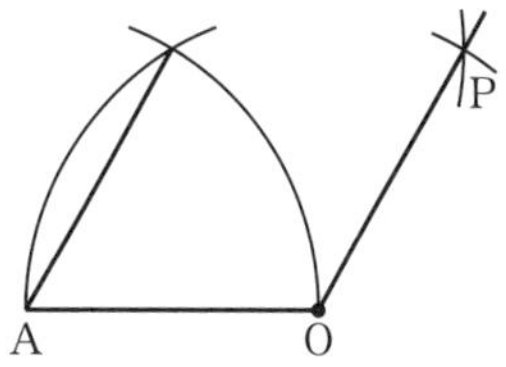

正三角形を2回作図してもよい。

4　点から直線に引いた線のうち，距離がもっとも短くなるのは，点から直線に垂線をひいたときだから，点Aを通る直線mの垂線を作図し，直線mとの交点をPとする。

5　ABを延長して，①点Bを通るABの垂線を作図し，②①と線分ABがつくる90°の角を二等分し，③この直線上にABと等しい長さBCをとり，AとC，BとCを結ぶ。

6　円の中心は2点A，Bから等しい距離（＝半径）にあり，それが直線ℓ上にあることから，ABの垂直二等分線と直線ℓとの交点を円の中心として円を作図する。

7①　円の中心は，3辺から等しい距離（＝半径）にあるから，∠A，∠B，∠Cのうち，2つの角の二等分線をそれぞれ作図し，その交点を円の中心とする。

②　円の中心から，いずれかの辺に対して垂線をひき，その長さを半径とする。

8(1)　(弧の長さ)

$$= 12\pi \times \frac{150}{360} = 5\pi \text{ (cm)}$$

(2)　(面積)

$$= 36\pi \times \frac{150}{360} = 15\pi \text{ (cm}^2\text{)}$$

5章の問題　p.124 ~ 125

1 (1)

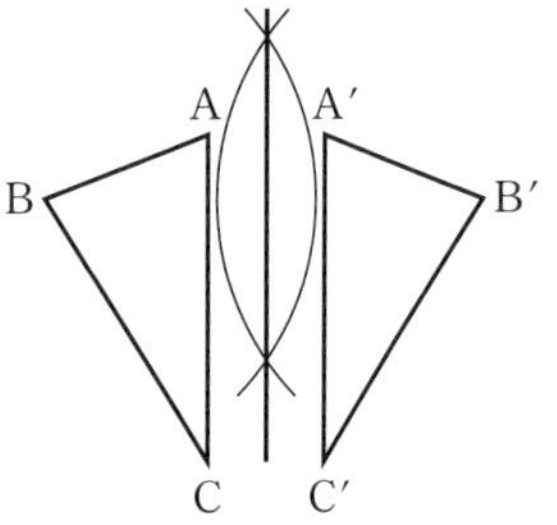

(2)① $\angle BAC = \angle B'A'C'$

② $AA' \mathbin{/\!/} BB'$

2 (1) 270°　　(2) ㋕

3

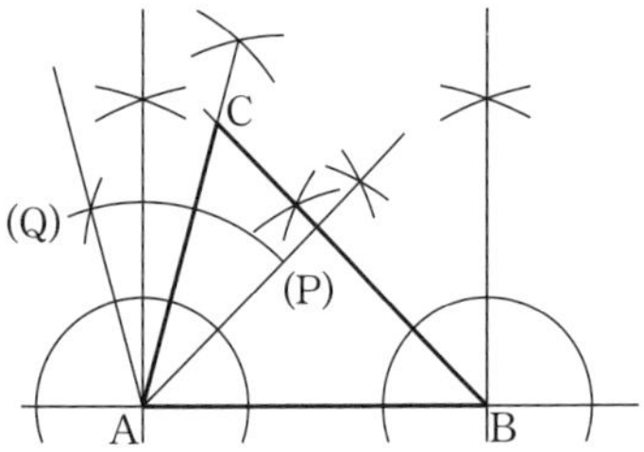

4

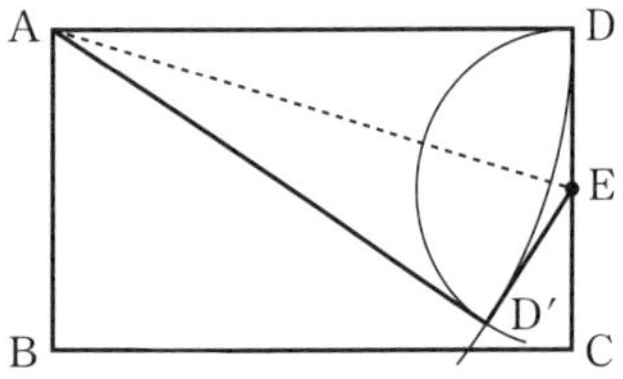

5

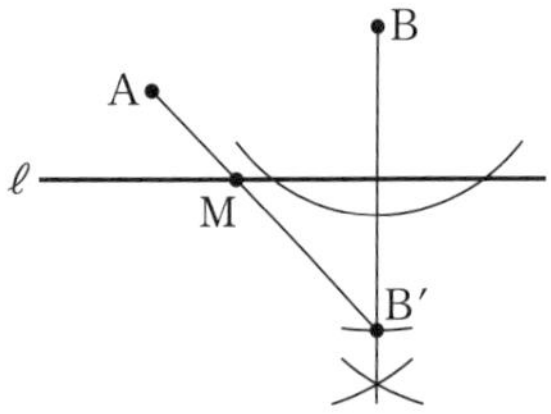

6 4πcm

7 (1) 周の長さ　$(4\pi+4)$ cm

(2) 弧の長さ　$\dfrac{32}{5}\pi$ cm

面積　$\dfrac{128}{5}\pi$ cm^2

解説

2 (1) 三角形㋐の点Oを頂点とする辺に着目して，何度回転させるかを考える。

(2) 三角形㋒に平行移動する前の三角形は，㋒を平行移動させて重ね合わせることのできる三角形なので，㋕となる。

3 ① $\angle CAB = 45° + 30°$ より，ABに対して，点A，Bを通る垂線を作図して90°を作り，それぞれの二等分線で45°をつくる。

② Aを通る45°の線分上に適当な点Pをとり，APを1辺とする正三角形PAQを作図した後に$\angle PAQ$の二等分線を作図して30°を作る。

③ Bを通る45°の線と②の30°の線の交点をCとする。

4 AEを軸として，△ADEを対称移動させることになるので，辺AEに対してDと反対側に△ADEと合同な△AD′Eをつくる。

5 直線ℓを対称の軸として，点Bを対称移動した点をB′とする。このときℓは線分BB′の垂直二等分線となるから，ℓ上の点Mがどこにあっても BM＝B′M である。AM＋B′M がもっとも短くなればよいので，AとB′を直線で結んだときのℓとの交点がM。

6 下の図のように，頂点Aがえがく線は，点Bを中心とする中心角120°のおうぎ形の弧と，点C′を中心とする中心角120°のおうぎ形の弧を合わせたものになるから，

$$2\pi \times 3 \times \frac{120}{360} \times 2 = 4\pi \text{ (cm)}$$

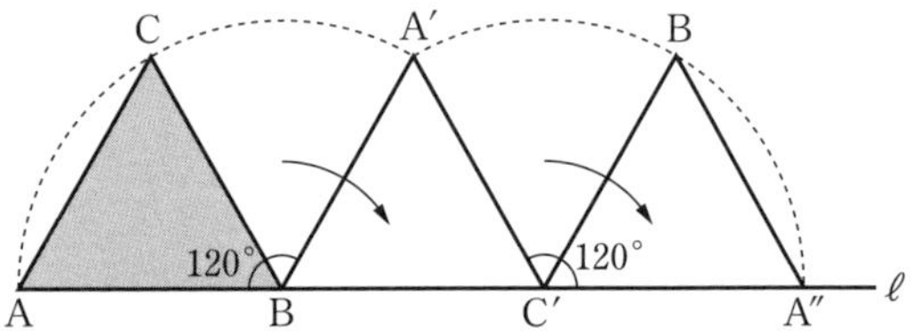

7 (1) (周の長さ)＝(半径2cm，中心角120°のおうぎ形の弧の長さ)＋(半径4cm，中心角120°のおうぎ形の弧の長さ)＋2 (cm)×2

$$= 2\pi \times 2 \times \frac{120}{360} + 2\pi \times 4 \times \frac{120}{360} + 4$$

$$= \frac{4}{3}\pi + \frac{8}{3}\pi + 4 = \frac{12}{3}\pi + 4 = 4\pi + 4 \text{ (cm)}$$

(2) $(\text{弧の長さ}) = 2\pi \times 8 \times \dfrac{144}{360} = \dfrac{32}{5}\pi \text{ (cm)}$

$(\text{面積}) = 8^2 \times \pi \times \dfrac{144}{360} = \dfrac{128}{5}\pi \text{ (cm}^2\text{)}$

6章　空間図形

ウォーミングアップ　p.126 ～ 127

1 (1)　点C，点G

(2)　面㋑，面㋒，面㋓，面㋕

(3)　辺GF

2 (1)　辺AD，辺BE，辺CF

(2)　辺DE

(3)　(例)

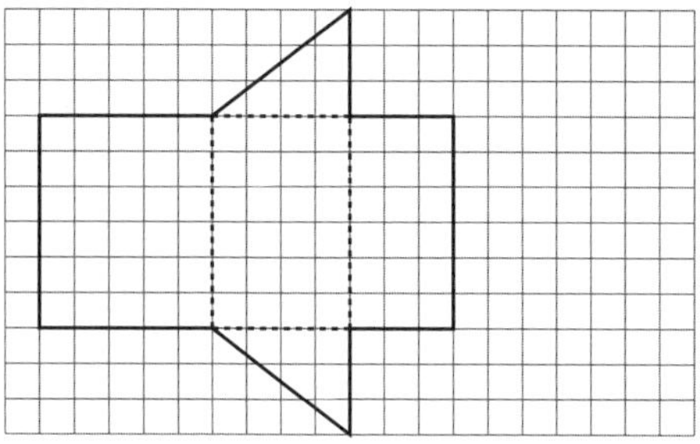

3 (1)　6πcm　(2)　60πcm^2

4 (1)　㋐，㋓　(2)　㋑

5 (1)　30cm^3　(2)　180cm^3

(3)　56cm^3　(4)　360cm^3

6 $(1000\pi - 2000)$ cm^3

解説

1(2)　組み立ててできる図形は右の図のような直方体。面㋐は面㋔に平行な面。

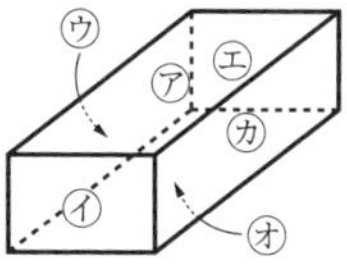

2(2)　別解例

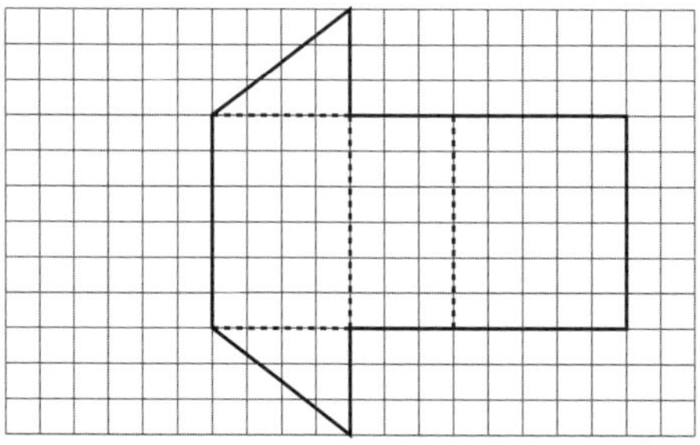

3(1)　ADの長さは，底面の円周と等しい。直径6cmの円の円周だから6πcm

(2)　展開図の長方形の面積は，

$7 \times 6\pi = 42\pi$ (cm^2)

底面積は，$3^2 \times \pi = 9\pi$ (cm^2)

したがって，展開図の面積は，

$42\pi + 9\pi + 9\pi = 60\pi$ (cm^2)

4　㋓は，合同な2つの三角形が底面になる。

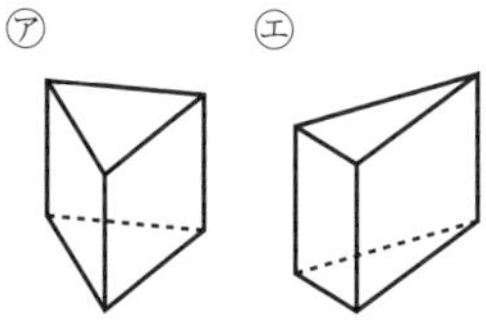

5　(角柱・円柱の体積)＝(底面積)×(高さ)

(1)　$2 \times 3 \times 5 = 30$ (cm^3)

(2)　底面は三角形。底面積は $5 \times 6 \times \frac{1}{2} = 15$ (cm^2)，

体積は $15 \times 12 = 180$ (cm^3)

(3)　底面は台形。底面積は $(3 + 5) \times 2 \times \frac{1}{2}$

$= 8$ (cm^2)，体積は $8 \times 7 = 56$ (cm^3)

(4)　大きい直方体から小さい直方体を切り取ってできる立体と考えると，

$6 \times 10 \times 8 - 6 \times 5 \times 4 = 360$ (cm^3)

別解例　2つの直方体に分けて考えると，

$6 \times 5 \times 8 + 6 \times 5 \times 4 = 360$ (cm^3)

6　切り出す前の木材の体積は，

$10^2 \times \pi \times 10 = 1000\pi$ (cm^3)　切り出す四角柱の底面は正方形で，正方形をひし形とみると，底面積は $20 \times 20 \times \frac{1}{2} = 200$ (cm^2)　よって体積は，

$200 \times 10 = 2000$ (cm^3)

切り出したあとの体積は，$(1000\pi - 2000)$cm^3

基本ワーク　p.128 ～ 129

Check!

1　①　正四面体

②　正六面体 (立方体)

③　正八面体

2　辺AB, 辺BD, 辺CA, 辺CD

基本問題

❶ (1)

	面の形 (正多角形)	1つの頂点に集まる面の数	面の数	辺の数	頂点の数
正四面体	正三角形	3	4	6	4
正六面体	正方形	3	6	12	8
正八面体	正三角形	4	8	12	6
正十二面体	正五角形	3	12	30	20
正二十面体	正三角形	5	20	30	12

(2)　2

❷ (1)　面 BFGC

(2)　辺 BC,　辺 BF,　辺 CG,　辺 FG

❸ (1)　直線 AB は平面 P 上にある。(平面 P は直線 AB をふくむ。)

(2)　いえる

解説

❶(1)　正二十面体の辺の数と頂点の数

(辺の数)

1 つの面に辺が 3 つで，面の数が 20 だから，

$3\times 20=60$

1 つの辺は 2 つの面にふくまれているから，

全体の辺の数は　$60\div 2=30$

(頂点の数)

1 つの面に頂点が 3 つで，面の数が 20 だから，

$3\times 20=60$

1 つの頂点は 5 つの面にふくまれているから，

$60\div 5=12$

(2)　$a-b+c$ の式に値をあてはめる。

正四面体は $4-6+4=2$

❷(1)　立方体では向かい合う面が平行になる。

(2)　直線と平面が出あわないとき，その直線と平面は平行である。直線や平面は，かぎりなくのびている (広がっている) と考える。

❸(1)　空間においても，2 点 A, B を通る直線を「直線 AB」といい，同様に空間において「線分 AB」,「半直線 AB」などと表す。

(2)　空間において，平面が決まる条件は「一直線上にない 3 点を通る」ことである。

基本ワーク p.130 ~ 131

Check!

1 直線 AE，直線 CG，直線 AB，
直線 BC，直線 EH，直線 GH

2 45°

基本問題

❶ (1) 辺 AB，辺 BC，辺 CA
(2) 辺 AD

❷ (1) 辺 AD，辺 EH，辺 FG
(2) 辺 AC，辺 FC
(3) 辺 DC，辺 CG，辺 GH，辺 HD，
辺 HE
(4) 90°

❸ (1) $\ell \perp$ P　　(2) $\ell \perp a$

解説

❶(2) 辺 BC と平行でなく交わらない (同一平面上にない) 辺である。

❷(2) 面 AEF と交わる辺のうちで，垂直ではないのは辺 AC，辺 FC の 2 つ。

(3) 面 DHGC をつくる 4 辺はすべて AF とねじれの位置にある。辺 HE も，AF と平行でなく交わらないことに注意する。辺 BC は切り取られているので除く。

❸(1) 直線 ℓ は平面 P 上の 2 直線 m，n と垂直だから，平面 P とも垂直である。

(2) 平面 P 上にあって，点 O を通る直線は，すべて直線 ℓ と垂直である。

基本ワーク p.132 ~ 133

Check!

1 点 B と面 DHGC の距離…3cm
面 ABCD と面 EFGH の距離…4cm

2 (1) 円柱　　(2) 4cm

基本問題

❶ (1) 辺 AB　　(2) △ABD

❷ (1) 正四角柱
(2) 右の図

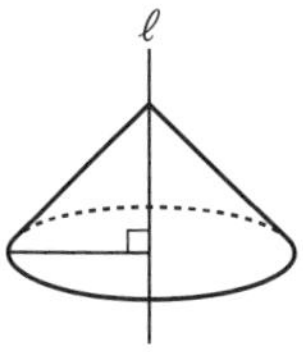

(3)① 円柱　　② 約 12mm

❸ (1) 球
(2) 中心 O を通る平面

解説

❶ 角錐や円錐では，底面と頂点との距離が，その高さになる。

(1) △BCD をふくむ平面と点 A との距離は，線分 AB の長さになる。

(2) ∠ABC＝∠DBC＝90° だから，△ABD を底面とする，高さ BC の三角錐になる。

❷(1) 底面が正方形だから，正四角柱。

(2) 直角三角形を回転させているので，円錐となる。

(3)① 右の図

② 円柱の場合，
(母線の長さ)＝(高さ)
1 枚の厚さが約 1.5mm だから，
1.5×8 は約 12mm

❸(1) 半円を直径を軸として 1 回転させるか，または円を直径を軸として半回転 (180°) させると球になる。

(2) 球は，どこを平面で切っても切り口は円になる。面積が最大になるのは，中心を通る平面で切ったとき。

基本ワーク p.134 ～ 135

Check!

1 BH，CH，FH，GH

2 180°

3 三角柱，四角柱

基本問題

❶ (1) 正四面体

(2) 点 C，点 E

(3) 辺 CB

❷ (1) 90°　　(2) 120°

(3) 216°

❸ (1) 三角錐，(面の数) 4，(辺の数) 6

(2) 四角柱，(面の数) 6，(辺の数) 12

(3) 六角柱，(面の数) 8，(辺の数) 18

❹

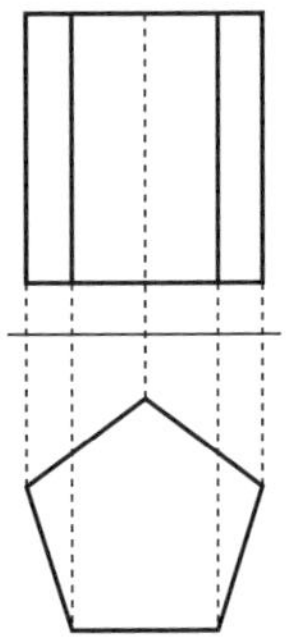

解説

❶(2)(3) 問題の展開図を組み立ててできる立体の見取図をかくと，右の図になる。

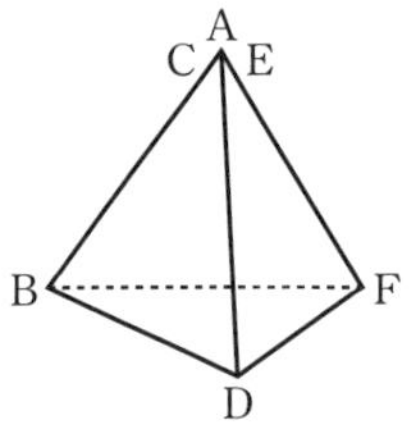

❷(1) 側面のおうぎ形の弧の長さは　$2\pi \times 2 = 4\pi$

半径 8cm の円の円周は

$2\pi \times 8 = 16\pi$

中心角は弧の長さに比例するから，

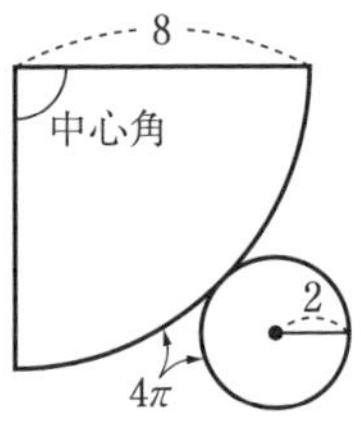

$(中心角) = 360° \times \dfrac{4\pi}{16\pi} = 360° \times \dfrac{1}{4} = 90°$

(2) 弧の長さは　$2\pi \times 3 = 6\pi$

半径 9cm の円の円周は　$2\pi \times 9 = 18\pi$

$(中心角) = 360° \times \dfrac{6\pi}{18\pi} = 360° \times \dfrac{1}{3} = 120°$

(3) 弧の長さは　$2\pi \times 6 = 12\pi$

半径 10cm の円の円周は $2\pi \times 10 = 20\pi$

$(中心角) = 360° \times \dfrac{12\pi}{20\pi} = 360° \times \dfrac{3}{5} = 216°$

❸ 立体をイメージして，どの方向から見たら，どのように見えるか考える。同じ立体でも，見る方向が変われば，投影図も変わる。

❹ 見える辺は実線，見えない辺は破線 (………) でかく。

1・2節の問題　p.136～137

1　(1)　3本　　(2)　辺BC

(3)　辺BC，辺CA，辺CF

(4)　辺AD，辺BE，辺CF

(5)　3つ

2　(1)　2πcm　　(2)　60°

(3)

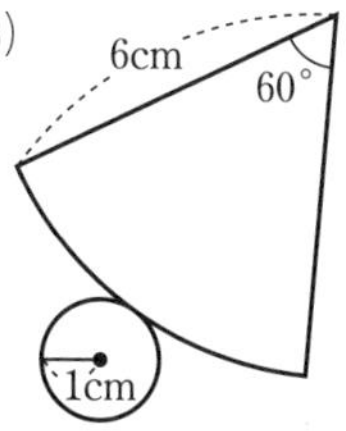

(4)　6cm

3　(1)　2cm

(2)

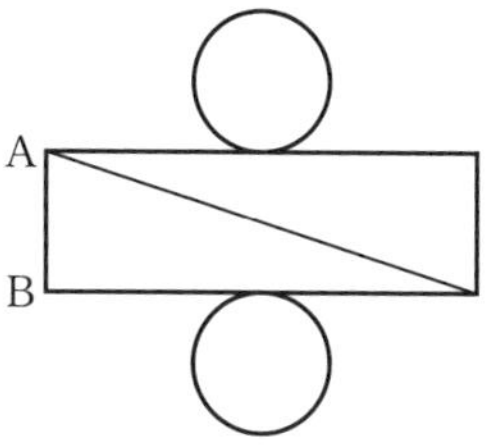

4　(1)

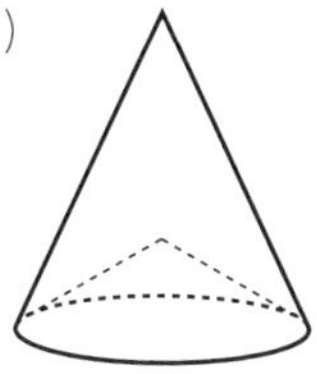

(2)

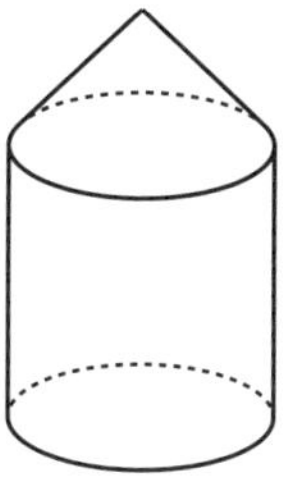

(3)

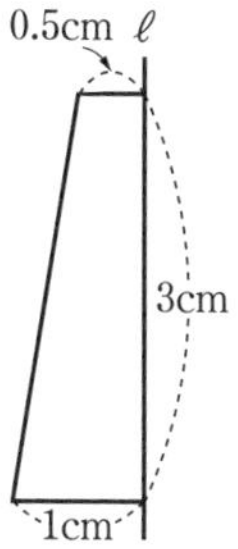

5　(1)

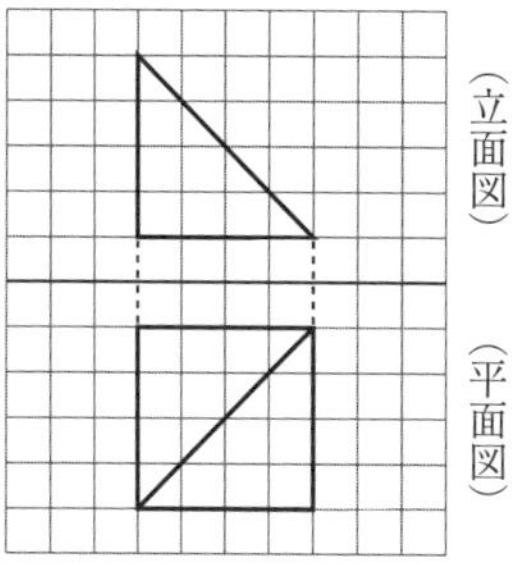

(2)　3つ

解説

1(1)　面ABCに平行な面DEF上にある辺DE，EF，DFの3辺。

(5)　面ABC，面ADEB，面DEFの3面。

2(1)　側面のおうぎ形の弧の長さは，底面の円の円周の長さと等しい。$2\pi \times 1 = 2\pi$ (cm)

(2)　半径6cmの円の円周は $2\pi \times 6 = 12\pi$ (cm)

中心角 $= 360° \times \dfrac{2\pi}{12\pi} = 360° \times \dfrac{1}{6} = 60°$

(4)　2つの点を結ぶ線のうち，もっとも短いものが線分である。下の側面の展開図で，AからAまで直線で結ぶと，正三角形ができるから，6cmとなる。

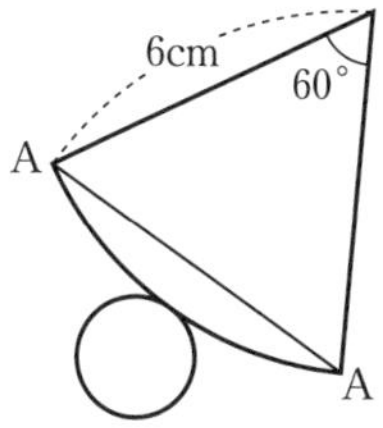

5(1)　平面図は，上から見ると，正方形EBCDが見え(AとBは重なっている)，辺ADが見える。辺AC，AEは，辺BC，BEそれぞれに重なっているため，ADのみ，線でつなぐ。

(2)　下の図のように3つ組み合わせると立方体になる。

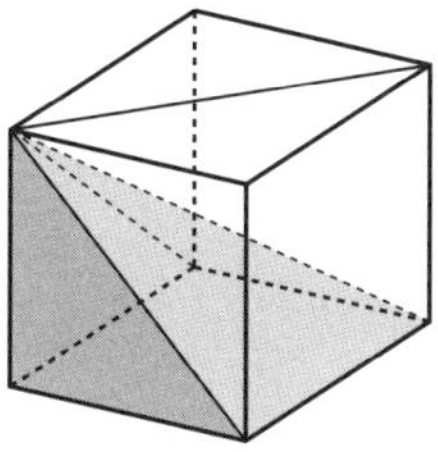

基本ワーク　p.138 ～ 139

Check!

1　(1)　$20cm^3$　(2)　$250\pi cm^3$

2　$24cm^3$

基本問題

❶　(1)　$72cm^3$　(2)　$240\pi cm^3$

(3)　$300\pi cm^3$

❷　(1)　$\frac{16}{3}cm^3$　(2)　$14cm^3$

(3)　$84\pi cm^3$

❸　(1)　$864cm^3$　(2)　$54\pi cm^3$

(3)　$\frac{80}{3}\pi cm^3$

解説

❶　求める体積を V，底面積を S，高さを h とする。

(1)　$S = 4 \times 3 = 12\ (cm^2)$，$h = 6\ (cm)$ より，

$V = Sh = 12 \times 6 = 72\ (cm^3)$

別解例　(直方体の体積) = (縦) × (横) × (高さ)

より，$V = 3 \times 4 \times 6 = 72\ (cm^3)$

(2)　$S = 4^2\pi = 16\pi\ (cm^2)$，$h = 15\ (cm)$ より，

$V = Sh = 16\pi \times 15 = 240\pi\ (cm^3)$

(3)　$S = 25\pi\ (cm^2)$，$h = 12\ (cm)$ より，

$V = Sh = 25\pi \times 12 = 300\pi\ (cm^3)$

❷(1)　$S = 2 \times 2 = 4\ (cm^2)$，$h = 4\ (cm)$ より，

$V = \frac{1}{3}Sh = \frac{16}{3}\ (cm^3)$

(2)　$S = 2 \times 6 \div 2 = 6\ (cm^2)$，$h = 7\ (cm)$ より，

$V = \frac{1}{3}Sh = \frac{42}{3} = 14\ (cm^3)$

(3)　$S = (12 \div 2)^2\pi = 36\pi\ (cm^2)$，$h = 7\ (cm)$ より，

$V = \frac{1}{3}Sh = \frac{1}{3} \times 36\pi \times 7 = 84\pi\ (cm^3)$

❸(1)　直角二等辺三角形の面積は，

$S = 12^2 \div 2 = 72\ (cm^2)$

垂直方向に 12cm 移動しているから，

$h = 12\ (cm)$ の三角柱ができる。

$V = Sh = 72 \times 12 = 864\ (cm^3)$

(2)　組み立ててできる立体は円柱。

$S = 3^2\pi = 9\pi\ (cm^2)$，$h = 6\ (cm)$ より，

$V = Sh = 9\pi \times 6 = 54\pi\ (cm^3)$

(3)　右の図のような，円錐を 2 つ合わせた立体ができる。

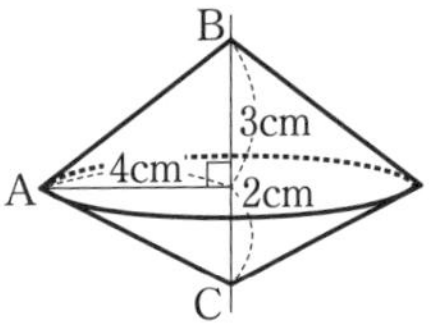

上下の円錐の底面の半径は，どちらも点 A から直線 BC までの距離に等しく 4cm。上下の円錐の高さはそれぞれ 3cm，2cm だから，上下の円錐の体積を V，V' とすると，求める体積は，$V + V' = \frac{1}{3} \times 4^2\pi \times 3 + \frac{1}{3} \times 4^2\pi \times 2$

$= 16\pi + \frac{32}{3}\pi = \frac{80}{3}\pi\ (cm^3)$

基本ワーク　p.140 ～ 141

Check!

1　$130\pi\text{cm}^2$

2　$16\pi\text{cm}^2$

基本問題

❶　(1)　120cm^2　　(2)　$112\pi\text{cm}^2$

❷　(1)　$132\pi\text{cm}^2$　　(2)　$52\pi\text{cm}^2$

❸　(1)　$150\pi\text{cm}^2$　　(2)　$90\pi\text{cm}^2$

　(3)　$30\pi\text{cm}^2$

解説

❶(1)　底面が直角三角形，高さが 2cm の三角柱。
側面積は $2\times(5+13+12)=60\ (\text{cm}^2)$，底面積は $5\times12\div2=30\ (\text{cm}^2)$ だから，表面積は，
$60+30\times2=120\ (\text{cm}^2)$

(2)　高さは 10cm，底面の円周は 8πcm，底面積は $16\pi\text{cm}^2$ だから，
(表面積) = (側面積) + (底面積) × 2
$=10\times8\pi+16\pi\times2=112\pi\ (\text{cm}^2)$

❷(1)　(底面の円周)
= (側面のおうぎ形の弧) $=2\pi\times6$ (cm)，
(半径 16cm の円の円周) $=2\pi\times16$ (cm)
だから，おうぎ形は大きい円の $\dfrac{2\pi\times6}{2\pi\times16}$
$=\dfrac{3}{8}$ になる。

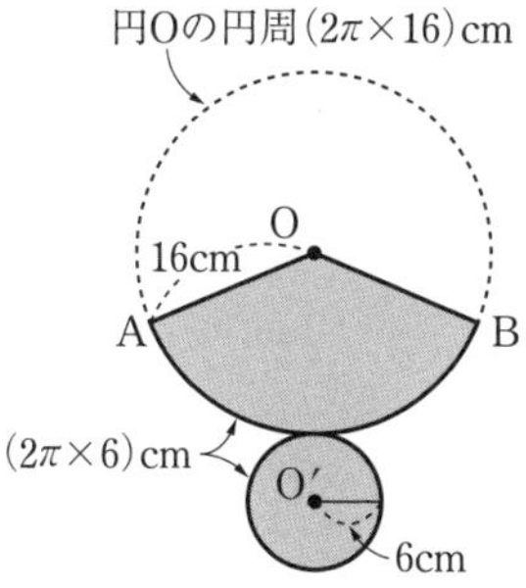

したがって，側面積は，$16^2\pi\times\dfrac{3}{8}=96\pi\ (\text{cm}^2)$
(底面積) $=6^2\pi=36\pi\ (\text{cm}^2)$
(表面積) = (側面積) + (底面積)
$=96\pi+36\pi=132\pi\ (\text{cm}^2)$

(2)　(側面のおうぎ形の面積) $=9^2\pi\times\dfrac{2\pi\times4}{2\pi\times9}$
$=9^2\pi\times\dfrac{4}{9}=36\pi\ (\text{cm}^2)$，(底面積) $=4^2\pi$
$=16\pi\ (\text{cm}^2)$　したがって，
(表面積) $=36\pi+16\pi=52\pi\ (\text{cm}^2)$

❸(1)　底面の半径 5cm，高さ 10cm の円柱ができる。
(底面の円周) = (側面をつくる長方形の横)
$=2\pi\times5=10\pi$ (cm)，
(側面をつくる長方形の縦) = 10 (cm)
(底面積) $=5^2\pi=25\pi\ (\text{cm}^2)$
したがって，表面積は
$10\times10\pi+25\pi\times2=150\pi\ (\text{cm}^2)$

(2)　底面の半径 5cm，母線の長さ 13cm の円錐ができる。(側面積) $=13^2\pi\times\dfrac{5}{13}=65\pi\ (\text{cm}^2)$，
(底面積) $=5^2\pi=25\pi\ (\text{cm}^2)$，
(表面積) $=65\pi+25\pi=90\pi\ (\text{cm}^2)$

(3)　右の図のような，円錐を 2 つ合わせた立体ができる。1 つの円錐は，底面の円の半径が 3cm，母線の長さが 5cm だから，展開図のおうぎ形の面積は，

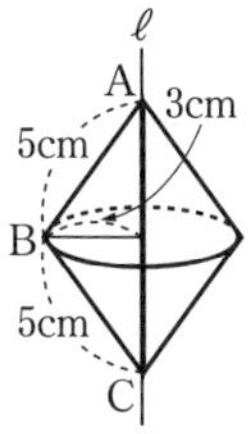

$5^2\pi\times\dfrac{3}{5}=15\pi\ (\text{cm}^2)$
このおうぎ形 2 つ分だから，表面積は
$15\pi\times2=30\pi\ (\text{cm}^2)$

基本ワーク　p.142 ～ 143

Check!

1　(順に) $\dfrac{32}{3}\pi\ \text{cm}^3$, $\dfrac{4000}{3}\pi\ \text{cm}^3$

2　(順に)$4\pi\text{cm}^2$, $196\pi\text{cm}^2$

基本問題

❶ (1)　球…$36\pi\text{cm}^3$, 円柱…$54\pi\text{cm}^3$

(2)　2：3

(3)　$36\pi\text{cm}^2$　　(4)　$36\pi\text{cm}^2$

❷ (1)　体積…$\dfrac{256}{3}\pi\text{cm}^3$, 表面積…$64\pi\text{cm}^2$

(2)　体積…$972\pi\text{cm}^3$, 表面積…$324\pi\text{cm}^2$

(3)　体積…$144\pi\text{cm}^3$, 表面積…$108\pi\text{cm}^2$

解説

❶(1)　半径 3cm の球の体積は $\dfrac{4}{3}\pi\times3^3=36\pi\ (\text{cm}^3)$

円柱の底面の半径も 3cm, 高さは 6cm だから,

円柱の体積＝底面積×高さ

$=3^2\pi\times6=54\pi\ (\text{cm}^3)$

(2)　$36\pi：54\pi=2：3$

(3)　円柱の側面をつくる長方形は, 縦 6cm, 横 6πcm であるから, 側面積は,

$6\times6\pi=36\pi\ (\text{cm}^2)$

(4)　$4\pi\times3^2=36\pi\ (\text{cm}^2)$　(3)で求めた円柱の側面積に等しい。

❷(1)　体積…$\dfrac{4}{3}\pi\times4^3=\dfrac{256}{3}\pi\ (\text{cm}^3)$

表面積…$4\pi\times4^2=64\pi\ (\text{cm}^2)$

(2)　できる回転体は半径 9cm の球だから,

体積…$\dfrac{4}{3}\pi\times9^3=972\pi\ (\text{cm}^3)$

表面積…$4\pi\times9^2=324\pi\ (\text{cm}^2)$

(3)　できる回転体は, 半径 6cm の半球である。

体積…$\dfrac{4}{3}\pi\times6^3\div2=\dfrac{4\times6\times6\times6}{3\times2}\pi$

$=144\pi\ (\text{cm}^3)$

表面積…$\underline{4\pi\times6^2\div2}+6^2\pi=108\pi\ (\text{cm}^2)$

　球の表面積の半分　半球の断面

3節の問題　p.144 ～ 145

1　(1)　24cm^3　　(2)　$160\pi\text{cm}^3$
　(3)　384cm^3　　(4)　$245\pi\text{cm}^3$

2　(2)の立体の表面積…$112\pi\text{cm}^2$
　(3)の立体の表面積…384cm^2

3　(1)　$324\pi\text{cm}^3$　　(2)　$135\pi\text{cm}^2$
　(3)　$216\pi\text{cm}^2$

4　体積…$288\pi\text{cm}^3$　　表面積…$144\pi\text{cm}^2$

5　(1)　体積…$54\pi\text{cm}^3$　　表面積…$54\pi\text{cm}^2$
　(2)　体積…$24\pi\text{cm}^3$　　表面積…$30\pi\text{cm}^2$

6　12cm

7　35cm^3

8　$\dfrac{25}{12}$倍

解説

1 (1)　$(2.5+3.5)\times 2\div 2\times 4=6\times 2\div 2\times 4$
$=24\ (\text{cm}^3)$

(2)　$4^2\pi\times 10=16\pi\times 10=160\pi\ (\text{cm}^3)$

(3)　$\dfrac{1}{3}\times 12^2\times 8=\dfrac{1}{3}\times 144\times 8=384\ (\text{cm}^3)$

(4)　$\dfrac{1}{3}\times 7^2\pi\times 15=\dfrac{1}{3}\times 49\pi\times 15=245\pi\ (\text{cm}^3)$

2 (2)　側面積 (長方形) ＋ 底面積 (円) × 2
$=10\times(2\pi\times 4)+4^2\pi\times 2=80\pi+32\pi$
$=112\pi\ (\text{cm}^2)$

(3)　側面積 (三角形 × 4) ＋ 底面積 (正方形)
$=\dfrac{1}{2}\times 12\times 10\times 4+12^2=240+144$
$=384\ (\text{cm}^2)$

3 (1)　$\dfrac{1}{3}\times 9^2\pi\times 12=324\pi\ (\text{cm}^3)$

(2)　底面の円周は $2\pi\times 9$ (cm)，半径 15cm の円の円周は $2\pi\times 15$ (cm) だから，側面積は
$15^2\pi\times\dfrac{2\pi\times 9}{2\pi\times 15}=135\pi\ (\text{cm}^2)$

(3)　(表面積) = (側面積) ＋ (底面積)
$=135\pi+9^2\pi=216\pi\ (\text{cm}^2)$

4　体積…$\dfrac{4}{3}\pi\times 6^3=288\pi\ (\text{cm}^3)$

表面積…$4\pi\times 6^2=144\pi\ (\text{cm}^2)$

5 (1)　底面の半径 3cm，高さ 6cm の円柱ができるので，体積は，$3^2\pi\times 6=54\pi\ (\text{cm}^3)$

(表面積) = (側面積) ＋ (底面積) × 2
$=6\times(2\pi\times 3)+3^2\pi\times 2=36\pi+18\pi$
$=54\pi\ (\text{cm}^2)$

(2)　底面の半径が 3cm，高さが 4cm の円錐が 2 個あると考えると，体積は，
$\dfrac{1}{3}\times 3^2\pi\times 4\times 2=24\pi\ (\text{cm}^3)$

表面積は，底面の半径が 3cm，母線が 5cm の円錐の側面が 2 個あると考えると，
$5^2\pi\times\dfrac{2\pi\times 3}{2\pi\times 5}\times 2=30\pi\ (\text{cm}^2)$

6　A の容器に入っている水の体積は，
$\dfrac{1}{3}\times 6^2\pi\times 9=108\pi\ (\text{cm}^3)$

B の容器に入れかえたときの水の深さを $x$cm とすると，$3^2\pi\times x=108\pi$ であるから
$x=\dfrac{108}{9}=12\ (\text{cm})$

7　$\dfrac{1}{3}\times\dfrac{1}{2}\times 5\times 6\times 7=35\ (\text{cm}^3)$

8　(球の体積) $=\dfrac{4}{3}\pi\times 5^3=\dfrac{500}{3}\pi\ (\text{cm}^3)$

(円柱の体積) $=4^2\pi\times 5=80\pi\ (\text{cm}^3)$

(球の体積) ÷ (円柱の体積) $=\dfrac{500}{3}\pi\div 80\pi$

$=\dfrac{25}{12}$ (倍)

6章の問題　p.146 ～ 147

1 (1)　右の図

(2)　$\frac{256}{3}$ cm^3

2 ㋐　×　㋑　×

㋒　×　㋓　○

3 見取図…右下の図

体積…15πcm^3

4 (1)　48cm^3

(2)　96cm^2

5 40cm^3

6 体積…18πcm^3

表面積…27πcm^2

7 (1)　10cm　　(2)　75πcm^2

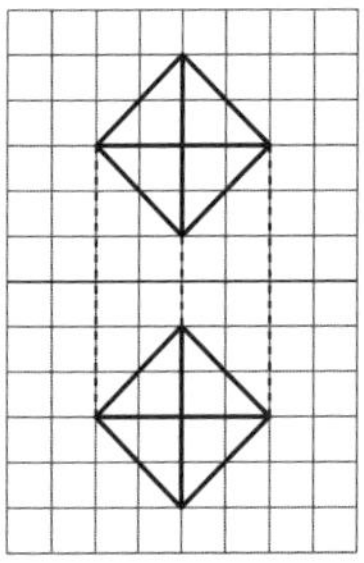

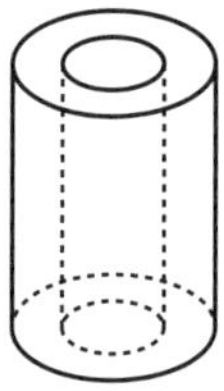

解説

1(2)　辺 AE，BF，CG，DH のそれぞれの中点を通る平面で正八面体を 2 つにわけると，底面が正方形，高さが 4cm の正四角錐が 2 つできる。

$(体積) = \left(\frac{1}{3} \times 8 \times 8 \times \frac{1}{2} \times 4\right) \times 2 = \frac{256}{3}$ (cm^3)

2㋐　右の図で，辺 AB に平行な面 CGHD と面 EFGH は，たがいに垂直に交わっている。

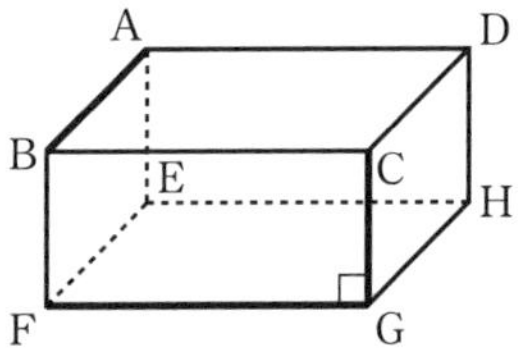

㋑　右上の図で，辺 AB に対し，ねじれの位置にある辺 CG と辺 FG は，たがいに垂直に交わっている。

㋒　右上の図で，辺 AB と面 BFGC 上の辺 CG は，ねじれの位置にある。

3　直線 ℓ を軸として回転させてできる立体は，底面の半径が 2cm，高さが 5cm の円柱から，底面の半径が 1cm，高さが 5cm の円柱をひいたものである。

$(体積) = 2^2\pi \times 5 - 1^2\pi \times 5 = 20\pi - 5\pi = 15\pi$ (cm^3)

4(1)　投影図から，この立体は，底面が 1 辺 6cm の正方形で，高さが 4cm の正四角錐。

$(体積) = \frac{1}{3} \times 6 \times 6 \times 4 = 48$ (cm^3)

(2)　投影図から，側面は底辺が 6cm，高さが 5cm の二等辺三角形である。

(表面積) = (側面積) + (底面積)

$= \frac{1}{2} \times 6 \times 5 \times 4 + 6^2$

$= 60 + 36 = 96$ (cm^2)

5　四角錐 C−BAEP は，底面が台形 BAEP，高さが CB = 4cm の四角錐。したがって，

$(体積) = \frac{1}{3} \times (底面積) \times (高さ)$

$= \frac{1}{3} \times (6 + 9) \times 4 \times \frac{1}{2} \times 4$

$= 40$ (cm^3)

6　$(半球の体積) = \frac{1}{2} \times \frac{4}{3}\pi r^3$

$= \frac{2}{3}\pi \times 3^3$

$= 18\pi$ (cm^3)

$(半球の表面積) = \frac{1}{2} \times$ (半径 3cm の球の表面積)

+ (半径 3cm の円の面積)

$= \frac{1}{2} \times 4\pi \times 3^2 + 3^2\pi = 18\pi + 9\pi = 27\pi$ (cm^2)

7(1)　円錐の母線を半径とする円の円周が，底面の半径 5cm の円の円周の 2 倍になっている。

(円 O の円周) $= 2 \times 2\pi \times 5 = 20\pi$ (cm)

母線の長さを ℓcm とすると，$2\pi\ell = 20\pi$，

$\ell = 10$　したがって，母線の長さは 10cm。

(2)　円錐が 2 回転してもとの位置にもどったことから，この円錐の側面をつくるおうぎ形の面積は円 O の $\frac{1}{2}$。

円錐の側面積は $10^2\pi \times \frac{1}{2} = 50\pi$ (cm^2)，

底面積は $5^2\pi = 25\pi$ (cm^2)

したがって表面積は $50\pi + 25\pi = 75\pi$ (cm^2)

7章　データの分析と活用

ウォーミングアップ　p.148 ～ 149

1　(1)　60%　　(2)　228 人

(3)　310 人

2　(1)　6 人　　(2)　40%

3　(1)

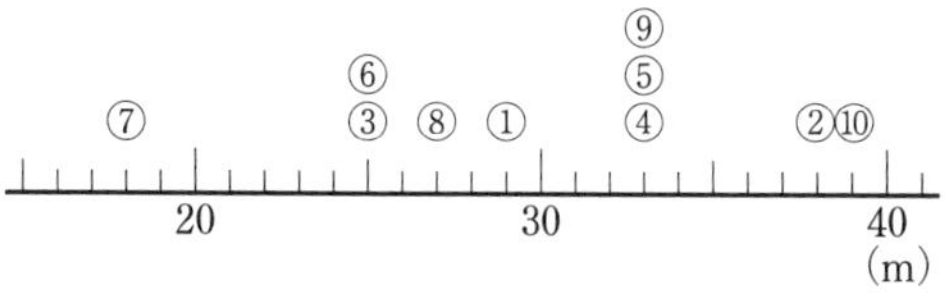

(2)　最頻値 33m，中央値 31m

(3)　30m

(4)

距離 (m)	人数 (人)
15 (以上) ～ 20 (未満)	1
20 ～ 25	0
25 ～ 30	4
30 ～ 35	3
35 ～ 40	2
合計	10

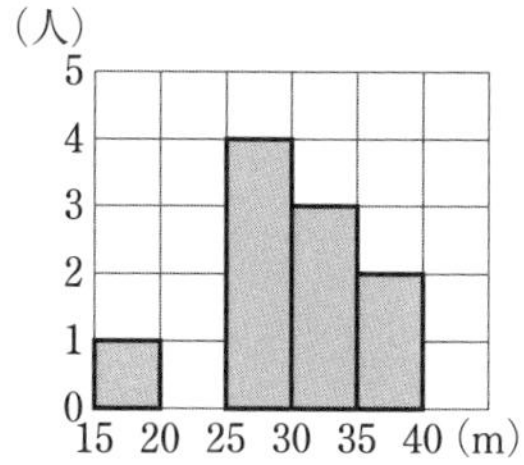

4　①　㋒

②　㋑

③　㋐

解説

1(1)　(割合) = (比べられる量) ÷ (もとにする量)

$192 \div 320 = 0.6$ より 60%

(2)　(比べられる量) = (もとにする量) × (割合)

$285 \times 0.8 = 228$ (人)

(3)　3 年生の人数を□人とすると，

$\square \times 0.9 = 279$ だから，$\square = 279 \div 0.9 = 310$ (人)

2(1)　$(12 + 6 + 5 + 3 + 4) \div 5 = 6$ (人)

(2)　欠席者全体は，(1)より 30人，

(月曜日の欠席者) ÷ (欠席者全体)

$12 \div 30 = 0.4$ より 40%

3(2)　中央値は，データの値を大きさの順に並べたときの中央の値で，データが偶数個のときは，中央の 2 つの値の平均をとる。データの総数が 10 個だから，小さいほうから 5 番目と 6 番目の値 29 と 33 の平均より 31 となる。

(3)　$(29 + 38 + 25 + 33 + 33 + 25 + 18 + 27 + 33 + 39) \div 10 = 30$ (m)

別解例　30m を基準として考えると，

$\{(-1) + 8 + (-5) + 3 + 3 + (-5) + (-12) + (-3) + 3 + 9\} \div 10 = 0$

30m との差の平均は 0 だから，10 人の平均値は　$30 + 0 = 30$ (m)

基本ワーク　p.150 〜 151

Check!

1

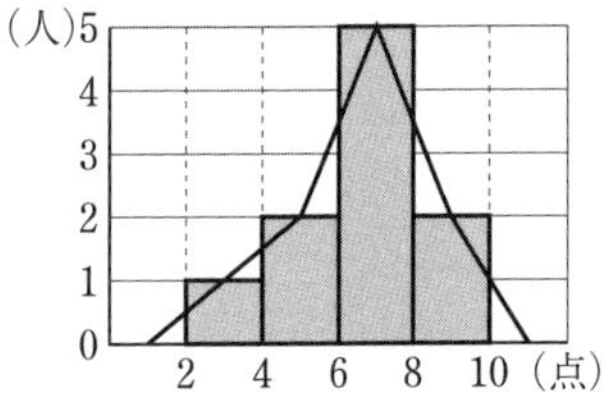

2　440 人

基本問題

❶ (1)　㋐　23　　㋑　25

(2)　15 回　　(3)　10 回

(4)　18 回

(5)　下の図

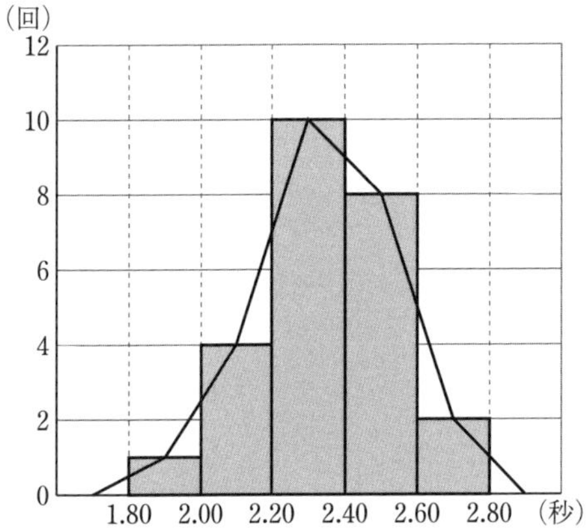

❷ (1)　㋐　0.32　　㋑　0.60　　㋒　1.00

(2)　2.20 秒未満　20%

2.60 秒未満　92%

(3)　56%

解説

❶(1)　㋐　1 + 4 + 10 + 8 = 23 (または 15 + 8 = 23)

㋑　合計人数 (25) に一致する。

(2)　2.20 秒以上 2.40 秒未満の階級の累積度数を答える。「累積」は「積み重ねる，合計する」という意味。

(3)　8 + 2 = 10 (回)

(4)　10 + 8 = 18 (回)

(5)　度数折れ線は，両端に度数 0 の階級があるものとして結ぶ。

❷(1)　㋐　$(\text{相対度数}) = \dfrac{(\text{その階級の度数})}{(\text{度数の合計})}$

$$= \frac{8}{25} = 0.32$$

㋑　0.20 + 0.40 = 0.60　その階級までの相対度数の合計である。

㋒　最後の階級の累積相対度数は，1.00 になる。

(2)　2.20 秒未満の割合は 2.00 秒以上 2.20 秒未満の階級の累積相対度数 0.20 から 20% とわかる。2.60 秒未満の割合は，2.40 秒以上 2.60 秒未満の階級の累積相対度数 0.92 から 92% とわかる。

(3)　2.00 秒以上 2.20 秒未満の階級と 2.20 秒以上 2.40 秒未満の階級の相対度数をたす。

0.16 + 0.40 = 0.56 より 56%

基本ワーク p.152 ～ 153

Check!

1 最大値…9 点，
最小値…1 点，
範囲…8 点

2 (1) 下の表

長さ (cm)	袋 A	袋 B
14.0以上 ～ 15.0未満	0	1
15.0 ～ 16.0	2	1
16.0 ～ 17.0	5	3
17.0 ～ 18.0	3	2
18.0 ～ 19.0	0	3
合計	10	10

(2) 袋 B

基本問題

❶ (1) 19 点　(2) 10.8 点
(3) 9 点　(4) 5 点

❷ 6 点以上 8 点未満の階級

❸ (1) 8 ポンド…20 本，9 ポンド…21 本，
10 ポンド…19 本
(2) 8 ポンド…2 本，9 ポンド…4 本，
10 ポンド…8 本
(3) B さん (8 ポンド)…(例)1 投ごとの本数が 6 本以上と安定しているから。
C さん (9 ポンド)…(例) 平均がいちばんよいから。
D さん (10 ポンド)…(例) もっともよい記録が出たから。

解説

❶ データを小さい順に並べると 4　5　5　5　6　8　9　10　11　14　17　23　23 となる。

(1) 最大値は 23，最小値は 4 だから，
(範囲) $= 23 - 4 = 19$ (点)

(2) $(5 + 17 + 23 + 4 + 11 + 6 + 10 + 5 + 23 + 9 + 8 + 14 + 5) \div 13 = 140 \div 13 = 10.76\cdots$ (点)

(3) データは 13 個あるから，中央値は小さいほうから 7 番目のデータ。

(4) もっとも多く出てくる値は 5 である。

❷ データは全部で 12 人分あるから，中央値は小さいほうから 6 番目と 7 番目のデータの平均である。累積度数は階級ごとに 1，5，10，12 となるから，6 番目，7 番目のデータはともに 6 点以上 8 点未満の階級にふくまれる。

❸(1) (3 回の合計) $\div 3$ を計算して平均を求める。

(2) 8 ポンド，9 ポンド，10 ポンドの 1 投ごとの最大値，最小値はそれぞれ，
8 ポンド：最大値…8 本，最小値…6 本
9 ポンド：最大値…9 本，最小値…5 本
10 ポンド：最大値…10 本，最小値…2 本だから，
範囲は
8 ポンド…$8 - 6 = 2$ (本)，
9 ポンド…$9 - 5 = 4$ (本)，
10 ポンド…$10 - 2 = 8$ (本)

(3) 別解例

D さん　テストごとに合計点が高くなり，もっともよい記録が出る可能性があるから。

基本ワーク　p.154 ～ 155

Check!

1　6300 回

2　71 足

基本問題

❶　(1)　㋐…0.25，㋑…0.50，㋒…0.25

(2)　㋑

(3)　500 回

❷　(1)　25 分以上 30 分未満

(2)　35 分以上 40 分未満

(3)　48 回

解説

❶(1)　㋐…250 ÷ 1000 = 0.25

㋑…502 ÷ 1000 = 0.502

㋒…248 ÷ 1000 = 0.248

(2)　(1)で求めた相対度数は (起こりやすさ) = (確率) を数字で表したものと考えることができる。

(3)　(1)の結果より，2000 × 0.25 = 500 (回)

❷(1)(2)　相対度数 (確率) から判断できる。

(3)　35 分以上かかる確率は，35 分以上の 2 つの階級の相対度数の和に等しいから，

0.20 + 0.04 = 0.24　より，200 × 0.24 = 48 (回)

1 ～ 3 節の問題　p.156 ～ 157

1　(1)　0.25　　(2)　18 人

(3)

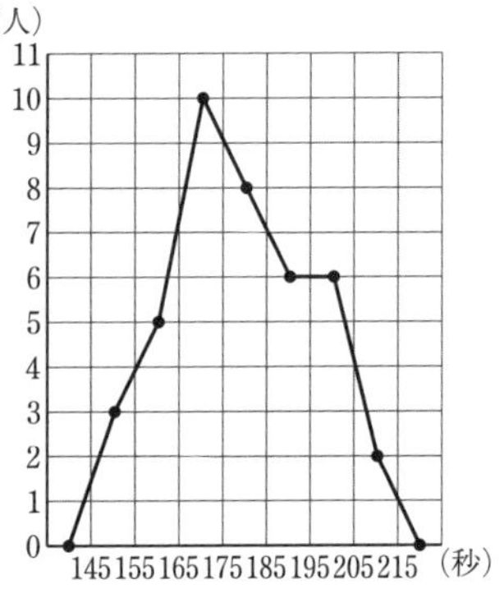

(4)　0.65

2　(1)　5 冊　　(2)　2 冊

(3)　平均値　2.5 冊　　中央値　2 冊

3　(1)　30%

(2)　得点が 70 点以上の生徒は，70 点未満の生徒よりも学習時間が長いことがわかる。

4　(1)①　0.61　　②　0.60　　③　0.59

(2)　上向き　　(3)　0.59　　(4)　590 回

解説

1(1)　度数がもっとも多い階級は，165 秒以上 175 秒未満の階級の 10 人なので，相対度数は

10 ÷ 40 = 0.25

(2)　3 + 5 + 10 = 18 (人)

(4)　(3 + 5 + 10 + 8) ÷ 40 = 0.65

2(1)　(最大値) − (最小値) = 6 − 1 = 5 (冊)

(2)　もっとも多く出てくる値は，2 (冊)

(3)　(平均値) = (冊数の合計) ÷ (人数)

= (1 + 6 + 2 + 3 + 2 + 1 + 3 + 4 + 2 + 1 + 3 + 2) ÷ 12 = 30 ÷ 12 = 2.5 (冊)

3(1)　70 点以上の生徒の人数はグラフから 15人

70 点以上の生徒の割合は，

15 ÷ 50 = 0.3 より，30%

4(1)①　61 ÷ 100 = 0.61　　②　119 ÷ 200 = 0.595

③　177 ÷ 300 = 0.59

(3)　実験回数を増やすにしたがって，上向きに出た相対度数は，0.59 に近づいている。

(4)　(3)から上向きに出た相対度数を 0.59 とすると，1000 × 0.59 = 590 (回)

7章の問題　p.158 ～ 159

1 (1) 2年1組　3回
2年生全体　5回

(2) 6回以上の階級の相対度数の和は，2年1組が0.27，2年生全体は0.17で，2年1組のほうが大きいから。

2 ㋑

3 $x=4$，$y=6$

4 (1) 中央値

(2) 190cm

5 (1) 6個買った人は14人で，他の個数を買った人にくらべて多いとはいえないから，平均値から考えた6個入りの箱をいちばん多く作るのは適切ではない。

(2) 最頻値が4個であることから，4個入りをいちばん多く作るのがよい。

解説

1 (1) 度数分布表では，度数のもっとも多い階級の階級値 (階級の真ん中の値) を最頻値とする。
度数のもっとも多い階級は，
2年1組が　2回以上4回未満
2年生全体が　4回以上6回未満

(2) 度数の合計が30人と150人で異なるので，相対度数を求めて比べる。

2 中央値でみると，点数の低いほうから8番目の生徒が4点なのは，㋑。㋐の中央値は7点，㋒の中央値は6点。㋑の最頻値は2点で，度数は3人。$3\div15=0.2$ より，全体の20%になっている。また，平均点は，
$(1\times2+2\times3+3\times2+4\times2+7\times1+8\times1+9\times2+10\times2)\div15=5$ (点) であるから，㋑は条件にあっている。

3 10人の平均値が4.1冊であるから，冊数の合計は $4.1\times10=41$ (冊)
$1+2+2+3+4+4+5+10+x+y=41$ より，
$x+y=41-31=10$
中央値が4点となるには，冊数の小さいほうから5番目と6番目がどちらも4冊でなければならないので，x は4以上で，$x=4$，$y=6$ か $x=5$，$y=5$ の組み合わせが考えられる。$x=5$，$y=5$ のとき，最頻値は5冊となるので当てはまらない。

4 上位の半数に入っているかどうかを調べるには，中央値と比較する。

定期テスト予想問題　解答と解説

0・1章　正負の数　p.160～161

1 (1) $2\times3\times23$

(2) $-\dfrac{5}{2}\,(-2.5)$

(3) $-1<-\dfrac{1}{6}<-0.06$

(4) 7個

2 (1) 1　(2) -10

(3) -9　(4) $-\dfrac{19}{12}$

3 (1) 45　(2) $-\dfrac{5}{2}$

(3) 260　(4) 40

(5) -0.6　(6) -12

(7) $-\dfrac{5}{8}$　(8) 4

4 (1) 16　(2) -5

(3) $-\dfrac{5}{2}$　(4) -7

(5) -14　(6) -6.8

5 (1) ㋒　(2) ㋑，㋓

6 ㋑，㋒

7 (1) 30点　(2) $+13$

解説

1 (1) 右の図。23は素数。

$$\begin{array}{r|r} 2 & 138 \\ \hline 3 & 69 \\ \hline & 23 \end{array}$$

(2) 1目もりは $\dfrac{1}{2}$ (0.5) で，点Pは原点から負の方向に $\dfrac{5}{2}$ の距離にある。

(3) 負の数は，絶対値が大きいほど小さい。

$\dfrac{1}{6}=0.166\cdots$より，$1>\dfrac{1}{6}>0.06$ であるから

$-1<-\dfrac{1}{6}<-0.06$

(4) -3，-2，-1，0，1，2，3の7個。

2 (1) $(-5)+(+6)=-5+6=1$

(2) $(-7)-(-9)+(-12)=-7+9-12$

$=9-7-12=9-19=-10$

(3) $15-8-18+2=15+2-8-18$

$=17-26=-9$

(4) $-\dfrac{5}{3}-\dfrac{3}{4}-\left(-\dfrac{5}{6}\right)=-\dfrac{5}{3}-\dfrac{3}{4}+\dfrac{5}{6}$

$=-\dfrac{20}{12}-\dfrac{9}{12}+\dfrac{10}{12}=-\dfrac{29}{12}+\dfrac{10}{12}=-\dfrac{19}{12}$

3 (1) $(-15)\times(-3)=+(15\times3)=45$

(2) $\dfrac{15}{8}\times\left(-\dfrac{4}{3}\right)=-\left(\dfrac{\overset{5}{\cancel{15}}}{\underset{2}{\cancel{8}}}\times\dfrac{\overset{1}{\cancel{4}}}{\underset{1}{\cancel{3}}}\right)=-\dfrac{5}{2}$

(3) $(-5)\times13\times(-4)=+(13\times5\times4)$

$=+(13\times20)=260$

(4) $-5\times(-2)^3=-5\times(-8)=5\times8=40$

(5) $(-5.4)\div9=-(5.4\div9)=-0.6$

(6) $18\times2\div(-3)=18\times2\times\left(-\dfrac{1}{3}\right)$

$=-\left(18\times2\times\dfrac{1}{3}\right)=-12$

(7) $\dfrac{3}{4}\div2\div\left(-\dfrac{3}{5}\right)=\dfrac{3}{4}\times\dfrac{1}{2}\times\left(-\dfrac{5}{3}\right)$

$=-\left(\dfrac{3}{4}\times\dfrac{1}{2}\times\dfrac{5}{3}\right)=-\dfrac{5}{8}$

(8) $-2^3\div(-6)\times3=-8\times\left(-\dfrac{1}{6}\right)\times3$

$=8\times\dfrac{1}{6}\times3=4$

4 (1) 除法の計算を先にする。

$14-12\div(-6)=14-12\times\left(-\dfrac{1}{6}\right)$

$=14+2=16$

(2) かっこの中の計算を先にする。

$-3+(2-10)\times\dfrac{1}{4}=-3+(-8)\times\dfrac{1}{4}$

$=-3+(-2)=-5$

(3) $36\div(-2)^3+2=36\div(-8)+2$

$=-\dfrac{9}{2}+2=-\dfrac{9}{2}+\dfrac{4}{2}=-\dfrac{5}{2}$

(4) $3\times\{(27-6)\div(-3^2)\}=3\times\{21\div(-9)\}$

$=3\times\left(-\dfrac{7}{3}\right)=-7$

(5) 分配法則を利用する。

$\left(\dfrac{3}{4}-\dfrac{1}{6}\right)\times(-24)$

$=\dfrac{3}{4}\times(-24)-\dfrac{1}{6}\times(-24)$

$=-18+4=-14$

(6)　$-4.9\times3.4+2.9\times3.4=(-4.9+2.9)\times3.4$

$=(-2)\times3.4=-6.8$

5 (1)　①に入る数は，自然数 (＝ 正の整数)。

(2)　②に入る数は，自然数ではない整数。

6　㋐は，$a+b$ の絶対値よりも c の絶対値が大きいとき，負の整数になる。

㋑は，$a\times b$ (正の整数) から c (負の整数) をひくので，正の整数 (＝自然数) になる。

㋒は, $a>b$ より $b-a$ は負の整数で, $(b-a)\times c$ は，負の整数どうしの積だから，計算の結果はいつでも自然数になる。

㋓は，$(b-c)$ を a でわった商で，$(b-c)$ が a の倍数の場合のみ自然数になる。

7 (1)　得点のもっとも高い教科は国語，もっとも低い教科は理科。国語と理科の差は，

$+17-(-13)=30$ (点)

(2)　5 教科の平均点の，80 点との差は -1.2点，80 点との差の，5 教科の合計は

$(-1.2)\times5=-6$ (点)　英語をのぞいた 4 教科の得点の，80 点との差の合計は

$(-18)+(-6)+4+1=-19$ (点) だから，

$-19+$ ㋐ $=-6$，㋐ $=-6+19=13$

2章　文字と式　p.162～163

1 (1)　$a-7b$　(2)　$\dfrac{5x}{4}\left(\dfrac{5}{4}x\right)$

2 (1)　$a\times a\times a$　(2)　$(a+b)\div2$

3 (1)　17　(2)　$-\dfrac{9}{2}$

4 (1)　$-13a+3$　(2)　$-16a+15$

(3)　$\dfrac{1}{6}x+\dfrac{2}{3}$　(4)　$-30x$

(5)　$\dfrac{2}{5}y$　(6)　$72x$

5 (1)　$-3a+4$　(2)　$-6x+24$

(3)　$9a-21$　(4)　$3x-4$

6 (1)　$7a^2\mathrm{cm}^3$　(2)　$\dfrac{7}{10}x$円

(3)　$\dfrac{a}{30}$円

(4)　$1000-(x+y)$ (円)

7　$\dfrac{ab}{2}\ \mathrm{cm}^2$

8　$\dfrac{13}{400}a$分

9 (1)　$x=y+15$　(2)　$4x+8<50$

(3)　$100a-30b=50$

解説

1 (1)　記号 － は省略できない。文字と数の積は，記号 × を省き，数を前に書く。

(2)　記号 ÷ は使わずに，分数の形で表す。

$5x$ を 4 でわった商だから，$\dfrac{5x}{4}$

2 (1)　a^3 は，a を 3 回かけた積。

(2)　$(a+b)$ を 2 でわった商。

$\div2$ と $\times\dfrac{1}{2}$ は同じことだから，$(a+b)\times\dfrac{1}{2}$ としてもよい。

3 (1)　$-x+2y=-(-5)+2\times6=5+12=17$

(2)　$\dfrac{20}{x}-\dfrac{y}{12}=\dfrac{20}{(-5)}-\dfrac{6}{12}=-4-\dfrac{1}{2}$

$=-\dfrac{8}{2}-\dfrac{1}{2}=-\dfrac{9}{2}$

4 (1)　$2a-8-15a+11=2a-15a-8+11$

$=(2-15)a+(-8+11)=-13a+3$

(2)　$(-10a+3)-(6a-12)=-10a+3-6a+12$

$=-16a+15$

(3) $\dfrac{2}{3}x+1-\dfrac{1}{2}x-\dfrac{1}{3}=\dfrac{4}{6}x-\dfrac{3}{6}x+\dfrac{3}{3}-\dfrac{1}{3}$

$=\dfrac{1}{6}x+\dfrac{2}{3}$

(4) $6x\times(-5)=-6\times x\times 5=-30x$

(5) $6y\div 15=6y\times\dfrac{1}{15}=6\times\dfrac{1}{15}\times y=\dfrac{2}{5}y$

(6) $18x\div\dfrac{1}{4}=18\times x\times\dfrac{4}{1}=72x$

5 (1) $(21a-28)\div(-7)=(21a-28)\times\left(-\dfrac{1}{7}\right)$

$=21a\times\left(-\dfrac{1}{7}\right)-28\times\left(-\dfrac{1}{7}\right)=-3a+4$

(2) $(-18)\times\dfrac{x-4}{3}=\dfrac{(-\overset{6}{\cancel{18}})\times(x-4)}{\underset{1}{\cancel{3}}}$

$=(-6)\times(x-4)=-6x+24$

(3) $6(2a-1)-3(a+5)=12a-6-3a-15$

$=12a-3a-6-15=9a-21$

(4) $-\dfrac{1}{5}(10x-15)+\dfrac{1}{4}(20x-28)$

$=-2x+3+5x-7=-2x+5x+3-7$

$=3x-4$

6 (1) 直方体の体積は，(縦)×(横)×(高さ) より

$a\times 7\times a=7a^2$ (cm^3)

(2) 定価の 30% 引きの代金は，定価の 70%。

$x\times\dfrac{70}{100}=\dfrac{7}{10}x$ (円)

(3) 1kg あたりの値段を求めたいので，代金を重さでわる。$a\div 30=\dfrac{a}{30}$ (円)

(4) 1000－(買ったものの代金) で求められる。

(買ったものの代金)＝(鉛筆の代金)＋(ボールペンの代金)

代金は 1 まとまりの数量なので，(　) をつける。

7 右の図のように，縦 $a$cm，横 $b$cm の長方形の面積の半分の，ひし形の面積と考える。

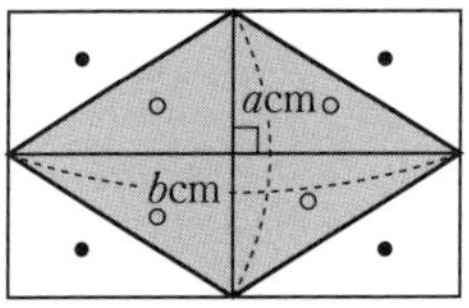

8 (時間)＝(道のり)÷(速さ) より，

行きにかかった時間は $a\div 50=\dfrac{a}{50}$ (分)，

帰りにかかった時間は $a\div 80=\dfrac{a}{80}$ (分)

往復にかかった時間は，

$\dfrac{a}{50}+\dfrac{a}{80}=\dfrac{8a}{400}+\dfrac{5a}{400}=\dfrac{13}{400}a$ (分)

9 (1) (兄の身長)＝(弟の身長)＋15 という式をつくる。兄の身長から弟の身長をひいた差が 15cm であるから，$x-y=15$，兄の身長から 15cm ひくと弟の身長になるから，$x-15=y$ としてもよい。

(2) (x の 4 倍)＋8＜50 という不等式になる。

(3) (もとの長さ)－(切り取ったリボンの長さ)＝50 という等式になる。単位をそろえることに注意。m を単位として $a-0.3b=0.5$ としてもよい。

3章　方程式　p.164～165

1 (1) ㋑　　(2) ㋓ (㋒)

2 (1) $x=15$　　(2) $x=45$

(3) $x=-4$　　(4) $x=-\dfrac{1}{11}$

(5) $x=-7$　　(6) $x=1$

3 (1) $x=2$　　(2) $x=-7$

(3) $x=8$　　(4) $x=-17$

4 200円

5 (方程式)　$4(x+6)=5x-8$

(答)　袋　32枚，みかん　152個

6 (方程式)　$60(x+12)=300x$

(答)　3分後

7 (1) $x=12$　　(2) $x=24$

(3) $x=14$　　(4) $x=\dfrac{4}{3}$

8 25本

解説

1 (1)　両辺から5をひいている。

(2)　両辺を2でわっている。

2 (1)　両辺に4をたす。$x=11+4$，$x=15$

(2)　両辺を3倍する。$x=15\times3$，$x=45$

(3)　$3x-5x=8$　$-2x=8$　$x=-4$

(4)　$9x+2x=11-12$　$11x=-1$　$x=-\dfrac{1}{11}$

(5)　$-5x-40=2x+9$

$-5x-2x=9+40$

$-7x=49$　$x=-7$

(6)　$x-10x+2=-7$　$-9x=-9$　$x=1$

3 (1)　$10\times(0.3x+0.4)=10\times(1.5x-2)$

$3x+4=15x-20$

$-12x=-24$　$x=2$

(2)　$100\times(0.05x+0.21)=100\times0.02x$

$5x+21=2x$　$5x-2x=-21$

$3x=-21$　$x=-7$

(3)　$6\times\left(\dfrac{4}{3}x-1\right)=6\times\left(\dfrac{5}{6}x+3\right)$

$8x-6=5x+18$　$3x=24$　$x=8$

(4)　$6\times\left(\dfrac{x-4}{3}+\dfrac{7-x}{2}\right)=6\times5$

$2(x-4)+3(7-x)=30$

$2x-8+21-3x=30$

$x=-17$

4　カーネーション1本の値段をx円として方程式をつくる。兄の残金は$\{2000-(5x+400)\}$円，弟の残金は$(1000-2x)$円。2人の残金は同じになるので$2000-(5x+400)=1000-2x$，

$1600-5x=1000-2x$，$-3x=-600$，

$x=200$

5　みかんの個数をxの式で表す。みかんは，袋を6枚増やすと4個ずつつめることができるから，$4(x+6)$個……①

5個ずつつめたときの個数よりも8個少ないから$(5x-8)$個……②

①，②より$4(x+6)=5x-8$，

$4x+24=5x-8$，$x=32$

みかんの個数は$5\times32-8=152$(個)

6　追いつくまでに，Aさんの進んだ道のりと，お母さんの進んだ道のりは等しくなる。

お母さんが出発してx分後までに，Aさんは$(x+12)$分歩いているから，Aさんの進んだ道のりは$60(x+12)$m……①，お母さんの進んだ道のりは$300x$m……②　①，②より

$60(x+12)=300x$，$x=3$

追いつく地点は家から$300\times3=900$(m)となり，問題に適している。

7 (1)　$x\times7=21\times4$，$7x=84$，$x=12$

(2)　$9\times40=15\times x$，$15x=360$，$x=24$

(3)　$4(x+6)=16\times5$，$4x+24=80$，$4x=56$，$x=14$

(4)　$3(x-3)=5(3x-5)$，$3x-9=15x-25$，

$-12x=-16$，$x=\dfrac{4}{3}$

8　あたりくじがx本あるとすると，あたりくじと，くじ全部の本数の比は，

$1:(1+15)=1:16$，$x:400=1:16$より，

$16x=400$，$x=25$

または，$x:(400-x)=1:15$としてもよい。

4章　比例と反比例　p.166～167

1　㋐，㋓

2　(1)　$y=8x$　　(2)　$0 \leqq x \leqq 15$

3　(1)　$y=-\dfrac{3}{2}x$　　(2)　$x=16$

4　右の図

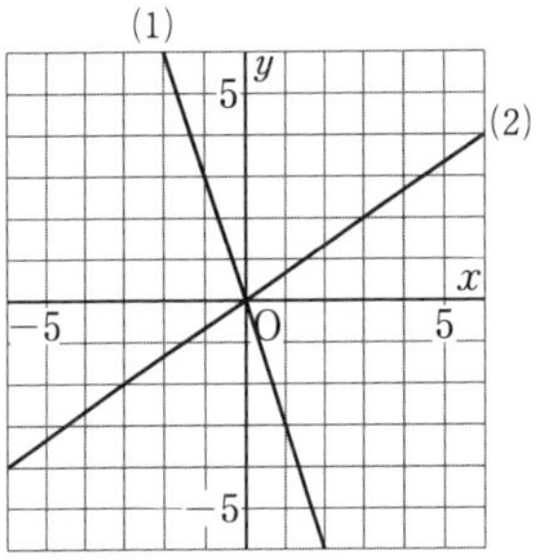

5　(1)　$y=-\dfrac{36}{x}$

(2)　$y=-8$

6　(1)　右下の図

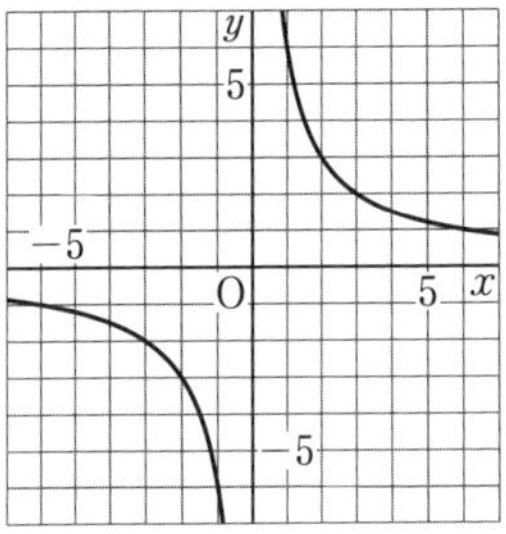

(2)①　$y=\dfrac{16}{x}$

②　$y=-\dfrac{4}{x}$

7　(1)　$y=\dfrac{100}{x}$

(2)　15 人

8　(1)　6

(2)　$a=12$

(3)　$\mathrm{E}\left(8,\ \dfrac{3}{2}\right)$

解説

1　㋑・㋒は，x の値が決まっても y の値は 1 つに決まらない。

2(1)　(水そうの中の水の量)＝8×(時間) より，$y=8x$　水そうの中の水の量 y は，入れ始めてからの時間 x に比例する。

(2)　水そうがいっぱいになるのは，$y=120$ となったときで，このとき $120=8x$ より $x=15$　水を入れ始めて 15 分後にいっぱいになる。

3(1)　比例の関係だから，比例定数を a として $y=ax$ とおく。$x=4$，$y=-6$ を代入して，

$-6=a\times 4$，$a=-\dfrac{3}{2}$

(2)　(1)の式に $y=-24$ を代入して $-24=-\dfrac{3}{2}x$，

$x=-24\div\left(-\dfrac{3}{2}\right)$，$x=16$

4(1)　原点と点 $(1,\ -3)$ を通る。

(2)　$x=3$ のとき $y=2$ だから，点 $(3,\ 2)$ を通る。

5(1)　反比例の関係だから，式を $y=\dfrac{a}{x}$ とおく。

$x=-2$，$y=18$ を代入すると，$18=-\dfrac{a}{2}$，

$a=18\times(-2)=-36$

(2)　(1)で求めた式に $x=4.5$ を代入する。

$y=-36\div 4.5=-36\div\dfrac{9}{2}=-36\times\dfrac{2}{9}=-8$

6(1)　$xy=6$ を満たす点をとり，それらを通るなめらかな曲線をかく。

(2)①　グラフは，点 $(4,\ 4)$ を通るから，$y=\dfrac{a}{x}$ に $x=4$，$y=4$ を代入して $4=\dfrac{a}{4}$，$a=16$

②　式を $y=\dfrac{a}{x}$ とおく。グラフは，

点 $(1,\ -4)$ を通るから，$y=\dfrac{a}{x}$ に $x=1$，

$y=-4$ を代入して $-4=\dfrac{a}{1}$，$a=-4$

7(1)　(荷物全体の重さ)÷(運ぶ人の数)

＝(1 人が運ぶ荷物の重さ) より，

$100\div x=y$，よって $y=\dfrac{100}{x}$

(2)　(1)の式より，y は x に反比例する。y の値が $\dfrac{1}{3}$ になるのは，x の値が 3 倍になったとき。

5×3＝15 (人)

8(1)　点 A は㋑のグラフ上にある，x 座標が 2 の点。$y=3x$ に $x=2$ を代入して，$y=3\times 2=6$

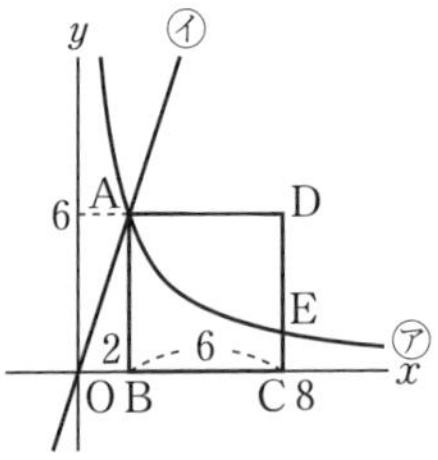

(2)　点 A(2，6) は㋐のグラフ上の点でもあるから，

$y=\dfrac{a}{x}$ に $x=2$，$y=6$ を代入して，

$6=\dfrac{a}{2}$，$a=12$

(3)　A(2，6)，B(2，0) より，辺 AB の長さは $6-0=6$　四角形 ABCD は正方形だから，辺 BC の長さも 6 で，点 C の x 座標は $2+6=8$

点 E は，㋐のグラフ上の $x=8$ の点だから，y 座標は㋐の式 $y=\dfrac{12}{x}$ に $x=8$ を代入して，

$y=\dfrac{12}{8}=\dfrac{3}{2}$

5章　平面図形　p.168～169

1 (1)　BC＝GF，BC // GF

(2)　AC ⊥ BF

(3)　△GJK，△JCD

(4)　四角形 JEFG

2　点Oを中心に，時計回りに $120°$ 回転移動させる。

3 (1)

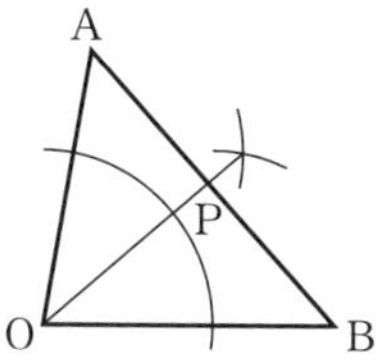

(2)

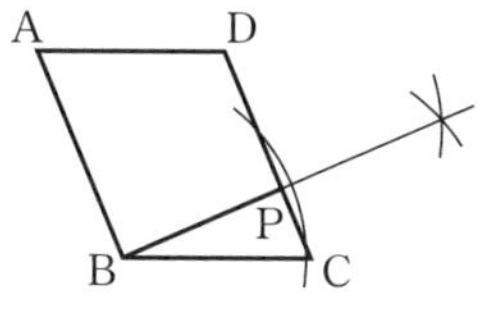

4 (1)

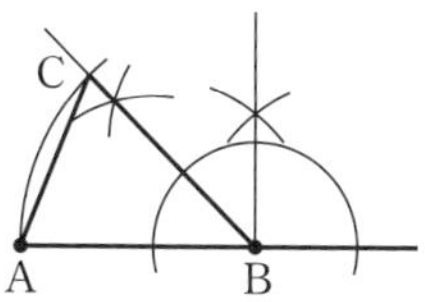

(2)

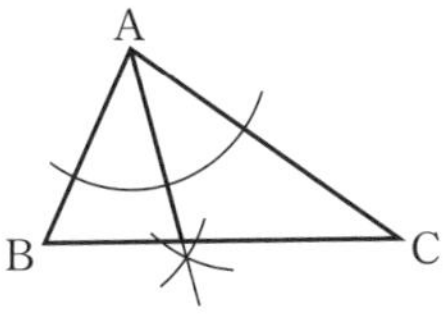

5 (1)

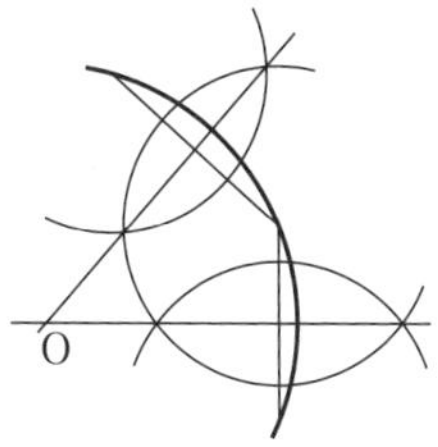

(2)

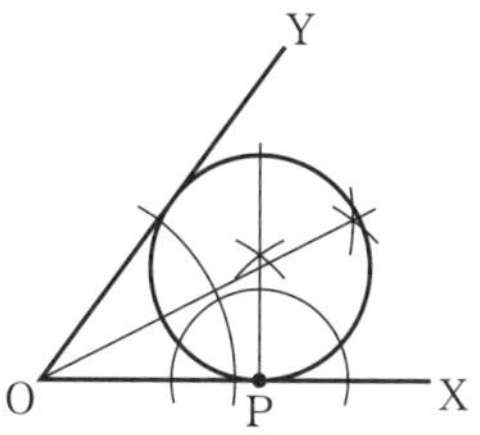

6 (1)　5πcm　(2)　15πcm^2

解説

1 (1)　辺BCと辺GFが平行であることを，記号 // を使って BC // GF と書く。

(2)　直線ACと直線BFは垂直であることを，記号 ⊥ を使ってAC ⊥ BFと書く。

(4)　頂点AはJに，BはEに，JはFに重なる。

2　右の図において

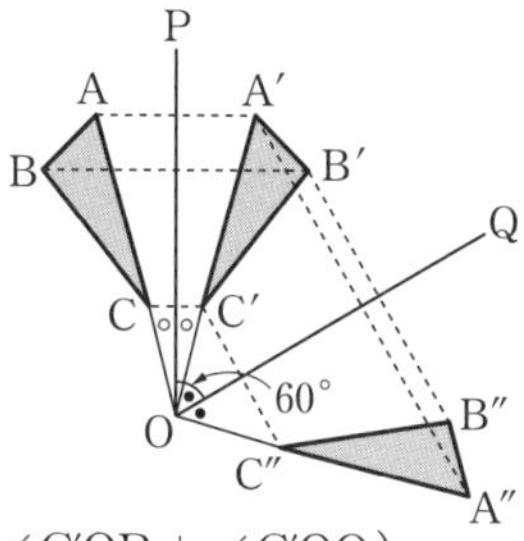

∠COP＝∠C′OP，
∠C′OQ＝∠C″OQ で，
∠C′OP＋∠C′OQ＝$60°$
だから，∠COC″
＝∠COP＋∠C′OP
＋∠C′OQ＋∠C″OQ＝2(∠C′OP＋∠C′OQ)
＝$120°$，OC＝OC″ である。

点B，点Aも同様で，点Oを中心として $120°$ 回転移動したのと同じ結果になっている。

3 (1)　点Pは∠AOBの二等分線上にある。

(2)　BP ⊥ CD となればよい。点Bを通る辺CDの垂線を作図する。

4 (1)　$45°$ の角は，$90°$ の角をつくって2等分すると作図できる。

(2)　点BがB′に移ると考えると，折り目の線は∠BAB′の二等分線。

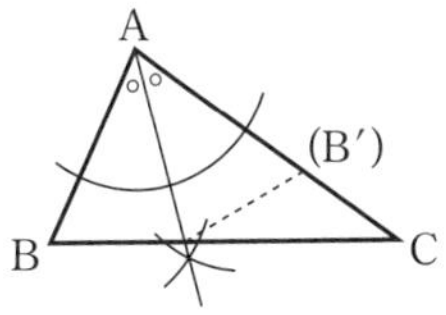

5 (1)　円の中心は，弦の垂直二等分線上にある。

(2)　円の接線は，接点を通る半径に垂直だから，求める円の中心は，点Pを通るOXの垂線上にある。また，2直線OX，OYに接する円の中心は，2直線OX，OYから等しい距離にある（図でQP＝QR）から，∠XOYの二等分線上にある。

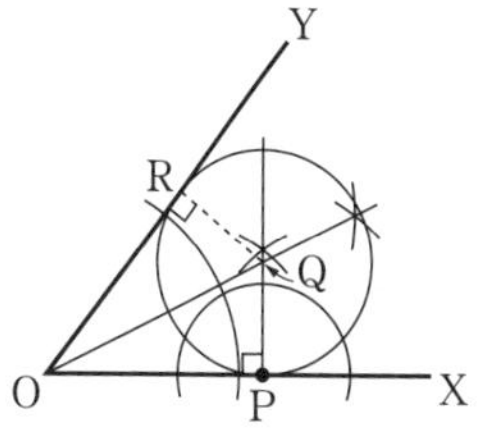

6 (1)　半径6cmの円の周は $2\pi \times 6 = 12\pi$ (cm)

$$\overset{\frown}{AB} = 12\pi \times \frac{150}{360} = 5\pi \text{ (cm)}$$

(2)　半径6cmの円の面積は $6^2 \times \pi = 36\pi$ (cm^2)

おうぎ形OABの面積は，

$$36\pi \times \frac{150}{360} = 15\pi \text{ (cm}^2\text{)}$$

6章　空間図形　p.170 ～ 171

1 (1)　六面体

(2)　辺 AB，辺 EF，辺 AE，辺 AD，辺 EH

(3)　面 EFGH，面 CGHD

(4)　4 つ

2　右の図

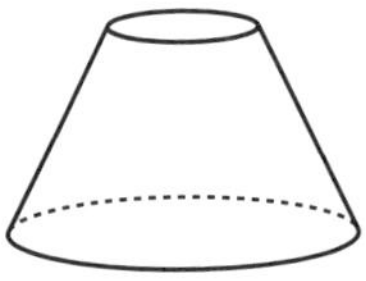

3 (1)　右下の図の太線

(2)　右下の図の実線

4 (1)　8πcm

(2)　240°

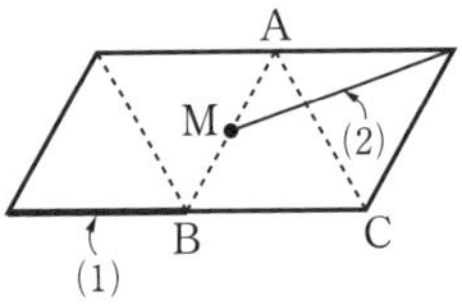

5 (1)　円錐

(2)　球

6 (1)　45cm^3

(2)　50cm^3

7 (1)　12πcm^3　(2)　24πcm^2

8 (1)　64πcm^2　(2)　$\dfrac{256}{3}\pi$cm^3

解説

1(1)　三角柱を切り取る前の直方体と，面の数は変わらない。

(2)　平行ではなく，交わらない 2 直線は，ねじれの位置にある。

2　円錐の上部を切り取った形。

3(1)　右の図を参照。

(2)　ひもの長さがもっとも短くなるとき，ひもは展開図の上では，2 点を結ぶ線分になる。

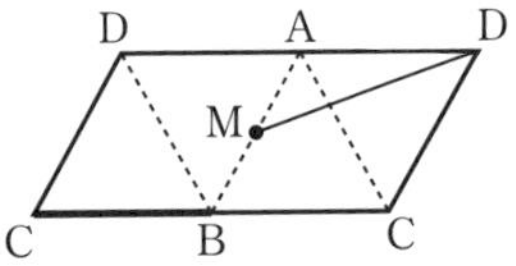

4(1)　右の展開図で，側面のおうぎ形の弧の長さは底面の円周に等しい。

$2\pi \times 4 = 8\pi$ (cm)

(2)　おうぎ形の弧の長さは中心角に比例する。円 O の円周は $2\pi \times 6 = 12\pi$ (cm)

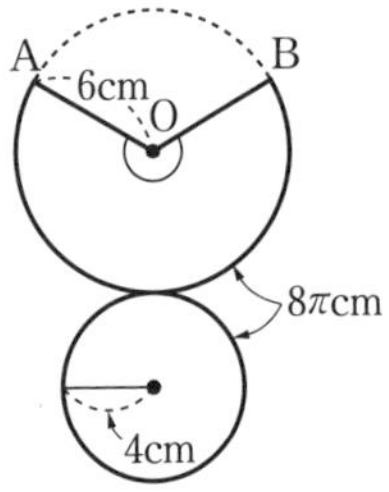

$\overset{\frown}{AB}$ は円 O の円周の $\dfrac{8\pi}{12\pi} = \dfrac{2}{3}$　求める中心角は　$360° \times \dfrac{2}{3} = 240°$

5(1)　立体を正面から見た図が立面図，真上から見た図が平面図。三角錐の立面図は三角形。

(2)　どこから見ても円に見える立体は球である。

6(1)　底面積は $6 \times 3 \times \dfrac{1}{2} + 6 \times 2 \times \dfrac{1}{2}$

$= 9 + 6 = 15$ (cm^2)　体積は $15 \times 3 = 45$ (cm^3)

(2)　角錐の体積は，$\dfrac{1}{3} \times$ (底面積) $\times$ (高さ)

底面は 1 辺が 5cm の正方形なので，底面積は

$\dfrac{1}{3} \times 5 \times 5 \times 6 = 50$ (cm^3)

7(1)　できる立体は，底面の半径が 3cm，高さが 4cm，母線の長さが 5cm の円錐になる。体積は $\dfrac{1}{3} \times 3^2 \times \pi \times 4 = 12\pi$ (cm^3)

(2)　展開図をかくと右の図になる。底面積は 9πcm^2，側面をつくるおうぎ形の弧の長さは 6πcm，半径 5cm の円の円周は 10πcm だから，側面のおうぎ形の面積は

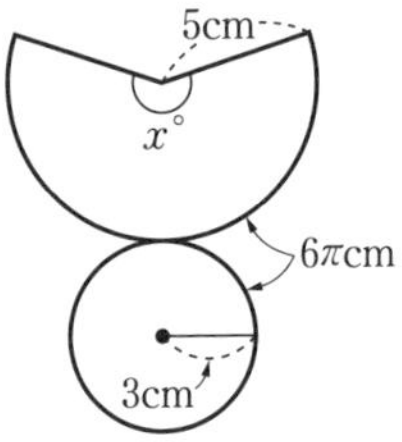

$5^2 \times \pi \times \dfrac{6\pi}{10\pi} = 5^2 \times \pi \times \dfrac{3}{5} = 15\pi$ (cm^2)

よって表面積は，$9\pi + 15\pi = 24\pi$ (cm^2)

8(1)　球の表面積は，$4\pi \times$ (半径)^2

$4\pi \times 4^2 = 64\pi$ (cm^2)

(2)　球の体積は，$\dfrac{4}{3}\pi \times$ (半径)^3

$\dfrac{4}{3}\pi \times 4^3 = \dfrac{256}{3}\pi$ (cm^3)

7章　データの分析と活用　p.172 〜 173

1 (1) 1.0 秒　(2) ㋐ 6　㋑ 4

(3) 右の図

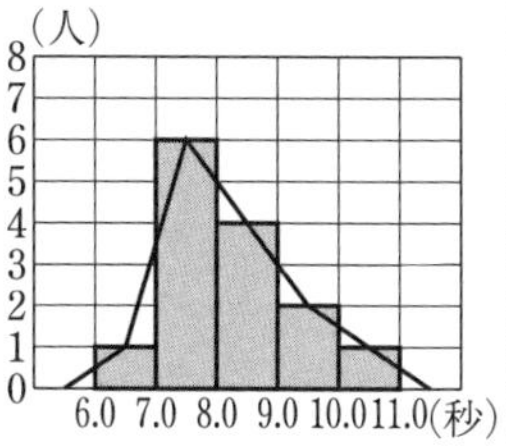

(4) 11 人

(5) 0.43

2 (1) 15m

(2) 20m 以上 30m 未満

(3) 25m　(4) 0.75

3 (1) ㋐，㋓　(2) 6 分 50 秒

4 (1) 0.23　(2) およそ 2300 回

解説

1 (1) 階級の幅は，データを整理するための区間の幅。6.0 秒以上 7.0 秒未満の階級で考えると
7.0 − 6.0 = 1.0 (秒)

(2) 7.0 秒以上 8.0 秒未満の階級には，8.0 秒の人はふくまないことに注意。

(3) 度数折れ線に表すときは，ヒストグラムの両端に度数が 0 の階級があるものとして作図する。

(4) 累積度数は，最初の階級からその階級までの度数を合計したもの。1 + 6 + 4 = 11 (人)

(5) 度数分布表より，7.0 秒以上 8.0 秒未満の階級の度数は 6 人。相対度数は，その階級の度数の全体に対する割合だから，6 ÷ 14 = 0.428…

2 (1) 階級値は，階級の真ん中の値。$\dfrac{10+20}{2}=15$

(2) 度数の合計が 20 人なので，中央値はデータの小さいほうから 10 番目と 11 番目の値の平均値となる。10 番目の人と 11 番目の人の値はともに 20m 以上 30m 未満の階級にふくまれる。

(3) 度数分布表では，度数のもっとも多い階級の階級値を最頻値とする。

(4) 累積相対度数は，各階級について，最初の階級からその階級までの相対度数を合計したもの。累積度数の全体に対する割合で求めてもよい。
20m 以上 30m 未満の階級の累積度数は
2 + 6 + 7 = 15 (人)　累積相対度数は
15 ÷ 20 = 0.75

3 (1) ㋐ 6 分以上 7 分未満の階級から 13 分以上 14 分未満の階級まで散らばっている。

㋑ 度数は同じだが，度数の合計が異なる。

㋒ 分布にかたよりがないのは 1 組。

㋓ 9 分以上 10 分未満の階級にふくまれる。

㋔ ヒストグラムでは，度数のもっとも多い階級の階級値を最頻値という。1 組 9.5 分，2 組 10.5 分で，記録が良いのは 1 組。

(2) 代表に選ぶ 6 人は，6 分以上 7 分未満の 3 人 (いずれも 2 組) と，7 分以上 8 分未満の 3 人 (1 組 2 人，2 組 1 人) になる。7 分を基準とすると，1 組の 2 人の平均値は ＋10 秒，2 組の 4 人の平均値は −20 秒だから，7 分を基準とした 6 人の平均値は
{(＋10) × 2 + (−20) × 4} ÷ 6 = −10 (秒)

4 (1) 3000 回投げたときの表が出た回数は 689 回。
689 ÷ 3000 = 0.229…

(2) 投げる回数が増えると，表が出る割合が一定の値 0.23 に近づくから，表が出る確率は 0.23 と考えられる。10000 × 0.23 = 2300 (回)